普通高等教育“十一五”国家级规划教材

工程测量学

李永树　主编
张正禄　主审

中国铁道出版社有限公司

2023年·北京

内 容 简 介

本教材包括了测量学的基本知识及有关工程领域涉及的工程测量内容。为了增强本教材的实用性、广泛性及具有较高的参考价值，本书尽量采用步骤化的具体方法描述测绘工作，并增加了测绘相关新技术及典型行业工程测量方法。本教材内容较为完整、丰富，能够满足多至96学时的教学需要，也可适当取舍讲授内容，以便满足不同专业的学时要求。

本教材主要用于土木、建筑、交通运输、地质、油气田、环境、矿业与安全、房地产、水利及国土资源管理等专业的工程测量课程教学用书，也可供从事测绘、工程建设、防灾减灾等领域的科研和专业技术人员参考。

图书在版编目(CIP)数据

工程测量学 / 李永树主编．—北京：中国铁道出版社，2011.3（2023.5 重印）
（普通高等教育“十一五”国家级规划教材）
ISBN 978-7-113-12460-1

Ⅰ．①工… Ⅱ．①李… Ⅲ．①工程测量-高等学校-教材 Ⅳ．①TB22

中国版本图书馆 CIP 数据核字（2011）第 008651 号

书　　名： 工程测量学
作　　者： 李永树

责任编辑： 李丽娟　　**电话：**（010）51873240　　**电子邮箱：** 790970739@qq. com
封面设计： 薛小卉
责任校对： 孙　玫
责任印制： 高春晓

出版发行： 中国铁道出版社有限公司（100054，北京市西城区右安门西街 8 号）
网　　址： http：//www. tdpress. com
印　　刷： 河北宝昌佳彩印刷有限公司
版　　次： 2011 年 3 月第 1 版　2023 年 5 月第 8 次印刷
开　　本： 787mm×1092mm 1/16　**印张：** 19.25　**字数：** 477 千
书　　号： ISBN 978-7-113-12460-1
定　　价： 50.00 元

前言

本教材是普通高等教育“十一五”国家级规划教材。为了满足当今时代人才培养、科技发展、工程规划与建设的需求，教材建设与教学内容必须紧跟时代前进的步伐，不断地用测绘新理论、新方法、新技术、新仪器及新标准更新教材内容。本教材在编写时，充分参考了现有“工程测量学”课程教学大纲，以及大量国内外相关教材，并顾及了测绘技术的实际应用情况。为了增强本教材的实用性、广泛性并使其具有较高的参考价值，本书尽量采用步骤化的具体方法描述测绘工作。本教材内容较为完整、丰富，能够满足多至96学时的教学需要，也可适当取舍讲授内容，以便满足不同专业的学时要求。

本教材着重突出了实用性及测绘新技术的应用，主要体现在全站仪、全球定位系统、数字化测图、典型行业工程测量方法等内容上，同时介绍了测绘有关新技术，如网络RTK、无人机测图、DPS、RS、三维激光扫描系统、GIS及工业测量系统等内容。

本教材基于李永树主持的西南交通大学教材建设研究重点项目“工程测量学”，由西南交通大学李永树主编，武汉大学张正禄主审。参加编写的人员有：西南交通大学李永树（第1章）、高山（第4章）、龚涛（第6章）、熊永良（第7章）、范东明（第8章）、徐京华（第10章）、张献州（第13章部分）、刘成龙（第15章）、黄丁发（第17章），西南科技大学张文君（第2章）、王卫红（第3章），昆明理工大学方源敏（第5章），西南石油大学王泽根（第9章），重庆大学刘星（第11、12章），重庆交通大学冯晓（第13及14章部分）、刘国栋（第14章部分），成都理工大学余代俊（第16章）。最后，由李永树对全书进行了统稿、补充与修改。

在本教材的编写中，作者参阅和引用了大量书籍、文章及网上相关资料，在此向有关作者表示衷心感谢！虽然作者多次修改书稿，力图完善，但在教材中难免存在疏漏和错误，敬请读者提出宝贵的修改意见。

编　者

2010年10月

目　录

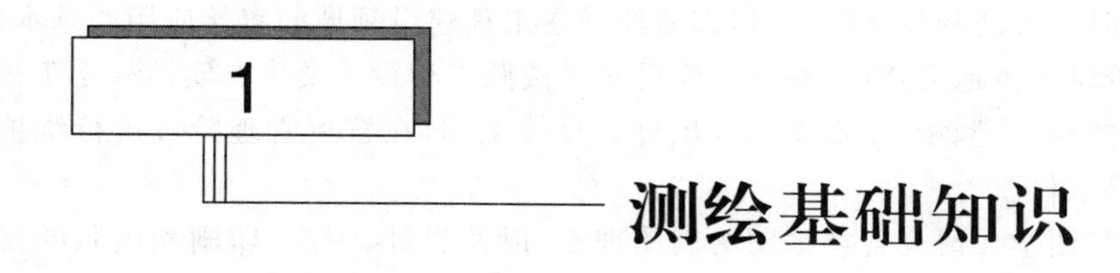

1 测绘基础知识

1.1 测绘学概述

1.1.1 测绘学的定义和任务

测绘学(又称地球空间信息学或测量学)是研究地球形体、地表、地下和外层空间中的各种自然和人造物体的形状,以及对与地理空间分布有关的信息进行采集、处理、表达和应用的一门科学。简而言之,测绘学主要是研究确定空间点位的科学。测绘学的主要任务有以下三个方面:

(1)研究、确定地球的形状、大小和重力场及其变化;

(2)测定(或称测量)地表、地下及外层空间的形态,确定各种自然及人造物体的空间坐标,并绘制各种地图和专题图;

(3)将设计坐标或图纸上的点位测设(或称放样、标定)到实地。

测绘学的服务领域已扩大到国民生活、经济和国防建设及社会发展的各个方面,能够提供自然物体、人工设施的空间分布特征及其属性特征,为信息化社会提供重要的基础地理信息(主要形式为4D产品,即DEM——Digital Elevation Model,数字高程模型;DLG——Digital Line Graphic,数字线划图;DRG——Digital Raster Graphic,数字栅格图;DOM——Digital Orthophoto Map,数字正射影像图),为各项工程的规划、设计、建设及质量评估等提供技术支持和数据保障,并为分析自然规律和社会现象,解决经济建设和社会发展过程中的问题提供科学决策依据。测绘学的核心技术是以“3S”为代表的现代技术(即:GPS——Global Positioning System,全球定位系统;RS——Remote Sensing,遥感;GIS——Geographic Information System,地理信息系统),以及数字摄影测量和三维激光扫描系统等。

1.1.2 测绘学的分类

测绘学可分为以下几个主要分支学科:

(1)大地测量学。研究和确定地球形状、大小和重力场及其变化。基本任务是建立全球和国家大地控制网,测定地球的形状、大小和重力场,为地形测图及各项工程测量提供起算数据,并为空间科学、军事科学、重要工程及地震预报等研究提供基础资料。

(2)地形测量学。研究和测绘地表物体和高低起伏形态的成图理论、方法和技术的学科。基本任务是快速、准确地采集地理空间信息,根据地形图图式规定的符号,将地球表面的自然和人工物体及地表起伏形态按一定的比例尺测绘在图纸上,或存储于计算机中。

(3)摄影测量与遥感。研究利用航空航天传感器获取目标物体的影像和光谱数据,并用图形、图像和数字形式表达地表和物体的形状、大小及空间位置的学科。基本任务是通过对摄影像片或遥感图像进行处理、量测、解译,以便确定地理空间位置及其相关属性。

(4)工程测量学。研究在工程的规划设计、施工建设、质量评估及运营管理各个阶段进行测量工作的理论、方法和技术的学科,即测绘学在工程建设领域的直接应用。基本任务是在工程规划设计阶段提供地形资料,在施工建设阶段按照工程设计要求在实地标定工程位置,在质量评估阶段进行竣工测量、变形观测及工程验收等工作,在营运管理阶段进行维护、改扩建及安全性监测等工作。

(5)地图制图学。研究各类地图的制图理论,以及设计、编绘、印刷和出版的技术、方法及其应用的学科。基本任务是采用地图投影、地图编绘、地图整饰和地图印制等技术,利用测量成果编辑和绘制各类地图及专题图件。

(6)海洋测绘学。研究海洋空间地理信息的获取、处理和应用的学科。基本任务是获取海底和水下地形、海洋重力场及磁力场信息,设计、编绘海图,进行海洋工程建设、航海安全保障及海洋生态环境保护等测绘工作。

(7)地理信息工程。研究地理空间信息的获取、存储、处理、建模、分析、可视化及应用,以及研发地理信息系统理论与技术的学科。基本任务是地理信息采集和处理、输入与输出,开发基础软件平台及空间数据库管理系统,建立各种地理信息系统。

(8)地籍和土地管理学。研究地籍的勘定、地籍图的编绘、土地信息的分类和管理,以及不动产(房地产)的测绘、登记和管理的学科。基本任务是地籍测量与地籍调查,土地信息的分类、编码及处理,建立地籍、土地规划与利用等地理信息系统,以及土地的定级、估价及潜力分析等。

1.1.3 测绘学在国家经济建设和社会发展中的作用

测绘工作在人们生产与生活中发挥着眼睛和先锋的作用,测绘学在国家经济建设的各个领域、社会发展的各个阶段及国防建设中都发挥着越来越重要的不可替代的作用。例如:在城乡建设、资源勘察与开发、国防工程及土地利用等领域都需要地图等地理信息,以便进行规划和设计;对于交通、水利、建筑及农业等各种工程的施工建设,都需要确定工程的形状及其相互空间位置关系,以便满足设计要求,并进行工程质量评估;在大型桥隧、摩天大楼及电视塔等重要工程的施工和使用过程中,需要进行变形监测和安全性预测,以便保证建筑设施的正常使用和人民生命财产的安全。同时,在进行科学研究、太空开发、海洋利用、防灾减灾、科学决策及交通旅游等方面,都需要测绘提供基础地理信息和数据保障。可见,在人们的生活和生产活动中都离不开测绘。

由于测绘学大量的引进和应用现代高新技术,使得测绘理论和方法产生了深刻的根本性变革,向着数字化、信息化、网络化和自动化方向迅速发展,服务领域扩大到了国民经济、国防建设及社会发展的各个方面。当今世界正步入信息时代,信息化已经成为经济发展和社会进步新的驱动力,以测绘为基础和主干的地球空间信息产业已经成为现代社会产业结构中不可缺少的重要组成部分,为人们的工作和生活提供了多方面的自然和社会信息。

1.1.4 测绘学的发展概况

大约在公元前 2600 年建设的埃及大金字塔,就已经开始利用工具进行测量工作,以便精确地进行位置与形状的标定工作。早在公元前 1000 多年,我国就有地图出现。建于公元前 256 年的都江堰水利枢纽工程,为防洪和灌溉目的开始了水利工程测量工作。我国的地籍管理和土地测量最早出现在殷周时期,隋唐建立了户籍册,宋朝出现地块图,到了明朝洪武四年,编制了世界最早的地籍图册。

综观测绘学的发展历程，可以认为是人类对地球认识的三大阶段：

(1)18 世纪以前，人们用了数千年时间对地球各大洲的轮廓与分布情况进行了探索和分析，并给各个大洲命名。同时，人们利用准绳(可定平和丈量距离)和规矩(可测高度、深度和画矩形)等简单测量工具，进行房屋建筑和农田水利等方面的测量工作。

(2)18 世纪至 20 世纪中期，世界各国掀起了测量地形及地界的高潮，纷纷建立了专门的测绘机构和专业测量队伍，形成了测绘科学体系，测绘的各种地图受到了普遍重视和广泛应用，政府对测绘业务与产品进行专门化管理。

(3)20 世纪中期至今，人们开始利用卫星、航天飞机等空间技术观察和认识地球，使用电子仪器进行角度、距离和方向测量，利用计算机和网络技术处理、分发、管理、分析、表述及使用测绘数据，并且，测绘工作正在向数字化、信息化、网络化、自动化及可视化方向快速发展。

1.1.5 工程测量学的任务、作用及发展趋势

工程测量学按其研究对象与内容主要可分为：建筑工程测量、交通(线路)工程测量、矿山工程测量、水利工程测量、地质工程测量、军事工程测量、石油工程测量、精密工程测量、工程摄影测量及变形监测等。工程测量学的研究对象涉及的地理空间包括地面、地下、水下、空中，研究目标是解决工程中的测绘问题，主要有以下三方面任务：

(1)测定——测量点位或测绘地形图，即确定工程的形状、大小及其相互位置关系，测量地面高低起伏的形态，以便进行工程规划和设计；

(2)测设——将规划或设计的点位标定到实地，在施工和大型构件安装过程中进行位置的标定工作，以便指导施工，保证施工质量和安全；

(3)监测——在高耸或大型工程的施工、竣工及使用过程中，进行变形监测及预计，以便保障工程质量及使用安全。

在各项工程的规划、勘察、设计、施工建设、质量评估、运营管理等过程中，都需要进行测绘工作，以便指导工程顺利实施。例如铁道工程，在规划阶段需要在测绘图纸上进行线路规划和工程量统计，以便确定最优线路方案；在勘察阶段，需要在测绘图纸上和在实地确定线路的勘探线及勘探点位置；在设计阶段，需要在测绘图纸上进行线路工程设计并确定最优施工方案；在施工建设阶段，需要将测绘图纸上设计的线路工程位置测设到实地，以便进行施工建设；在质量评估阶段，需要对已完成的线路工程进行竣工测量，并与线路设计值进行检查和工程验收；在运营阶段，需要对线路工程进行监测、维护和安全性评估。

此外，在高能加速器设备部件的安装中，在大型发射和接收天线的制造或安装工作中，在卫星和导弹发射轨道及精密传送带的铺设等精密工程测量工作中，测量角度(或方向)的精度已达到 0.1″，测量距离的精度已达到 0.01 mm，并已实现自动观测、自动记录、自动计算及自动绘图等自动化过程。

工程测量学的发展趋势可概括如下：

(1)内外业工作一体化，内业、外业测量工作无明确界线；

(2)数据获取及处理自动化，利用现代测绘技术自动采集、存储、分析和处理数据；

(3)测量过程智能化，通过软件系统实现对观测仪器的智能控制，获取高精度测量成果；

(4)成果数字化及可视化，测绘成果为图表、图像、声音及三维景观等数字化形式；

(5)数据传输网络化，测绘信息在网上便捷、安全传播和流通，有关信息实现共享。

工程测量学的发展特点可概括为:精确、智能、快速、简便、连续、动态、遥测、实时和多维。"3S"技术、数字摄影测量、三维激光扫描系统、测量机器人等新技术将得到进一步发展,应用范围将扩大,智能化水平将增强,并显著地提高测量成果的可靠性及实时性;测量成果将从一维、二维到三维及多维,从点信息到面信息,从静态到动态,从后处理到实时处理,从手动观测到自动观测,从地面到高空、地下及水下观测,从人工量测到无接触遥测,从周期间断性观测到连续观测,从毫米级精度到微米级乃至纳米级精度。

随着人类文明进展,现代科技新成就将为工程测量不断地提供新的方法和手段,从而使测绘成果的应用领域不断扩大,工程测量学的发展不断深入,而工程测量学的发展又将直接对改善人们的生活环境,提高人们的生活质量起到极大地推动作用。

1.2 地球的形状与大小

测绘工作大多是在地球表面进行,测绘成果的处理、地图绘制及测绘基准面的确定等都会涉及地球的形体问题,因此,必须要顾及和研究地球的形状与大小。

中国古人观察到"天似穹隆",提出了"天圆地方"的说法。西方的古人按照自己所居住的陆地为大海所包围,则认为"地如盘状,浮于无垠海洋之上"。公元前 6 世纪后半叶,毕达哥拉斯提出地球为圆球的说法。公元前 3 世纪,亚历山大学者最早证实了"地圆说"。之后,我国东汉时期的天文学家张衡也较完整地阐述了大地是一个球体。1522 年,航海家麦哲伦率领船队从西班牙出发,一直向西航行,经过大西洋、太平洋和印度洋,最后又回到了西班牙,以实践证明了地球是一个球体。

近代科学家牛顿仔细研究了地球的自转,提出地球是赤道凸起,两极扁平的椭球体,形状像个橘子。到 20 世纪 50 年代末期,人造地球卫星发射成功,通过卫星观测地球,发现南北两个半球不对称,南极离地心的距离比北极略短。因此,有人把地球描绘成梨形。现代科学家们认为,最好把地球看作是一个"不规则的球体"。

地球的表面有高山、深谷、丘陵、平原、江湖和海洋等,最高的山峰珠穆朗玛峰高出海平面 8 844.43 m,最深的太平洋马里亚纳海沟低于海平面 11 034 m,两者相对高差接近 20 km,但与地球的平均半径 6 371 km 相比还是很小的。地球表面的陆地面积仅占 29%,海洋面积为 71%。因此,可以近似地认为地球的形体就是被海水面所包围的球体,可设想将一静止的海水面扩展延伸,穿过大陆和岛屿后形成一个封闭的曲面,这个静止的封闭海水面称作水准面。由于海水面受潮汐、风浪等影响,时高时低,故水准面有无数个,其平均位置的水准面称为大地水准面,如图 1-1 所示。由大地水准面所包围的形体称大地体,通常用大地体来代表地球的形状和大小。

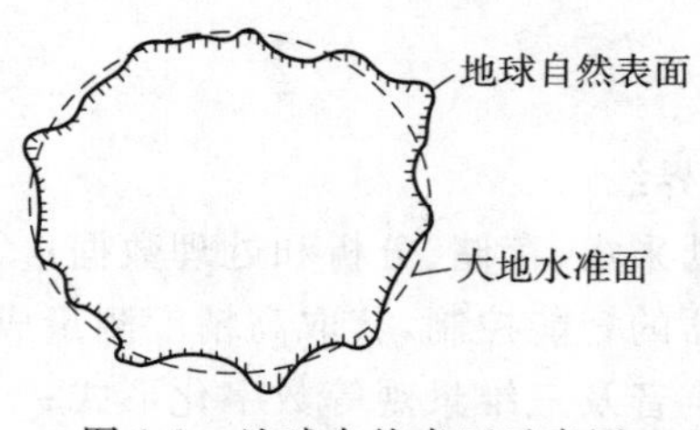

图 1-1 地球自然表面示意图

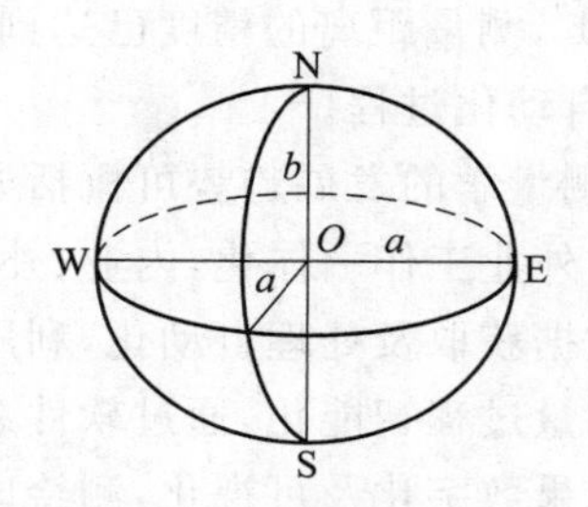

图 1-2 旋转椭球体

水准面的特性是面上处处与铅垂线相垂直，水准面和铅垂线被测绘学定义为基准面和基准线。由于地球内部质量分布不均匀，致使水准面上各点的铅垂线方向发生不规则变化，所以，与铅垂线方向垂直的大地水准面是一个无法用数学式表述的不规则曲面，在这样的面上难以进行测绘数据处理和制图。因此，通常选用一个既与大地水准面非常接近又能用数学式表述的规则球体来代表地球的形体，如图 1-2 所示，它就是长半轴为 a，短半轴为 b 的旋转椭球体（也称地球椭球体或参考椭球体）。旋转椭球体的形状和大小由 a、b 及扁率 α 等椭球元素确定，其中：

$$\alpha=\frac{a-b}{a} \tag{1-1}$$

目前，我国采用的参考椭球元素为：$a=6\ 378\ 140$ m，$\alpha=1/298.257$。由于参考椭球的扁率较小，在小范围进行测绘工作时可以近似地将旋转椭球体当作圆球来处理，其半径通常取 6 371 km，这样既能满足要求，又能大大地简化测绘工作。

1.3 测绘工作中的常用坐标系统

坐标系统是测绘学中的重要概念。测绘的基本工作是确定点的空间位置，而点位则与一定的坐标系统相对应，例如，直角坐标系中用 X、Y、Z 三个分量表示。下面介绍常用的几种坐标系统。

1.3.1 地理坐标系

当研究或测量的地域较广时，通常采用地理坐标来确定空间点位。地理坐标系是一种用经度和纬度来表示点位的球面坐标系，根据基准面的不同可分为天文坐标和大地坐标。

（1）天文坐标系

以大地水准面为基准面，铅垂线为基准线，空间点 P 沿铅垂线方向投影到大地水准面上的位置 P'，称为 P 点的天文坐标，如图 1-3 所示。NS 轴为地球自转轴，N 为北极，S 为南极，O 为地球中心。包含 P 点的铅垂线和地球自转轴 NS 的平面称为 P 点的天文子午面。天文子午面与大地水准面的交线称为天文子午线（也称经线）。将通过英国格林尼治天文台的子午面称为起始子午面，相应的子午线称为起始子午线（也称首子午线，零子午线，本初子午线）。过点 P 的天文子午面与起始子午面所夹的两面角 λ 称为 P 点的天文经度，其值为 0°～180°，在起始子午线以东称东经，以西则称西经。

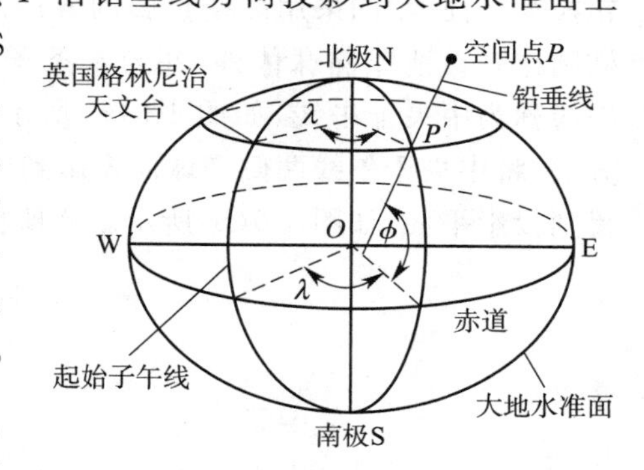

图 1-3　天文坐标系

通过地球中心 O 且垂直于地球自转轴的平面称为赤道面，它与地球表面的交线称为赤道，其他垂直于地球自转轴的平面与地球表面的交线称为纬线。过点 P 的铅垂线与赤道面之间所夹的线面角 ϕ 称为 P 点的天文纬度，其值为 0°～90°，在赤道以北称北纬，以南则称南纬。天文坐标 (λ,ϕ) 可用天文测量的方法得到。例如，北京某地的天文坐标为东经 116°29′，北纬 39°55′。

（2）大地坐标系

以参考椭球面为基准面，其法线为基准线，空间点 P 沿法线方向投影到参考椭球面上的位置 P'，称为 P 点的大地坐标，如图 1-4 所示。包含空间任意点 P 的法线且通过椭球旋转轴

NS的平面称为 P 的大地子午面。过 P 点的大地子午面与起始子午面所夹的两面角 L 称为 P 点的大地经度，其值同样分为东经 0°～180°和西经 0°～180°。过点 P 点的法线与椭球赤道面所夹的线面角 B 称为 P 点的大地纬度，其值同样分为北纬 0°～90°和南纬 0°～90°。

尽管天文坐标与大地坐标所依据的基准面和基准线不同，但差异较小，因此，在一般的测量工作中可以忽略其差异。

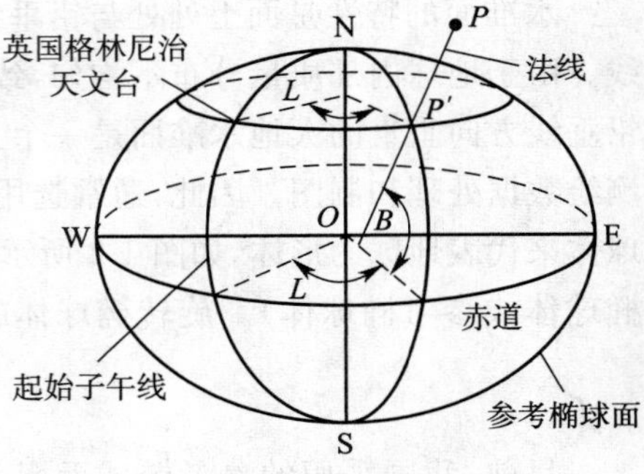

图 1-4　大地坐标系

1.3.2　平面直角坐标系

在测量工作中，若用球面坐标来表示地面点的位置，在计算和制图时都很不方便。因此，通常用平面直角坐标来表示点位。测量工作中所用的平面直角坐标系与数学上的直角坐标系不同之处在于：测量坐标系以 x 轴为纵轴表示南北方向，以 y 轴为横轴表示东西方向；象限按顺时针方向编号，如图 1-5 所示，这样规定可使数学中的三角公式直接用于测量计算。

(1)独立平面直角坐标系

当测区范围较小，能够忽略地球曲率的影响而将球面当作平面看待时，可建立独立平面直角坐标系（也称假定平面直角坐标系，或任意平面直角坐标系），如图 1-5 所示。该坐标系通常选取建筑物的轴线方向（如厂房、桥梁或隧道的轴线）为纵轴 x 方向，与其垂直的方向作为横轴（即 y 轴），原点设在测区的西南角，以免坐标出现负值。

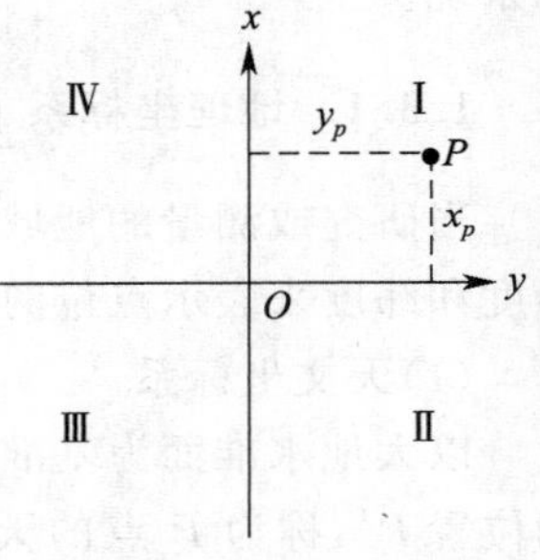

图 1-5　独立平面直角坐标系

(2)高斯平面直角坐标系

当测区范围较大时，必须顾及地球曲率的影响。为了将球面转换为平面，我国采用高斯投影的方法。高斯投影就是假设一个椭圆柱套在地球椭球体外，并与某条子午线相切，这条相切的子午线称为中央子午线，如图 1-6(a)所示。然后，采用等角投影的方法，将中央子午线两侧椭球面投影到椭圆柱面上，再将椭圆柱面沿母线裁开并展成平面，则得到投影平面，如图 1-6(b)所示。高斯投影具有以下特点：

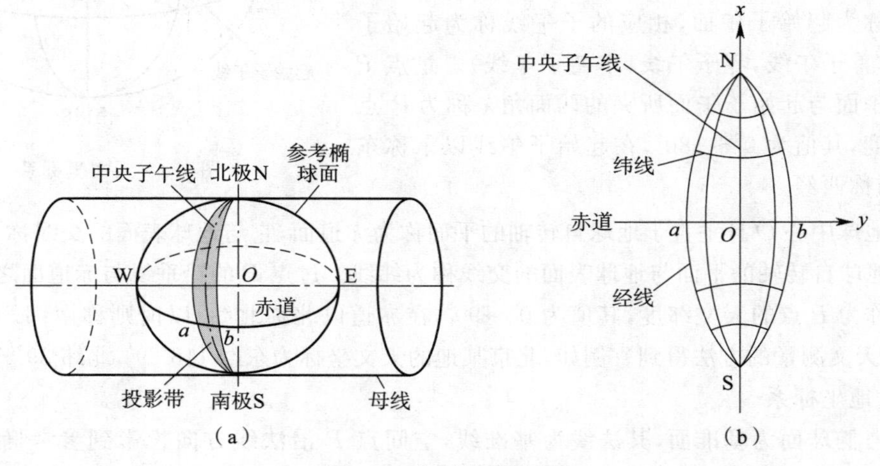

图 1-6　高斯投影概念

1)投影后的中央子午线为直线,无长度变化;其余经线投影为凹向中央子午线的对称曲线,长度有变化。

2)赤道的投影也为一直线,长度有变化;其余纬线投影为凸向赤道的对称曲线,长度有变化。

3)经纬线投影后仍然保持相互垂直的关系,即投影后的图形角度无变形。

高斯投影没有角度变形,但长度、面积有变形,离中央子午线越远则变形越大。为了对变形加以控制,测量中采用限制投影区域的办法,即将投影区域限制在中央子午线两侧一定范围内,这就是所谓的分带投影法,如图 1-7 所示。投影带一般分为 6°带和 3°带两种,如图 1-8 所示。

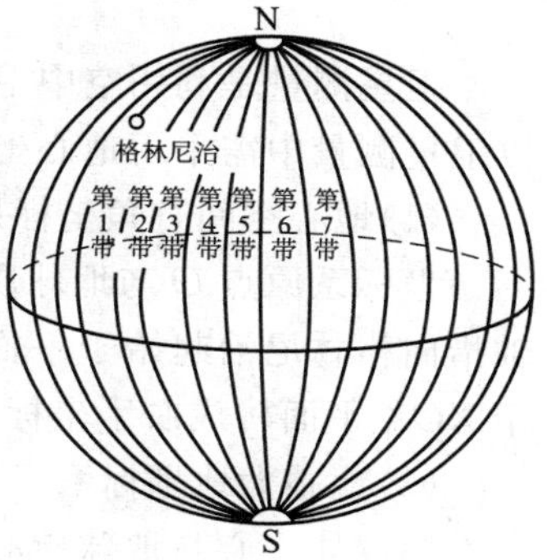

6°带投影是从起始子午线开始,自西向东,每隔经差 6°分为 1 带,将地球分成 60 个带,其编号分别为 1、2、…、60。每带的中央子午线经度可用下式计算:

$$L_6 = (6n - 3)° \tag{1-2}$$

式中 n 为 6°带的带号。

图 1-7　投影分带

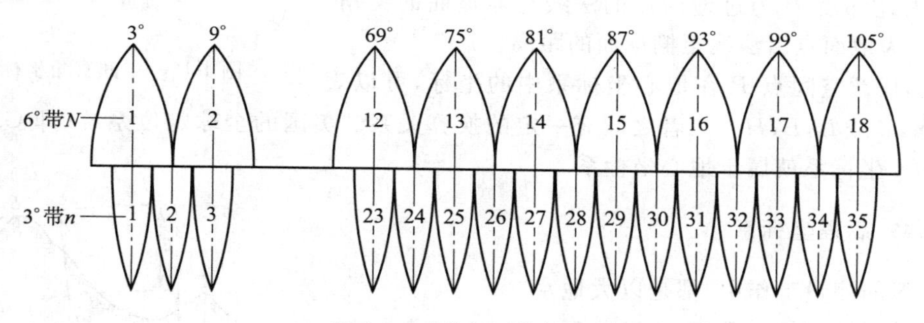

图 1-8　6°带和 3°带投影

3°投影带是在 6°带的基础上划分的。每 3°为一带,共 120 带,其中央子午线在奇数带时与 6°带中央子午线重合,每带的中央子午线经度可用下式计算:

$$L_3 = (3n')° \tag{1-3}$$

式中 n' 为 3°带的带号。

我国位于东经 72°～136°之间,包括 11 个 6°投影带,即 13～23 带;22 个 3°投影带,即 24～45 带。

通过高斯投影,将中央子午线的投影作为纵坐标轴,用 X 表示,向北为正;将赤道的投影作为横坐标轴,用 Y 表示,向东为正;两轴的交点作为坐标原点,由此构成的平面直角坐标系称为高斯平面直角坐标系,如图 1-9 所示。对应于每一个投影带,就有一个独立的高斯平面直角坐标系。

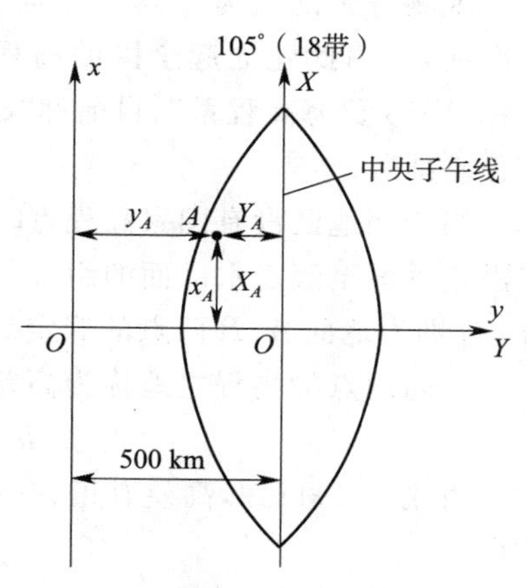

图 1-9　高斯平面直角坐标

我国位于北半球,在每个投影带的坐标系统中,X 坐标值总为正(表示距赤道的距离);而 Y 坐标值则有正有负,这对于计算和使用均不方便。为了使 Y 坐标都为正值,则将纵坐标轴向西平移 500 km(6°投影带的半个投影带的最大宽度约为334 km)；同时，为了区别不同的投影带坐标系，则在其Y坐标前再加上投影带的带号。这样，每个空间点的坐标则唯一了。如图1-9中的A点位于18投影带，其自然坐标为：$X_A = 3\ 300$ km，$Y_A = -280$ km；而A点的通用坐标(或称国家统一坐标)则为：$x_A = 3\ 300$ km，$y_A = -280 + 500 +$带号$= 18\ 220$ km。

1.3.3 地心坐标系

卫星测量是利用空中卫星的位置来确定地面点的位置。由于卫星围绕地球质心运动，所以卫星测量中需采用地心坐标系，该坐标系一般有两种表达形式，如图1-10所示。

(1)地心空间直角坐标系

坐标系原点O与地球质心重合，Z轴指向地球北极，X轴指向格林尼治起始子午面与地球赤道的交点，Y轴垂直于XOZ平面构成右手坐标系。

(2)地心大地坐标系

椭球体中心与地球质心重合，椭球短轴与地球自转轴重合，大地经度L为过地面点的椭球子午面与起始子午面的夹角，大地纬度B为过地面点的法线与赤道面的夹角，大地高H为地面点沿法线至椭球面的距离。

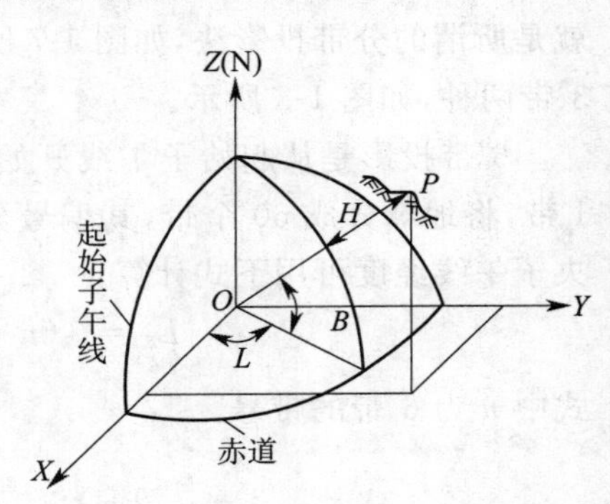

图1-10 空间直角坐标系

因此，任意空间点P在地心坐标系中的坐标，可以表示为X,Y,Z或L,B,H。二者之间有一定的换算关系。美国的全球定位系统(即GPS)采用的WGS-84坐标系就属于地心坐标系。

1.3.4 高程坐标系

在一般的测量工作中，都是以大地水准面作为高程起算面(称高程基准面)。任意空间点A沿铅垂线方向到大地水准面的距离称为A点的高程(也称绝对高程，或海拔，或标高)，通常用H_A表示，如图1-11所示。我国规定，以青岛验潮站长期观测得到的黄海平均海水面为大地水准面，并由此建立起全国的高程系，以前称"1956黄海高程系"，目前称"85国家高程基准"。

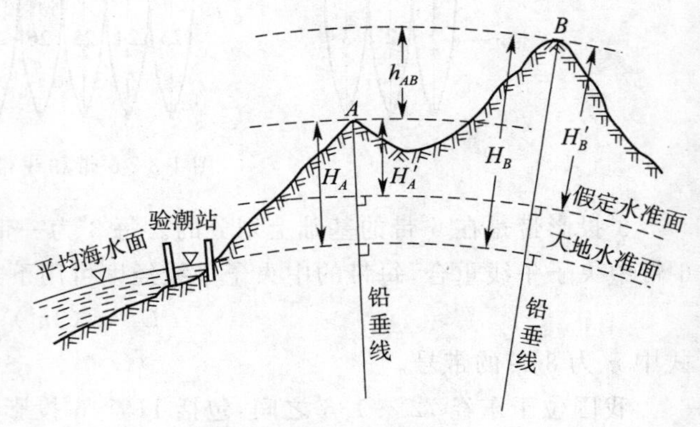

图1-11 地面点的高程

当待测地区没有国家高程点时，也可以假定一个水准面作为该地区的高程起算面。地面点沿铅垂线至假定水准面的距离，称为该点的相对高程(或称假定高程)，如图1-11中的H'_A、H'_B分别为地面A、B两点的假定高程。

空间两点的高程之差称为高差，通常用h表示，例如，A点至B点的高差可表示为

$$h_{AB} = H_B - H_A = H'_B - H'_A \tag{1-4}$$

由式(1-4)可知，高差有正、有负，分别表示实际地形的上坡或下坡方向，并用下标注明其方向。

1.4 测量的基本工作和原则

1.4.1 测量的基本工作

如图 1-12 所示，A、B、C、D、E 为地面上高低不同的一系列点位，构成空间多边形 $ABCDE$，图下方为其在水平面的投影多边形 $abcde$。水平面上的角就是空间两斜边的两面角在水平面上的投影。工程中常用的地形图，就是将空间点、线、面垂直投影到水平面并按一定的比例缩绘在图纸上。因此，地形图上各点之间的相对位置可以由距离、角度和高差确定，若已知一点的坐标(x,y,H)和一条直线的方向，则可根据测量的距离、角度及高差计算其他点的坐标和高程。

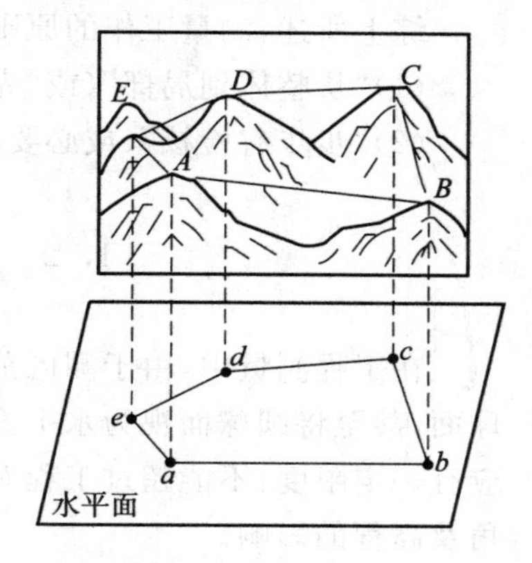

图 1-12 测量的基本工作

由此可知，测量的基本工作是：

(1)测量高程(详见本书第 2 章)；

(2)测量角度(详见本书第 3 章)；

(3)测量距离(详见本书第 4 章)；

(4)测量方向(详见本书第 5 章)。

1.4.2 测量工作的原则

测量工作的原则以下面地形测量为例来说明。地面上的地物(如房屋、道路、湖泊等)千差万别，地貌(如山峰、盆地、悬崖等)高低起伏且形态各异。地物和地貌统称为地形。测定地形的工作称为地形测量，其主要工作是测量一些有特征意义的地形点(如房角点、道路拐弯点及山头顶点等)，然后按比例缩小绘制在图纸上并用线条连接起来表示地形，如图 1-13 所示。地面房屋、道路及田地等地物通常用几何图形来表示，而山丘、平原及盆地等地貌通常用等高线表示，这样，便把客观现实在图纸上表示出来了。

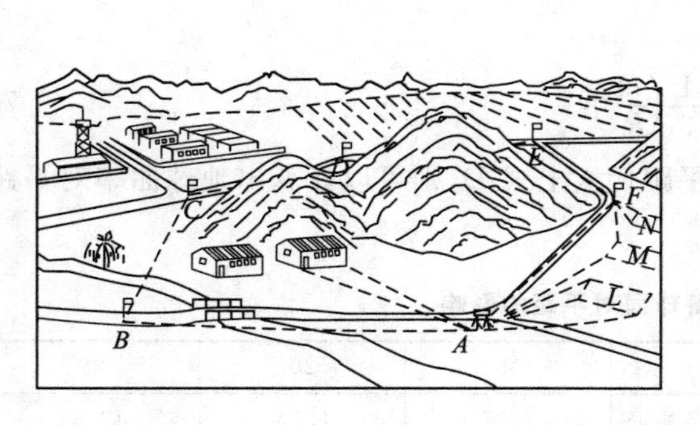

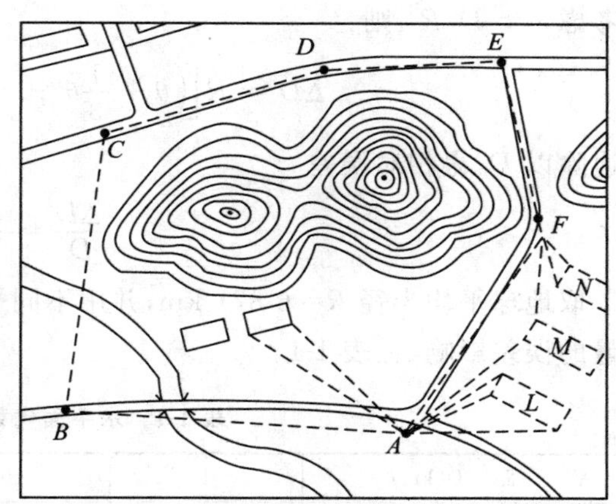

图 1-13 控制测量与碎部测量

为了保证测区内所有地形点的精度基本一致，应先在测区内统一选择一些起控制作用的点(例如，视线开阔的 A、B 等点，称为控制点)，构成一定的几何图形(例如，多边形 $ABCDEF$，称为控制网)，将控制点的坐标精确测量出来。然后，再根据这些控制点分别测量各自周围的地形点，进而绘制成地形图。例如在控制点 A，既可以测定房屋、道路及部分山头的位置，也可以测设待施工的建筑物 L 的位置。

另外，测量过程包括观测、记录、计算及绘图等任务，涉及内、外业工作，难免出现误差或错误，因此，测量工作应当有发现错误和评定测量成果质量的措施。

综上所述，测量工作的原则为：

(1)“从整体到局部”(或“先控制后碎部”，或“由高级到低级”)的原则；

(2)“步步有检核”(或必要的“重复测量”，“多余观测”，或“检核测量”)的原则。

1.5　用水平面代替球面的影响

在工程测量中，由于测区范围较小或工程对测量精度要求不是很高，通常将椭球面视为圆球面，甚至将圆球面视为水平面，即不考虑地球曲率对测量的影响。但是，用水平面代替球面应有一定限度，不能超过工程对测量工作的精度要求。下面给出水平面代替球面对平距、水平角及高程的影响。

1.5.1　水平面代替球面对平距的影响

地球表面有 A、B 两点，沿其铅垂线投影到大地水准面 P 上为 a、b 两点。过 a 点作切平面(即水平面)Q，R 为地球半径，见图 1-14 所示。大地水准面上两点间距离为 $ab=S$，在水平面上的距离为 $ab'=D$。

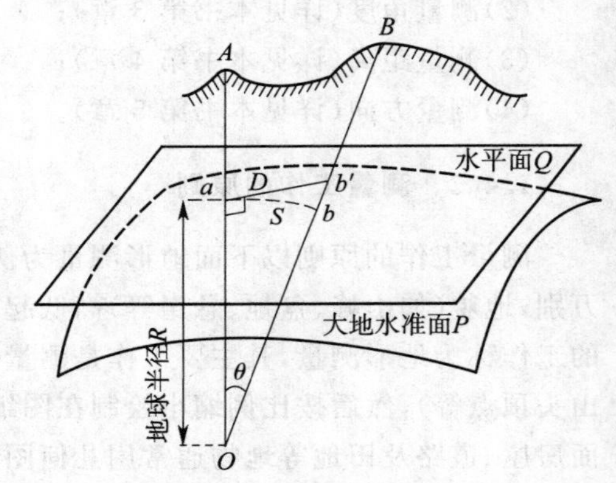

图 1-14　水平面代替水准面

设由水平面代替球面造成的平距误差为 ΔD，则

$$\Delta D = D - S = R(\tan\theta - \theta) \tag{1-5}$$

通常 θ 很小，$\tan\theta$ 可用级数展开为 $\tan\theta \approx \theta + \theta^3/3$，并考虑 $\theta = D/R$，则：

$$\Delta D = R\left[\left(\theta + \frac{1}{3}\theta^3 + \cdots\right) - \theta\right] = R\frac{\theta^3}{3} = \frac{D^3}{3R^2} \tag{1-6}$$

两边除以 D，得相对误差

$$\frac{\Delta D}{D} = \frac{1}{3}\left(\frac{D}{R}\right)^2 \tag{1-7}$$

取地球平均半径 R=6 371 km，并用不同平距代入上式 D，则可以计算出地球曲率对平距测量的误差影响，见表 1-1。

表 1-1　水平面代替球面对平距的影响

平　距　D(km)	1	10	15	20	25
平距误差　ΔD(cm)	0.00	0.82	2.77	6.57	12.83
相对误差　$\Delta D : D$	—	1∶120 万	1∶54 万	1∶30 万	1∶19 万

可见，当两点相距 10 km 时，用水平面代替曲面产生的长度误差为 0.82 cm，相对误差为 1∶120万。因此，在半径为 10 km 测区内，用水平面代替球面(或大地水准面)产生的距离误

差可以忽略不计。

1.5.2 水平面代替球面对水平角的影响

由球面三角可知，球面上多边形内角和比投影到平面上的多边形内角和多一个球面角超 ε，可由下式求得：

$$\varepsilon = \rho \frac{P}{R^2} \tag{1-8}$$

式中，P 为球面多边形面积，R 为地球半径，$\rho = 206\ 265''$。

以不同面积代入式(1-8)，可求出球面角超如表 1-2 所示。

表 1-2 水平面代替球面对水平角的影响

球面多边形面积 $P(\text{km}^2)$	10	50	100	300
球面角超 $\varepsilon('')$	0.05	0.25	0.51	1.54

当测区面积为 100 km^2 时，用水平面代替球面对水平角造成的误差为 0.51″。因此，在进行工程测量时通常可以忽略该误差。

1.5.3 水平面代替球面对高程的影响

从图 1-16 中可知，用水平面代替大地水准面时，产生的高程误差 $bb' = \Delta h$ 。在直角三角形 Oab' 中：

$$(R + \Delta h)^2 = R^2 + D^2 \quad \Rightarrow \quad \Delta h = \frac{D^2}{2R + \Delta h} \tag{1-9}$$

上式中因 Δh 相对于 R 很小，故可以略去。D 用大地水准面上的距离 S 代替，则

$$\Delta h = \frac{S^2}{2R} \tag{1-10}$$

对于不同 S，产生的高程误差如表 1-3 所示。

表 1-3 水平面代替球面对高程的影响

大地水准面上距离 $S(\text{m})$	200	500	1 000	2 000
高程误差 $\Delta h(\text{mm})$	3.1	20	80	310

可见，地球曲率对高差影响较大，例如，即使在 200 m 距离时，也会产生 3.1 mm 的高程误差。因此，在高程测量中必须考虑地球曲率的影响。

思考题与习题

1. 名词解释

参考椭球体、大地水准面、高斯平面直角坐标系、相对高程。

2. 填空题

(1)测量工作中的铅垂线与__________面垂直。

(2)珠穆朗玛峰的高程是 8 844.43 m，此值是指该峰顶至__________的__________长度。

(3)测量工作中的平面直角坐标与数学中的平面直角坐标不同之处是__________。

(4)测量工作中的基准面是____________面，而基准线是____________线。

3. 选择题

(1)任意高度的平静水面____________(都不是，都是，有的是)水准面。

(2)地球曲率对____________(距离，高程，水平角)的测量值影响最大。

(3)在一个平静湖面上有 A、B 两点，则 A、B 两点的高差____________($>0,<0,=0,\neq0$)。

(4)平均海水面____________(是，不是)参考椭球面。

(5)高斯投影中____________(面积，水平角，水平距离，方位角)不发生变形。

4. 若已知 A 点到 B 点的高差 $h_{AB}=-1.517$ m，试问从 A 点到 B 点是在走上坡路还是下坡路？

5. 某点经度为103°，试计算它所在的6°带和3°带的带号及中央子午线经度。

参考答案

4. 从 A 点到 B 点是在走下坡路。

5. 6°带的带号为18带，6°带中央子午线经度为105°；3°带的带号为34带，3°带中央子午线经度为102°。

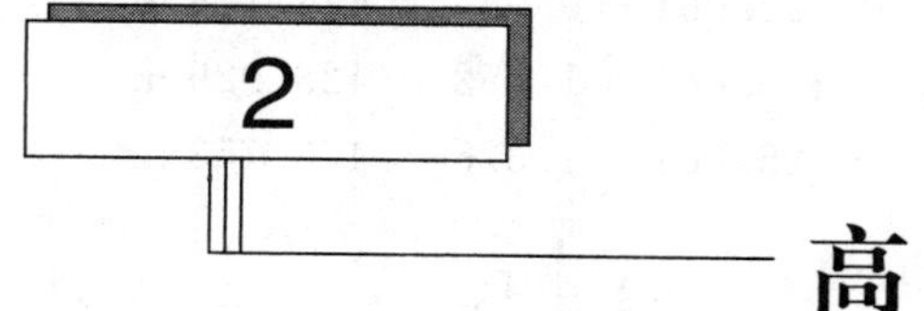

高程测量

高程测量是指确定两点间的高差,进而得到点位高程的测量。高程测量主要包括水准测量、三角高程测量和 GPS 水准测量等方法。

2.1 水准测量原理

利用水准仪提供一条水平视线,测出两点之间的高差,然后根据已知点的高程和高差推算出另一个点的高程。水准测量方法简单、精度高,是高程测量的主要方法。水准测量方法分为高差法和视线高法。

2.1.1 高差法

已知 A 点的高程为 H_A ,B 为待测量高程的点,在 A、B 两点的中间安置水准仪,并在 A、B 两点上竖立水准尺,见图 2-1 所示。利用水准仪的水平视线,分别在 A、B 尺上读数,得 a 和 b,则 A、B 两点之间的高差 h_{AB} 为

$$h_{AB} = a - b \tag{2-1}$$

则 B 点的高程 H_B 为

$$H_B = H_A + h_{AB} \tag{2-2}$$

根据水准测量前进方向,a 是在后方水准尺的读数,称“后视读数”;b 是在前方待求高程点上水准尺读数,称“前视读数”。由此可知,两点之间的高差为后视读数减前视读数。

如图 2-1 所示,已知 A 点高程 $H_A = 452.623$ m,$a = 1.571$ m,$b = 0.685$ m,则 A、B 两点间高差 $h_{AB} = a - b = 0.886$ m,B 点高程 $H_B = H_A + h_{AB} = 453.509$ m。

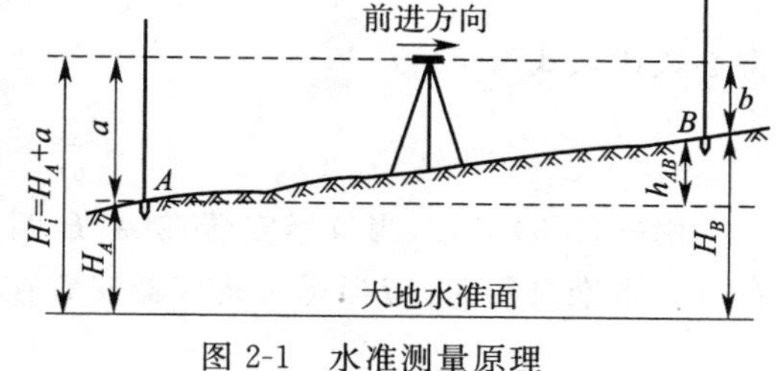

图 2-1 水准测量原理

2.1.2 视线高法

通过视线高程推算待定点高程的方法称为视线高法。安置一次仪器需要测出多个待定点的高程时,通常采用视线高法。由图 2-1 可知,视线高程为

$$H_i = H_A + a \tag{2-3}$$

则待定点 B 的高程为

$$H_B = H_i - b \tag{2-4}$$

如图 2-2 所示,已知 A 点高程 $H_A = 423.518$ m,需要测出 1、2、3 点的高程。测量时先读 A 点读数,$a = 1.563$ m,计算出视线高 $H_i = H_A + a = 425.081$ m,接着在各待定点上立尺,分别测得前视读数 $b_1 = 0.953$ m,$b_2 = 1.152$ m,$b_3 = 1.328$ m,则各待定点高程

分别为

$$H_1 = H_i - b_1 = 425.081 - 0.953 = 424.128\ \text{m}$$
$$H_2 = H_i - b_2 = 425.081 - 1.152 = 423.929\ \text{m}$$
$$H_3 = H_i - b_3 = 425.081 - 1.328 = 423.753\ \text{m}$$

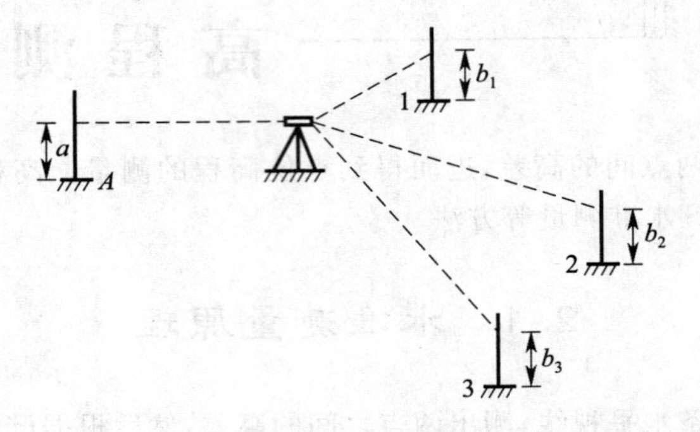

图 2-2　视线高法的应用

2.2　地球曲率对水准测量的影响

地面两点间的高差应该是分别通过这两点的水准面之间的垂直距离，而水准仪提供的是水平视线，因此，根据水平视线所得的尺上读数带有地球曲率误差。如图 2-3 所示，根据水平视线读得 A、B 水准尺上读数为 a、b，通过水准仪的水准面与两水准尺相交处的读数为 a'、b'，则 A、B 两点间的高差应为：

$$h_{AB} = a' - b' = (a - aa') - (b - bb') \tag{2-5}$$

设仪器至 A、B 两点间的距离分别为 D_A 和 D_B，则由第 1 章式(1-10)可得：

$$aa' = \frac{D_A^2}{2R},\quad bb' = \frac{D_B^2}{2R}$$

将上式代入式(2-5)得

$$h_{AB} = a - b - \frac{D_A^2 - D_B^2}{2R} \tag{2-6}$$

由式(2-6)可知，当仪器安置在 A、B 两点中间时，可以消除地球曲率误差的影响。因此，在进行水准测量时，应当尽量将仪器安置在离前、后视等距的中间点。

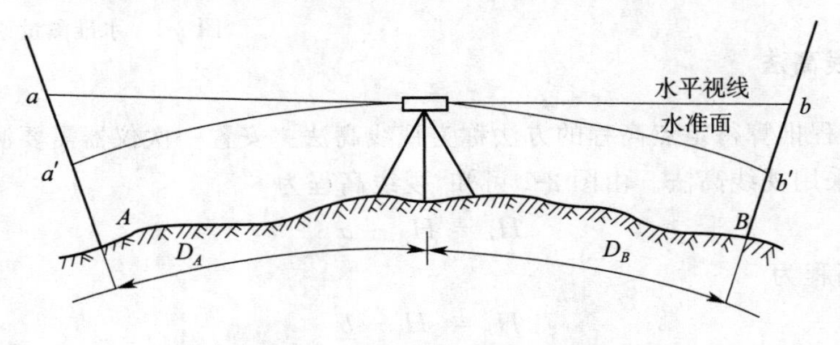

图 2-3　地球曲率对水准测量的影响

2.3 水准测量的仪器和工具

2.3.1 概　　述

水准仪是测量高程的主要仪器，此外，还需要水准尺和尺垫等辅助工具。水准仪可分为光学水准仪和电子水准仪两类；按照精度指标又分为 DS_{05}、DS_1、DS_3 和 DS_{10} 四个等级，D、S 分别是大地测量、水准仪拼音的首字母，下标数字表示仪器的精度指标，如 DS_{05} 表示每千米往返测高差中数的偶然中误差为 0.5 mm。水准仪的分级和用途见表 2-1。

表 2-1　水准仪系列的分级及主要用途

水准仪系列型号	DS_{05}	DS_1	DS_3（也称工程水准仪）	DS_{10}
精度指标	≤0.5 mm	≤1 mm	≤3 mm	≤10 mm
主要用途	国家一等水准测量及地震监测	国家二等水准测量及其他精密水准测量	国家三、四等水准测量及工程水准测量	一般工程水准测量

水准尺有木质水准尺和铟瓦水准尺，按其构造可分为直尺、塔尺、折尺等，图 2-4(a)为直尺，图(b)为塔尺，长度分别为 3 m 或 5 m。塔尺能伸缩，折尺可以对折，便于携带。水准尺上绘有 10 mm 或 5 mm 的分格，米和分米处注有数字。

水准测量常采用 3 m 且双面有刻划的木质尺，其中一面为黑面，另一面为红面；两根水准尺配成一对，每对尺的黑面都是尺底为零，而红面尺底分别为 4.687 m 和 4.787 m，这样设置的目的是防止黑、红面读数时产生印象读数错误。

精密水准测量时，使用伸缩变形很小的铟瓦水准尺，其分格值有 10 mm 和 5 mm 两种，图 2-5(a)是分格值为 10 mm、(b)是分格值为 5 mm 的铟瓦水准尺，包括基本分划和辅助分划，基辅差常数为 606.50 cm。

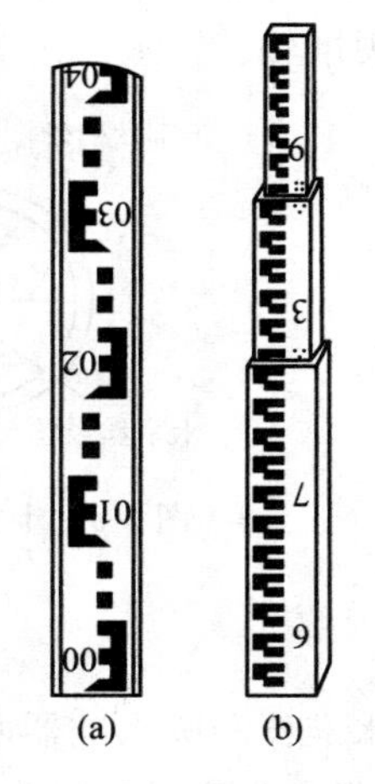

(a)　(b)

图 2-4　一般水准尺

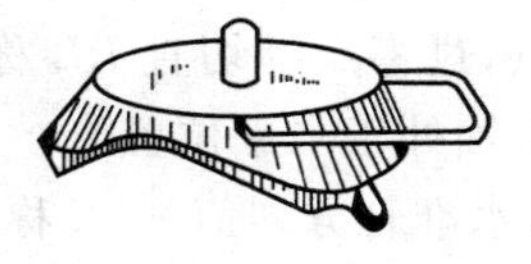

图 2-6　尺垫

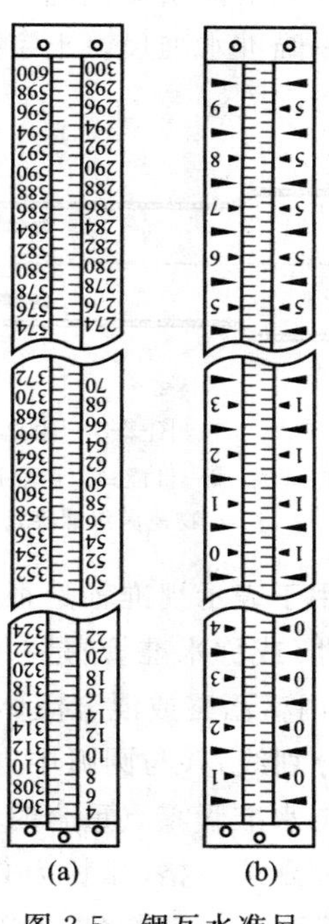

(a)　(b)

图 2-5　铟瓦水准尺

尺垫、尺桩均是在水准测量时供支撑水准尺和传递高程用的工具，它们的作用是减少水准尺的下沉及尺子转动时防止改变高程。尺垫一般由生铁铸成三角形状，如图 2-6 所示，中心突出部位用于放置水准尺，底部有尖脚以便踩入泥土中。

2.3.2 光学水准仪

(1)微倾式水准仪的构造

光学水准仪(也称微倾式水准仪)主要由望远镜、水准器、基座三部分组成，如图 2-7 所示。

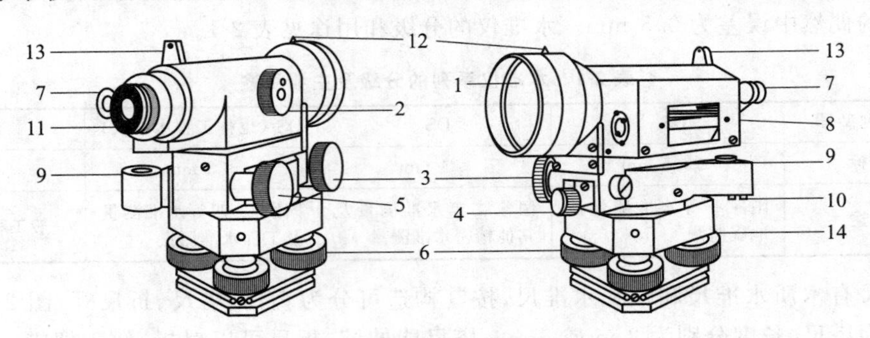

图 2-7 DS_3 型微倾式水准仪

1—望远镜物镜；2—物镜调焦螺旋；3—微动螺旋；4—制动螺旋；5—微倾螺旋；6—脚螺旋；7—气泡观察镜；8—水准管；9—圆水准器；10—圆水准器校正螺丝；11—望远镜目镜；12—准星；13—缺口；14—基座

望远镜用于照准远处的水准尺，并读取水准尺读数，主要由物镜、调焦透镜、十字丝分划板、目镜组成，其构造见图 2-8 所示。为了消除畸变，物镜、调焦透镜及目镜通常由一组玻璃镜片组成。

十字丝分划板是刻在玻璃片上的一组十字丝，如图 2-9 所示，三条横丝分别用于读数，与中横丝平行的上下两条短横丝称视距丝(位于上面的称上丝，位于下面的称下丝，用于测量距离)；竖丝用来瞄准水准尺。十字丝交点和物镜中心的连线称视准轴。

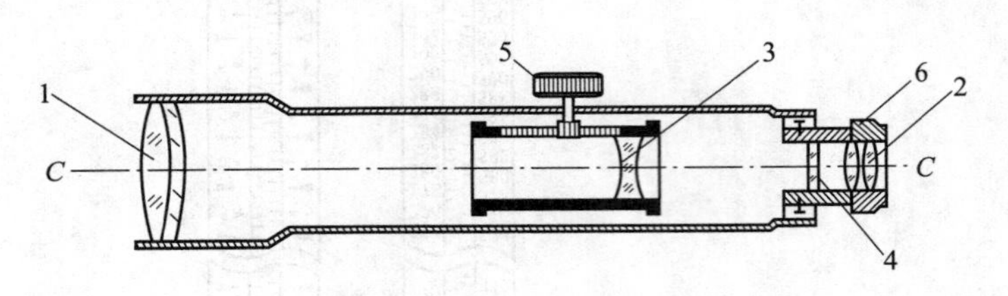

图 2-8 望远镜的构造

1—物镜；2—目镜；3—调焦透镜；4—十字丝分划板；5—物镜调焦螺旋；6—目镜调焦螺旋

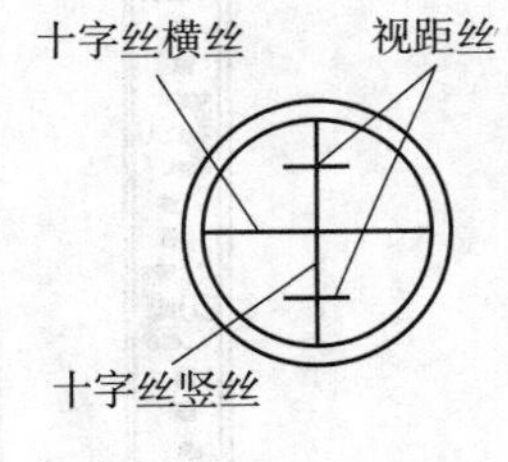

图 2-9 十字丝平面

水准器用于表示视准轴是否水平的装置。水准器分为管水准器和圆水准器两种。

管水准器(或称水准管)是一个封闭的玻璃管，管的内壁在纵向上磨成半径为 0.2 ～100 m 的圆弧面，管内盛乙醚或混合液体，加热后封闭形成一气泡，如图 2-10 所示。管面上刻有间隔为 2 mm 的分划线，并与圆弧中点 O 对称，O 点称水准管零点，过零点的切直 LL 称水准管轴。当气泡中点与水准管零点重合时，称为气泡居中，此时水准管轴处于水平位置。

水准管分划线一格(弧长为 2 mm)所对应的圆心角称为水准管分划值 τ(又称灵敏度)，它表示当气泡移动 2 mm 时水准管轴倾斜的角度，如图 2-11 所示，分划值的数学表达式见式(2-7)。

水准仪上水准管的分划值为 10″～20″，τ 越小，则水准管灵敏度越高，视线水平的精度越高。

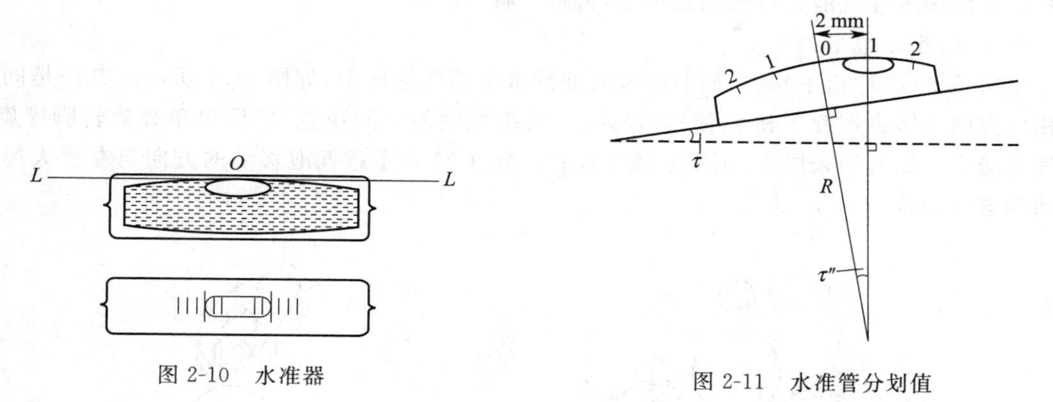

图 2-10　水准器

图 2-11　水准管分划值

$$\tau=\frac{2}{R}\rho \tag{2-7}$$

式中，$\rho=206\ 265''$，R 单位为 mm。

为了提高观察气泡居中的精度，水准仪在水准管的上方安装一组符合棱镜(见图 2-12)，使气泡两端的影像被反射到一起，通过气泡观察镜若观察到气泡两端的像符合成一个圆弧时，则表示气泡精确居中，否则(图中阴影部分未符合成一个圆弧，故气泡未居中)需要调节微倾螺旋使气泡两端的像吻合。这种水准器称为符合水准器。

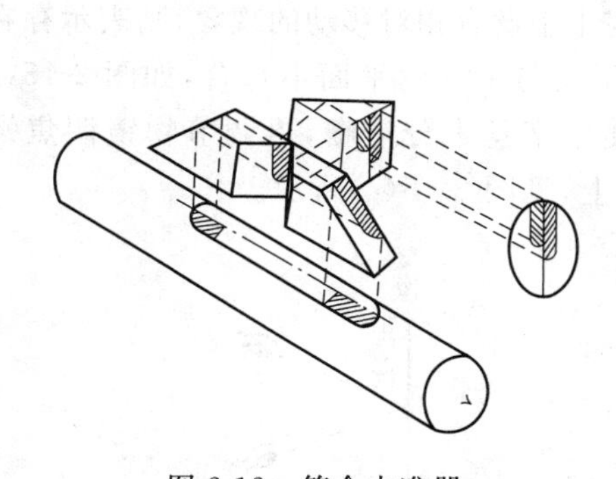

图 2-12　符合水准器

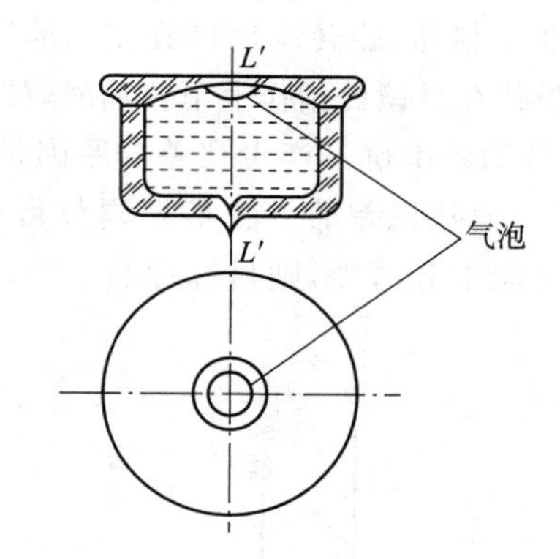

图 2-13　圆水准器

圆水准器是将一个封闭的圆柱形玻璃容器嵌在金属框内，顶盖的内壁表面为球面，容器内盛满热乙醚类液体，冷却后则形成一圆气泡(图 2-13)。容器顶盖中央刻有圆圈，小圈的中心是圆水准器零点，通过零点的球面法线 $L'L'$ 称为圆水准器轴。当气泡居中时，则圆水准器轴位于铅垂位置。圆水准器分划值是顶盖球面上 2 mm 弧长所对的圆心角值，一般为5′～20′。可见，圆水准器灵敏度较低，常用于粗略整平仪器。

基座由轴座、脚螺旋、底板和三角压板等构成，主要用于支承仪器的上部，并与三脚架连接。

(2)光学水准仪的使用方法

基本作业步骤：安置仪器→粗略整平→瞄准水准尺→精确整平→读取水准尺读数。

步骤一：安置水准仪。

在测站首先安置三脚架，要求高度适当、架头大致水平，并使三脚架腿在地面形成边长约

1.2 m的等边三角形；把水准仪安放到三脚架头上，并立即拧紧连接螺旋防止仪器摔下；移动一只脚架使圆水准气泡大致移动到中心，再将三脚架踩实。

步骤二：粗略整平。

粗略整平(简称粗平)是指调节脚螺旋使圆水准器气泡居中，如图 2-14 所示。方法是同时按相反方向旋转脚螺旋 1 和 2，使气泡移到该两脚螺旋的中间位置，然后再单独旋转脚螺旋 3 使气泡居中。如气泡未居中，则重复该项操作。粗平时应注意气泡移动的方向与左手大拇指移动的方向一致。

图 2-14　粗略整平

步骤三：瞄准水准尺。

调节目镜调焦螺旋使十字丝清晰；利用望远镜上面的准星和缺口瞄准水准尺；旋转制动螺旋使水准仪制动；旋转调焦螺旋使水准尺像清晰；用微动螺旋使十字丝竖丝对准水准尺。

当眼睛在目镜处稍作上下移动时，如果水准尺像与十字丝有相对移动的现象，则表示存在视差，导致读数不准确。产生视差的原因是水准尺成像平面与十字丝平面不重合，如图 2-15(a)、(b)所示。消除视差的方法是先调节目镜调焦螺旋使十字丝十分清晰，再调节物镜调焦螺旋使水准尺像十分清晰，则目标像与十字丝在同一平面上，见图 2-15(c)所示。

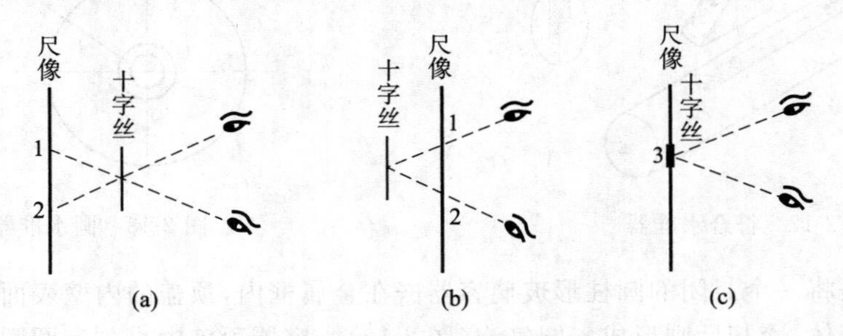

图 2-15　视差及消除方法

步骤四：精确整平。

每次在水准尺上读数之前，都必须先用微倾螺旋使水准管气泡符合，即精确整平。

步骤五：读数。

用十字丝的中丝读取水准尺上的读数，如图 2-16 所示，先直接读出米、分米和厘米数，再估读毫米，共四位数，例如 1.002、2.100、0.023 等。图中读数分别为 1.274 m 和 5.955 m。应注意：由于望远镜可能成正像或倒像，因此，读数时应由小数向大数方向读；在读数时应保证水准管气泡符合。

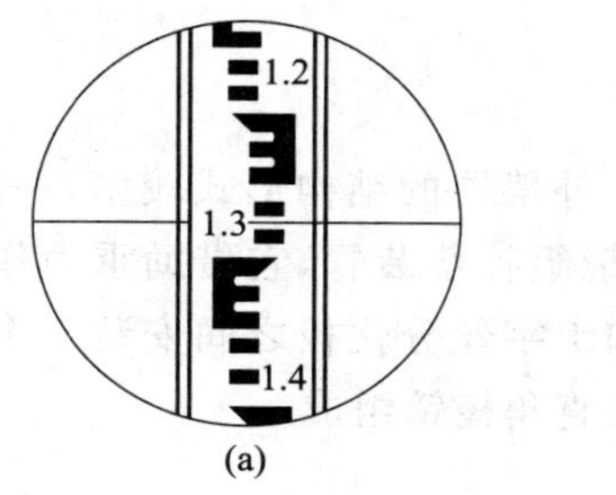

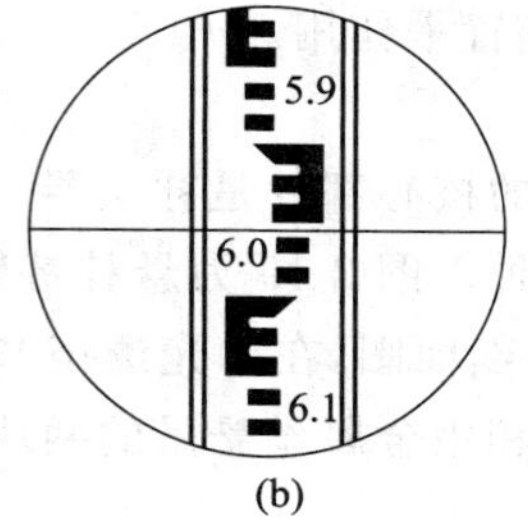

图 2-16 读数方法

2.3.3 自动安平水准仪

光学水准仪中有一部分仪器被称为自动安平水准仪，如图 2-17 所示，它能够利用补偿装置自动整平视准轴，即在圆水准器整平后可直接读取水平视线读数。

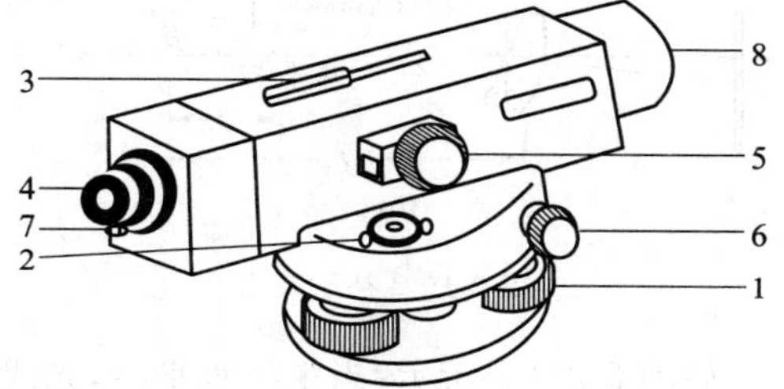

图 2-17 自动安平水准仪

1—脚螺旋；2—圆水准器；3—外瞄准器；4—目镜调焦螺旋；5—物镜调焦螺旋；6—微动螺旋；7—补偿器检查按钮；8—物镜

(1)自动安平基本原理

自动安平水准仪形式众多，但其基本原理可归纳为以下两类：

1)如图 2-18 所示，当仪器水平时，物镜位于 O 处，十字丝交点位于 B，水平视线在水准尺上的读数为 a_0。若仪器倾斜了一个小角 α，十字丝交点从 B 移到 A，读数时将读取错误读数 a。如果在距十字丝分划板 s 处安装一个补偿器，使水平光线偏转 β 角，并通过十字丝交点 A，这样，在十字丝交点 A 处的读数就是正确读数 a_0。由于 α 和 β 角都很小，由弧长公式可知：$s \cdot \beta = f \cdot \alpha$，即

$$\frac{\beta}{\alpha} = \frac{f}{s} = v \tag{2-8}$$

式中，f 为物镜的等效焦距，s 为补偿器到十字丝的距离，v 为补偿器的放大系数。

从图 2-18 和式(2-8)可知：只要保持 v 为常数，就能使水平光线经补偿器后始终通过十字丝交点，获得水平视线正确读数，从而起到自动安平的作用。

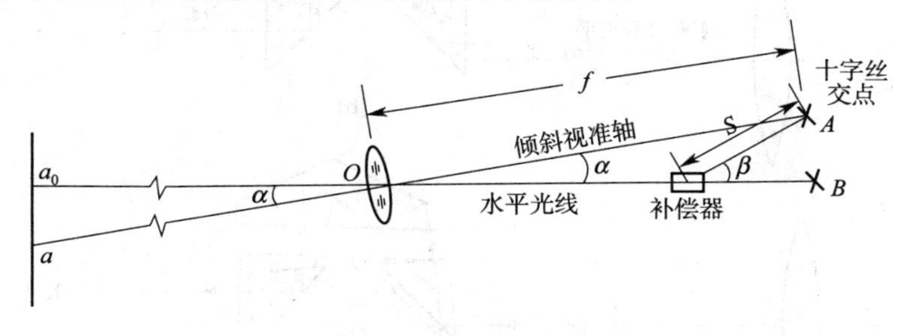

图 2-18 自动安平原理

2)与上面同理可知，如果当望远镜倾斜 α 角时，将补偿器置于视准轴方向上，可以使光线偏转 β 角而通过十字丝交点 B，从而也可得到式(2-8)，仍然能够起到置平作用。这种补偿器通常是将十字丝分划板悬吊起来，借助重力作用使十字丝分划板始终处于铅垂位置，在仪器微

倾的情况下，仍能起到置平作用。

(2)补偿器

自动安平水准仪的核心部件是补偿器。补偿器的结构形式较多，一般有吊丝式、轴承式、簧片式和液体式等几种。图 2-19 为悬挂棱镜组补偿装置，它借助重力作用达到补偿的目的，图 2-20 为该仪器结构剖面图，在对光透镜和十字丝分化板之间安装一个补偿器，它由固定在望远镜上的屋脊棱镜和用金属丝悬吊的两块直角棱镜组成。

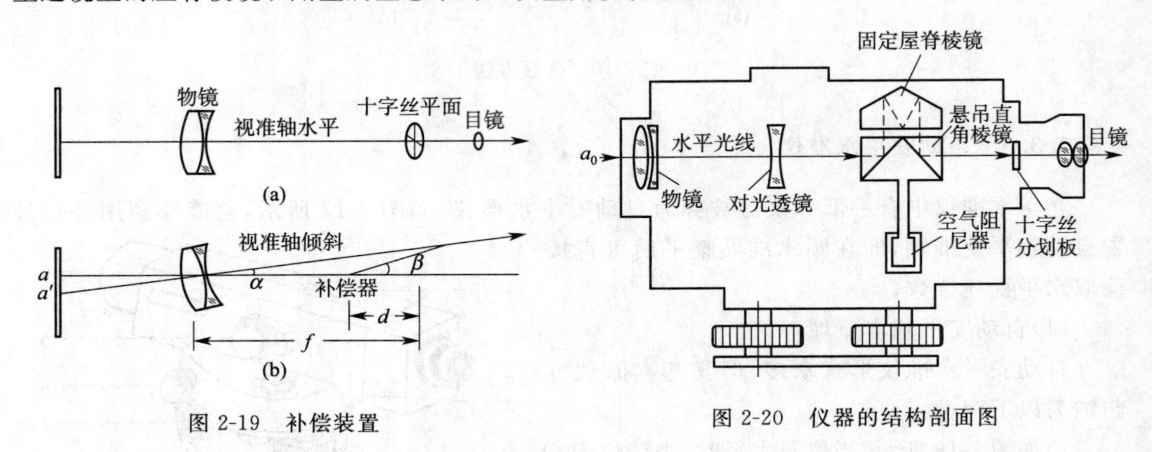

图 2-19 补偿装置　　　图 2-20 仪器的结构剖面图

如图 2-21(a)所示，当视线水平时，光线进入物镜后经过第一个直角棱镜反射到屋脊棱镜上，再经过一系列的反射，到达另一直角棱镜，再反射到十字丝交点上。

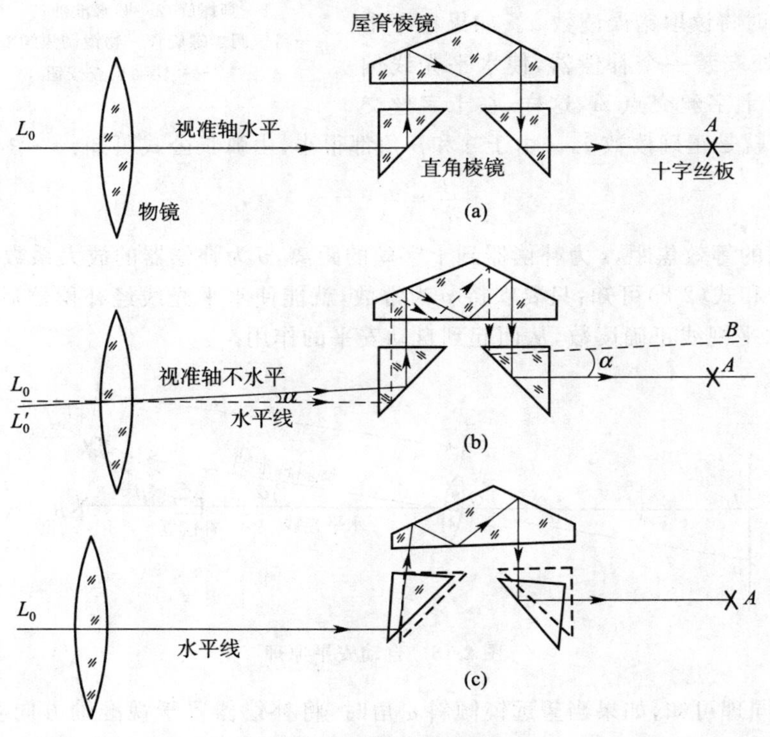

图 2-21 补偿器原理

如图 2-21(b)所示，当视准轴倾斜 α 角时，补偿器的直角棱镜组也发生相应倾斜，补偿器没发生作用。图中实线表示与倾斜视准轴重合的光线，此时的读数为错误读数 L'_0；虚线表示通过物镜光心的水平光线，经棱镜几次反射后并不通过十字丝交点 A，而是通过 B 点。

图 2-21(c)表示在望远镜有倾斜时，补偿器发生作用的情形。此时，直角棱镜在重力作用下还是垂直悬吊(如实线所示位置)，相当于与望远镜作相反的偏转运动。水平视线进入棱镜后，由于入射光线不垂直于直角面，将沿实线所示方向前进，经过一系列折射和反射后刚好通过十字丝的交点 A。根据光的全反射理论可知，当反射面旋转一个角度 α 时，原来被反射的光线将与其行进方向偏转 2α 大小的角度，因此，适当地设计补偿器可使水平光线正好通过十字丝的交点，达到"补偿"目的。

(3)仪器的使用

自动安平水准仪的使用方法与微倾式水准仪基本相同，只是不用精平就可以直接读数。由于补偿器有一定的工作范围，应注意居中圆水准气泡，否则，自动安平水准仪就不能正常工作。

2.3.4 电子水准仪

电子水准仪又称数字水准仪，它是集计算机技术、电子技术、图像处理技术、编码技术等于一体的新型水准仪。自从 1990 年研制出第一台电子水准仪以来，现在已经得到很大发展并逐渐普遍使用。与电子水准仪配套使用的是条码水准尺。

电子水准仪的主要组成部分包括：光学机械部分、自动安平补偿装置及电子部分。图 2-22 为电子水准仪的结构示意图，它比一般自动安平水准仪多了 4 个部件：调焦发送器、补偿监视器、分光镜、探测器。调焦发送器主要用于测定调焦透镜位置，获得仪器到水准尺的视距；补偿监视器用于监视补偿装置在测量过程中是否正常工作；分光镜的作用是将入射光线分成可见光和红外光两部分，可见光为观测水准尺提供光源，红外光为线阵探测器获取标尺图像提供光源；探测器是电子水准仪的核心部件之一，也是区别非电子式水准仪的标志，它由大量的光敏二极管组成以便获取水准尺的条码图像。

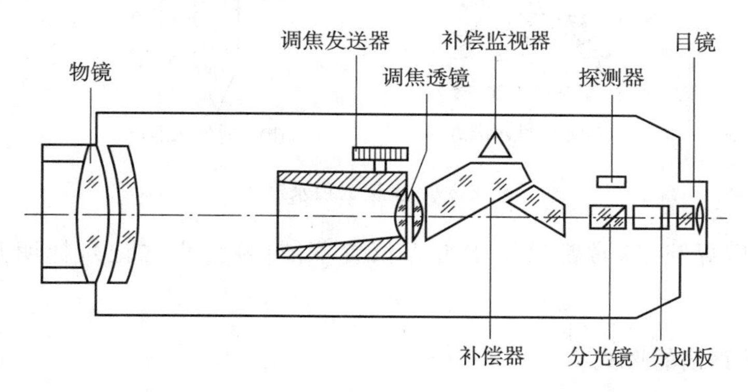

图 2-22 电子水准仪的结构示意图

电子水准仪采用数字图像处理技术，将水准尺的条码图像转化为模拟视频信号传送给信号处理部件，经处理后就可得到条码水准尺的读数及视距值。线阵探测器替代了人工肉眼观测，既可以防止读错数现象，也可以减小读数误差，提高了水准测量的速度和精度。同时，观测数据可以自动存储及检核，防止了记错、算错等情况发生。由于观测效率的提高，可以削弱外界条件的不利影响，例如温度变化、大气折光、水准尺及仪器沉降等带来的误差。另外，电子水准仪还可自动进行地球曲率和大气折光改正，实现计算自动化、测量模式多样化及内外业工作一体化。

电子水准仪的使用方法与自动安平水准仪基本相同。

2.4 水准测量的实施

2.4.1 水 准 点

为了统一全国高程系统以满足科研及工程建设的需要，测绘部门在全国各地埋设了许多固定的测量标志，并用较高精度的水准测量方法测定其高程，这些标志点称为水准点，按其精度分为一、二、三、四共四个等级，其顶部通常为凸起的半球面，用于放置水准尺。

国家等级的永久性水准点(图 2-23)可以埋在地下，也可以利用金属标志镶嵌在稳定的墙角上(图 2-24)。在建筑工地，永久性水准点可以埋在地面，临时性的水准点可在地面上突出的坚硬岩石上作出标志，也可以用木桩或铁钉打入地下，如图 2-25 所示。

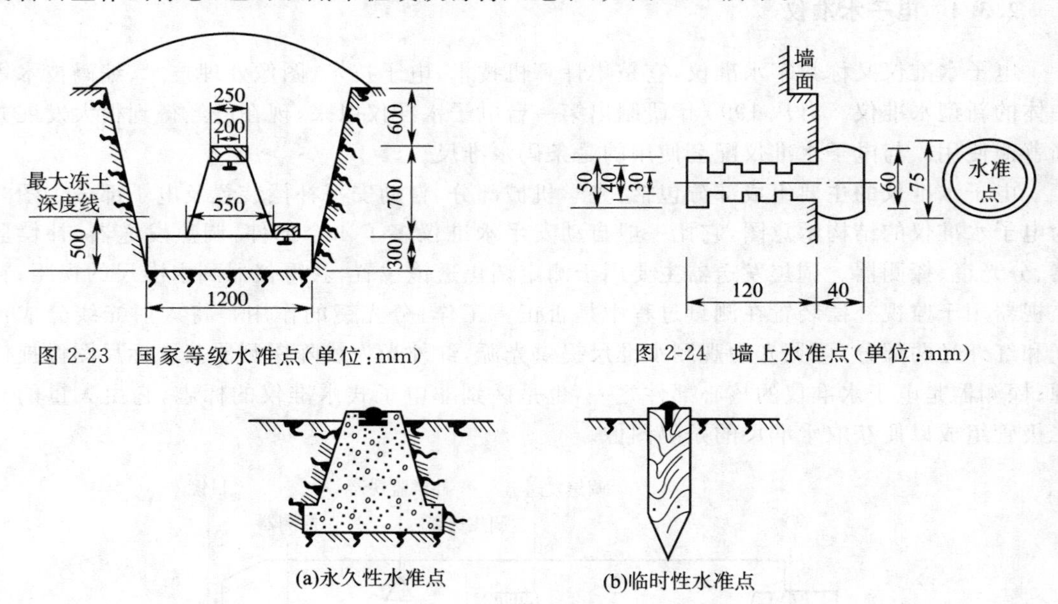

图 2-23 国家等级水准点(单位：mm)

图 2-24 墙上水准点(单位：mm)

图 2-25 建筑工程水准点

为了便于以后寻找，通常都绘制水准点位置草图(称为点之记)，标明点与周围地形的情况。

2.4.2 水准路线的形式

当待测点与已知点(即已知高程点)距离很近时，在两点中间安置一次仪器就可以测量出高差，并可求出待测点高程。常见的情况是待测点与已知点距离较远，且需要测出若干待测点的高程，这时就需要建立水准路线。在水准点之间进行水准测量所经过的路线，称为水准路线(或称水准线路)，相邻两水准点间的路线称为测段，架设水准仪的位置称为测站。水准测量的任务是从已知高程的水准点出发，测量出未知点的高程。水准路线的形式主要有以下四种。

（1）附合水准路线

附合水准路线的布设形式见图 2-26 所示，从已知水准点出发，沿待定点 1、2、…进行水准测量，最后附合到另一已知水准点上，这种形式的水准路线称为附合水准路线。

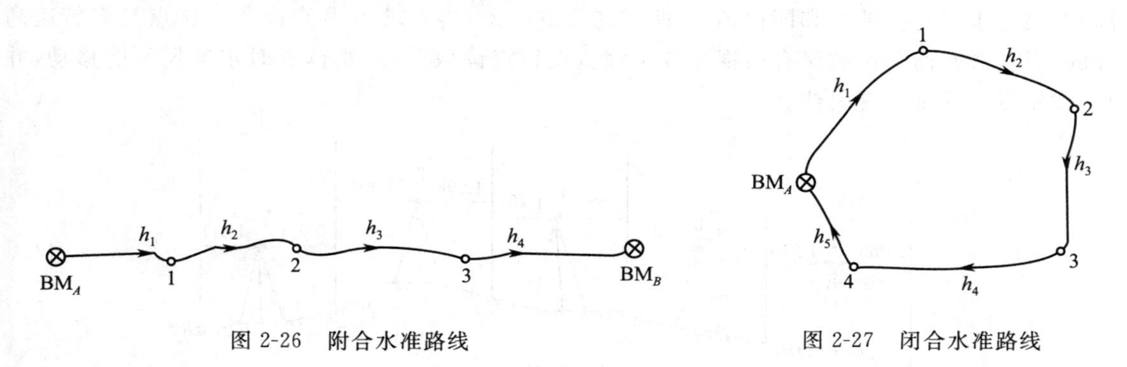

图 2-26 附合水准路线　　　图 2-27 闭合水准路线

（2）闭合水准路线

闭合水准路线的布设形式见图 2-27 所示，从已知水准点出发，沿各待定点 1、2、…进行水准测量，最后又闭合到原水准点上，这种环形路线称为闭合水准路线。

（3）支水准路线

支水准路线（或称水准支线）的布设形式见图 2-28 所示，从已知水准点出发，沿各待点 1、2、…进行水准测量，这种既不闭合又不附合的水准路线称为支水准路线。这种形式的水准路线不能对测量成果构成检核条件，因此，通常进行往测和返测，或用两组仪器进行测量，以便用两组成果进行对比检核。

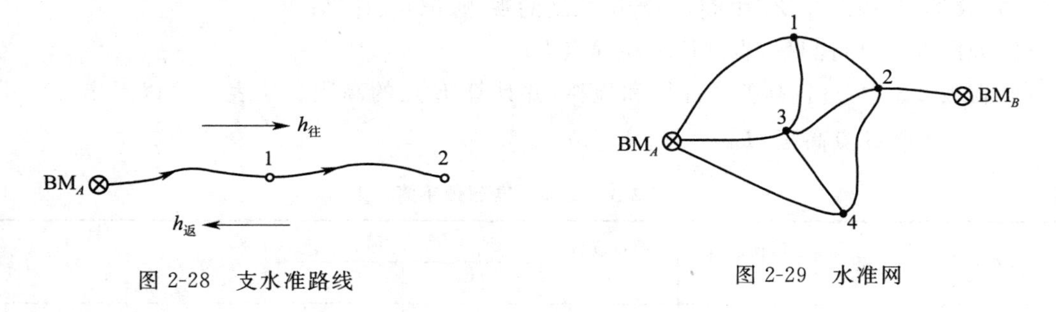

图 2-28 支水准路线　　　图 2-29 水准网

（4）水准网

如图 2-29 所示，水准网由多个附合水准路线、闭合水准路线或支水准路线组合而成。

布设好水准测量路线后，就可以根据水准测量的技术要求进行水准测量。普通水准测量的主要技术要求见表 2-2。

表 2-2 普通水准测量的主要技术要求

等　级	路线长度（km）	水准仪	水准尺	视线长度（m）	观测次数		往返较差或闭合差容许值	
					支水准路线	附合或闭合	平地（mm）	山地（mm）
等外水准	≤5	DS_3	单、双面	100	往返各一次	往一次	$\pm 40\sqrt{L}$	$\pm 12\sqrt{n}$

注：L 为水准路线长度（km）；n 为测站数。

2.4.3 施测方法

在图 2-30 中，已知水准点 A 的高程，B 为待求高程的点。当 B 点离 A 点较远，或高差较大，或视线被阻挡时，则需要在两点间加设若干临时立尺点（称转点），分别测量相邻两点间的高差，最后求所有高差之和即得 A、B 两点之间的高差，进而求出 B 点高程。转点是起传递高程的作用，既有前视读数又有后视读数，因此，在转点读取前、后视读数时水准尺不能移动，并且，在转点处通常放置尺垫。

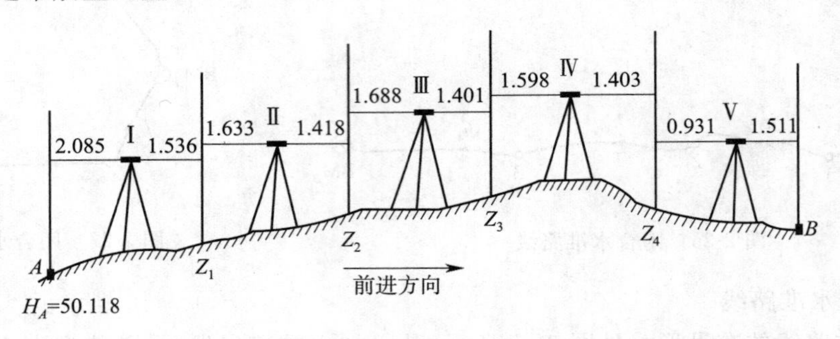

图 2-30 水准测量的施测方法

【例 2-1】 如图 2-30 所示，需要测定 B 点的高程。

【解】 利用普通水准测量的步骤如下：

(1)在 A 和转点 Z_1 竖立水准尺，两点中间安置水准仪进行水准测量，并算出这两点间的高差，填入表 2-3 中高差栏；

(2)第一个测站观测完成后，转点 Z_1 处的尺垫和水准尺保持不动，将 A 点处水准尺转移到 Z_2 点，仪器安置在 Z_1、Z_2 中间，进行第二站的观测、记录、计算；

(3)如此继续进行测量，直到待求高程点 B；

(4)在表 2-3 中，进行高差的计算和检核，并计算 B 点的高程。从表中可以看出，$\sum h = \sum a - \sum b$，则得 B 点高程 $H_B = H_A + \sum h$。

表 2-3 普通水准测量手簿

测 站	测 点	后视读数 a	前视读数 b	高差(m) +	高差(m) −	高程(m)	备 注
I	A	2.085		0.549		50.118	已知 A 点高程
	Z_1		1.536				
II	Z_1	1.633		0.215			
	Z_2		1.418				
III	Z_2	1.688		0.287			
	Z_3		1.401				
IV	Z_3	1.598		0.195			
	Z_4		1.403				
V	Z_4	0.931			0.580		
	B		1.511			50.784	
$\sum$		7.935	7.269	1.246	0.580		
计算检核	$\sum a - \sum b = +0.666$ $\sum h = +0.666$ $H_B - H_A = +0.666$						

在每一测段结束后或手簿上每一页末，都必须进行计算检核(见表 2-3 最后一行)，以便防止计算错误，但是不能检查出测量操作错误(如仪器视线不水平、读错、记错或立错点位等)。

测量误差不可避免地存在，但是应采取措施尽量减小。同时，应避免在测量工作中存在错误，应当有可靠的检核措施。因此，在进行水准测量时，应注意以下几点：

(1)观测前应对所使用的仪器、工具进行检查和校正，保证其能够正常工作；

(2)水准仪和水准尺应尽量安置在坚实的地面上，三脚架和尺垫要踩实，防止仪器和尺子下沉；

(3)前、后视距离应尽量相等，以便消除或减弱视准轴不平行于水准管轴、地球曲率及大气折光带来的误差；

(4)前、后视距离不宜太长，否则看不清楚水准尺读数，会带来较大的读数误差；

(5)水准尺应尽量立直；

(6)记录员应重复观测员的读数，以便得到观测员的确认，然后再记录；

(7)如果记错或算错，不能用橡皮擦去或涂改，而是在错误数字上划一横线，在旁边注上正确数字；

(8)在烈日下应撑伞遮住阳光，以便保证仪器的稳定性；同样，在下雨时也应撑伞遮住雨水，以免仪器受潮。

2.4.4 水准测量成果检核

为了保证水准测量成果的正确性、可靠性，对水准测量的成果必须进行检核。检核方法有测站检核和水准路线检核两种。

(1)测站检核

待测点高程是根据已知点高程和转点之间的高差计算出来的。为防止整个水准路线成果的错误，在每个测站都必须对观测结果进行检核，主要有以下两种方法。

1)两次仪器高法。在每个测站安置好水准仪后，测得两点之间的高差；接着，改变水准仪的安置高度(10 cm 以上)，再测量一次两点之间的高差。一个测站两次所测高差之差不应超过容许值(例如等外水准测量的容许值为±6 mm)，若满足要求则取其平均值作为该测站的高差，否则该测站应重测。

2)双面尺法 在每个测站分别对双面水准尺的黑面和红面进行观测，然后利用黑面和红面的前、后视读数，分别算出两个高差。如果两个高差的不符值不超过规定的限差，则取其平均值作为该测站的最后结果，否则重测。

(2) 水准路线检核

测站检核只能检核一个测站上是否存在错误或误差超限。但是，由于温度变化、风力、大气折光、尺垫和仪器下沉、尺子倾斜、读数误差、仪器和工具本身不完善等引起的误差，虽然在一个测站上反映不明显，但随着测站数的增多会使误差积累，造成误差超限。另外，水准尺立错点位也会造成错误。因此，需要进行水准路线检核。

1)附合水准路线检核。利用两端点已知高程点之间的高差理论上应等于各测站高差之和的几何条件进行检核，即 $H_{终}-H_{起}=\sum h_{理}$。但是，由于测量必然存在误差，因此，观测值 $\sum h_{测}$ 一般不等于理论值 $\sum h_{理}$，两者之差称为高差闭合差 f_h，即 $f_h=\sum h_{测}-(H_{终}-H_{起})$。$f_h$ 的大小反映了测量成果的质量，限差如表 2-2 所示。

2)闭合水准路线检核。由于闭合水准路线的起、终点是同一点,所以,理论上整条路线各测站高差之和应等于零,即 $\sum h_{理}=0$。但实测高差之和一般不等于零,则 $\sum h_{测}$ 就是闭合水准路线的高差闭合差,即 $f_{\rm h}=\sum h_{测}$。

3)支水准路线检核。支水准路线必须进行往返观测,以便形成检核条件。理论上,往测高差之和 $\sum h'_{理}$ 与返测高差之和 $\sum h''_{理}$ 的绝对值应相等且符号相反,即 $\sum h'_{理}=-\sum h''_{理}$,而实际往、返测高差代数和一般不等于零,其值即为支水准路线的高差闭合差,即 $f_{\rm h}=\sum h'_{测}+\sum h''_{测}$。

2.4.5 水准测量成果计算

当实测高差闭合差小于容许值时,表示观测精度满足要求,可以把闭合差分配到各测段的高差上。水准测量误差与水准路线的长度或测站数成正比,因此,闭合差的分配原则是把闭合差以相反的符号、与各测段路线的长度或测站数成正比分配到各测段的高差上。各测段高差的改正数为:

$$v_i=-\frac{f_{\rm h}}{\sum L}\cdot L_i \tag{2-9}$$

或

$$v_i=-\frac{f_{\rm h}}{\sum n}\cdot n_i \tag{2-10}$$

式中,L_i 和 n_i 分别为第 i 测段路线长或测站数,$\sum L$ 和 $\sum n$ 分别为水准路线总长或测站总数。

(1) 附合水准路线成果计算

表 2-4 为附合水准路线计算表,已知点高程、各测段的距离和实测高差均列于表中,计算步骤如下:

计算高差闭合差:$f_{\rm h}=\sum h-(H_{终}-H_{起})=+8.127-(71.529-63.477)=+0.075\,(\rm m)$;

计算容许闭合差:$f_{h容}=\pm 20\sqrt{L}=\pm 20\sqrt{18.2}=\pm 85(\rm mm)$,$f_{\rm h}<f_{h容}$,故符合精度要求;

表 2-4 附合水准路线计算表

点 号	距离(km)	高差(m)	改正数(mm)	改正后高差(m)	高程(m)
BM_A					63.477
	2.9	+1.242	−12	+1.230	
1					64.707
	3.2	+2.782	−13	+2.769	
2					67.476
	3.1	+3.245	−13	+3.232	
3					70.708
	3.3	+1.079	−14	+1.065	
4					71.773
	3.7	−0.064	−11	−0.075	
5					71.698
	3.0	−0.157	−12	−0.169	
BM_B					71.529
$\sum$	18.2	+8.127	−75	+8.052	
检核计算	$f_{\rm h}=\sum h-(H_{终}-H_{起})=+8.127-(71.529-63.477)=+0.075\,(\rm m)$ $f_{h容}=\pm 20\sqrt{L}=\pm 20\sqrt{18.2}=\pm 85\,(\rm mm)$, $f_{\rm h}<f_{h容}$				

计算高差改正数：由式(2-9)计算各测段高差的改正数；

计算改正后高差：根据实测高差和改正数，计算改正后高差；

计算各点的高程：由起点 BM_A 高程加上改正后高差，推算各点高程。最后计算出终点 BM_B 的高程应与该点的已知高程完全一致。

(2) 闭合水准路线成果计算

闭合水准路线成果计算的步骤与附合水准路线基本相同，不再重复叙述。

(3) 支水准路线成果计算

支水准路线的成果计算，应将高差闭合差以相反的符号平均分配在往测和返测高差上。

【例 2-2】 在已知高程点 A 与待求点 B 之间进行往、返水准测量，已知 $H_A = 8.475$ m，$\sum h_{往} = +0.028$ m，$\sum h_{返} = -0.018$ m，A、B 间线路长 $L = 3$ km，求改正后的 B 点高程。

【解】 计算高差闭合差：$f_h = \sum h_{往} + \sum h_{返} = 0.028 - 0.018 = +0.010$ (m)。

计算容许闭合差：$f_{h容} = \pm 30\sqrt{L} = \pm 30\sqrt{3} = \pm 52$ mm，$f_h < f_{h容}$，故测量精度符合要求。

计算改正后往测高差：$\sum h'_{往} = \sum h_{往} + \frac{-f_h}{2} = +0.028 - \frac{0.010}{2} = +0.023$ (m)。

计算改正后返测高差：$\sum h'_{返} = \sum h_{返} + \frac{-f_h}{2} = -0.018 - \frac{0.010}{2} = -0.023$ (m)。

计算 B 点高程：$H_B = H_A + \sum h'_{往} = 8.475 + 0.023 = 8.498$ (m)。

2.5 水准测量误差分析

水准测量精度会受到多种误差的影响，主要包括仪器误差、观测误差和外界环境影响误差等三个方面。仪器误差主要是由于制造工艺限制而使仪器不完善造成的，观测误差主要是由于人眼的鉴别能力有限造成的，而外界环境影响误差主要是指由于自然条件因素给测量工作带来的误差。下面分析水准测量的主要误差影响及其减弱方法。

2.5.1 微倾式水准仪和自动安平水准仪的误差及其减弱方法

(1)仪器误差

1)视准轴与水准管轴不平行引起的误差(又称为 i 角误差)。当水准管气泡居中而视准轴与水准管轴不平行时，则会产生误差。由于这种误差与视距成正比，因此，当前、后视距相等时，则能消减此项误差对测量结果的影响。

2)调焦误差。当转动调焦螺旋调焦时，调焦透镜的非直线移动可改变视准轴位置，产生调焦误差。因此，在进行观测时，要尽量使前、后视距相等，不再重新调焦，这种误差就可消减。

3)水准尺误差。主要包括尺子长度不准确、刻划不均匀、尺身弯曲和零点差(尺的底端磨损或底部粘上泥土等使零刻划位置变化)等。因此，水准尺在使用前要仔细检核。

(2)观测误差

1)气泡居中误差。由于观测者的视力有限，不能严格居中水准管气泡，从而导致视准轴不水平，产生读数误差。该项误差的大小与水准管分划值和视距成正比。

2)水准尺估读误差。由于水准尺的毫米位是估读的，因而会产生读数误差，它与十字丝的粗细、望远镜的放大倍数及视距有关。因此，在测量时应仔细调节目镜以确保十字丝清晰，同时限定视线长度。

3)视差引起的误差。视差产生的原因是目标成像平面与十字丝分划板不重合，眼睛在不同位置得到不同的读数。因此，在每次读数前应仔细调节目镜和物镜的调焦螺旋，直到眼睛在目镜端上、下移动时水准尺上的读数不变。

4)水准尺倾斜误差。如果水准尺在视线方向前后倾斜，观测员很难发现并及时纠正，从而使尺上读数增大。水准尺如果是左右倾斜，观测时可以利用十字丝的竖丝进行检查并及时纠正。为了立直水准尺，通常在尺上安装水准器。

(3)外界环境的影响误差

1)仪器和水准尺下沉。仪器、水准尺下沉是指在土质较松软的地面上进行测量时，由于仪器或尺子自重而发生缓慢下沉，导致读数发生变化。因此，在测量时应选择坚实地面并将三脚架和尺垫踩实，并以熟练操作和快速读数来缩短观测时间，在高精度的水准测量中应按照规定的观测顺序操作，以便减弱其影响。

2)地球曲率和大气折光的影响。视线通过不同密度的大气层时，会产生弯曲并偏转向密度较大的一方，这种现象称为大气折光。同时，在第1章已讨论，在高程测量时，应考虑地球曲率的影响。消减该项误差的方法是使前、后视距相等，视线不宜太长，提高视线高度(应高出地面0.3 m以上)，并选择有利的观测时间，例如，阴天、有微风等。

3)气候影响引起的误差。风吹可使仪器发生偏斜，太阳晒可使水准管内液体温度升高导致气泡向着温度高的方向移动，太阳照射也使得三脚架腿膨胀引起仪器偏转，地面水分的蒸发使得目标不清晰。因此，测量中应随时注意为仪器打伞遮阳，避免风吹及地面震动等不利观测条件。

4)电磁场引起的误差。输电线经过的地带所产生的电磁场，可使视线方向发生变化，并与电流强度有关。因此，在输电线附近进行水准测量时，应当使水准路线离输电线几十米以外，如果水准路线与输电线相交，其交角应为直角。

在以上讨论的误差中，视准轴与水准管轴不平行引起的误差、水准管气泡居中误差仅为微倾式水准仪所具有，其余误差同时影响微倾式水准仪和自动安平水准仪。此外，影响自动安平水准仪的圆水准器位置不正确误差、补偿器误差等将在“电子水准仪的误差及减弱方法”中介绍。

2.5.2 电子水准仪的误差及减弱方法

自动安平水准仪存在的多数误差在电子水准仪中也存在，并且由于电子水准仪采用了较多的电子技术，又产生了新的误差来源，下面主要介绍仪器误差、条码标尺误差及读数误差。

(1)仪器误差

1)圆水准器位置不正确误差。电子水准仪的圆水准器用于粗平，再利用补偿器进行精平。但长时间的使用、搬运或温度变化等因素，会使圆水准器位置偏离其正确位置，致使仪器竖轴倾斜，偏移量较大时会导致补偿器无法工作。因此，测量前应该对仪器进行检验和校正。

2)补偿器误差。主要包括补偿器安置误差、补偿剩余误差、补偿器滞后误差、补偿器磁致误差。在测量时补偿器的安置误差可以通过严格使圆水准气泡居中来削弱；补偿器滞后误差可以通过在安平仪器后等待 2～5 s 再进行测量来削弱；补偿器磁致误差可以在布设路线时通过远离磁场来削弱。补偿器的剩余误差与补偿器性能相关，受观测环境影响较小。

3)视准轴误差。温度变化、振动、望远镜调焦和磁场(包括地球磁场和外部电磁场)等均会引起视准轴误差。电子水准仪在获取读数时，以 CCD(Charge-coupled Device，可以把光学影像转化为数字信号的电荷耦合元件)器件上认定的中点附近的某个像素为参考基准，通过仪器内置的自检程序自动对测量结果的视准轴误差进行改正。但是，还存在残余视准轴误差影响测量结果。

4)光电分划板一致性误差。电子水准仪有两个分划板，一个是传统的光分划板，上面有横丝和竖丝；另一个是电分划板，即 CCD 器件的光敏面上有一条竖向排列的像素构成的竖丝。当望远镜向无穷远目标调准时，光分划板和电分划板都要位于望远镜物镜系统的焦平面上，而且电竖丝和光竖丝都应铅垂，左右不得分离或交叉，这个条件称为光电分划板的一致性。如果两分划板之一不位于望远镜物镜的焦平面上，则光学调焦清晰后，在电分划板上的条码成像会模糊，引起读数误差或延长读数时间。如果电竖丝偏离光竖丝或有交角，则在标尺上电读数的部位与光学竖丝照准的部位不一致。

(2)条码水准尺误差

电子水准仪条码水准尺的误差主要包括圆水准器位置不正确、水准尺零点差、条码分划误差、水准尺遮挡影响度等。其中圆水准器位置不正确、水准尺零点差与传统的水准尺误差相同，在此不再赘述。

1)条码水准尺分划误差。主要包括水准尺条码线的条码分划误差、有缺陷的条码线引起的分划误差，这些分划误差对读数的影响是成像在 CCD 探测器上的所有分划线的分划误差的平均值。由于水准尺条码分划线的误差很小，因此，水准尺分划误差对电子水准仪测量的影响远比微倾式水准仪小得多。

2)水准尺遮挡影响。电子水准仪测量是建立在一定数量水准尺码元采样率基础上的，要保证测量精度，除了有足够的测量次数外，还必须有足够的采样码元。码元严重不足可能会导致测量中断或精度急剧降低。一般用遮挡率作为评价采样码元进行测量的能力。所谓遮挡率是指水准尺全截距被遮挡的百分比，它与观测视距紧密相关，因为视距不同，望远镜视场内水准尺的截距也不同。通常，随着遮挡范围的增加，电子水准仪的观测时间会增加，而精度会降低。

(3)读数误差

1)视距的影响。视距过长，水准尺在 CCD 上的成像小，大气热抖动可影响水准尺分划的成像质量，造成图像处理过程中精度降低；视线过短，CCD 上截取的有效水准尺码元数量少，成像质量会产生系统畸变，也会降低测量精度。仪器在最大最小视距情况下的测量精度，能够反映电子水准仪的性能。

2)视线位置的影响。视线在水准尺上的读数位置也会影响测量精度，过高或过低的水准视线，不但会减少图像处理的有效水准尺码元，而且增加了大气折光差的影响。因此，观测时应尽量使视线在水准尺中央附近。

3)水准尺表面光照强度的影响。水准尺表面光照强度不均匀或亮度不合适，会延长测量时间，增大读数误差，甚至无法读数。电子水准仪对水准尺的照明要求通常比微倾式水准仪高。目前，各厂家都增强了各自产品在光线较暗或较强条件下的观测能力，甚至在黑暗条件下借助人工照明仍然可以测量。

2.6 水准仪的检验和校正

2.6.1 微倾式水准仪的检验和校正

微倾式水准仪的主要轴线及其应满足的几何关系如图 2-31 所示：圆水准器轴 $L'L'$ 应平行于仪器竖轴 VV；十字丝的横丝应垂直于仪器的竖轴 VV；水准管轴 LL 应平行于视准轴 CC。

通常，测绘仪器每年或进行重要工程之前都需要送到专门的检定部门进行检校。根据前面检校的项目不受后面检校项目影响的原则，微倾式水准仪检校的顺序和方法如下所述。

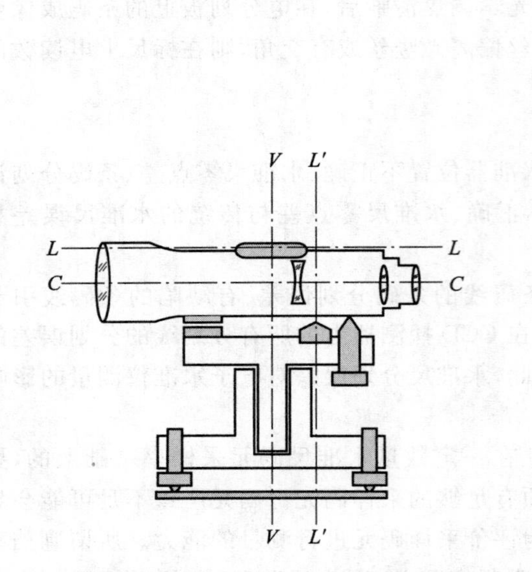

图 2-31 微倾式水准仪的主要轴线及其几何关系

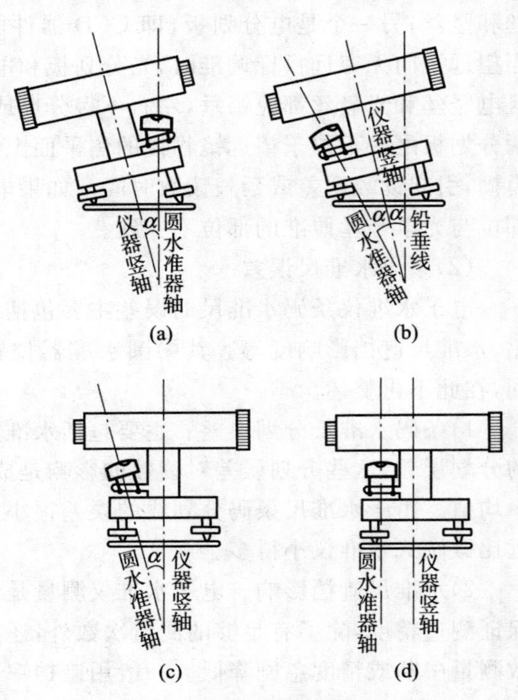

图 2-32 圆水准器检校原理图

(1)圆水准器的检验和校正

1)检验方法。将三脚架安置在坚实的地面；旋转脚螺旋使圆水准器气泡居中；再将仪器绕竖轴旋转 180°，若气泡仍居中，则表示圆水准器轴已平行于仪器竖轴，否则需进行校正。

2)校正方法。若圆水准器轴不平行竖轴，当圆水准器气泡居中时，圆水准器轴与仪器竖轴成 α 角，如图 2-32(a)所示；若仪器绕竖轴旋转 180°(因为仪器旋转时是以竖轴为旋转轴的)，所以圆水准器轴与仪器竖轴所夹的角度变为 2α，如图 2-32(b)所示；用脚螺旋使气泡向圆水准器中心移动偏离量的一半，则仪器竖轴处于铅垂而圆水准器轴与仪器竖轴仍保持 α 角，如图 2-32(c)所示；拨圆水准器的校正螺旋，使圆水准器气泡居中，则使圆水准器轴平行于竖轴，如图 2-32(d)所示。通常，校正工作要进行多次，直到仪器旋转到任何位置气泡都居中为止。

(2)十字丝横丝的检验和校正

1)检验方法。将仪器安平；用横丝的一端照准一个明显目标(如在墙上画的三角形)；用微动螺旋转动望远镜，若目标仍在横丝上不变，如图 2-33(a)所示，则说明横丝与竖轴垂直。若目标偏离了横丝，如图 2-33(b)所示，则说明横丝不水平，应予以校正。

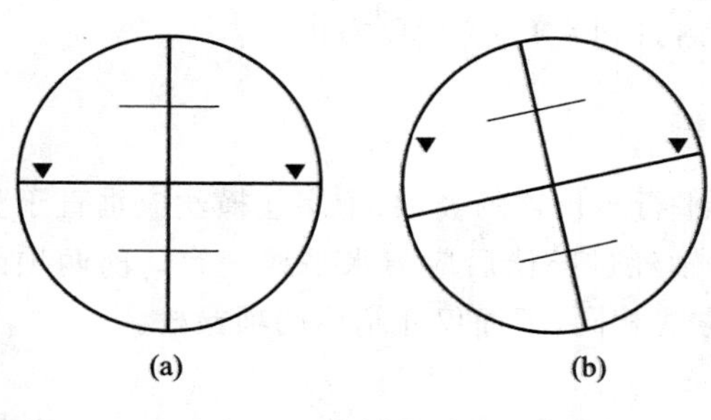

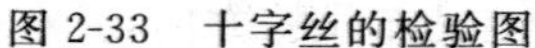

图 2-33 十字丝的检验图

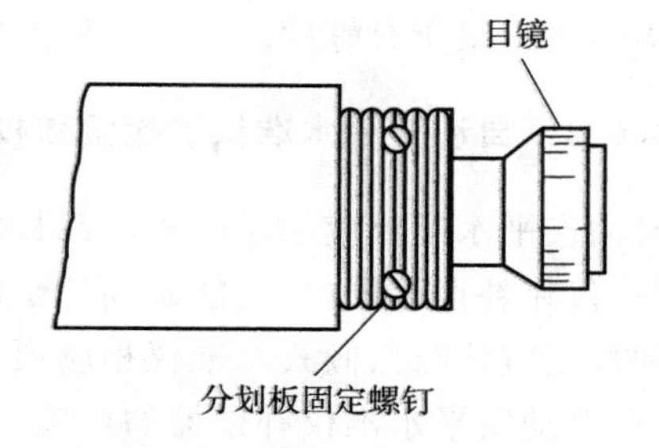

图 2-34 十字丝的校正

2)校正方法。打开十字丝分划板的护罩,松开分划板固定螺钉,如图 2-34 所示,用手转动十字丝分划板座进行检验,若目标始终在横丝上移动,则旋紧固定螺钉完成校正工作。

(3)水准管的检验和校正

1)检验方法。在平坦地面选定相距 50 m 左右的 A、B 两点,如图 2-35(a)所示,并在其中间位置Ⅰ安置水准仪;测得 A、B 两点的高差 $h_{\mathrm{I}}=a_1-b_1$,由于仪器至 A、B 两点距离相等,因此,不论是否存在 i 角误差,所测 h_{I} 是 A、B 两点的正确高差;将水准仪安置在 AB 延长方向上靠近 B 的Ⅱ点,如图 2-35(b)所示,再测 A、B 两点间的高差 $h_{\mathrm{II}}=a_2-b_2$;如果 $h_{\mathrm{II}}=h_{\mathrm{I}}$,说明不存在 i 角误差,如果 $h_{\mathrm{II}}\neq h_{\mathrm{I}}$,则存在 i 角误差,其值为:

$$i''=\frac{\Delta}{S}\cdot\rho'' \tag{2-11}$$

而

$$\Delta=a_2-b_2-h_{\mathrm{I}}=h_{\mathrm{II}}-h_{\mathrm{I}} \tag{2-12}$$

式中,Δ 为仪器分别在Ⅱ和Ⅰ所测高差之差,S 为 A、B 两点间平距。对于一般水准测量,要求 i 角不大于 20″,否则应进行校正。

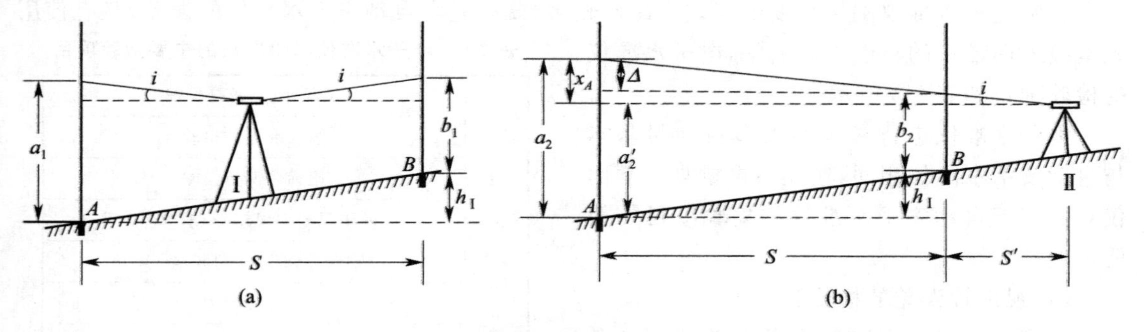

图 2-35 水准管轴与视准轴平行性的检验和校正

2)校正方法。当仪器存在 i 角时,在 A 点水准尺读数 a_2 将产生误差 x_A,如图 2-35(b)所示,而

$$x_A=i\cdot(S+S')=\frac{\Delta}{S}(S+S') \tag{2-13}$$

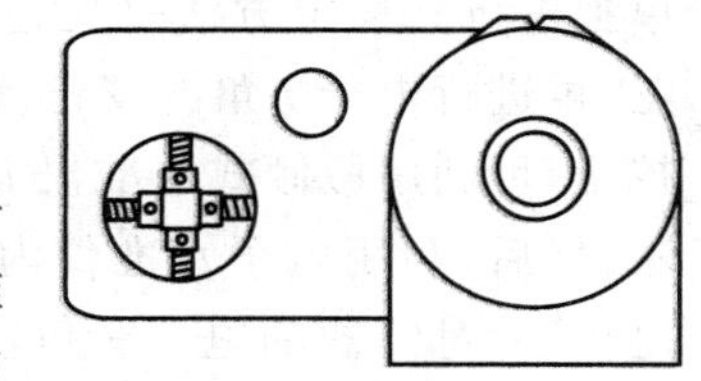

图 2-36 校正水准管气泡

式中,S' 为测站Ⅱ至 B 点的平距;为了使水准管轴和视准轴平行,用微倾螺旋使 A 尺的读数从 a_2 改变到 $a_2'=a_2-x_A$,此时视准轴由倾斜位置改变到水平位置,但水准管气泡不再符合;用校正针拨动水准管一端的校正螺旋使气泡符合,如图 2-36 所示,则水准管轴也处于水平位置且平行于视准轴。校正时应先松其他三个螺旋再紧另一个螺旋,当校

正完毕后再旋紧所有螺旋。以上检校需要重复进行，直到 i 角小于 20″为止。

2.6.2　自动安平水准仪的检验和校正

自动安平水准仪应满足的条件：圆水准器轴应平行于仪器的竖轴；十字丝横丝应垂直于竖轴；水准仪在补偿范围内，应能起到补偿作用；视准轴经过补偿后应与水平线一致。前两项的检验和校正方法与微倾式水准仪相应项目的检校方法相同，下面仅介绍后两项检校。

(1)自动安平水准仪补偿器的检验

安置水准仪，使其中两个脚螺旋的连线垂直于仪器到水准尺连线的方向，并在离水准仪约 50 m 处立一水准尺；用圆水准器整平仪器，读取水准尺上读数；旋转视线方向上的第三个脚螺旋，让气泡中心偏离圆水准器零点少许，读取水准尺上读数；再次旋转该脚螺旋，使气泡向相反方向偏离零点并读数；重新整平仪器，用位于垂直于视线方向的两个脚螺旋，使圆水准器气泡分别向左和向右倾斜，并读数。如果仪器竖轴向前、向后、向左、向右倾斜时所得读数与仪器整平时所得读数之差不超过 2 mm，则可认为补偿器工作正常，否则应检查原因或进行校正。

检验时，圆水准器气泡偏离的多少，应根据补偿器工作范围及圆水准器分划值(均可在仪器说明书中查得)决定。例如，补偿工作范围为±5′，圆水准器分划值为 8′(2 mm 弧长所对之圆心角值)，则气泡偏离零点不应超过 1.3 mm。

(2)视准轴经过补偿后应与水平线一致的检验和校正

若视准轴经补偿后不能与水平线一致，则也构成 i 角，产生读数误差。这种误差的检验方法与微倾式水准仪 i 角的检验方法相同。

2.6.3　电子水准仪的检验和校正

影响电子水准仪测量精度的误差来源比较多，既有光学自动安平水准仪的误差，又有使用光电技术而带来的新误差。通常，电子水准仪的检验项目如表 2-5 所示。

表 2-5　电子水准仪和水准尺的主要检验项目

电子水准仪	仪器外观、通电检查
	圆水准器的检验
	望远镜调焦误差
	视线观测中误差(安平精度)
	视准轴误差(光学 i 角和电子 i 角)
	系统分辨力
	补偿范围
	补偿精度
	内符合精度
	测站单次高差的中误差
条码水准尺	水准尺外观检查
	圆水准器的检验
	水准尺的零点差检验
	测程(视距)范围

电子水准仪进行检验的大多数项目基本与自动安平水准仪相同，在此不再重复。下面仅对不同于自动安平水准仪的检验项目作简要说明。

(1)视准轴误差的检验和校正

电子水准仪的视准轴误差分为光学 i 角误差和电子 i 角误差。光学视准轴用于目标的照准，电子视准轴用于读数，二者的检定要单独进行。检定方法是先进行光学 i 角的校正，再进行电子 i 角的校正。对于光学 i 角的校正，可利用微倾式水准仪 i 角检验与校正方法；然后，利用电子水准仪内置的电子 i 角检定程序，对仪器的电子 i 角进行测定并存储，以便对以后的测量值进行自动修正。

(2)系统分辨力的检验

系统分辨力(又称系统精度)是指仪器与条码水准尺配套使用时，在高度方向上实际能识别的最小高度变化量。水准仪的系统分辨力与仪器的最小显示值不同,它反映了水准仪及所使用水准尺的综合精度指标。该项检验对外界环境条件要求较高,不能有振动和气流的影响,通常在实验室里进行。

检验过程如下:首先将水准尺固定(但能上下移动),安置仪器,读十次数并取中数;然后,在水准尺底部放置经鉴定的塞尺,使水准尺按 0.02 mm 的步距垂直向上移动水准尺,在每一高度位置读十次数并取中数;水准尺共移动 100 次,总移动量为 2 mm;分别使仪器距水准尺的距离在 5 m、10 m、15 m、20 m 四个位置上做上述检验,并按系统分辨力计算公式 $m_{分}=\sqrt{\sum V_i/99}$ 计算出每个距离的系统分辨力,式中 V_i 为读数均值与移动量之差。

此外,不同厂商电子水准仪的检验方法存在差异,应按照相关操作手册进行检验。

2.6.4 水准尺的检验

(1) 水准尺弯曲程度的检验

按照测量规范的规定,水准尺两端点连线与尺中点的距离小于 8 mm 时,水准尺的弯曲对尺长的影响可以忽略不计。

(2)水准尺圆水准器的检验

安置一台经过检校后的水准仪,在距离仪器较远的尺垫上竖立水准尺;观测者指挥立尺者将水准尺的边缘与仪器的竖丝重合,观察水准尺的圆水准气泡是否居中,再将水准尺转动 90°,若气泡始终居中,则水准尺的圆水准器检验合格。否则,调整圆水准器的校正螺丝使气泡居中,再转动水准尺重复前面的操作,使气泡居中。这样的操作要多次进行,以保证在任何位置水准尺的圆水准气泡都居中。

(3) 水准尺每米分划的检验

每米分划间隔的尺长(即名义长),其真长往往不等于 1 m。根据测量规范要求,每米长度的误差不得超过±0.5 mm,否则应在水准测量中进行改正。该项误差的检验方法主要是用检验尺与水准尺进行比较。

(4)水准尺每分米分划的检验

测量规范要求水准尺分米分划误差不得超过±1.0 mm。该项误差的检验方法也是用检验尺与水准尺进行比较,

(5) 水准尺黑、红面零点差的检验

在进行三、四等水准测量时,通常采用一对木质的黑、红面尺,这两根水准尺的黑、红面零点差应分别为 4 687 mm 和 4 787 mm。在进行测量工作之前也要检验水准尺黑、红面的零点差。检验方法是对水准尺的黑面进行读数,然后,仪器不动而将水准尺面转到红面再进行读数,两次读数之差即为水准尺黑、红面的零点差。

2.7 三角高程测量

三角高程测量是通过测定测站 A 与待定点 B 之间的竖直角 α (详见第 3 章)、平距 D 或斜距 S,计算出两点之间高差 h_{AB} 进而求得 B 点高程的方法,如图 2-37 所示。这种方法比水准测量灵活、方便,受地形条件限制少且效率高,但精度较低,主要受大气折光影响较严重。因此,

三角高程测量主要用于山区或丘陵地区的高程测量。

一般三角高程测量的原理如图 2-37 所示：已知 A 点高程 H_A，欲求 B 点高程 H_B，则可在 A 点安置仪器（经纬仪或全站仪），量出 A 点至仪器横轴的高度 i（称仪器高），并用仪器望远镜照准 B 点觇标测得竖直角 α，照准点至 B 点的高度 v 称觇标高。因此，B 点高程为

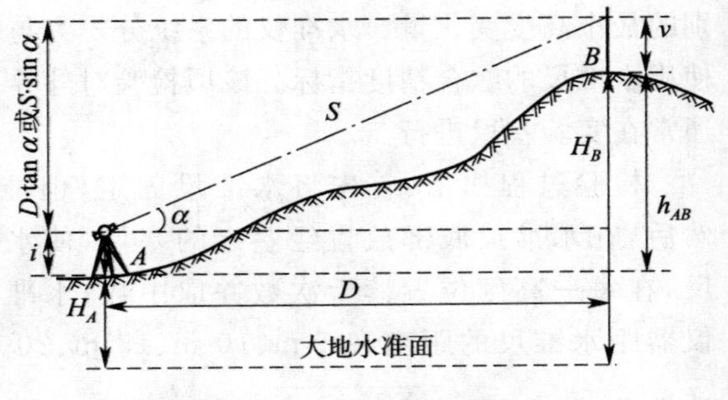

图 2-37 三角高程测量基本原理

$$H_B = H_A + h_{AB} = H_A + (D \cdot \tan\alpha + i - v) \tag{2-14}$$

或

$$H_B = H_A + h_{AB} = H_A + (S \cdot \sin\alpha + i - v) \tag{2-15}$$

2.8 GPS 水准测量

GPS（Global Positioning System，全球定位系统）由美国从 20 世纪 70 年代开始研制，耗资 200 亿美元，于 1994 年全面建成。GPS 是具有在海、陆、空进行全方位实时三维导航与定位能力的卫星无线电导航与定位系统（详见本书第 7 章）。

利用 GPS 技术可得到 GPS 点在 WGS-84 坐标系统中的空间直角坐标和大地坐标，大地坐标中的大地高与海拔高之差称大地水准面差距。测量了部分 GPS 点的海拔高后，则可计算得到一个区域的大地水准面，这样，根据任一点的 GPS 大地高及大地水准面差距，则可得到该点的海拔高程。用这种方法获取点位高程的测量称 GPS 水准测量。

思考题与习题

1. 水准测量时，为什么要求前、后视距离应该大致相等？
2. 什么叫视差？它是怎样产生的？如何检查及消除？
3. 何谓转点？转点在水准测量中起什么作用？
4. 水准测量的检核方法有哪些？
5. 将图 2-38 中水准测量观测数据，填入水准测量手簿，并进行计算检核，求出 B 点的高程。

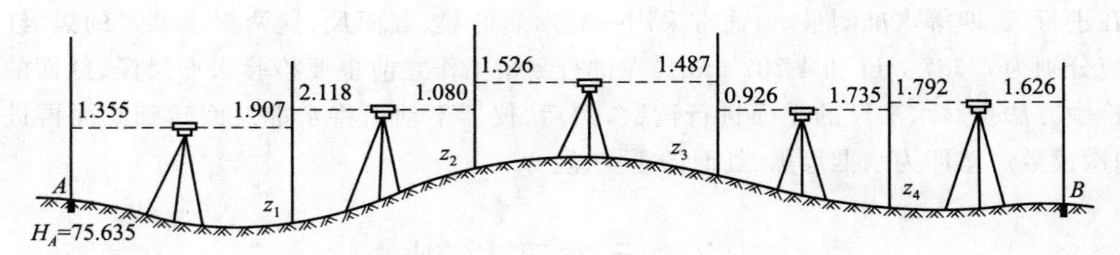

图 2-38 习题 5 图

6. 图 2-39 为一附合水准路线观测成果，已知 $H_A = 416.223$ m，$H_B = 416.991$ m，求各点高程。

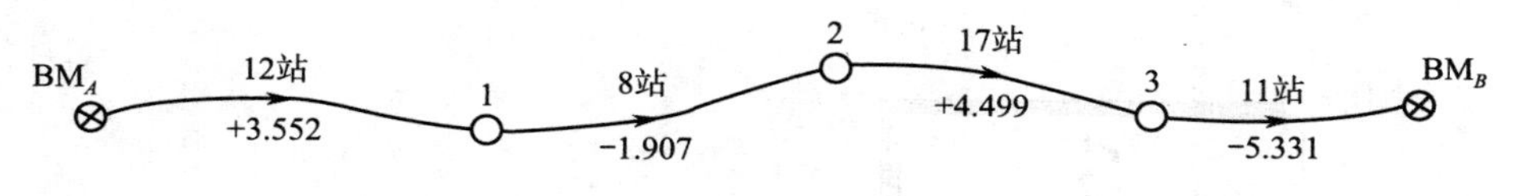

图 2-39 习题 6 图

7. 图 2-40 为一闭合水准路线观测成果，已知 H_A=45.215 m，求各点高程。

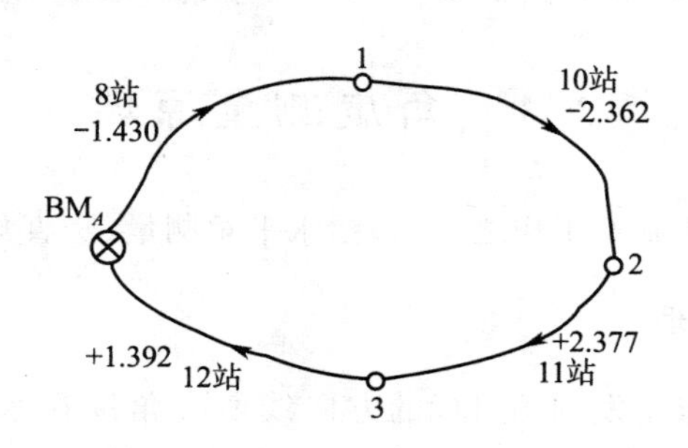

图 2-40 习题 7 图

8. 已知支水准路线起始点 A 的高程 H_A=325.528 m，由 A 点的往测高差为－3.261 m，返测高差为＋3.283 m，支线单程长度为 1.7 km，求终点 B 的高程。

9. 简述水准测量中的误差来源。

10. 微倾式水准仪有哪几条轴线？它们之间应满足什么几何条件？

11. 测量前，应对电子水准仪进行哪些检测项目？

参考答案

1. 主要可消减视准轴与水准管轴不平行、地球曲率及大气折光引起的误差。

6. H_1=419.764 m，H_2=417.849 m，H_3=422.332 m。

7. H_1=43.789 m，H_2=41.433 m，H_3=43.817 m。

8. H_B= 322.256 m。

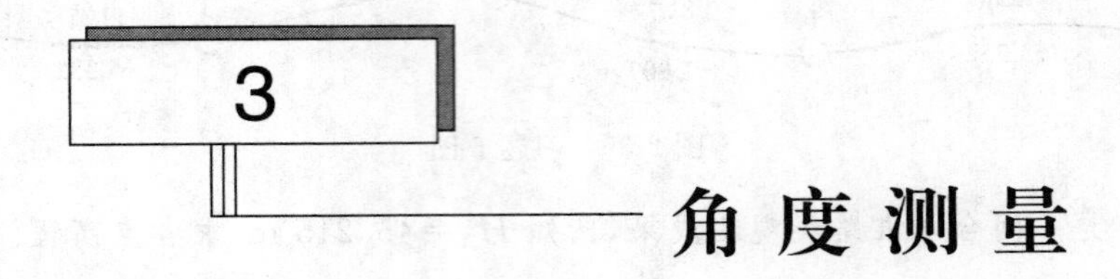

3 角度测量

3.1 角度测量原理

角度测量是测量的四项基本工作之一，包括水平角测量、竖直角测量和方位角测量。

3.1.1 水平角测量原理

水平角是指从空间一点出发到两目标的方向线所夹角度在水平面上的投影。如图 3-1 所示，O、A、B 为地面上不同高程的三个点，通过其铅垂线投影到水平面 P 上，得到相应的 o_1、a_1、b_1 点，则 OA 和 OB 两方向线间的水平角为 o_1a_1 与 o_1b_1 构成的夹角 β，其值为 0°～360°。

为了测定水平角的大小，设想在 O 点铅垂线上任一位置水平安置一个带有顺时针刻划的水平度盘，其刻划中心与过 O 的铅垂线重合；再通过 OA 和 OB 分别作铅垂面与水平度盘相交，并在度盘上读取读数 a 和 b，则水平角 $\beta = b - a$。

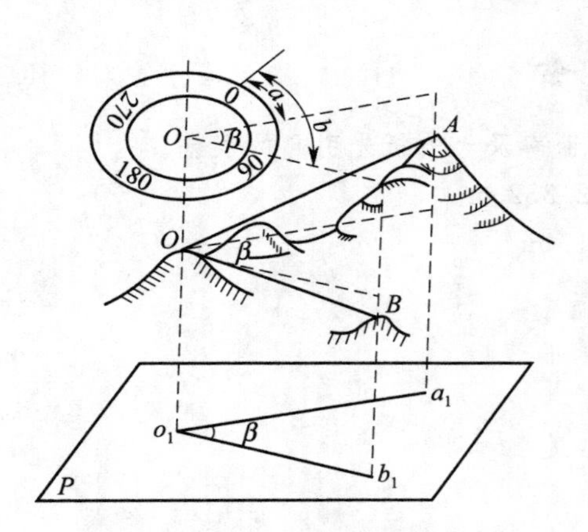

图 3-1　水平角测角原理

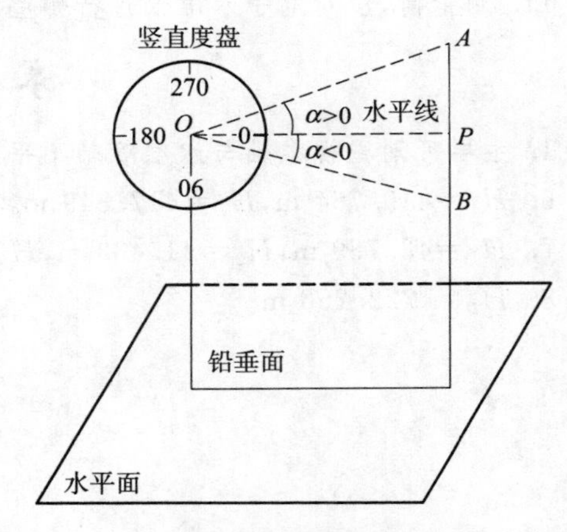

图 3-2　竖直角测角原理

3.1.2 竖直角测量原理

在同一竖直面内，某一点至目标的方向线与水平线所夹的角度称为竖直角，如图 3-1、图 3-2 所示。瞄目标的方向线 OA 在水平线的上方，该竖直角为正，称为仰角（$\alpha_A \geqslant 0$）；瞄目标的方向线 OB 在水平线的下方，竖直角为负，称为俯角（$\alpha_B \leqslant 0$）。竖直角的取值范围是 0°～±90°。

竖直角 α 在带有刻划的竖直安置的度盘上获取，它是目标的方向值与水平线的方向值之差，如图 3-2 所示。因此，在测量竖直角时，瞄准目标读取竖直度盘读数，就可以计算出竖直角。

3.1.3 方位角测量原理

包括真方位角、磁方位角和坐标方位角测量，详见第 5 章。

3.2 测角仪器

常用的测角仪器是经纬仪和全站仪。经纬仪又分光学经纬仪、电子经纬仪和陀螺经纬仪。测角仪器按精度可分为普通仪器（例如 DJ_6、DJ_{30} 等）和精密仪器（例如 DJ_{07}、DJ_1、DJ_2 等），其中 D、J 分别是大地测量和经纬仪两词汉语拼音的首字母，下标数字表示仪器的精度指标（秒），即观测某方向一测回的中误差。陀螺经纬仪是测量方位角的仪器（详见第 5 章）。全站仪能同时测角和测距，正在逐渐取代经纬仪。

3.2.1 光学经纬仪

光学经纬仪中最常用的是 DJ_6（也称工程经纬仪）和 DJ_2。图 3-3 和图 3-4 分别是 DJ_6 和 DJ_2 型光学经纬仪的外貌。

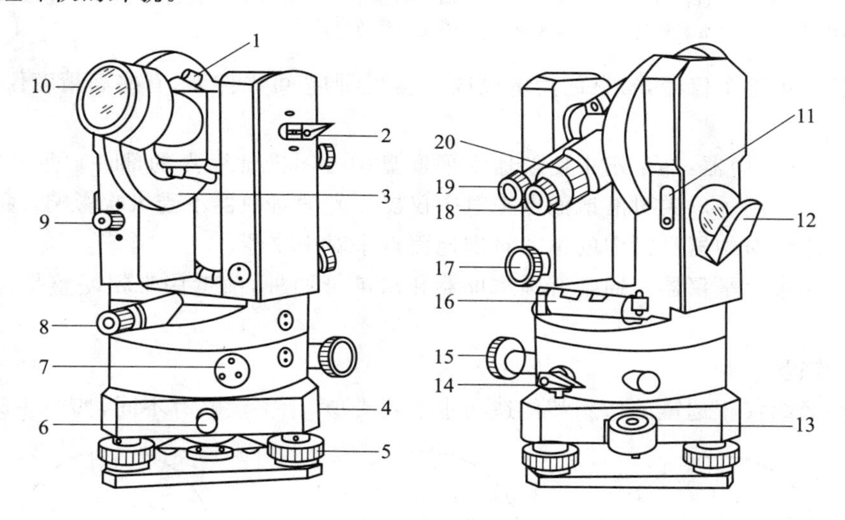

图 3-3 DJ_6 光学经纬仪

1—粗瞄器；2—望远镜制动扳钮；3—竖盘；4—基座；5—脚螺旋；6—固定螺旋；7—度盘变换手轮；8—光学对中器；9—补偿器控制按钮 ；10—望远镜物镜；11—指标差调位盖板；12—反光镜；13—圆水准器 ；14—水平制动扳钮；15—水平微动螺旋；16—水准管；17—望远镜微动螺旋；18—望远镜目镜；19—读数显微镜；20—调焦螺旋

（1）光学经纬仪的构造

经纬仪包括三个主要部分：对中整平装置，用以将水平度盘中心安置在地面点的铅垂线上，并使水平度盘处于水平位置；照准装置，用以瞄准目标的望远镜，它可以围绕横轴上下旋转以便瞄准高低不同的目标，它也可水平旋转以便瞄准不同方向的目标；读数装置，用以读取某一方向的水平度盘和竖直度盘读数。

1）对中整平装置

基座：支承仪器上部的构件，包括轴座、脚螺旋。轴座是将仪器竖轴与基座连接的部件，轴座上有一个固定螺旋，放松这个螺旋，可将经纬仪水平度盘连同照准部从基座中取出，所以平时必须拧紧该螺旋，防止仪器坠落损坏。脚螺旋共有三个，用来整平仪器。

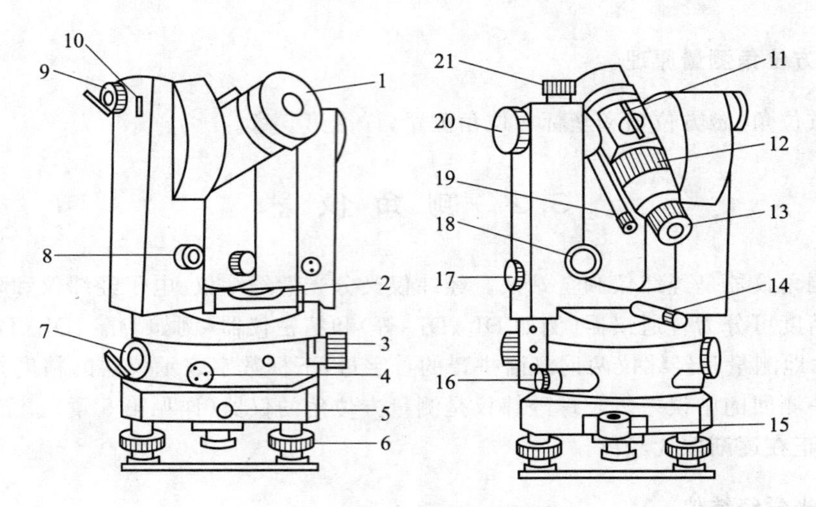

图 3-4 DJ_2 光学经纬仪

1—望远镜物镜；2—照准部水准管；3—度盘变换手轮；4—水平制动螺旋；5—固定螺旋；6—脚螺旋；7—水平度盘反光镜；8—自动归零旋钮；9—竖直度盘反光镜；10—指标差调位盖板；11—粗瞄器；12—调焦螺旋；13—望远镜目镜；14—光学对中器；15—圆水准器；16—水平微动螺旋；17—换像手轮；18—望远镜微动螺旋；19—读数显微镜；20—测微轮；21—望远镜制动螺旋

三脚架：支承整个仪器，常见的为木质或金属制，脚架可以伸缩，有些高精度仪器的脚架不能伸缩。

垂球和光学对中器：都是用来使仪器水平度盘中心对准地面点的部件。垂球挂在三脚架的连接螺旋上，利用垂球尖对准地面点来对中仪器。光学对中器不受风吹影响，对中精度较垂球高，可以用光学对中器目镜中的圆圈对准地面点来对中仪器。

水准器：用来整平仪器。通常有圆水准器和水准管两种，前者用来粗略整平，后者用来精确整平。

2)照准装置

望远镜：经纬仪望远镜的作用和构造与水准仪类似，十字丝略有不同，如图 3-5 所示。

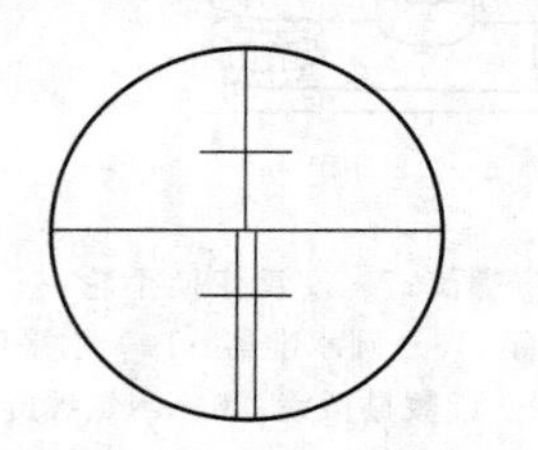
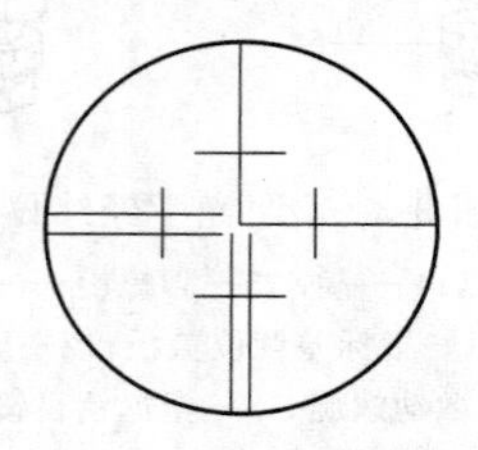
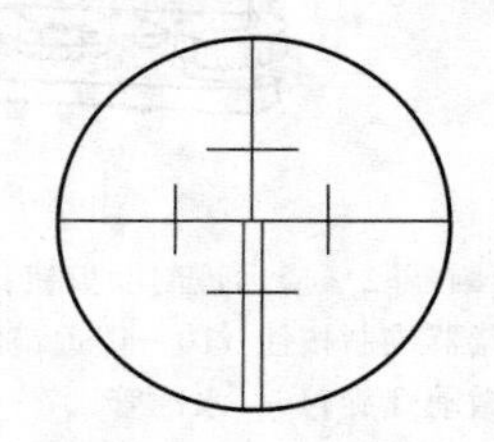

图 3-5 经纬仪望远镜十字丝

制动螺旋：包括照准部制动螺旋、望远镜制动螺旋两种，前者控制照准部在水平方向的转动，后者控制望远镜在竖直方向的转动。

微动螺旋：包括照准部微动螺旋、望远镜微动螺旋两种。当照准部制动螺旋拧紧后，可利用照准部微动螺旋使照准部在水平方向上作微小转动，以便精确瞄准目标。当望远镜制动螺旋拧紧后，可利用望远镜微动螺旋使望远镜在竖直方向作微小转动，便于精确瞄准目标。

3)读数装置

水平度盘：水平度盘通常用玻璃制成，安置在仪器基座的垂直轴套上，以便照准部转动时水平度盘不动，也可利用度盘变换轮将水平度盘转到所需的位置上。在水平度盘圆周边上精细地刻有等间隔分划线，并按顺时针方向注记角值。

经水平度盘的光路(图 3-6)：外界光线由反光镜 1 反射到进光窗 2 进入仪器内部，经棱镜 3 转向、透镜 4 聚光和棱镜 6 再转向，照亮了水平度盘 5 的分划线，经过物镜组 7 和转向棱镜 8 后，水平度盘分划线在读数窗 9 的平面上成像，在经过棱镜 10 转向和透镜 11，在目镜 12 的焦平面上成像。这样，便能够读取水平度盘读数。

经竖直度盘的光路：外界光线由反光镜 1 进入仪器内部后，经过棱镜 13 的两次反射，照亮了竖直度盘 14 的分划线，再经过棱镜 15 转向，通过物镜 16、棱镜 17、棱镜 18 的转向后，竖直度盘分划线在读数窗 9 的平面上成像，并与水平度盘的光路沿同一路线前进。

测微器：测微器是一种能在读数窗上测定小于度盘分划线的读数装置。

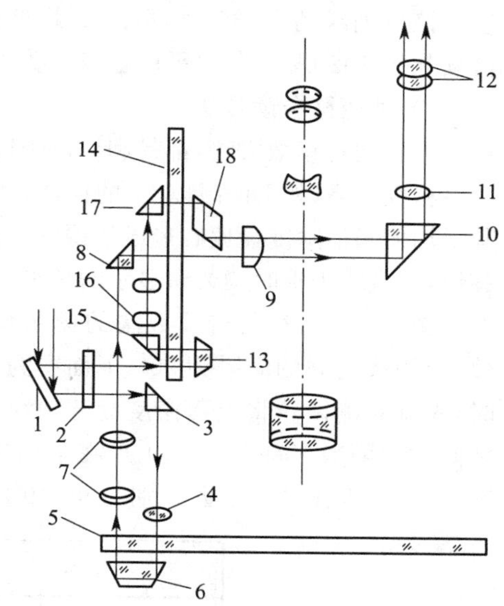

图 3-6　DJ_6 经纬仪光路示意图

(2)光学经纬仪的读数方法

不同的光学经纬仪的读数方法可能不一样，常见的有以下几种。

1)分微尺读数法

图 3-7 为分微尺读数法的读数窗，大多数 DJ_6 光学经纬仪采用该读数法，上面的读数窗是水平度盘及分微尺的影像，下面的读数窗是竖直度盘和分微尺的影像。每个读数窗上刻有 60 小格的分微尺，其长度等于度盘间隔 1°的两条分划线之间的宽度，因此，分微尺上一小格的分划值为 1′，通常估读到 0.1 格(即 6″)。

测量读数时，先调节读数显微镜的目镜，以便能看清楚读数窗；然后读出位于分微尺中的度盘分划线的度数，再以度盘分划线为指标在分微尺上读取分数，并估读秒数。例如，图中水平度盘读数为 215°07′12″，竖直度盘读数为 78°52′42″。

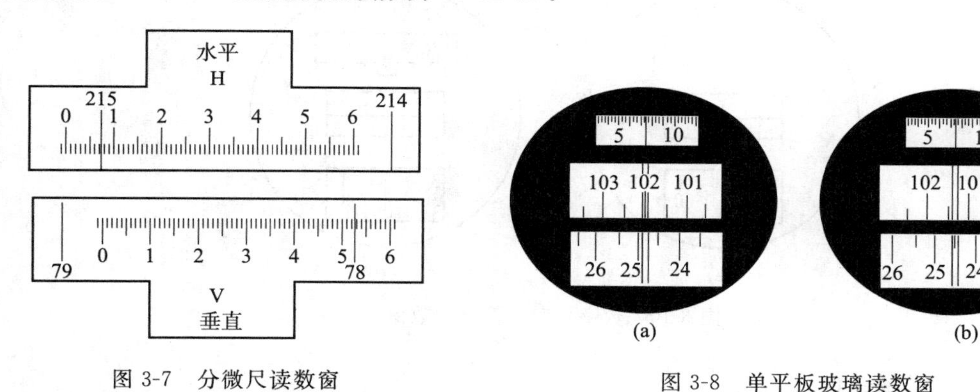

图 3-7　分微尺读数窗

图 3-8　单平板玻璃读数窗

2)单平板玻璃读数法

图 3-8 为单平板玻璃读数法的读数窗，下面的窗为水平度盘读数，中间窗为竖直度盘读数，上面的窗为测微器读数。水平度盘和竖直度盘的分划值为 30′。测微器的数字为整分数，其间分 5 大格，每大格又分为三小格，因此，测微器上每大格为 1′，每小格为 20″，可估读到 2″。

测量读数时，先转动测微轮，使度盘分划线精确地移动到读数窗中双指标线的中间，然后读出该分划线的度、30′数，再读测微器上的分、秒数，二者相加即得度盘读数。如图中竖直度盘读数为 102°07′30″、水平度盘读数为 24°37′24″。

3）对径符合读数法

上述两种读数方法，都是利用位于度盘一端的指标读数，如果度盘偏心则会产生读数误差。一些精度较高（如 DJ_2 级以上）的仪器，都利用对径符合读数法（即度盘直径两端的指标读数），取其平均值来消除度盘偏心造成的误差。这种读数方法的仪器，在支架上有一个刻有一条直线的旋钮，当直线水平时读数窗显示的是水平度盘读数；而直线竖直时，则显示的是竖直度盘读数。

图 3-9 为对径符合读数法的读数窗，上面窗为度盘直径两端的分划线，标注的数字为度数，分划线之间的间隔为 20′；下面窗为测微器读数窗，标注的数字为零分数及秒数。测量读数时，先旋转测微轮将上面窗度盘分划线上下对齐；在上、下两排找到相差 180°的标注值，并数出之间的间隔数（每间隔为 10′）；在下面窗读出零分数和秒数；两者相加即为完整读数。例如，图 3-9 中（a）、（b）的读数分别为 96°49′28.0″和 295°57′36.2″。

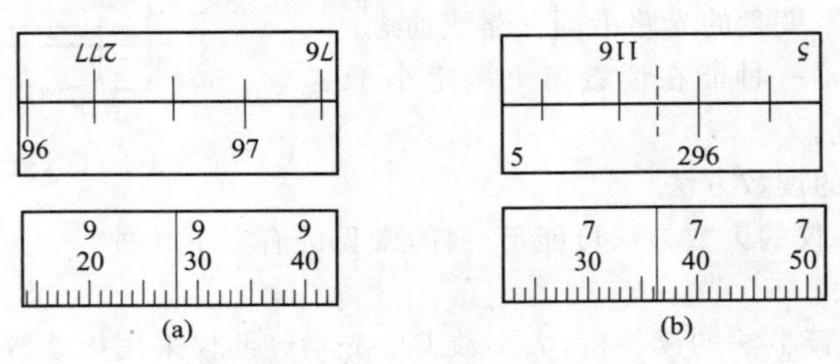

图 3-9　对径符合读数窗

图 3-10 为对径符合读数法的另一种读数窗，中间小窗为度盘直径两端的影像，上面的小窗可读取度数及 10′数，下面小窗即为测微器读数。测量读数时，先旋转测微轮，使中间小窗的上下刻划线对齐；从上面小窗读出度数及 10′数；从下面小窗读出不足 10′的分及秒数。如图 3-10中（a）的读数为 176°38′25.8″，但在图中（b）的 0 相当于 60′，故读数应为 177°03′35.8″。

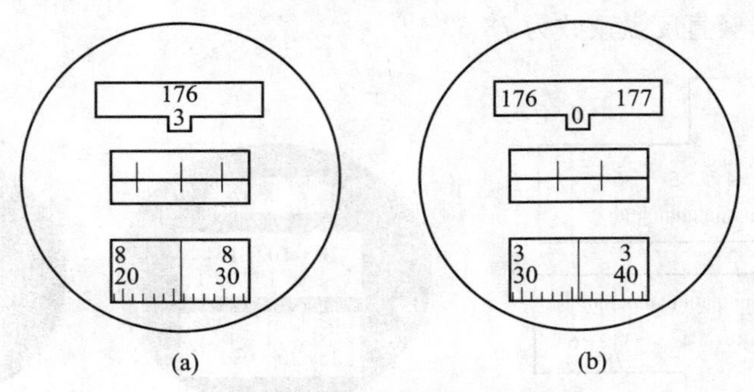

图 3-10　数字化对径符合读数窗

3.2.2　电子经纬仪

电子经纬仪在 20 世纪 70 年代开始应用于测量工作，之后它与光电测距仪、计算机、电子绘图仪相结合，使测量工作逐渐实现了自动化和内外业一体化。

电子经纬仪的基本构造、测角方法与光学经纬仪相似，主要差别在于测角原理。如图 3-11 所示，电子经纬仪采用电子测角系统，利用光电转换原理将通过度盘的光信号转变为电信号，再将电信号转变为角度值，并将结果以数字形式在显示窗口显示。电子经纬仪按取得信号的方式不同可分为编码度盘测角、光栅度盘测角和动态测角三种，下面简要介绍其基本原理。

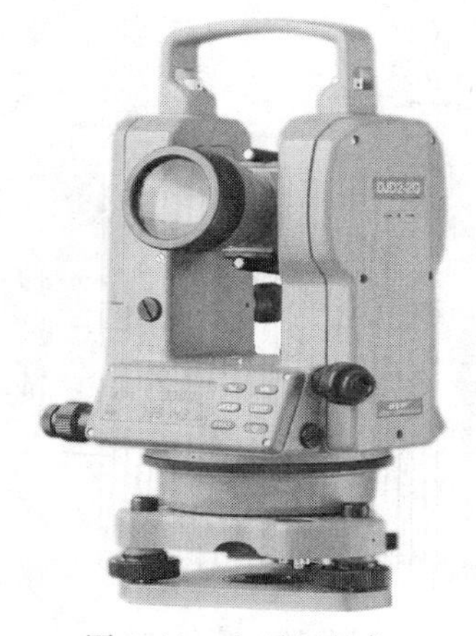

图 3-11　电子经纬仪

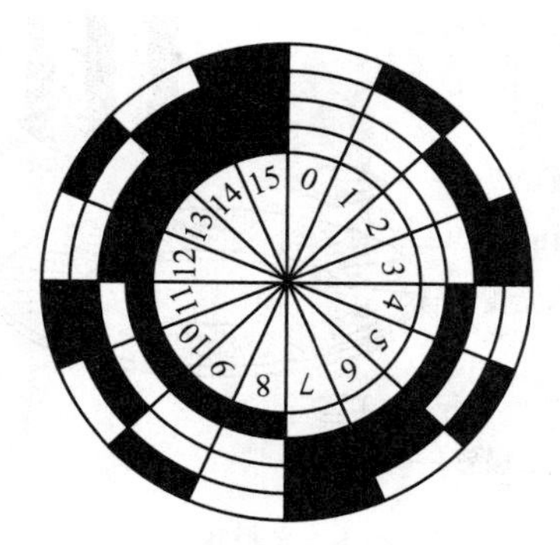

图 3-12　编码度盘

(1)编码度盘测角基本原理

图 3-12 为二进制编码度盘，整个度盘圆周被均匀地分成 16 个区间，从里到外有 4 道环(称为道码)，黑色部分为透光区(或称导电区)，白色部分为不透光区(或称非导电区)。设导电为 1、不导电为 0，则根据各区间的状态可列出表 3-1 所示的编码表，根据不同区间的不同状态，便可测出该两区间的夹角。

表 3-1　四码道编码度盘编码表

区间	0	1	2	3	4	5	6	7	8	9	10	11	12	13	14	15
编码	0000	0001	0010	0011	0100	0101	0110	0111	1000	1001	1010	1011	1100	1101	1110	1111

识别望远镜照准方向所在区间是编码度盘测角的关键问题。图 3-13 为度盘上的某方向，在 4 个码道的每个码道设置上下两个固定接触片，一个可以发出信号，另一个可以接受信号并输出。测角时，当度盘随望远镜转到某方向后，接触片利用码道的导电或不导电状态，在输出端就得到该区间的电信号。图 3-13 的状态为 1001，它代表图 3-12 中的第 9 区间；如果照准部转到第二个目标，输出端的状态为 1110，即表示第 14 区间的状态；那么两目标间的角值就是由 1001 和 1110 反映出的第 9 至 14 区间的角度。

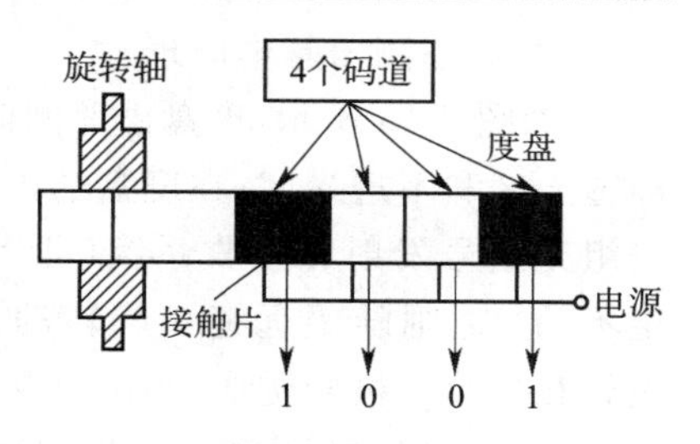

图 3-13　编码度盘光电读数原理

通常，度盘上、下部的接触片是发光二极管、光电二极管，对于码道的透光区(即导电区)，发光二极管的光信号能够通过，从而使光电二极管接收到这个信号，并输出 1，反之则输出 0。此外，编码度盘所得角度的分辨率与区间数、码道数有关，由于目前制造工艺水平所限，因此，直接利用编码度盘不易达到较高的测角精度。

(2)光栅度盘测角基本原理

光栅度盘是在光学圆盘上刻划由圆心向外辐射的等角距细线，如图 3-14 所示；相邻两线间的距离称为栅距；栅距所对应的圆心角称为栅距分划值。光栅度盘的栅距分划值越小，测角精度越高。但是，栅距虽然很小，分划值仍然较大，例如，在直径 80 mm 的度盘上刻有 12 500

条细线(刻划密度为 50 线/mm),栅距分划值仍有 1′44″。为了提高测角精度,必须对栅距进行细分,但难度较大,因此,在光栅度盘测角系统中采用莫尔条纹技术。

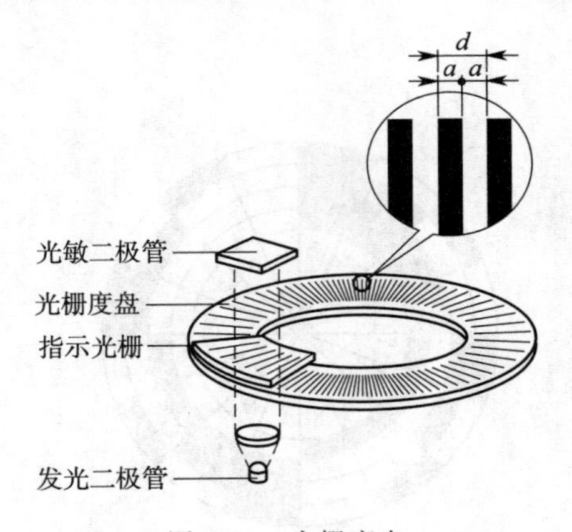

图 3-14 光栅度盘

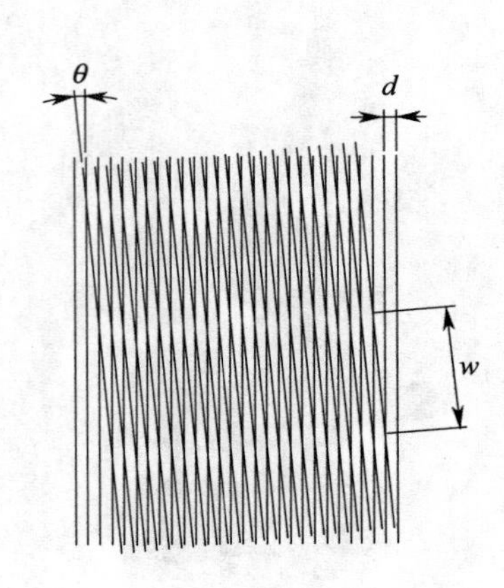

图 3-15 莫尔条纹

产生莫尔条纹的方法是取一块与光栅度盘具有相同密度的光栅(称指示光栅),将指示光栅与光栅度盘重叠,并使它们的刻划线之间相交一个很小的角度 θ(图 3-15);在光栅度盘的上、下对称位置分别安装发光二极管(发出信号)和光敏二极管(接收信号);指示光栅、发光二极管、接收二极管的位置固定,而光栅度盘与望远镜一起转动(图 3-14);当发光二极管发出的光信号通过光栅度盘和指示光栅到达接收二极管时,根据光学原理便会出现放大的明暗相间的莫尔条纹(即栅距由 d 放大到 W),从而可以对纹距进行进一步细分,以达到提高测角精度的目的。光栅度盘每转动一栅距,莫尔条纹就移动一个周期;当望远镜从一个方向转动到另一个方向时,莫尔条纹光信号强度变化的周期数就是两方向间的光栅数;由于栅距的分划值是已知的,所以可以计算并显示两方向之间的夹角。

(3)动态测角基本原理

如图 3-16 所示,度盘由等间隔的明暗分划线构成,即透光区和不透光区;在度盘的内侧和外侧分别安装了一组光信号发射和接收系统(即 L_S 和 L_R),其中 L_S 固定不动,L_R 则随望远镜一起转动。L_S 和 L_R 由发光二极管和接收二极管构成,当度盘在马达带动下以一定速度旋转时,接收二极管可能收到穿过度盘的光信号,或未收到光信号,这样,L_S 和 L_R间的夹角 φ 可以用仪器所带的微处理器计算得到。

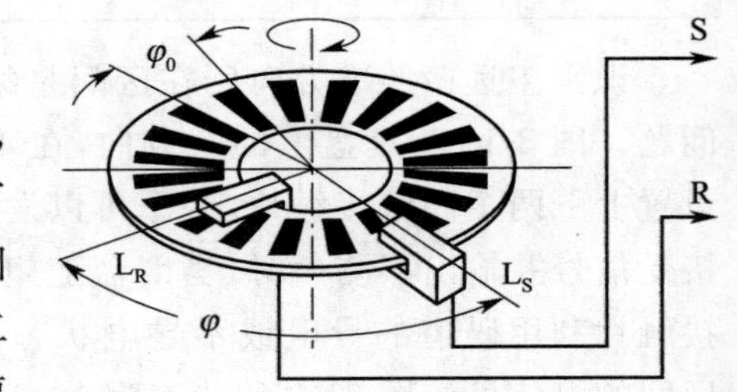

图 3-16 动态测角原理示意图

这种方法具有每测定一个方向值均利用度盘全部分划的特点,这样可以消除度盘刻划及偏心误差对测量值的影响。

3.2.3 激光经纬仪

激光经纬仪在结构、功能等方面与电子经纬仪类似,主要区别在于还能够提供一条可见的激光光束,大多为红光或绿光,如图 3-17 所示。

激光经纬仪主要用于标定出一条标准的直线,作为工程施工、放样的基准线。通常,激光经纬仪是在电子经纬仪上设置了一个半导体激光发射装置,将发射的激光导入望远镜的视准轴方向,从望远镜物镜端发射出去,并且,激光光束与望远镜视准轴保持同轴。

图 3-17 激光经纬仪

图 3-18 全站仪

3.2.4 全站仪

全站仪(图 3-18)是一种集光、机、电为一体的测量仪器,在结构、外形、功能及使用方法等方面与电子经纬仪类似,主要不同点在于能够测量距离(包括斜距、平距、高差等)。随着计算机技术的不断发展及用户的不同要求,目前已经出现了带内存、免棱镜、防水型、防爆型、智能型等多种全站仪。全站仪既可人工操作,也可自动进行测量或遥控操作,主要用于工程测量、地形测量、控制测量及高精度测量等工作。

全站仪的独立观测值是斜距、水平方向值和竖直角,其他数据(如平距、高差、坐标等)可以由全站仪内部的微处理机计算而得,直接显示。相关内容详见本书第 4 章。

3.3 测角仪器的使用方法

测角仪器(包括光学经纬仪、电子经纬仪、激光经纬仪及全站仪等)的基本操作方法类似,主要包括仪器的安置、照准目标和读数三部分。

3.3.1 仪器安置

观测角度之前,需要把仪器安置在测站上,并进行对中和整平工作。对中的目的是使仪器的竖轴与测站点的标志中心在同一铅垂线上,通常使用光学对中器进行对中。整平的目的是使水平度盘处于水平状态,仪器的圆水准器用于粗略整平,水准管用于精确整平。仪器安置方法如下。

图 3-19 仪器安置

(1)安置三脚架

1)首先将三脚架打开,使三条腿等长并高低适中,如图 3-19 所示。

2)采用目估或挂垂球方法,将三脚架头中心大致对准地面点,并使三个架腿大致为等边三角形,架头大致水平。

3)将仪器放在三脚架头上,并立即拧紧连接螺旋固定三脚架与仪器,避免仪器摔下。

(2)对中与整平

1) 旋转光学对中器的目镜和物镜,看清楚光学对中器分划板上的标志和地面测站点标志,然后固定一个三脚架腿,手持并移动另两个三脚架腿,直至光学对中器中的标志大致对准地面点后,放稳三个架腿。

2) 旋转脚螺旋,直至光学对中器中的标志对准地面点。

3) 根据圆水准气泡偏离情况,分别伸长或缩短三脚架腿,使气泡居中(即仪器粗平)。

4) 旋转照准部使水准管与一对脚螺旋连线方向平行,如图 3-20(a)所示,双手以相反方向旋转这两个脚螺旋(气泡移动方向与左手大拇指移动方向一致),使气泡居中;再将照准部旋转90°,如图 3-20(b)所示,转动另一个脚螺旋使气泡居中(即仪器精平)。

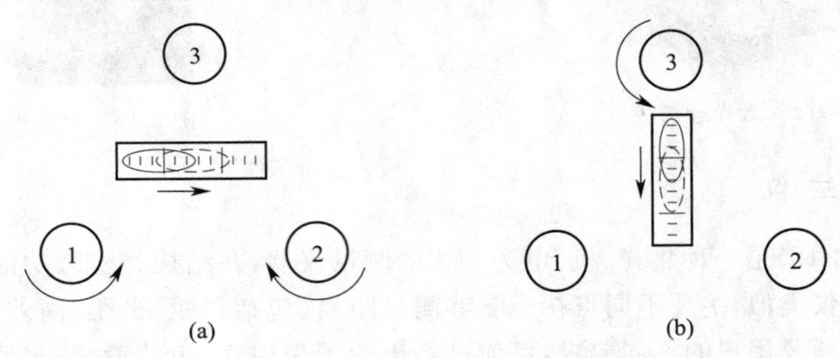

图 3-20　仪器整平

5) 再检查仪器对中情况,若有偏移则拧松连接螺旋,在架头上平移仪器直至精确对中,再重复步骤 4)进行整平;直至对中(通常小于 1 mm)和整平(通常小于 1 格)均达到要求为止。

3.3.2　照准目标

仪器安置好(即整平对中)后,按照下列步骤瞄准目标。

(1)粗瞄目标。通过望远镜上的粗瞄器对准目标后,拧紧望远镜和照准部的制动螺旋。

(2)目镜调焦。用目镜调焦螺旋调清晰十字丝(其过程是:转动目镜调焦螺旋使得十字丝由不清晰到清晰,再变为不清晰后反向转动目镜调焦螺旋,重新调清十字丝)。

(3)物镜调焦。转动望远镜物镜调焦螺旋,使目标十分清晰。物镜调焦过程与目镜相同,目标影像也是由不清晰→清晰→不清晰→清晰。

(4)精确瞄准目标。转动水平微动及竖直微动螺旋,利用十字丝的竖丝精确对准目标,并尽量瞄准目标的底部,以便消除目标倾斜带来的误差,如图 3-21 所示。

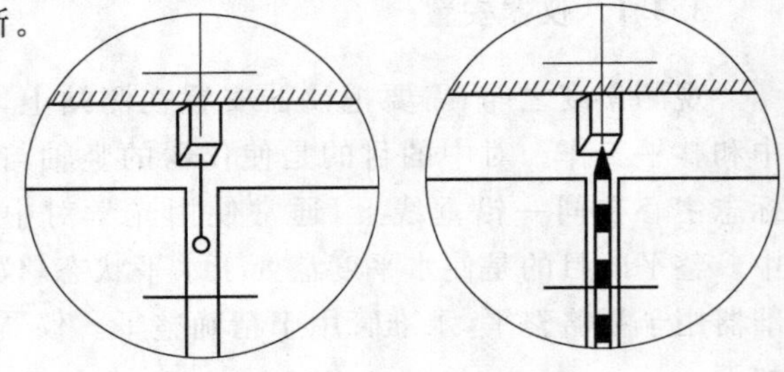

图 3-21　照准目标示意图

照准第一个方向时,应进行目镜调焦,接着观测其他方向时就可以不再进行目镜调焦。由于目标有远有近,因此,照准每个方向时都应进行物镜调焦,以便能够看清楚目标。同时,应注意检查、消除视差。

3.3.3　读　　数

调整反光镜照亮读数窗,然后进行读数显微镜调焦,使读数窗中分划清晰,便可以进行读数。在竖直角读数前,如果仪器采用指标水准器,应先转动指标水准器微动螺旋使指标水准器气泡居中后再读数；如果是采用自动补偿装置，则用补偿控制按钮打开补偿器后再读数。

3.4 角度测量方法

3.4.1 水平角观测

水平角观测主要采用测回法和方向法。

(1) 测回法

当观测方向较少时，通常采用测回法。如图 3-22 所示，欲在 O 点安置仪器(即测站)，测量 $\angle AOB$，观测步骤如下：

1) 在 O 点安置仪器(即整平对中)，纵转望远镜使竖盘位于望远镜左边(称盘左)，照准目标 A 并读取水平度盘读数为 $a_{左}$，记入观测手簿。

2) 松开水平制动螺旋，顺时针方向转动照准部照准目标 B，并读取水平度盘读数为 $b_{左}$，记入观测手簿。

以上 1)、2)两步骤称为上半测回，得角值：$\beta_{左} = b_{左} - a_{左}$。

3) 纵转望远镜，使竖盘位于望远镜右边(称盘右)，照准目标 B 并读取水平度盘读数 $b_{右}$，记入手簿。

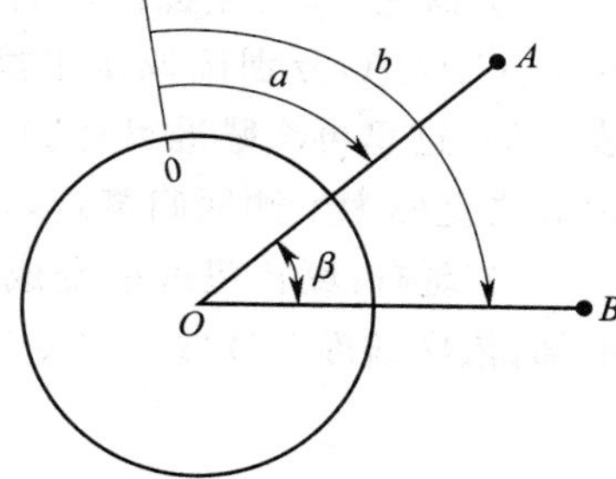

图 3-22 测回法观测水平角

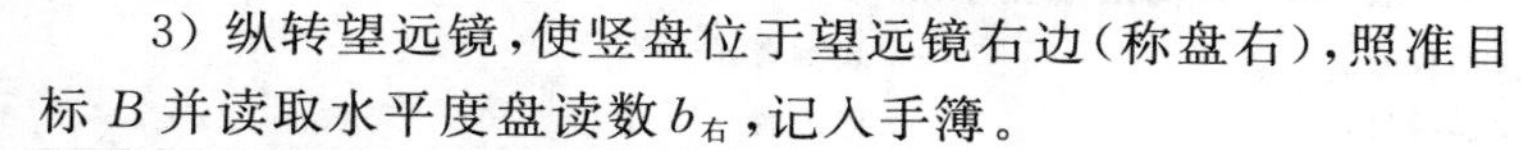

4) 逆时针转动照准部，照准目标 A，并读取水平度盘读数 $a_{右}$，记入手簿。

以上 3)、4)两步骤称为下半测回，得角值：$\beta_{右} = b_{右} - a_{右}$。

5) 上、下两个半测回合称为一测回，当上、下两个半测回角值之差不超过限差要求时(通常要求≤30″)，取其平均值作为该测回的观测成果，即 $\angle AOB$ 值为：$\beta = \dfrac{\beta_{左} + \beta_{右}}{2}$。

为了提高角度观测精度，通常需要观测多个测回。为了减弱度盘分划误差的影响，各测回起始方向应均匀分布在度盘上，例如，若要观测 n 个测回，则每测回盘左起始方向读数应递增 $180°/n$，当某角需要观测 3 个测回时，每测回起始方向读数应为 0°、60°、120°或稍大。各测回观测值之差称为测回差，当测回差满足限差要求(通常要求≤30″)时，取各测回观测值的平均值作为该角度的观测成果。表 3-2 为测回法观测时两个测回的记录、计算格式。

表 3-2 测回法观测手簿

日期： 仪器型号： 观测者：

天气： 仪器编号： 记录者：

测站	测回	竖盘位置	目标	水平度盘读数 (° ′ ″)	半测回角值 (° ′ ″)	一测回角值 (° ′ ″)	各测回平均角值 (° ′ ″)	备注
O	1	左	A	0 01 06	78 48 48	78 48 39	78 48 44	
			B	78 49 54				
		右	A	180 01 36	78 48 30			
			B	258 50 06				
O	2	左	A	90 08 12	78 48 54	78 48 48		
			B	168 57 06				
		右	A	270 08 30	78 48 42			
			B	348 57 12				

应当注意，各项测量工作都应满足有关测量规范的精度要求，不能超过限差，否则必须重测。

（2）方向法

在一个测站上，当观测方向多于三个或精度要求较高时，通常采用方向法。如图 3-23 所示，O 点为测站，欲测出 OA、OB、OC、OD 的方向值，并计算各方向之间的水平角，其观测步骤如下：

1）在 O 点安置仪器，选定一个最清晰的目标作为起始方向（假设 A）。

2）盘左：以盘左镜位顺时针转动照准部，依次瞄准目标 A、B、C、D、A，分别读取水平度盘读数，并记入观测手簿（见表 3-3）；这里再次瞄准目标 A 并读数（称归零），A 目标两次读数之差称为半测回归零差，其限差值见表 3-4。

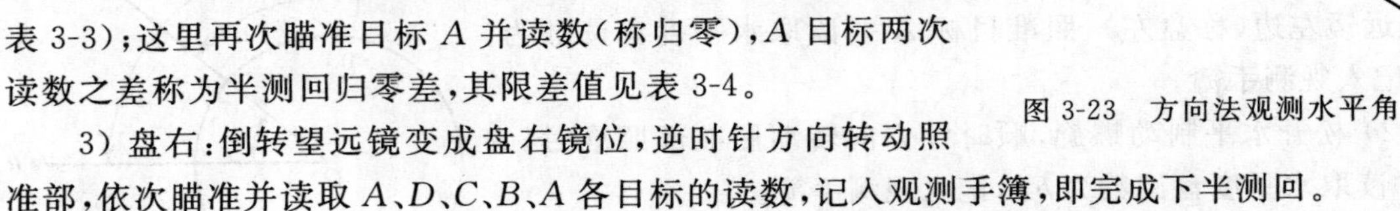

图 3-23　方向法观测水平角

3）盘右：倒转望远镜变成盘右镜位，逆时针方向转动照准部，依次瞄准并读取 A、D、C、B、A 各目标的读数，记入观测手簿，即完成下半测回。

表 3-3　方向法观测手簿

日期：　　　　仪器型号：　　　　观测者：

天气：　　　　仪器编号：　　　　记录者：

测站	测回数	目标	水平度盘读数		2C (″)	平均读数 (°　′　″)	一测回归零方向值 (°　′　″)	各测回平均方向值 (°　′　″)
			盘左（L）(°　′　″)	盘右（R）(°　′　″)				
O	1	A	0　02　06	180　02　00	+6	(0　02　06) 0　02　03	0　00　00	0　00　00
		B	51　15　42	231　15　30	+12	51　15　36	51　13　30	51　13　28
		C	131　54　12	311　54　00	+12	131　54　06	131　52　00	131　52　02
		D	182　02　24	2　02　24	0	182　02　24	182　00　18	182　00　22
		A	0　02　12	180　02　06	+6	0　02　09		
O	2	A	90　03　30	270　03　24	+6	(90　03　32) 90　03　27	0　00　00	
		B	141　17　00	321　16　54	+6	141　16　57	51　13　25	
		C	221　55　42	41　55　54	+12	221　55　36	131　52　04	
		D	272　04　00	92　03　54	+6	272　03　57	182　00　25	
		A	90　03　36	270　03　36	0	90　03　36		

表 3-4　方向法的限差

经纬仪级别	半测回归零差(″)	2C 变化范围(″)	同一方向各测回互差(″)
DJ_2	12	18	12
DJ_6	18	不作要求	24

以上为 1 个测回的方向法观测工作，如需观测 n 个测回，则各测回间仍应按 $180°/n$ 变动水平度盘的位置。

4）计算：计算两倍照准差：$2C$＝盘左读数－（盘右读数－180°）；在同一测回中，各方向 $2C$ 值的变化大小，在一定程度上反映了观测精度。

各方向的平均读数：平均读数 $=\dfrac{盘左读数+(盘右读数\pm180°)}{2}$；由于起始方向 A 有两个平均读数，故应再取其平均值作为 A 方向的最终平均值，并记入平均读数一栏的上方括号内。

归零方向值：先将起始方向 A 的平均读数化为 $0°00'00''$，其他各方向的平均读数都减去起始方向 A 的最终平均值，即得各方向的归零方向值。

各测回归零方向值的平均值：先检验各测回同一方向归零方向值之间的互差，其限差值见表 3-4。如符合要求，则取各测回归零方向值的平均值作为最后的观测结果。

各水平角值：将相邻各测回平均方向值相减，即得相邻两方向之间的水平角值。

3.4.2 竖直角观测

竖直角是照准目标的视线与其在水平面投影之间的夹角。可见，要测定竖直角，需要读取视线及相应水平线在竖直度盘上的读数。

(1) 竖盘构造

竖盘装置主要包括竖直度盘、指标水准管和指标等。竖盘固定在望远镜旋转轴一端，随望远镜一起在竖直面内转动，而指标和指标水准管则固定不动。竖盘注记有顺时针方向(图 3-24)和逆时针方向(图 3-25)两种。当指标水准管气泡居中时，指标应处于正确且唯一的位置，这时如果望远镜视准轴水平时，则竖盘读数应为 90°或 270°。

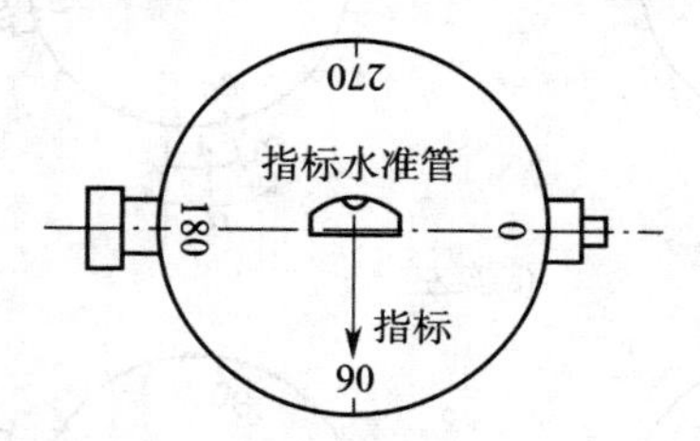

图 3-24 顺时针方向注记

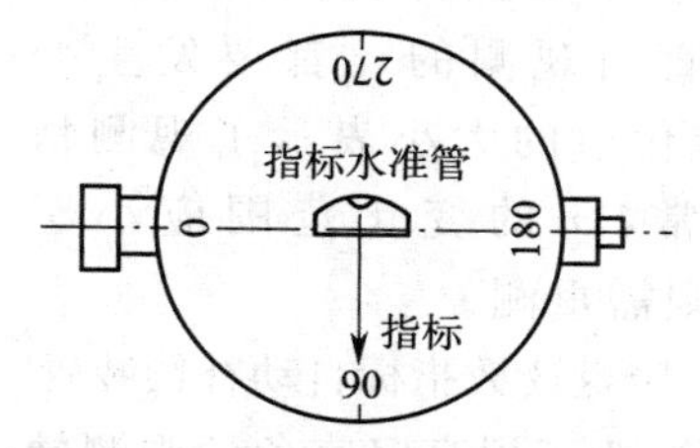

图 3-25 逆时针方向注记

(2)竖直角观测步骤

1)在测站上安置仪器(对中，整平)。

2)盘左：照准目标，并使十字丝中部横丝切于目标标志，用指标水准管微动螺旋居中气泡，读取竖盘读数 L，并记于表 3-5 中，即完成上半测回。

表 3-5 竖直角观测记录与计算

测站	目标	竖盘位置	竖盘度数 (° ′ ″)	竖直角 (° ′ ″)	一测回平均值 (° ′ ″)	备 注
O	A	盘左(L)	87 23 42	02 36 18	02 36 36	$\alpha_R=R-270°$ $\alpha_L=90°-L$
		盘右(R)	272 36 54	02 36 54		

3)盘右：照准目标，并使十字丝中部横丝切于目标标志，用指标水准管微动螺旋居中气泡，读取竖盘读数 R，并记于表 3-5 中，即完成下半测回。

4)计算：以图 3-24 所示的竖盘注记形式，根据仰角为正的原则，可知：

$$\left.\begin{aligned}&盘左竖直角 && \alpha_L=90°-L\\&盘右竖直角 && \alpha_R=R-270°\\&一测回竖直角 && \alpha=\frac{\alpha_L+\alpha_R}{2}\end{aligned}\right\}\tag{3-1}$$

当需要较精确的竖直角时，应测多个测回，最后观测成果取多个测回的平均值。此外，如果在一个测站上需要观测多个目标的竖直角时，通常在盘左顺时针方向依次照准各目标，而在盘右则沿逆时针方向依次照准各目标，读数、记录及计算方法同上。

(3)竖盘指标差

一般情况下，当指标水准管气泡居中且视线水平时，指标的位置有一定的偏差，如图 3-26 所示，即竖盘读数与 90°或 270°有一个微小的差值 x（称竖盘指标差）。由于存在指标差 x，盘左读数 L 和盘左读数 R 都多读了一个 x，根据仰角为正的原则可知：

$$\left.\begin{aligned}&\text{盘左竖直角正确值} && \alpha = 90^\circ-(L-x)=\alpha_L+x\\ &\text{盘右竖直角正确值} && \alpha=(R-x)-270^\circ=\alpha_R-x\\ &\text{一测回竖直角值} && \alpha=\frac{\alpha_L+\alpha_R}{2}\end{aligned}\right\} \tag{3-2}$$

可见，式(3-2)中 α 的计算方法与(3-1)式相同，即取盘左和盘右竖直角的平均值可以消除竖盘指标差 x 的影响。并且，α_R 与 α_L 相减，可以求得：$x=\frac{\alpha_R-\alpha_L}{2}$。

如果不考虑观测误差，竖盘指标差 x 应当是一个固定值。但是，由于测量存在多种误差，因此，每测回竖直角观测的 x 都要发生变化，其变化值的大小表示了观测精度。通常，x 的变化范围应小于 25″，否则需重测。

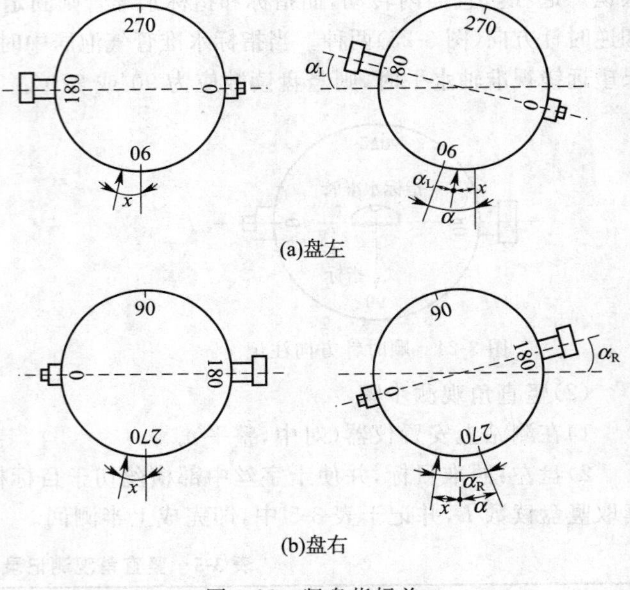

图 3-26 竖盘指标差

(4) 竖盘读数指标自动补偿装置

目前，为了提高竖直角的观测精度和效率，在仪器中安装了一个补偿器（也称竖盘读数指标自动归零装置）来代替竖盘指标水准管。这样，当仪器粗略整平时，通过补偿器就可以读取相当于竖盘指标管水准管居中时的竖盘读数，即在照准目标后不用精确整平竖盘指标水准管即可直接读取竖盘读数。竖盘读数指标自动归零装置是利用重力作用，使悬吊物体自然下垂或使液面自然水平，通过光学折射补偿的方法使竖盘读数指标自动处于正确位置。下面利用液体补偿器对补偿原理作简要说明。

如图 3-27 所示，补偿器为一个盛有透明液体的容器。如果仪器的竖轴位于铅垂位置，则容器内液面水平，这时液体相当于一块水平放置的平行玻璃板，通过液体补偿器的指标 I 成像不会发生折射，如图 3-27(a)所示；当视线水平时，指标成像于竖盘的 90°处。如果仪器存在较小倾斜，如图 3-27(b)所示，液体容器的底发生倾斜，而液体表面仍水平，这时液体形成了一个光楔，通过的光线会发生折射；如果视线水平，指标 I 的成像通过光楔发生折射后仍然成像于竖盘 90°处，则达到了自动补偿目的。

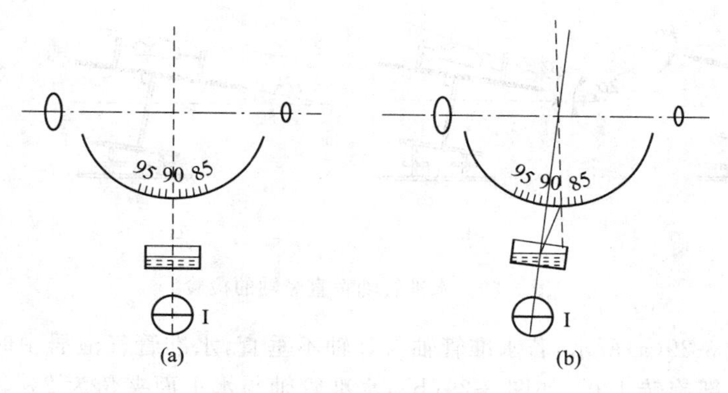

图 3-27 液体补偿器的构造原理图

3.5 测角仪器的检校

由于仪器制造工艺水平的限制及在野外长期使用，其轴线关系可能发生变化，从而产生测量误差。因此，测量规范要求每次正式作业前应对仪器进行检验，必要时进行校正使之满足要求。通常，测绘仪器的校正工作需要送到专门的检定部门进行。

3.5.1 测角仪器的主要轴线及相互关系

如图 3-28 所示，测角仪器的主要轴线有：视准轴 CC、望远镜旋转轴 HH（简称横轴）、圆水准器轴 $L'L'$、水准管轴 LL 和仪器旋转轴 VV（简称竖轴）。根据测角原理，测角仪器在进行测角时应满足：①竖轴竖直；②水平度盘水平且其分划中心应在竖轴上；③望远镜上下转动时，视准轴扫出的视准面是竖直面。因此，测角仪器必须满足下列条件：

(1)照准部水准管轴垂直于竖轴（$LL \perp VV$）；

(2)视准轴垂直于横轴（$CC \perp HH$）；

(3)横轴垂直于竖轴（$HH \perp VV$）；

(4)十字丝纵丝垂直于横轴。

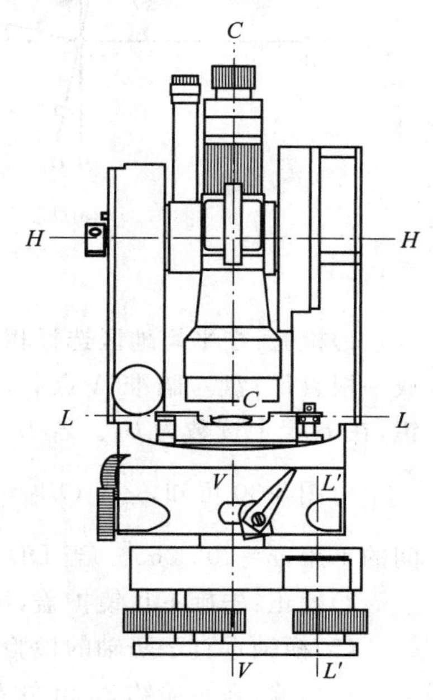

图 3-28 经纬仪的轴线

3.5.2 光学经纬仪的检校

经纬仪检验和校正顺序的原则是：如果某项校正会影响其他项时，则该项先做；如果不同项校正同一部位会互相影响时，则应将重要项放在后边检校。

(1)水准管轴垂直于竖轴的检验与校正

检校的目的是保证竖轴铅直时，水平度盘保持水平。

1)检验：调节圆水准器将仪器粗略整平；转动照准部使水准管平行于任一对脚螺旋，如图 3-29(a)所示，调节两脚螺旋使水准管气泡居中；将照准部旋转 180°，若气泡仍然居中，则说明仪器满足条件。通常偏离 1 格时，应进行校正。

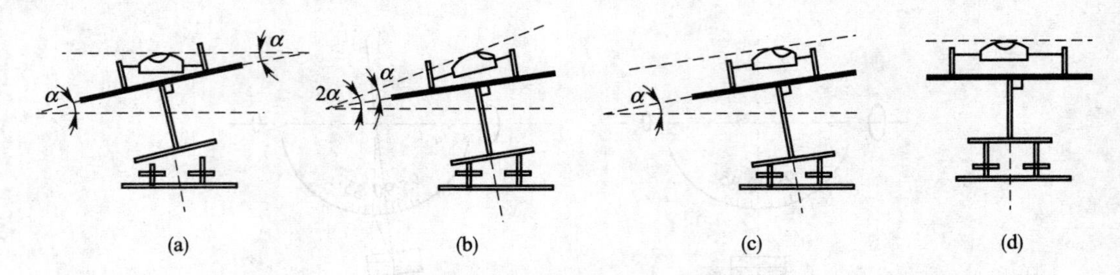

图 3-29　水准管轴垂直竖轴的检验

2)校正:如图 3-29(a)所示,若水准管轴与竖轴不垂直,水准管气泡居中时,竖轴与铅垂线夹角为 α;当照准部旋转 180°,如图 3-29(b),水准管轴与水平面夹角为 2α,这个夹角将反映在气泡中心偏离的格值上。校正时,可调整脚螺旋使水准管气泡退回偏移量的一半(即 α),如图 3-29(c)所示,再用校正针调整水准管校正螺钉,使气泡居中,如图 3-29(d)所示。此项检校应反复进行直到满足要求为止。

(2)视准轴垂直于横轴的检验与校正

若视准轴与横轴不垂直,存在偏差 c,如图 3-30 所示,则望远镜旋转时视准轴的旋转面是一个圆锥面。若用该仪器测量同一铅垂面内不同高度的目标时,则水平度盘读数不一样,产生测角误差。

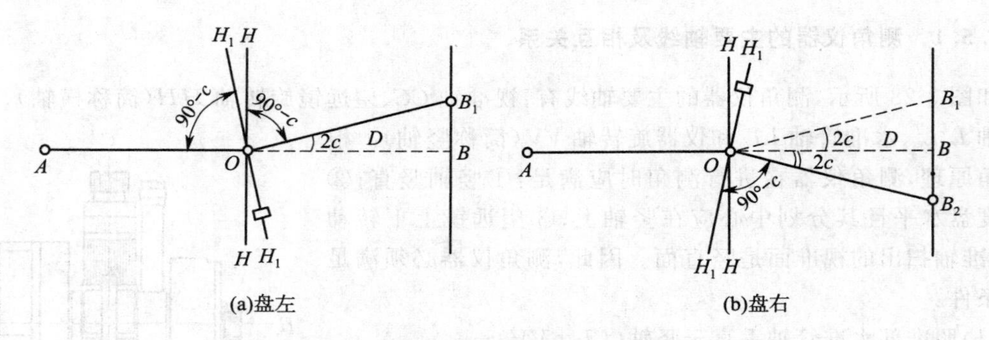

图 3-30　视准轴垂直于横轴的检验

1)检验:在平坦地区选择相距 60 m 左右的 A、B 两点;在其中间点 O 安置仪器,在 B 点横放一根直尺;盘左瞄准 A 点后,纵转望远镜,在 B 尺上读数为 B_1;盘右照准 A 点后纵转望远镜,在 B 尺上读数为 B_2。若 B_1 和 B_2 重合,表示视准轴垂直于横轴,否则条件不满足。

由图 3-30 可知,$\angle B_1OB_2=4c$,即 4 倍照准差。而 $c=\dfrac{B_1B_2}{4D}\cdot\rho$,其中,$D$ 为 O 点到 B 尺之间的平距,$\rho=206\ 265''$。当 DJ_6 仪器的 $c>60''$时应进行校正。

2)校正:先旋下目镜护盖,用校正针转动十字丝校正螺钉,直到满足要求后旋上护盖。

(3)横轴垂直于竖轴的检验与校正

1)检验:在距墙约 30 m 处安置仪器;盘左位置瞄准墙上一个高处明显点 P(图 3-31),将望远镜大致放平,在墙上标出十字丝中点所对位置 P_1;盘右再瞄准 P 点,同法在墙上标出 P_2 点。若 P_1 与 P_2 重合,表示横轴垂直于竖轴,否则条件不满足,需要进行校正。

2)校正:用望远镜瞄准 P_1、P_2 直线的中点 P_M;抬高望远镜至 P 点附近;若十字丝交点与 P 不重合,打开支架护盖,调节校正螺钉,直到十字丝交点对准 P 点。

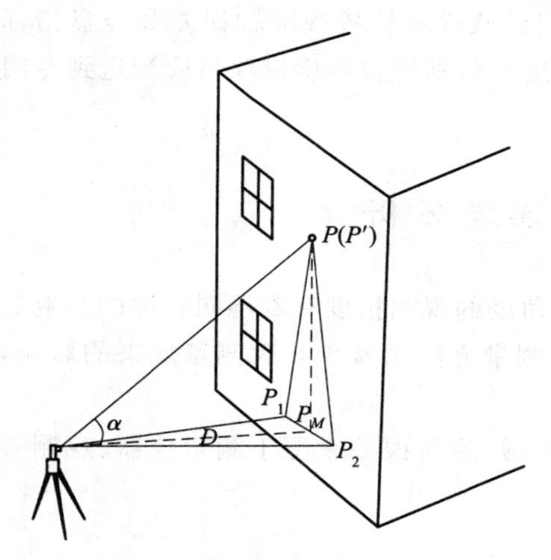

图 3-31 横轴垂直于竖轴的检验

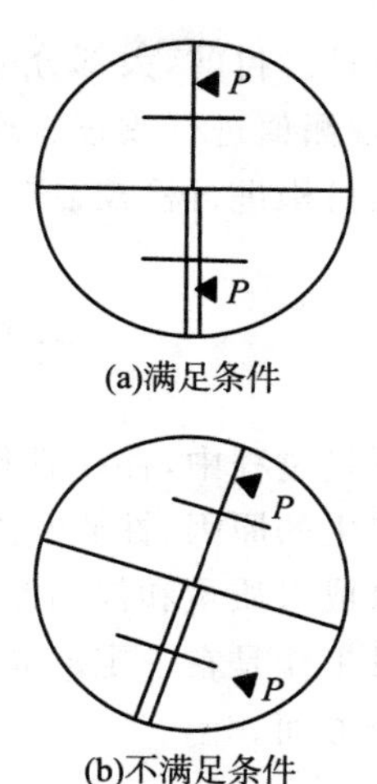

图 3-32 十字丝纵丝垂直于横轴的检验

(4)十字丝纵丝垂直于横轴的检验与校正

1)检验:用十字丝中心精确瞄准一个清晰点 P(图 3-32);利用望远镜微动螺旋使望远镜上下微动。如果 P 点移动时始终不离开纵丝,则满足条件,否则需校正。

2)校正:打开十字丝分划板护罩,松开固定螺钉,转动十字丝分划板,直至 P 点始终在纵丝上移动,旋紧固定螺钉。

(5)竖盘指标差的检验与校正

由前面介绍可知,用盘左、盘右观测值计算竖直角可以消除竖盘指标差 x 的影响。但是,当 x 超出规范要求时则需要进行校正。

1)检验:安置好仪器,用盘左、盘右两个镜位观测某个清晰目标,读取竖盘读数 L 和 R,并计算出指标差 x。通常,当 $x \geqslant 1'$ 时则需要校正。

2)校正:盘右照准目标点;转动竖盘指标水准管微动螺旋,使竖盘读数为正确值 $R-x$,此时竖盘指标水准管气泡不再居中;用校正针拨动竖盘指标水准管校正螺钉,使气泡居中。

(6) 光学对中器的检验与校正

1)检验:安置好仪器,在仪器正下方地面上安放一块白色纸板;将光学对中器十字丝中心投影到纸板上得 P 点,见图 3-33(a)所示;将照准部旋转 180°,再绘出十字丝中心 P',见图 3-33(b)所示。若 P 与 P'重合,则表示条件满足,反之,如果 P 与 P'的距离大于 2 mm则应校正。

2)校正:在纸板上画出 P 与 P'点连线中点 P'';调节光学对中器校正螺钉,使 P'点移至 P''点即可。

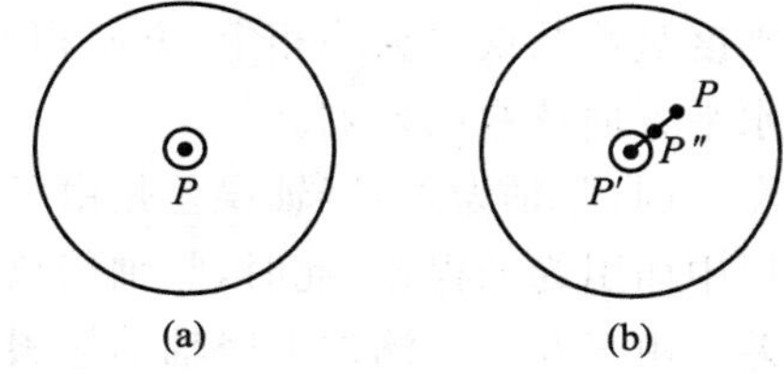

图 3-33 光学对中器的检验与校正

3.5.3 电子经纬仪的检校

电子经纬仪尽管是由机械、电子、光学构成的精密仪器,但其精度仍然受到制造工艺的影响。虽然电子经纬仪可以通过应用软件对某些轴系误差进行修正,能够减小对测角精度的影响,但不能完全消除这些误差。电子经纬仪除了应满足光学经纬仪要求的主要轴之间的关系外,还应满足度盘的分划应无系统误差等要求。

可以利用与光学经纬仪相同的方法,来检校电子经纬仪水准管轴、视准轴、横轴、竖轴及竖盘指标差等项目。目前，大部分电子经纬仪采用专门的软件来检校视准轴误差和竖盘指标差等，并自动对观测值进行改正。通常，电子经纬仪的度盘分划等重要检校项目应当送到专门的测量仪器检校机构进行检校，这里不再叙述。

3.6 角度测量误差分析

在角度测量过程中，存在着各种误差来源，并对角度的观测精度有着不同程度的影响。研究这些误差产生的原因、性质和大小，并采用一定的测量方法来减少其对测量成果的影响，有助于评定测量成果质量和提高测量成果精度。

角度测量工作是在一定的观测条件下进行的，同样，测角误差来源于测角仪器、观测者及外界条件三个方面。

3.6.1 来源于测角仪器的误差及减弱方法

(1)照准部偏心差：仪器照准部旋转中心与水平度盘分划中心不完全重合时，存在照准部偏心差。由于照准部偏心差对度盘对径方向(即相差180°方向)读数的影响大小相等，而符号相反，因此，可以采用对径方向两个读数取平均值的方法，消除照准部偏心差对水平角的影响。DJ_2仪器采用对径分划符合读数，在一个位置就可以读取度盘对径方向读数的平均值，消除照准部偏心差的影响。DJ_6仪器取同一方向盘左、盘右读数的平均值，也相当于同一方向在度盘对径读数，因此，也可以消除照准部偏心差的影响。

(2)视准轴误差：理论上视准轴应与横轴垂直，但是，实际上视准轴不完全垂直于横轴，因而产生视准轴误差。这样，望远镜绕横轴旋转时形成的轨迹不是一个铅垂平面，而是一个圆锥面，当望远镜瞄向不同高度目标时，视线方向在水平度盘上的投影值不同，从而引起水平方向观测误差。由于视准轴误差在盘左、盘右观测时，大小相等而符号相反，故取盘左、盘右观测的平均值可以消除这一影响。

(3)横轴误差：横轴在理论上应与竖轴垂直，这样当竖轴铅垂时，横轴就处于水平位置。如果横轴倾斜就会使视准轴轨迹为一斜面，同视准轴误差一样，不同高度的视线方向在水平度盘上的读数不同，引起水平角观测误差。由于盘左、盘右观测同一目标时，横轴不水平引起的水平度盘读数误差大小相等、方向相反，所以，取盘左、盘右读数的平均值，可以消除横轴误差对水平方向读数的影响。

(4)竖轴误差：竖轴误差是由于照准部水准管轴不垂直于竖轴或照准部水准管气泡不严格居中而引起的误差，此时，竖轴偏离垂直方向，从而引起横轴倾斜和水平度盘倾斜，产生测角误差。由于在一个测站上竖轴的倾斜角度不变，所以竖轴的倾斜误差不能通过盘左、盘右观测取平均值的方法消除。

3.6.2 来源于观测者的误差及减弱方法

(1)仪器对中误差：观测者在进行仪器对中时，仪器中心与测站标志中心不在一条铅垂线上，由此产生仪器对中误差。通过分析可以知道，测角误差与对中偏差值成正比，还与测站至目标的距离成反比。因此，在短边上测角时应更加注意仪器的对中。

(2)瞄准目标误差：观测者照准目标点时，由于标杆偏斜或没有准确瞄准目标，就会产生瞄准目标误差。瞄准目标误差影响与距离成反比，距离愈短影响也愈大。因此，目标标杆应尽量立在地面点中心且竖直，照准时应尽可能瞄准标杆底部。边长较短时，可采用垂球对点，用垂球线代替标杆。同时，观测时应尽量选择好天气或时段，调清晰十字丝和目标影像，准确地瞄准目标下部中心位置。

(3)读数误差：读数误差与读数设备、照明情况和观测者的技术水平有关。在进行估读时，应熟悉并调清晰读数窗内读数分划。电子经纬仪及全站仪不存在读数误差。

3.6.3 来源于外界条件的误差及减弱方法

外界条件对测角精度有着直接且复杂的影响。这些外界条件主要是指温度变化、风力、气压、雾气、太阳照射、地形、地物和视线高度等。大气的运动会影响目标成像的清晰度与稳定性，导致不能准确瞄准目标；温差使得大气密度不均匀引起大气折光，从而使观测视线产生弯曲；日照使得目标产生明亮面和阴暗面，在瞄准目标时可能仅瞄准目标明亮面的中心位置。另外，太阳直射会使仪器脚架发生热胀冷缩而扭转，影响测角精度。

因此，应选择良好的观测时间，如能见度高、微风，没有强烈的日照及气流；避免在日出和日落前后、大雨前后及云雾天气观测。选点时应使观测视线尽量远离地面及发热地物，如山坡、建筑物、火墙和烟囱等，以便减小大气折光影响。在瞄准目标时，观测者应仔细辨别觇标的实际轮廓，也可以采用上、下午分别观测来进行抵偿。另外，不要使太阳光线直射三脚架，应注意打伞遮阳。

思考题与习题

1. 什么是水平角和竖直角？观测水平角和竖直角有哪些相同点和不同点？
2. 简述电子经纬仪的主要特点，它与光学经纬仪的主要区别是什么？
3. 水平角观测中，对中和整平的目的何在？
4. 简述经纬仪测回法观测水平角的步骤。
5. 根据下表的观测数据完成计算工作。

测回	测站	目标	竖盘位置	读数 (° ′ ″)	半测回角值 (° ′ ″)	一测回角值 (° ′ ″)	平均角值 (° ′ ″)	备注
1	O	A	左	00 01 06				
		B		78 49 54				
		A	右	180 01 36				
		B		258 50 06				
2	O	A	左	90 08 12				
		B		168 57 06				
		A	右	270 08 30				
		B		348 57 12				

6. 何谓竖盘指标差？怎样计算竖盘指标差 x？
7. 经纬仪的检校包括哪些内容？取盘左、盘右读数的平均值，可以消除哪些仪器误差？

参考答案

5. 平均角值：78°48′44″。

4 距离测量

距离测量是测量的四项基本工作之一。距离测量的方法很多，主要有步测、车轮计数、航海计时、木杆尺、布卷尺、塑料尺、金属尺（最常见的是钢尺）、铟瓦尺、视距测量及光电测距等方法。按测距原理可简单分为直接法测距和间接法测距，即使用具有已知长度刻划的测尺直接进行两点间距离丈量，以及通过其他已知条件计算出距离。

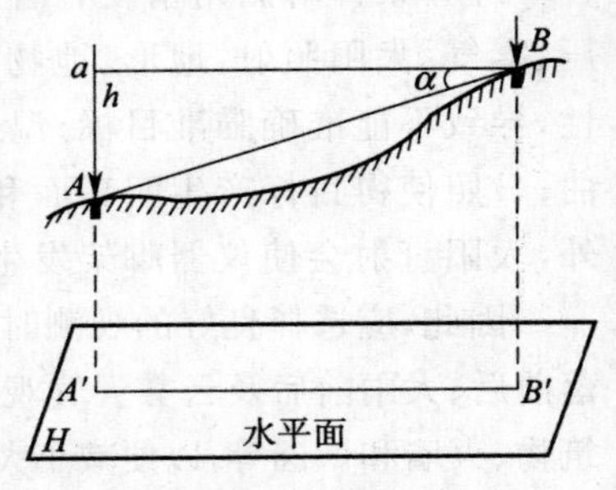

图 4-1　两点间的水平距离

确定点位的坐标通常需要两点间的水平距离（简称平距）。如图 4-1 所示，地面 A、B 两点间的平距为 $A'B'$，若测得的是倾斜距离（简称斜距）AB，可根据两点之间高差 h 或竖直角 α 计算出平距 $A'B'$。

本章主要介绍常用的钢尺量距、视距测量及光电测距三种距离测量的方法。

4.1 钢尺量距

钢尺一般分为普通钢尺和铟瓦基线尺两种。铟瓦基线尺受温度变化影响极小，因此，量距精度很高，主要用于测量基线和其他精密测量。普通钢尺由于使用方便灵活，广泛用于短边测量工作中。

4.1.1 量距工具

钢尺一般尺宽 10～15 mm，长度有 30 m、50 m 等多种，卷放在圆形盒或金属架上。钢尺按尺上零点位置不同，可分为端点尺和刻线尺。端点尺是以尺的最外边缘作为尺的零点，而刻线尺是以尺前端零点刻线作为尺的零点，如图 4-2 所示。

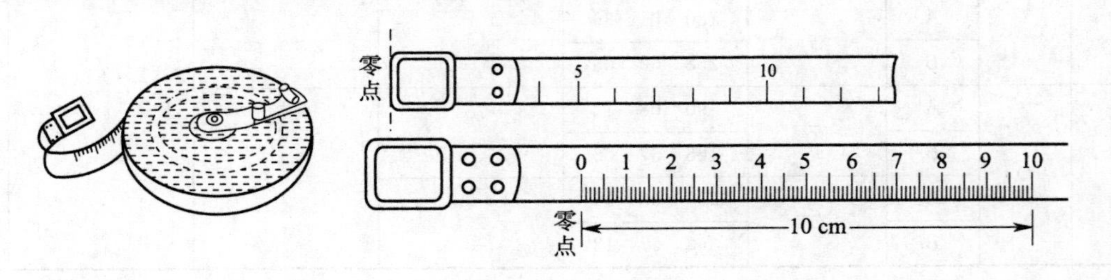

图 4-2　端点尺和刻线尺

除钢尺外，量距所需要的辅助工具还包括测钎、标（花）杆、垂球、弹簧秤和温度计等，如图 4-3所示。

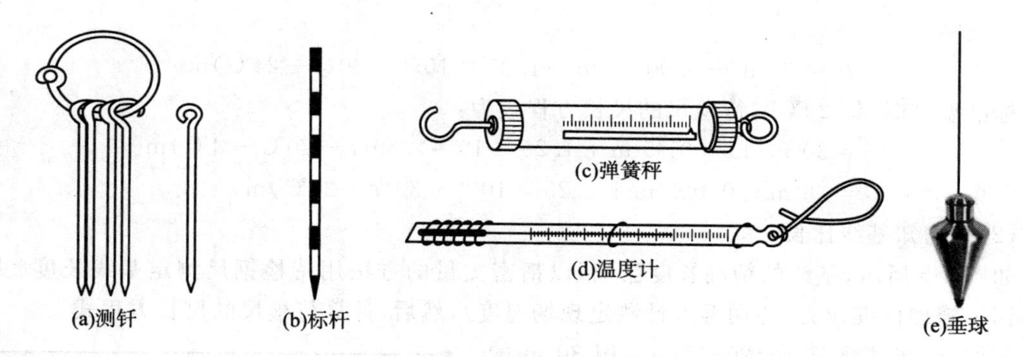

图 4-3 钢尺量距的辅助工具

4.1.2 尺长方程式

由于钢尺经常使用，以及在丈量时温度、拉力不同，都会导致钢尺长度不准确，即钢尺的名义长度不等于实际长度。因此，在进行测距之前或钢尺每使用一段时间后都应作尺长检定，以便对测距结果进行改正，从而得到更加精确的实际距离。钢尺的尺长方程式形式为：

$$l_t = l_0 + \Delta l + \alpha \cdot l_0(t - t_0) \tag{4-1}$$

式中 l_t ——钢尺在 t℃时的实际长度；

l_0 ——钢尺名义长度；

Δl ——钢尺整尺长在标准温度 t_0（通常为 20℃）时的尺长改正数；

t ——丈量时的温度；

α——钢尺的线膨胀系数，常取 1.25×10^{-5}/℃。

获取尺长方程式的方法通常是采用与标准尺比长或与已知基线比长。

(1)与标准尺比长

如图 4-4 所示，将待检定尺、标准尺并排地放在地面上（或悬空），两尺始端施加标准拉力（通常为 100 N)，并将两尺终端对齐，则可在始端的零分划处读出两尺的差值；用温度计测定现场温度 t，可计算待检尺的尺长。

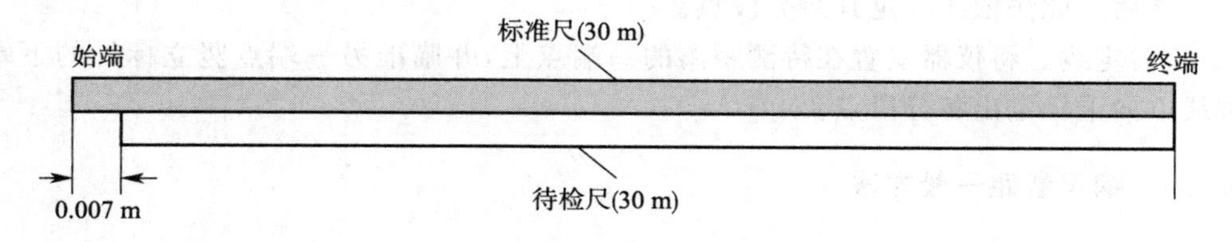

图 4-4 与标准尺比长

例如，量距时施加的标准拉力 P＝10 kg，现场温度 t＝24℃，已知标准尺尺长方程式为：$l_I = 30\ \text{m} + 0.004\ \text{m} + 1.25\times10^{-5}\times30(t - 20℃)\text{m}$，则待检尺尺长方程式的推算如下：

在 24℃时，待检尺的实际长度为

$$l_t = l_I - 0.007 = 30 + 0.004 + 1.25\times10^{-5}\times30(24 - 20) - 0.007$$
$$= 30 - 0.001\,5(\text{m})$$

也可写成

$$l_t = 30\ \text{m} - 0.001\,5\ \text{m} + 1.25 \times 10^{-5} \times 30(t - 24℃)\text{m}$$

则当标准温度时(即 20℃),待检尺的尺长方程式为:

$$\begin{aligned} l_t &= 30\ \text{m} - 0.001\,5\ \text{m} + 1.25 \times 10^{-5} \times 30(t - 20℃ - 4℃)\text{m} \\ &= 30\ \text{m} - 0.003\ \text{m} + 1.25 \times 10^{-5} \times 30(t - 20℃)\text{m} \end{aligned}$$

(2)与已知基线比长

如图 4-5 所示,基线的精确长度已知,以精密丈量的方法用待检钢尺测定基线长度(丈量时对钢尺施加标准拉力,并用温度计测定现场温度),然后,计算待检尺的尺长方程式。

图 4-5 与已知基线比长

例如,已知基线长为 120.454 m,用 30 m 的待检钢尺、在 28℃的现场温度条件下施加标准拉力,精密量得基线长为 120.432 m。则待检尺的尺长方程式推算如下:

待检尺在 28℃时的尺长改正为

$$\Delta l = 30 \times \frac{120.454 - 120.432}{120.432} = +0.005\,5(\text{m})$$

则在 20℃时待检尺的尺长改正为

$$\Delta l_{20℃} = 0.005\,5 - 1.25 \times 10^{-5} \times 30 \times (28℃ - 20℃) = +0.002\,5(\text{m})$$

故待检尺的尺长方程为

$$l_t = 30\ \text{m} + 0.002\,5\ \text{m} + 1.25 \times 10^{-5} \times 30(t - 20℃)\text{m}$$

4.1.3 直线定线

当待测距离大于钢尺的名义长度时,需要在待测距离两端点的连线方向上确定若干中间点(即直线定线),以便进行分段丈量,最后将各分段距离相加得整段距离的长度。直线定线分为目估定线和经纬仪定线两种方法。对于普通钢尺测距通常采用目估定线,而精密钢尺测距则采用经纬仪定线。定线时要求相邻分段点之间距离小于一个整尺段长度。

(1)目估定线。在待测距离两端点上竖立标杆,由一测量员视线切两端点的标杆,并指挥另一测量员手持标杆在分段点左、右移动,直至三个标杆在同一条直线上时,在地面上标记出分段点。然后按此法依次确定其余分段点。

(2)仪器定线。将仪器安置在待测距离的一端点上,并瞄准另一端点竖立标杆的下端,然后在视线方向上标定出各分段点。

4.1.4 钢尺量距一般方法

(1)平坦地面的距离丈量

丈量前,首先清除丈量方向上的障碍物,并在两个端点设置标志(通常各钉一木桩,并在桩顶钉小钉或画十字线,明确标记点位),如图 4-6 中的 A、B 两点。丈量时,后尺手将零尺端置于 A 点,前尺手将尺的另一端置于 B 点,并将钢尺拉直、拉平、拉稳,由前尺手读取端点 B 的尺面读数,即完成 AB 间的平距测量。

图 4-6 平坦地面的钢尺量距

(2)倾斜地面的距离丈量

根据地形情况,倾斜地面的距离丈量有以下两种方法。

1)平量法。如图 4-7(a)所示,当地面两点之间高差不大时,后尺手立于地势较高点并将钢尺零点对准起点,前尺手将钢尺拉在待测方向线上并目估使钢尺拉水平,借助垂球或标杆等获取终点的尺面读数。

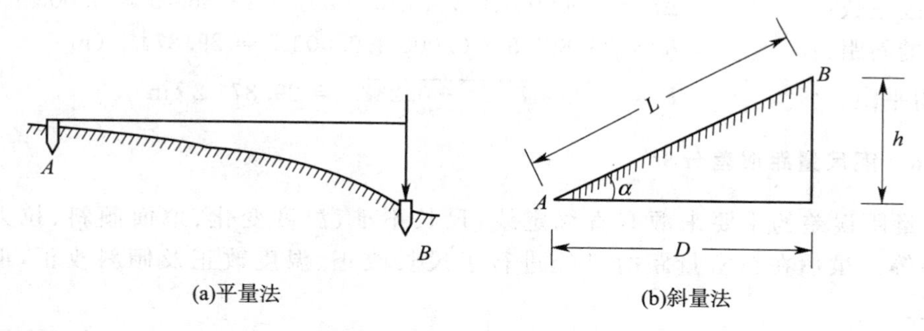

图 4-7　倾斜地面的钢尺量距

2)斜量法。如图 4-7(b)所示,当地面坡度较均匀时,可沿倾斜地面丈量出两端点之间的斜距 L,然后,可以利用仪器测出竖直角 α 或高差 h,计算出平距 D。

4.1.5　钢尺量距精密方法

距离测量的精度通常用相对误差表示,其值为距离测量的误差与距离测量值之比,并化为分子为 1、分母为一个整数的形式(即 $1/M$)。例如,前面介绍的一般量距方法的精度约 1/2 000,这里可以简单地理解为:若测量一段 2 000 m 的距离可能存在 1 m 的误差。当量距精度要求高于 1/2 000 时,就应利用钢尺量距精密方法。

(1)测距方法

丈量必须使用检定过的钢尺。先在被测距离的两个端点设置标志;后尺手使用标准拉力(可以利用弹簧秤)将钢尺零点对准标志,前尺手拉紧钢尺另一端并将尺对准另一标志读数;同时,读记温度。通常,为了防止读数错误和提高精度,精密测距要求进行三次,每次量距的较差要求≤ 3 mm。若满足要求,则取三次量距的平均值作为最后的丈量结果。

(2)测距成果计算

由于测得的距离是倾斜的钢尺名义长度 l,为了获得精确的平距 D,需要进行尺长改正、温度改正及倾斜改正。

尺长改正数计算公式：

$$\Delta l_{\mathrm{d}} = \frac{\Delta l}{l_0} l$$

式中,l_0 为钢尺名义长度,Δl 为整尺长在标准温度 t_0 时的尺长改正数。

温度改正数计算公式：

$$\Delta l_t = \alpha \cdot (t - t_0) \cdot l$$

式中,t 为丈量时的温度,α 为钢尺线膨胀系数,一般取 $1.25\times10^{-5}/℃$。

精确的斜距为：

$$l_{\mathrm{h}} = l + \Delta l_{\mathrm{d}} + \Delta l_t$$

因此,平距计算公式：

$$D = l_{\mathrm{h}} \cdot \cos\delta = \sqrt{l_{\mathrm{h}}^2 - h^2}$$

式中 δ 、h 分别为待测距离两端点之间的竖直角和高差。

【例 4-1】 某段距离的野外测量值为 29.865 5 m,量距所用钢尺的尺长方程式为:$l=30+0.005+0.000\,012\,5\times30(t-20℃)$ m,丈量时温度为 30℃,所测高差为 0.238 m,求水平距离。

【解】 尺长改正数： $\Delta l_d=\dfrac{0.005}{30}\times29.865\,5=0.005\,0\ (\text{m})$

温度改正数： $\Delta l_t=0.000\,012\,5\times(30-20)\times29.865\,5=0.003\,7\ (\text{m})$

精确的斜距： $l_h=29.865\,5+0.005+0.003\,7=29.874\,2\ (\text{m})$

因此,可得平距： $D=\sqrt{29.874\,2^2-0.238^2}=29.873\,2\ (\text{m})$

4.1.6 钢尺量距误差分析

钢尺量距误差的主要来源有直线定线、尺长不准、温度变化、地面倾斜、拉力不准及读数误差等。虽然在精密量距时已经进行了尺长改正、温度改正及倾斜改正,但仍存在残余误差。

定线误差:定线时,各分段点位置若偏离两端点直线方向,则丈量的距离是折线距离,使得丈量结果偏大。

尺长误差:钢尺的实际长度与名义长度不一致,对丈量结果会产生误差。尺长误差具有累积性,因此丈量前应当对钢尺进行检定,以便进行尺长改正。

温度误差:丈量时如温度发生变化,则钢尺的长度随之发生变化,对丈量结果将产生误差。因此,应测量现场温度以便进行温度改正。

倾斜误差:沿倾斜地面丈量时,所测距离为倾斜距离,而不是水平距离。因此,应测定竖直角或高差来进行倾斜改正。

拉力误差:丈量时应当采用标准拉力,否则,如果拉力过大则把尺子拉长,距离就会量短;反之则会把距离量长。初学者可以使用弹簧秤来控制拉力大小。

读数误差:包括每尺段端点的标志是否准确、尺子的刻划是否对准标志位置,以及读数是否准确。此外,还有风力、尺子重量也会使尺子发生弯曲而产生误差。

4.2 视距测量

视距测量是利用望远镜内十字丝分划板上的视距丝在视距尺(或水准尺)上进行读数,根据几何光学及三角学原理,同时测定两点间水平距离和高差的方法。该方法具有操作简便、速度快、不受地形起伏变化限制等优点,但测量精度较低(相对精度约 1/200),主要应用于地形图测绘工作。

4.2.1 视距测量原理

(1)视线水平时

如图 4-8 所示,欲测定 A、B 两点间的水平距离,在 A 点安置仪器,在 B 点竖立水准尺。当望远镜视线水平时,视准轴(即视线)与尺子垂直,通过上、下两条视距丝 m、n 就可读得尺上 M、N 两点处的读数,两读数的差值 l 称为尺间隔;f 为物镜焦距,p 为视距丝间隔,δ 为物镜至仪器中心的距离。

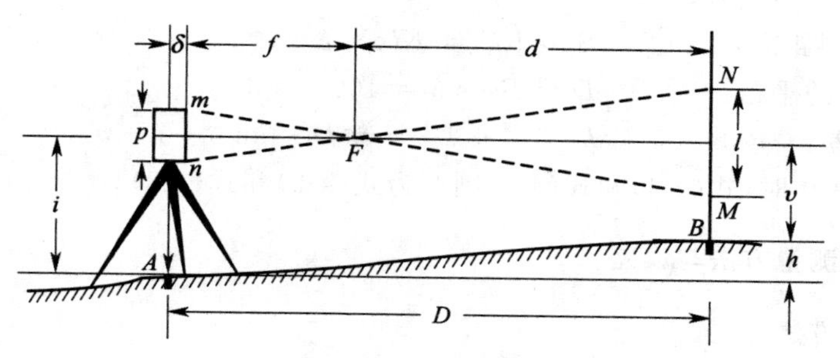

图 4-8 水平视距测量

由图 4-8 可知，A、B 点之间的平距：$D=\delta+f+d$

由两相似三角形 MNF 和 mnF 可知：$d=\dfrac{f}{p}l$

因此，A、B 点之间的平距：$D=(f+\delta)+\dfrac{f}{p}l$

令，$f+\delta=c$，称为视距加常数；$f/p=K$，称为视距乘常数，则

$$D=Kl+c$$

而在仪器望远镜设计时，适当选择有关参数后，可使 $K=100$，$c=0$。因此，视线水平时视距公式为：

$$D=100\cdot l \tag{4-2}$$

由图 4-8 可得 A、B 两点之间的高差为

$$h=i-v \tag{4-3}$$

式中，i 为仪器高，v 为望远镜的中丝在尺上的读数(称为觇标高)。

(2)视线倾斜时

当地面起伏较大时，望远镜必需倾斜才能照准视距尺，如图 4-9 所示，这时上、下丝在尺上读得尺间隔 l。由于视线不再垂直于视距尺，则不能直接利用式(4-2)和式(4-3)。

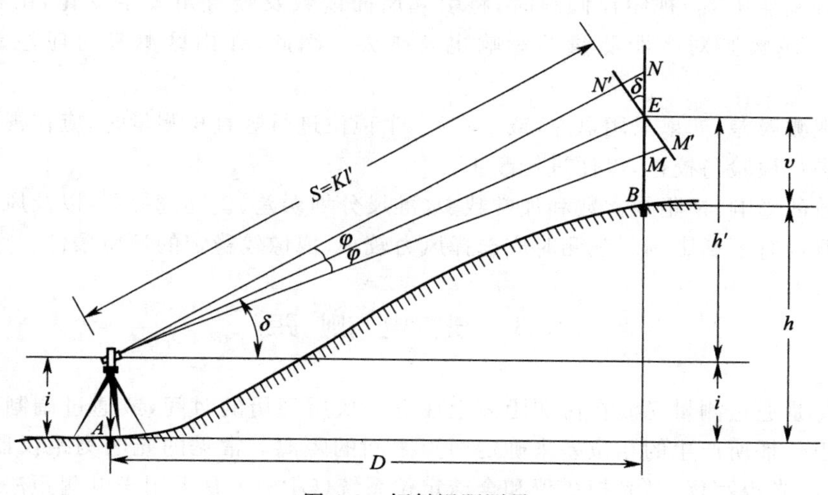

图 4-9 倾斜视距测量

设视线的竖直角为 δ，并将水准尺旋转 δ，这时水准尺与视线垂直，且上、下丝的读数分别为 M'、N'；由于 φ 角很小(约 17′)，故可将$\angle NN'E$ 和$\angle MM'E$ 近似看成直角，于是

$$l'=M'N'=M'E+EN'=ME\cos\delta+EN\cos\delta=(ME+EN)\cos\delta=l\cos\delta$$

由式(4-2)可得倾斜距离： $S = Kl' = Kl\cos\delta$

因此，A、B 两点间的平距： $D = S\cos\delta = 100l\cos^2\delta$ (4-4)

A、B 两点间的高差： $h = h' + i - v = D\cdot\tan\delta + i - v$ (4-5)

可见，当竖直角 $\delta = 0°$时，式(4-4)和式(4-5)则变为式(4-2)和式(4-3)。

4.2.2 视距测量方法与误差

(1)视距测量方法

安置仪器：在测站点上安置仪器，量取仪器高 i；在待测点竖立水准尺。

读数：照准视距尺，分别读取望远镜上、下、中丝读数 M、N、v，并计算尺间隔 l；居中竖盘指标水准管，读取竖盘读数，并计算竖直角 δ。

计算：按式(4-2)、式(4-3)或式(4-4)、式(4-5)计算平距 D 及高差 h。记录及计算见表 4-1。

表 4-1 视距测量记录与计算

点 号	尺间隔 l(m)	中丝读数 v(m)	竖角 δ (° ′ ″)	高 差 h(m)	平 距 D(m)
1	0.339	1.300	19 52 00	10.31	29.991
…	…	…	…	…	…

(2)视距测量误差分析

读数误差：望远镜视距丝在视距尺上的读数误差与尺的最小分划、分划线宽度、望远镜至视距尺的距离，以及望远镜的放大倍率等因素有关；而其中最主要的因素是望远镜至视距尺的距离，因此应限制该距离的长度。

大气折光影响：地表不同高度区域的空气密度不同，对光线的折射影响也不同，视线越接近地面，垂直折光的影响越大。因此应适当抬高视线，或选择较好的气象条件进行视距测量，以减少垂直折光的影响。

视距尺倾斜影响：当视距尺倾斜时，将引起尺面读数及竖直角发生变化，由视距测量计算公式可知，δ 越大则对视距测量的影响也就越大。因此，在山区测量时应注意将视距尺立直。

竖直角观测误差：如果只用盘左(或盘右)一个镜位进行竖直角测量时，应在视距测量前对竖盘指标差进行检验与校正，以便进行改正。

其他因数的影响：视距乘常数和加常数、水准尺分划误差、望远镜视差，以及风力使水准尺抖动等都对测量有不利影响。观测时应选择风力较小、成像较稳定的环境条件。

4.3 光 电 测 距

光电测距是通过测量光波在待测距离上往返一次所经历的时间，或通过调制光信号在被测距离上往返传播所产生的相位差来确定两点之间的距离。常见的光电测距仪器为全站仪，激光测距仪、激光跟踪仪、激光扫描仪和全球定位系统(GPS)也是采用光电测距法测距的。与钢尺量距和视距测量方法相比，光电测距具有测程长、精度高、速度快及自动化程度高等优点。

4.3.1 光电测距原理

如图 4-10 所示，在 A 点安置测距仪，在 B 点安置反射棱镜，测距仪发射的调制光波到达反射棱镜后又返回到测距仪。设光速为 c，如果调制光波在待测距离 D 上的往返传播时间为 t，则距离 D 为

$$D = \frac{1}{2}c \cdot t \tag{4-6}$$

式中，$c=c_0/n$，$c_0=299\ 792\ 458$ m/s 为真空中的光速，n 为大气折射率，它与光波波长 λ、测程上的气温、气压和湿度有关。因此，光电测距时还需测定气象元素，对所测距离进行气象改正。

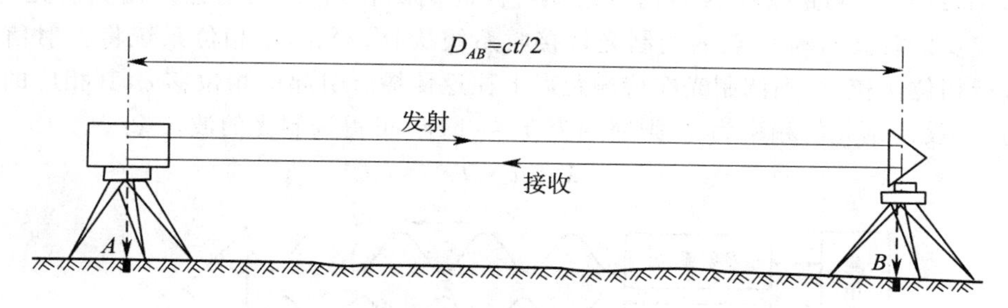

图 4-10　光电测距示意图

可见，测定距离的精度主要取决于测定时间 t 的精度。通常，时间可以采用直接的方式和间接的方式测定，因此，光电测距的原理主要有脉冲法测距和相位法测距两种。

(1)脉冲法测距基本原理

脉冲法测距是直接测定间断发射的脉冲信号在被测距离上往返传播的时间，从而获取距离值，其原理如图 4-11 所示。

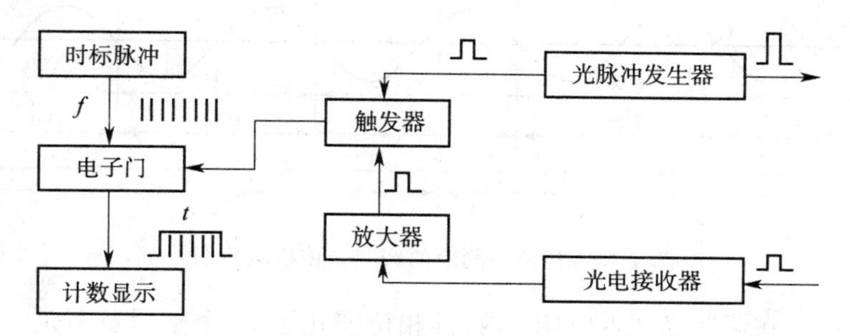

图 4-11　脉冲法测距原理

脉冲法测距仪一般以激光为光源，光脉冲发生器把激光能量集中成极窄的光脉冲发射出去；发射的同时还输出一个电脉冲信号作为计时的起始信号，起始信号经触发器打开电子门，让时标脉冲通过。光脉冲发生器发射的光脉冲到达被测目标后，经反射镜反射回来并被光电接收器接收，转换为电脉冲，作为计时终止信号去触动触发器关闭电子门，时标脉冲停止通过。可见电子门开、闭的时间，就是光脉冲往返待测距离的时间 t。假设计数器计下通过电子门的时标脉冲个数为 N，时标脉冲频率为 f，则

$$t = \frac{N}{f}$$

代入式(4-6)，并顾及波长 $\lambda = c/f$，则

$$D = \frac{1}{2} \cdot c \cdot \frac{N}{f} = \frac{\lambda}{2} \cdot N \tag{4-7}$$

由式(4-7)可知，每一个时标脉冲所代表的距离为 $\lambda/2$，当 $f=150$ MHz 时，$\lambda/2 \approx 1$ m。因为

激光脉冲的能量较集中，故脉冲法测距多用于远程的距离测量。如对月亮、卫星测距等。由于时标脉冲的计时精度所限，故普通脉冲测距仪的精度仅可达到厘米级。但随着电子技术的发展，具有独特计时方法的脉冲法测距仪其测距精度也将会达到毫米级。

(2)相位法测距基本原理

相位法测距是测定仪器发出的连续调制光信号在被测距离上往返传播所产生的相位差，并根据相位差求得距离。

如图 4-12 所示，测距仪在 A 点由发射系统同时向测相系统、反射器发出调制光，被 B 点的反射棱镜反射后又回到 A 点的调制光被接收系统接收，然后，由相位系统将发射信号与接收信号进行相位比较，得到调制光在待测距离上往返传播所引起的相位移 φ，其相应的往返传播时间为 t。设调制光的频率为 f，则周期为 $T=1/f$，可得调制光的波长 λ：

$$\lambda = c \cdot T \tag{4-8}$$

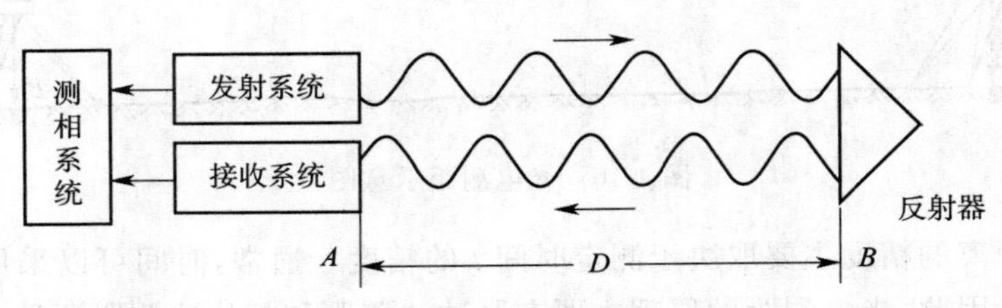

图 4-12 相位法测距原理

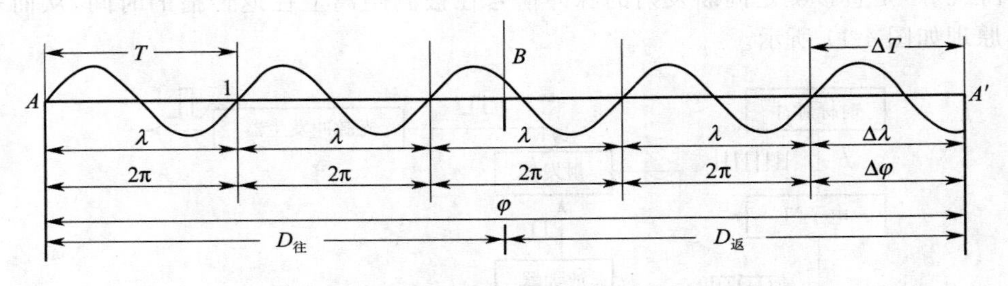

图 4-13 相位法测距的调制光传播示意图

由图 4-13 所示，在调制光往返时间 t 内，其相位变化了 N 个整周及不足一周的余数 $\Delta\varphi$，对应 $\Delta\varphi$ 的不足整周期为 ΔT，不足整周为 ΔN，则

$$t = NT + \Delta T$$

而 $\Delta\varphi$ 与时间 ΔT 的对应关系为 $\Delta T = \dfrac{\Delta\varphi}{2\pi} \cdot T$

顾及式(4-8)，则相位法测距的基本公式为

$$D = \frac{1}{2}c \cdot t = \frac{1}{2}c \cdot \left(NT + \frac{\Delta\varphi}{2\pi}T\right) = \frac{1}{2}c \cdot T\left(N + \frac{\Delta\varphi}{2\pi}\right) = \frac{\lambda}{2}(N + \Delta N) \tag{4-9}$$

在式(4-9)中，可以将 $\lambda/2$ 看作是一把“光尺”(类似于钢尺)，N 为整尺段数，ΔN 为不足一整尺段之余数，则被测距离为尺长的整倍数和不足一个尺长的余数之和。

由于测距仪的测相系统(相位计)只能测出不足整周(即 2π)的尾数 $\Delta\varphi$，而不能测定整周数 N。为了解决测程与精度的矛盾，测距仪采用多个调制频率(即多把“光尺”)的方式来测定距离。其基本思想为：用长波长的调制光(称为粗尺)测定距离的大数，以满足测程要求；用短波长的调制光(称为精尺)测定距离的尾数，以保证测距精度；再将粗尺、精尺的结果相加，则得到长距离、高精度的距离值。例如：

粗测尺结果 0323
精测尺结果　　3.817
最后距离值　323.817

这种测距方式类似于钟表，用时针和分针表示较长时间尺度，用秒针表示精确时间尺度，合成后则得到完整时间。另外，光电测距使用的反射棱镜是一个直角三棱锥体，可以将测距仪发射的信号按原方向反射回去，而近年来出现了免棱镜测距仪，能够在无合作目标（棱镜）的条件下进行高精度的距离测量。

由于相位计测相位移能够达到较高的精度，因此，目前普遍采用相位法测距。

4.3.2　全 站 仪

测量工作中，最广泛使用的测距仪器为全站仪。下面以全站仪为例，讲述光电测距工作的实施方法、精度分析与注意事项。

（1）全站仪组成

全站仪是集光、机、电于一体的仪器，其中轴系结构和望远镜光学瞄准系统与光学经纬仪类似，如图 4-14 所示。全站仪的电子系统主要由以下三大单元构成：

1）电子测距与电子测角单元。主要实现全站仪的数据采集功能。

2）微处理器单元。主要根据键盘或程序的指令控制各部分工作，进行逻辑、数值运算，以及数据存储、处理、管理、传输及显示等。

3）电子记录单元。通过与微处理器单元结合，自动完成数据存储、管理等，使整个测量过程有序、快速、准确地进行。

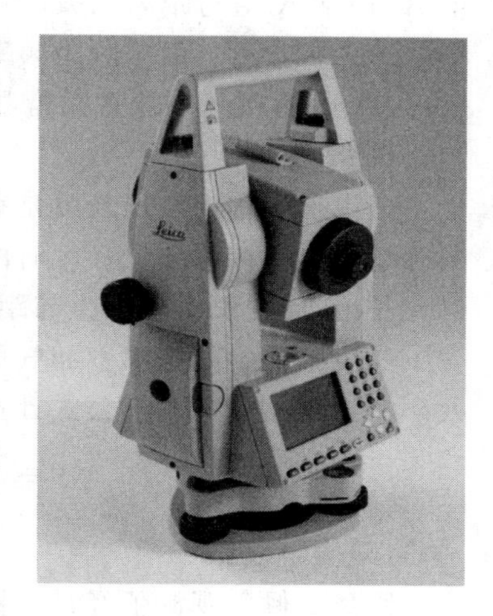

图 4-14　全站仪

全站仪的主要特点如下：

1）同轴。望远镜实现了视准轴、测距光波发射轴及接收轴三轴同轴，使得望远镜一次瞄准目标便可以同时测量水平角、竖直角及距离等。

2）自动补偿。依靠自动补偿系统，可对仪器竖轴的倾斜进行监控，并对因竖轴倾斜造成的测角误差自动进行改正。

3）键盘。可以在测量时输入操作指令或数据，并且，键盘和显示屏均为双面式，便于正、倒镜作业。

4）存储器。其作用是将观测、放样等数据存储起来。

5）通讯接口。可以通过通讯接口将存储的数据输入计算机，或将计算机中的数据传输给全站仪，实现双向信息传输。

全站仪的主要功能有：水平角、垂直角测量；距离测量（包括平距、斜距及高差）；轴系误差的补偿与改正；轴系驱动和目标自动照准、跟踪等；自动进行距离测量的气象改正和其他归化改算等；数据显示、处理与存储，以及与外围设备的信息交换等。

（2）全站仪分类

全站仪可分为常规型全站仪和智能型全站仪，后者具有自动识别目标与照准功能，可自动进行多种测量工作,俗称“测量机器人”。一些全站仪还具有防爆功能(用于矿山)、免棱镜(称无合作目标)测距和遥控操作等功能。与 GPS 接收机集成的全站仪称超站仪,可作无控制加密的测量和放样。

全站仪按测距长度可分为:短程全站仪(测程为几 km),主要用于工程测量和城市测量;中程全站仪(测程为十几 km),一般用于控制测量;长程全站仪(测程为几十 km 及更长),通常用于国家控制网及特殊工程测量。

4.3.3 全站仪测距成果计算

全站仪在测得初始斜距值后,一般均自动进行仪器常数改正、气象改正和倾斜改正等计算,并可以同时输出平距和斜距。

(1)仪器常数改正

全站仪的仪器常数有加常数 K 和乘常数 R 两项。

1)加常数 K。指由于仪器的发射中心、接收中心与仪器旋转轴不一致而引起的测距偏差值 K,通常 K 值与距离无关,预置于仪器内作自动改正。

2)乘常数 R。由于测距频率偏移而产生的测距偏差值 ΔS 与所测距离 S 成正比,即 $\Delta S = RS$。通常,在仪器中预置乘常数以便自动改正。

(2)气象改正

全站仪标称的测尺长度是在一定的气象条件下确定的。通常,在野外测距时的气象条件与确定全站仪标称测尺长度时的气象条件不同,因此,测距时的实际测尺长度就不等于标称的测尺长度,使得测距值产生与距离长度成正比的系统误差。

气象条件主要指温度和气压。在测距时测出当时的温度 t 和气压 P,再利用距离测量值 S 及厂家提供的气象改正公式计算出气象改正值。例如,如某全站仪的气象改正公式为

$$\Delta S = \left(283.37 - \frac{106.2833P}{273.15 + t}\right) \cdot S \quad (\text{mm})$$

(3)倾斜改正

距离的倾斜观测值经过仪器常数改正和气象改正后得到改正后的斜距 S。当测得斜距的竖直角 δ 后,则可以计算出水平距离:$D = S \cdot \cos\delta$。

目前,全站仪都具备自动测定气象条件和自动进行气象改正的功能。

4.3.4 全站仪测距的误差分析

全站仪的测角精度及其误差分析与经纬仪相同。

(1)全站仪测距标称精度

全站仪测距误差的主要来源有:大气折射率误差、测距频率误差、相位差测量误差、仪器加常数检定误差等,其中,大气折射率误差和测距频率误差对测距误差的影响与被测距离成比例关系,称该两项误差为比例误差;而相位差测量误差和仪器加常数检定误差与被测距离长度无关,称为固定误差。

通常,将全站仪测距的标称精度表述为“$A + B \cdot S$”形式,其中:A 为固定误差,B 为比例误差,S 为被测距离(km)。例如:某全站仪的测距标称精度为 $3\text{ mm} + 2 \times 10^{-6} \times S$,说明该全站仪的固定误差为 3 mm,比例误差为 2 mm/km,如测程为 1 km 时,测距误差约 5 mm。

(2)全站仪测距误差分析

1)大气折射率误差。由于全站仪测距时气象条件的测定误差,以及在测站测定的气象条件并不能完全代表测线沿线的实际值,所以,由此计算的大气折射率具有一定的偏差,在对所测距离进行气象改正时必然导致测距误差。大气折射率误差与测线沿线的地形、距离长短及气象条件相关,并且这些因素往往难以控制,因此,它是影响测距精度的主要因素。

2)测距频率误差。包括频率校准误差和频率漂移误差,前者称为频率的准确度,后者称为频率的稳定度。全站仪在长期使用过程中,由于元器件老化、温度变化、电源电压变化等因素,导致测距频率误差,该项误差的大小主要取决于仪器的质量。

3)相位测量误差。主要是指由于仪器本身的测相误差和外界条件变化引起的相位测量误差,它是决定仪器测距精度的主要因素之一。相位测量误差主要包括:相位计误差,因相位计具有一定的分辨率,所以会产生测相误差;幅相误差,即因测距信号强度变化而引起的测相误差及发光管相位不均匀引起的测相误差;周期误差,由于仪器内部光信号、电信号之间的窜扰所引起的成周期性变化的误差;仪器常数改正误差,由于检定场基线本身距离的准确性对仪器常数的检定会产生误差,特别是乘常数的误差对测距精度的影响较大。

4.3.5 全站仪操作与注意事项

(1)全站仪操作方法

安置:包括对中与整平,其方法与经纬仪相同,但还可采用激光对中器进行对中。

开机:开机后仪器进行自检,自检通过后,显示主菜单。

设置:除了厂家进行的固定设置外,还可以根据需要进行设置。

测量:选定测量模式,照准目标,直接在显示屏上读取观测角度或距离等值。

要想全面掌握全站仪的功能和使用方法,应在使用前详细阅读其操作手册。

(2)全站仪使用注意事项

1)全站仪的功能较多,通常先学习掌握测水平角、竖直角、斜距及平距等基本功能,然后再掌握测坐标、数据存储、系统设置、导线测量、放样、存储卡及数据传输等功能。

2)电池充电时间不能超过规定的充电时间,否则有可能缩短电池的使用寿命。另外,电池长期不用,也应定期充电。

3)严禁在开机状态下插、拔电缆。

4)望远镜不能直接照准太阳、探照灯或其他强光源,以免损坏仪器电路。

5)在强阳光下或雨天进行作业时,应打伞遮阳、遮雨,应注意仪器防潮、防震、防尘。

6)在作业过程中,观测者不能离开仪器,迁站时应先关闭电源并将仪器取下装箱搬运。

7)不要在强电磁场附近(高压线、发射站等)设站观测。

8)防止多路径效应,例如多余的反光镜、水面旁边、玻璃墙等。

9)观测视线方向应避免烟尘、火墙及复杂地形,防止电磁波发生弯曲。

10)全站仪应定期送到国家指定的仪器检定机构进行检定。

思考题与习题

1. 简述精密钢尺量距的方法和成果计算步骤。

2. 简述钢尺量距的误差来源。

3. 某钢尺尺长方程式为 $l=30\ \mathrm{m}+0.005\ \mathrm{m}+1.2\times10^{-5}\times30(t-20℃)\ \mathrm{m}$，用该尺以标准拉力于室外温度为20℃时在一平坦地面上测得一段距离为70.642 m，试计算该段距离的实际距离。

4. 简述视距测量方法。

5. 简述脉冲法和相位法的光电测距原理。

6. 何为光尺？光尺组的作用是什么？

7. 简述全站仪测距的误差来源。

参考答案

3. 70.654 m。

5 方向测量

方向测量(也称直线方位角测量、直线定向或直线方向测量)是指确定直线的方向,即测定直线与基本方向(也称标准方向或基准方向)之间的水平角。基本方向常采用三北方向,即真北(真子午线)方向、磁北(磁子午线)方向及坐标北(坐标纵轴)方向。

5.1 三北方向

5.1.1 真北方向

过地球上某点真子午线(即经线)的方向称为真北方向(也称真子午线方向),如图 5-1 所示。由于地球上各点的真子午线都向两极收敛而汇集于两极,所以,位于不同经度地表点的真子午线方向互不平行。两真子午线方向间的夹角称为子午线收敛角,如图 5-2 中的 γ 角。

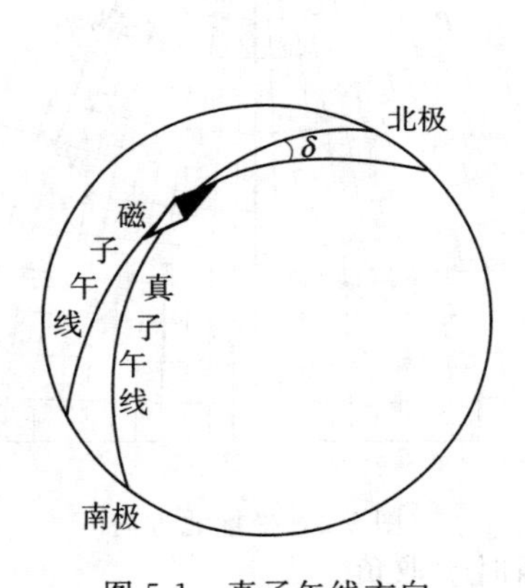

图 5-1 真子午线方向

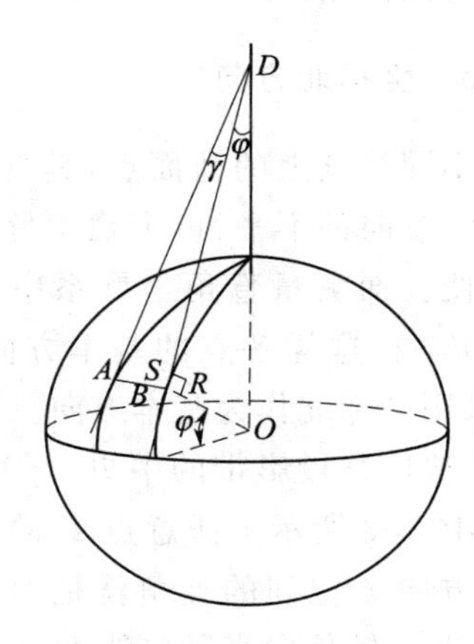

图 5-2 子午线收敛角

子午线收敛角可以近似地利用下面方法计算。在图 5-2 中将地球近似地看成一个圆球,O 为球心,半径为 R。设 A、B 为位于同一纬度 φ 上的两点,相距为 S,A、B 两点真子午线的切线就是 A、B 两点的真子午线方向,它们与地轴的延长线相交于 D,其夹角 γ 就是 A、B 两点间的子午线收敛角。从三角形 ABD 可知:

$$\gamma = \frac{S}{BD} \cdot \rho \quad (\rho = 206\ 265'')$$

又从直角三角形 BOD 中可得:

$$BD = \frac{R}{\tan \varphi}$$

由以上两式可得:

$$\gamma = \rho \cdot \frac{S}{R} \tan \varphi \tag{5-1}$$

从式(5-1)可以看出,子午线收敛角随纬度的增大而增大,并与两点间的距离成正比。计算γ时,当A、B两点不在同一纬度时,可取两点的平均纬度代替φ,并取两点的横坐标之差代替S。

5.1.2 磁北方向

自由旋转的磁针静止下来时磁针北端所指的方向称磁北方向(或称磁子午线方向)。由于地球的两极与磁极不一致,北磁极约位于西经100.6°、北纬76.2°;南磁极约位于东经139.4°、南纬65°。所以,同一地点的磁子午线方向与真子午线方向不一致,其夹角称为磁偏角,如图5-1中的δ角。磁子午线方向的北端在真子午线方向以东时称为东偏,δ取正,以西时称为西偏,δ取负。

磁偏角的大小随地点、时间而异,我国磁偏角的变化约在+6°(西北地区)到−10°(东北地区)之间。由于地球磁极的位置在不断地变动,以及罗盘磁针受周围磁场的影响等原因,磁子午线方向不宜作为精确直线定向的基本方向。但由于用磁北方向测量简便,所以在精度要求不高的情况下可以使用。

5.1.3 坐标北方向

由于不同纬度上的地面点,其真子午线方向或磁子午线方向都不平行(赤道上除外),使得计算很不方便。而测量直角坐标系中以x轴方向作为基本方向,这样各点的基本方向都平行,所以,通常采用坐标北作为基本方向。

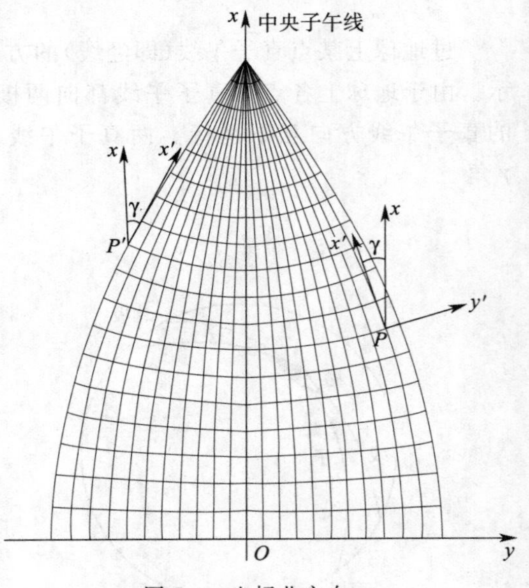

图5-3 坐标北方向

通常,选取某投影带的中央子午线作为坐标纵轴x,如图5-3所示。任意点P的真北方向x'与坐标北方向x之间的夹角就是P点的子午线收敛角γ,当x轴偏向真子午线方向以东时,γ取正,偏西时γ取负。

5.2 直线方向的表示方法

5.2.1 用方位角表示直线的方向

方位角是指由基本方向的北端起,顺时针方向转到直线的水平角,角值在0~360°之间。如图5-4中$O1$、$O2$、$O3$和$O4$直线的方位角分别为A_1、A_2、A_3和A_4。

确定一条直线的方位角时,首先要在直线的起点作出基本方向,如图5-5所示,在起点E作出真北(N轴)、磁北(N′轴)或坐标北方向(X轴)。如果以真北方向作为基本方向,则EF直线的方位角称为真方位角,用A_{EF}表示;如果以磁北方向为基本方向,则其方位角称为磁方位角,用A'_{EF}表示;如果以坐标北为基本方向,则其角称为坐标方位角,用α_{EF}表示。

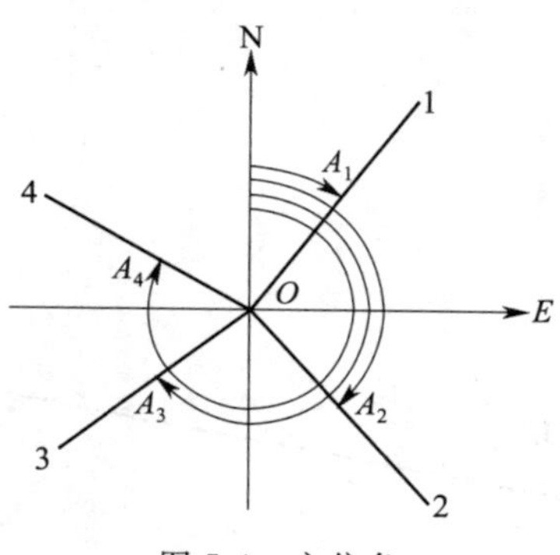

图 5-4 方位角

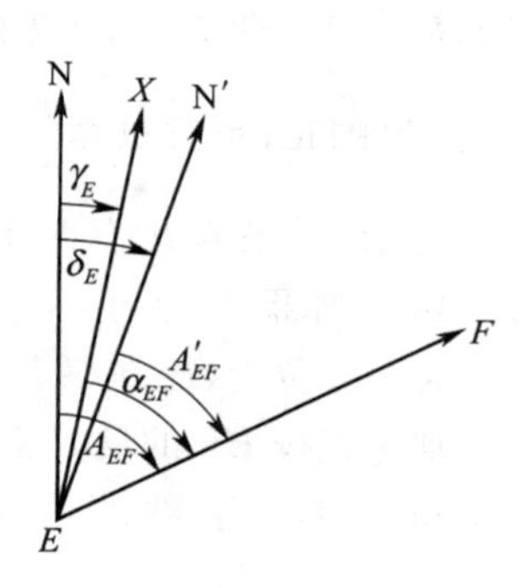

图 5-5 三种方位角

由图 5-5 可知，真方位角与磁方位角之间的关系为

$$A_{EF} = A'_{EF} + \delta_E \tag{5-2}$$

同样，可得真方位角与坐标方位角的关系为

$$A_{EF} = \alpha_{EF} + \gamma_E \tag{5-3}$$

由式(5-2)、式(5-3)可得坐标方位角与磁方位角之间的关系为

$$\alpha_{EF} = A'_{EF} + (\delta_E - \gamma_E) \tag{5-4}$$

式中，δ_E 和 γ_E 值东偏时取正，西偏时取负。

5.2.2 用象限角表示直线的方向

象限角是指由基本方向的北端或南端起，沿顺时针或逆时针方向转至直线的水平角，角值在 0～90°之间。如图 5-6 所示，NS 轴为经过 O 点的基本方向，$O1$、$O2$、$O3$、$O4$ 为地面上的四条直线，则 R_1、R_2、R_3、R_4 即为这四条直线的象限角。通常，用象限角定向时，不但要注明角度的大小，还应注明它所在的象限。例如，$O1$、$O2$、$O3$、$O4$ 直线的象限角应写成 R_1＝NE38°、R_2＝SE42°、R_3＝SW53°、R_4＝NW61°。

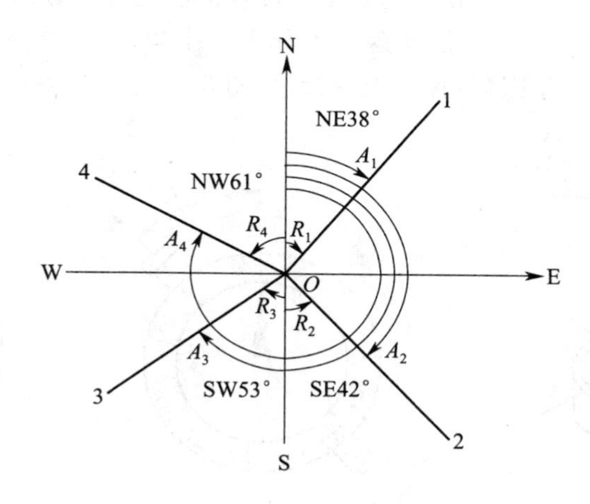

图 5-6 象限角

同样，如果以真北作为基本方向，则所确定的象限角称真象限角；如果以磁北为基本方向，则所确定的象限角称磁象限角；如果以坐标北为基本方向，则所确定的象限角称坐标象限角。

由图 5-6 可得象限角与方位角之间的换算关系：第一象限，$R_1 = A_1$；第二象限，$R_2 = 180° -$

A_2；第三象限，$R_3=A_3-180°$；第四象限，$R_4=360°-A_4$。

5.2.3 直线的正、反方位角

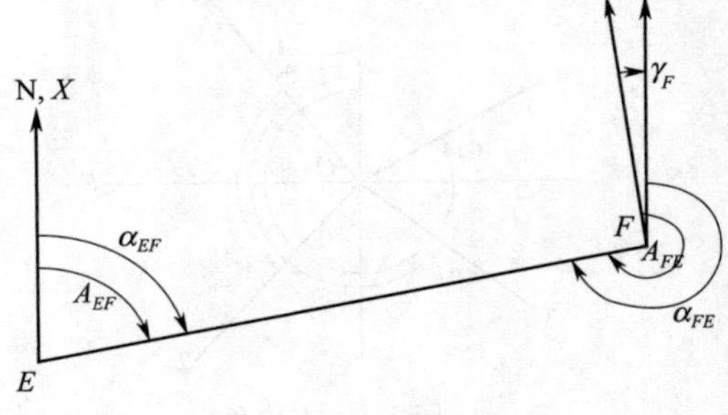

图 5-7 正反方位角

如图 5-7 所示，一条直线有两个方向，即从 E 到 F 或从 F 到 E。如果 E 为起点，直线 EF 的方位角 A_{EF} 或 α_{EF} 为正方位角，而在终点 F 测得的方位角 A_{FE} 或 α_{FE} 则为直线 EF 的反方位角。

由图 5-7 可知，同一直线的正、反真方位角之间的关系为

$$A_{FE}=A_{EF}\pm180°+\gamma_F \quad (5\text{-}5)$$

式中 γ_F 为 EF 两点间的子午线收敛角。而正、反坐标方位角的关系为

$$\alpha_{FE}=\alpha_{EF}\pm180° \quad (5\text{-}6)$$

由以上的变换关系中可以看出，正、反坐标方位角相差 180°，便于进行计算，因此，在测量工作中通常采用坐标方位角来确定直线的方向。

5.3 磁方位角测量

罗盘仪是测量直线磁方位角或磁象限角的主要仪器，它主要由望远镜(或照准觇板)、磁针和度盘三部分组成，如图 5-8 所示。望远镜 1 是照准设备，它安装在支架 5 上，而支架则连接在度盘盒 3 上，可随度盘一起旋转。磁针 2 支承在度盘中心的顶针上，可以自由转动，静止时所指方向为磁子午线方向。为保护磁针和顶针，不用时应旋紧制动螺旋 4，将磁针托起压紧在玻璃盖上以免晃动。由于受两极磁场强度的影响，为了防止在北半球磁针北端向下倾斜，则在磁针南端加上一些平衡物，同时，这也有助于辨别磁针的指南或指北端。

度盘安装在度盘盒内，随望远镜一起转动。度盘的注记方式有两种：①从 0°起按逆时针增加至 360°，称方位罗盘(图 5-9)；②把度盘一周分为 4 个象限，0°处注有“南”和“北”，90°注有“东”和“西”，可直接读出磁象限角，称象限罗盘仪(图 5-10)。

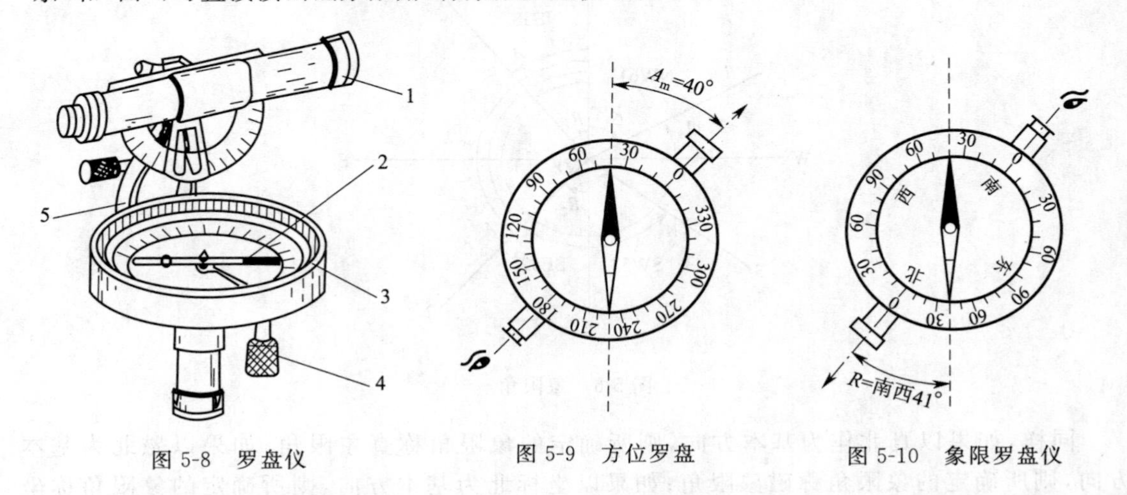

图 5-8 罗盘仪　　图 5-9 方位罗盘　　图 5-10 象限罗盘仪

用罗盘仪测量直线方向时，先把罗盘仪安置在直线的起点，利用罗盘仪三脚架对中、整平后，照准直线的另一端，然后放松磁针，当磁针静止后即可直接读取直线方向的读

数。当采用方位罗盘测量直线方向时，用磁针北端直接读出磁方位角，如图 5-9 所示读数为 40°。当采用象限罗盘测量直线方向时，用磁针北端直接读数，如图 5-10 所示读数为南西 41°。

使用罗盘仪测量时应注意以下问题：为了防止错误和提高测量的精度，通常在测定直线的正方位角后，还要测量直线的反方位角，如误差在 1°范围内时可取其平均数作为最后结果；测量时磁针不能触及盒盖或盒底，能自由转动；测量时应避开钢轨、高压线或铁器物体，以免影响磁针指向；在读数时，观测者的视线方向与磁针应在同一竖直面内，以免读数不准；仪器用完后要将磁针螺旋拧紧，以免损坏顶针和磁针。

5.4 真方位角测量

直线与真北方向之间的水平角主要采用陀螺经纬仪或 GPS 测量。陀螺经纬仪是由陀螺仪和经纬仪或全站仪组合而成的一种定向专用仪器，如图 5-11 所示，能够满足地下工程等定向需求。陀螺是一个悬挂着的能作高速旋转的转子。当陀螺仪的转子作高速旋转时有两个重要特性：一是定轴性，即在无外力作用下，陀螺轴的方向保持不变；另一是进动性，即受地球引力作用时，陀螺轴将按一定的规律产生进动。因此，陀螺轴在测站真北方向的两侧作有规律的往复转动，从而可以得出测站的真北方向。

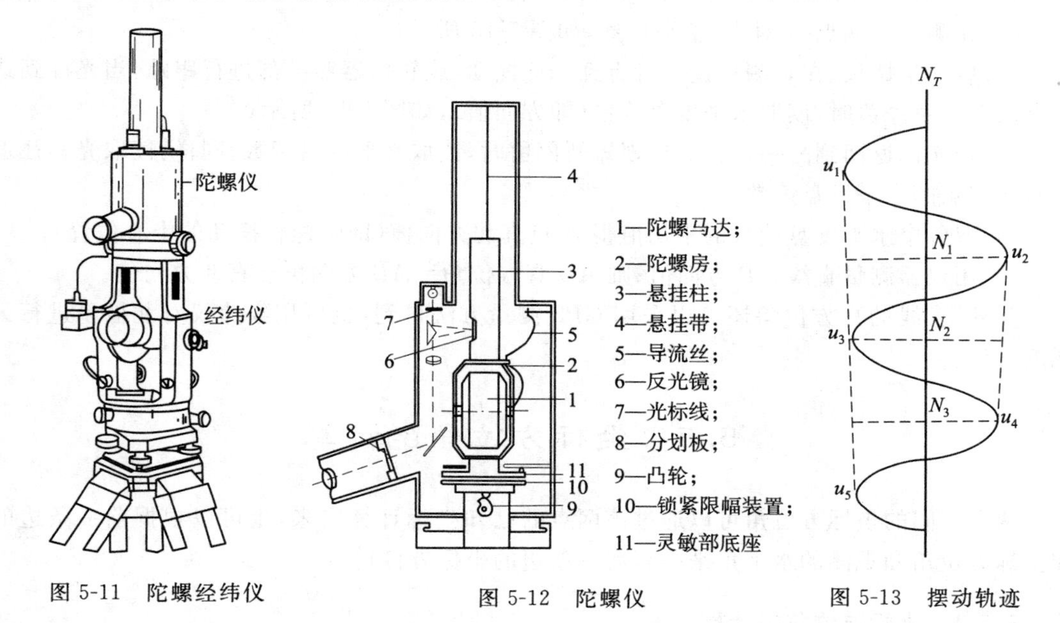

图 5-11 陀螺经纬仪　　图 5-12 陀螺仪　　图 5-13 摆动轨迹

陀螺仪主要由以下几部分组成(图 5-12)：

(1)灵敏部。陀螺仪的核心部分是陀螺马达 1，它的转速约 21 500 r/min，安装在密封的陀螺房 2 中，通过悬挂柱 3 由悬挂带 4 悬挂在仪器的顶部，有两根导流丝 5 和悬挂带 4 为马达供电，悬挂柱上装有反光镜 6。

(2)光学观测系统。与支架固定的光标线 7，经过反射棱镜和反光镜反射后，通过透镜成像在分划板 8 上，在目镜内可见到如图 5-13 所示的影像，光标像在视场内的摆动反映了陀螺灵敏部的摆动，也即陀螺轴在真北方向往复转动的轨迹。

(3)锁紧和限幅装置。用于固定灵敏部或限制它的摆动,转动仪器的外部手轮,通过凸轮9带动锁紧限幅装置10的升降,使陀螺仪灵敏部被托起(锁紧)或放下(摆动)。

(4)外罩。仪器外壳的内壁有磁屏蔽罩,用于防止外界磁场的干扰,陀螺仪的底部与经纬仪支架相连。

图 5-14　陀螺全站仪

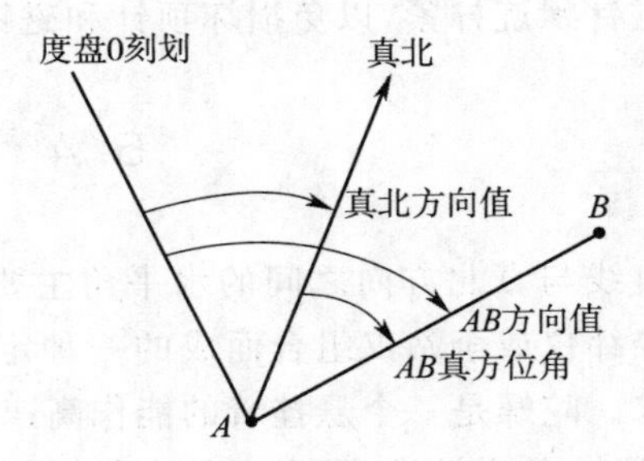

图 5-15　测量真方位角示意图

目前,通常采用陀螺全站仪(图 5-14)测量直线的真方位角,其基本程序为:

(1)在测线一端点 A 对中、整平仪器,如图 5-15 所示;

(2)启动陀螺仪,在观测目镜中可看到光标摆动,旋转仪器照准部进行跟踪,当光标到达逆转点出现短暂停留时,读取水平度盘读数(即方向值),如图 5-13 所示;

(3)当光标返回到另一逆转点出现短暂停留时,读取水平度盘读数;同样,读取光标往返摆动时逆转点的水平度盘读数;

(4)取各个水平度盘读数的平均值得 A 点真北方向值(即陀螺轴摆动的中心位置);

(5)用仪器测量直线 AB 方向值;则 AB 真方位角$=AB$ 方向值$-$真北方向值。

此外,直线的真方位角还可以采用 GPS 测量方法得到,也可用经纬仪对北极星进行天文观测得到。

5.5　坐标方位角的计算

两点之间的坐标方位角可以通过该两点的已知坐标计算出来,也可以根据前一条边的已知坐标方位角和观测的水平角来推算后一条边的坐标方位角。

5.5.1　坐标方位角的计算

如图 5-16 所示,已知 A 点坐标 x_A 、y_A ,以及两点之间的边长 D_{AB} 和坐标方位角 α_{AB} ,求 B 点坐标 x_B 、y_B ,称为坐标正算。利用坐标正算方法计算 B 点坐标的公式为:

$$\left.\begin{aligned} x_B &= x_A + \Delta x_{AB} = x_A + D_{AB} \cdot \cos \alpha_{AB} \\ y_B &= y_A + \Delta y_{AB} = y_A + D_{AB} \cdot \sin \alpha_{AB} \end{aligned}\right\} \tag{5-7}$$

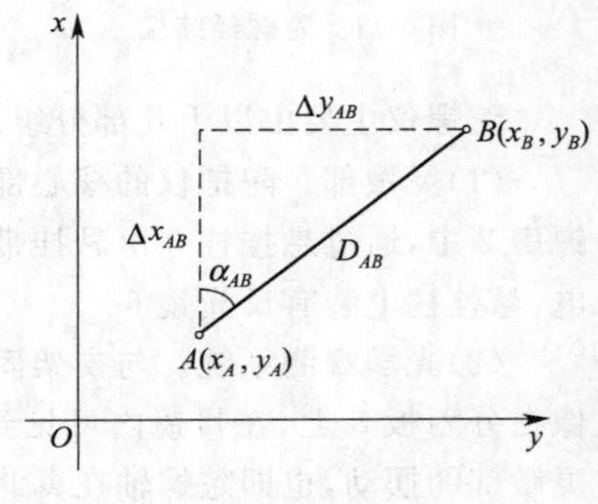

图 5-16　坐标的正、反算

如图5-16所示，设已知$A(x_A, y_A)$、$B(x_B, y_B)$两点坐标，求A、B两点之间的边长D_{AB}和坐标方位角α_{AB}，称为坐标反算。坐标反算的具体步骤如下：

(1)计算A、B两点之间的坐标增量
$$\begin{cases}\Delta x_{AB}=x_B-x_A\\ \Delta y_{AB}=y_B-y_A\end{cases}\tag{5-8}$$

(2)计算A、B两点之间的边长
$$D_{AB}=\sqrt{\Delta x_{AB}^2+\Delta y_{AB}^2}\tag{5-9}$$

(3)计算A、B两点之间的象限角值
$$R_{AB}=\arctan\left|\frac{\Delta y_{AB}}{\Delta x_{AB}}\right|\tag{5-10}$$

(4)先由坐标增量符号确定R_{AB}所在象限，再由前面知识可得α_{AB}，即

当Δx_{AB}为正、Δy_{AB}为正时，R_{AB}在第一象限，则$\alpha_{AB}=R_{AB}$

当Δx_{AB}为负、Δy_{AB}为正时，R_{AB}在第二象限，则$\alpha_{AB}=180°-R_{AB}$

当Δx_{AB}为负、Δy_{AB}为负时，R_{AB}在第三象限，则$\alpha_{AB}=180°+R_{AB}$

当Δx_{AB}为正、Δy_{AB}为负时，R_{AB}在第四象限，则$\alpha_{AB}=360°-R_{AB}$

【例5-1】 已知$x_A=1\ 874.43$ m，$y_A=43\ 579.64$ m，$x_B=1\ 666.52$ m，$y_B=43\ 667.85$ m，求A、B两点之间的边长D_{AB}及坐标方位角α_{AB}。

【解】 坐标反算方法如下。

(1)由式(5-8)得：$\Delta x_{AB}=1\ 666.52-1\ 874.43=-207.91(\text{m})$

$\Delta y_{AB}=43\ 667.85-43\ 579.64=88.21(\text{m})$

(2)由式(5-9)得：$D_{AB}=\sqrt{-207.91^2+88.21^2}=225.85(\text{m})$

(3)由式(5-10)得：$R_{AB}=\tan^{-1}\left|\frac{88.21}{-207.91}\right|=22°59'24''$

(4)由Δx_{AB}为负、Δy_{AB}为正可知，R_{AB}在第二象限，则

$$\alpha_{AB}=180°-22°59'24''=157°00'36''$$

任意A、B两点的坐标可以是高斯平面直角坐标系的坐标，也可以是独立平面直角坐标系的坐标。对于地理坐标系或地心坐标系中的坐标，可以利用一定的换算关系将其球面坐标转换成直角坐标，再计算两点之间的坐标方位角。

5.5.2 坐标方位角的推算

如图5-17所示，若已知后一条边AB的坐标方位角α_{AB}，并观测了左角$\beta_{左}$(即沿折线ABC走时，观测的水平角β位于前进路线的左手方)，可求得前一条边BC的坐标方位角α_{BC}：

$$\alpha_{BC}=\alpha_{AB}+180°+\beta_{左}-360°=\alpha_{AB}+\beta_{左}-180°$$

通用推算公式为

$$\alpha_{前}=\alpha_{后}+\beta_{左}\pm180°\tag{5-11}$$

在式(5-11)中，当$\alpha_{后}+\beta_{左}$的值≤180°时，取+180°，反之取−180°。这是因为坐标方位角值应在0～360°之间。

同理，当已知后一条边AB的坐标方位角$\alpha_{后}$，并观测了右角$\beta_{右}$(即沿折线ABC走时，观测的水平角β位于前进路线的右手方)，可得前一条边BC的坐标方位角$\alpha_{前}$：

$$\alpha_{前}=\alpha_{后}-\beta_{右}\pm180°\tag{5-12}$$

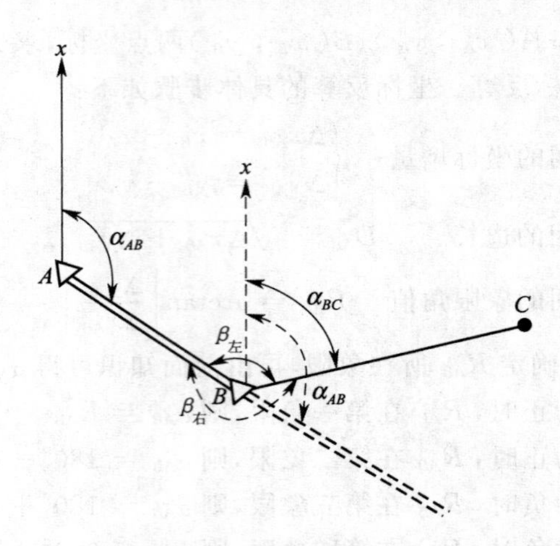

图 5-17　推算坐标方位角

思考题与习题

1. 什么叫直线定向？直线的基本方向有哪几种？

2. 罗盘仪由哪几部分组成？如何正确使用罗盘仪？

3. 已知 A 点坐标 $X_A=100$ m，$Y_A=200$ m，B 点坐标 $X_B=200$ m，$Y_B=100$ m。试计算 A、B 两点之间的水平距离 D_{AB} 及其坐标方位角 α_{AB}。

4. 已知 A、B 两点的坐标方位角 $\alpha_{AB}=80°$，观测的左角如图 5-18 所示，试计算 2、3 两点之间的坐标方位角 $\alpha_{23}=$？

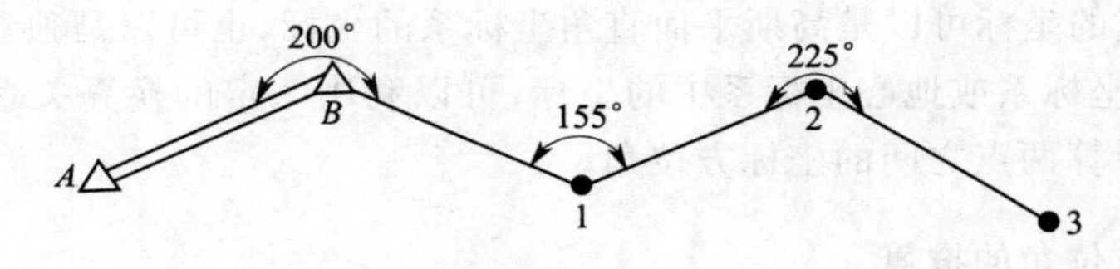

图 5-18　习题 4 图

参考答案

3. $D_{AB}=141.4$ m，$\alpha_{AB}=315°$。

4. $\alpha_{B1}=100°$，$\alpha_{12}=75°$，$\alpha_{23}=120°$。

6 测量误差理论

6.1 观测误差

在测量中，常常会出现下述情况：当重复观测两点间的高差，或多次观测同一个角，或多次丈量同一段距离时，相同量的多次观测结果往往不一致；例如，观测了一个平面三角形的三个内角后，发现这三个内角之和不等于其理论值180°。这种在同一个量的各观测值之间，或观测值与其理论值之间存在差异的现象，在测量工作中是普遍存在的，产生这种现象的原因是由于观测值中包含有测量误差。测量误差理论就是研究测量误差的来源、性质、产生原因和传播规律，解决测量工作中遇到的实际问题而建立起来的概念和原理体系。

对任何一个观测值 L，客观上总是存在一个能代表其真正大小的数值 $\widetilde{L}$，这一数值称为 L 的真值 $\widetilde{L}$。观测值偏离观测值真值而产生的差值称为该观测值的真误差 Δ（也称为观测误差或测量误差），通常定义为：

$$\Delta = \widetilde{L} - L \tag{6-1}$$

观测误差产生的原因很多，可概括为下列三方面：

(1)观测者。由于观测者感觉器官的鉴别能力有一定的局限性，在仪器安置、照准、读数等工作中都会产生误差。同时，观测者的技术水平和工作态度，也对观测数据的质量有着直接影响。

(2)测量仪器。测量工作所使用的仪器或工具都具有一定的精确度，从而使观测结果的质量受到影响。例如，在使用只刻有cm分划的普通水准尺进行水准测量时，就难以保证在估读毫米时正确无误。另外，仪器本身构造上的缺陷和不完善，也会使观测结果产生误差，如水准仪的视准轴不平行于水准管轴等。

(3)外界环境。测量时所处的外界环境，如温度、湿度、风力、大气折光等因素的变化会对观测数据直接产生影响。例如，有风会使测量仪器不稳，地面松软可使仪器下沉，强烈阳光照射会使仪器或工具发生热胀冷缩，大气温度梯度会使观测视线弯曲产生折光现象等。可见，外界观测环境是影响野外测量成果质量的重要因素。

观测者、测量仪器和外界环境三方面因素综合起来可称为观测条件。在相同观测条件下进行的各次观测，称为等精度观测(也称同精度观测)，其相应的观测值称为等精度观测值；在不同观测条件进行的各次观测，称为不等精度观测，其相应的观测值称为不等精度观测值。

观测离不开观测者、测量仪器和外界环境，这些观测条件都是产生测量误差的来源。因此，测量观测值不可避免地存在误差。然而，观测条件的好坏直接影响着观测成果的质量，观测条件好，则观测成果的质量就高，反之，则质量就低。同样，观测成果质量的高低也反映了观测条件的优劣。

为了获得观测值的正确结果，就必须对观测误差进行分析研究，以便采取适当的措施来消除或削弱观测误差对测量结果的影响。研究测量误差的主要目的就是求取最优测量值，评定测量成果精度，改进测量方法。

观测误差按其性质，可分为系统误差、偶然误差和粗差。

(1)系统误差。指在相同观测条件下进行一系列观测，观测误差在大小和符号上表现出系统性，即按一定规律变化的误差。

系统误差主要由测量仪器或工具的不完善造成，并对测量结果的影响具有累积性。例如，每把钢尺都有尺长改正数，测量时每个尺段都应进行尺长改正，否则将随尺段数的增加而误差不断累积。因此，在测量工作中，可以通过下列措施对系统误差予以消除和削弱：一是在实施测量工作前，应认真检校仪器或工具；二是在测量中选择合理的方法，如水准测量时，使前后视距相等，以便消除视准轴不平行于水准管轴引起的误差；三是对测量成果进行处理，如钢尺量距时对所量距离进行尺长改正。

(2)偶然误差。指在相同观测条件下进行一系列观测，若观测误差在大小和符号上表现出偶然性，即从单个观测误差看在大小和符号上没有规律性，但从大量观测误差看却表现出一定的统计规律。

偶然误差主要是由于观测者鉴别能力有限造成的，且不可能彻底消除。例如，没有严格瞄准目标、估读水准尺上毫米数不准等。如果观测误差是许多偶然误差的组合，则其总误差也是偶然误差，例如测角误差可能是照准、估读、风力及温度等因素造成的多项误差之和。而每项误差的大小或符号都不能事先知道。为了尽量减小偶然误差，测量时应注意：选择使用更准确、精密的测量仪器和工具，采用合理的观测方法并增加观测次数，提高观测人员的技能和责任感，选择有利的观测时间，应用平差方法求取观测结果最优值等。

(3)粗差。指比正常观测条件下可能出现的最大误差还要大的误差，即超过允许值(或称极限值)的偏差或错误。

粗差是随机出现的，没有规律，可能由人为因素引起，也可能由外界环境因素引起。例如，没有按照测量规程进行观测，使用低精度或残缺的测量仪器和工具，观测时瞄错目标，听错或记错数据等。粗差可以采用优化的测量方案和足够的多余观测，以及加强观测人员责任心等方法进行检查和避免，也可以利用平差理论和检测方法对部分粗差进行识别和剔除。

在观测成果中，系统误差、偶然误差和粗差可能同时存在，但是，当合理地利用仪器工具、技术方法时，可以在观测值中剔除粗差、大大减弱或消除系统误差。因此，本章主要研究偶然误差的性质及传播规律，以及如何解决测量数据处理工作中遇到的实际问题。

6.2 偶然误差的特性

偶然误差的特点是单个个体具有随机性，其出现的符号和大小没有规律性，但在总体上却表现出很强的统计规律性，而且偶然误差个数愈多，其统计规律性愈明显。偶然误差是服从正态分布的随机变量。

例如，在相同观测条件下，对358个三角形的内角进行了观测。由于观测值含有偶然误差，所以每个三角形的内角和不等于其真值180°，各个三角形内角和的真误差Δ_i由下式计算：

$$\Delta_i = 180° - (L_1 + L_2 + L_3)_i \quad (i = 1,2,\cdots,358) \tag{6-2}$$

式中，$(L_1+L_2+L_3)_i$表示第i个三角形内角和的观测值。

由式(6-2)可计算出358个三角形内角和的真误差，将误差出现的范围分为若干相等的误

差区间(如每个区间长度 dΔ 取为 0.2″),根据误差的大小和正负号分别统计出它们在各误差区间内出现的个数 V 和频率 V/n,结果见表 6-1 所示。

表 6-1 偶然误差的区间分布

误差区间 dΔ″	正误差		负误差		合计	
	个数 V	频率 V/n	个数 V	频率 V/n	个数 V	频率 V/n
0.0~0.2	45	0.126	46	0.128	91	0.254
0.2~0.4	40	0.112	41	0.115	81	0.226
0.4~0.6	33	0.092	33	0.092	66	0.184
0.6~0.8	23	0.064	21	0.059	44	0.123
0.8~1.0	17	0.047	16	0.045	33	0.092
1.0~1.2	13	0.036	13	0.036	26	0.073
1.2~1.4	6	0.017	5	0.014	11	0.031
1.4~1.6	4	0.011	2	0.006	6	0.017
1.6 以上	0	0	0	0	0	0
累计	181	0.505	177	0.495	358	1.000

从表 6-1 可知:最大误差不超过 1.6″,小误差比大误差出现的频率高,绝对值相等的正、负误差出现的个数近似相等。大量实践证明,对测量误差进行统计分析后都可得出上述结论,而且观测个数越多,这种规律越明显。因此,可得出偶然误差的特性:

(1)在一定的观测条件下,偶然误差的绝对值不超过一定的限度;

(2)绝对值较小的误差比绝对值较大的误差出现的可能性大;

(3)绝对值相等的正误差与负误差出现的机会相等;

(4)当观测次数无限增多时,偶然误差的算术平均值趋近于零,即

$$\lim_{n \to \infty} \frac{1}{n} \sum_{i=1}^{n} \Delta_i = 0 \tag{6-3}$$

上述第四个特性说明,正、负偶然误差具有抵偿性,它可以由第三个特性导出。

为了更直观地表达偶然误差的分布情况,可将表 6-1 中所列数据用直方图表示,如图 6-1 所示,图中横坐标表示三角形内角和的真误差 Δ(每格 0.2″),纵坐标表示各区间误差出现的频率 V/n 除以区间的间隔值 dΔ,即 $\frac{V}{n \cdot d\Delta}$。

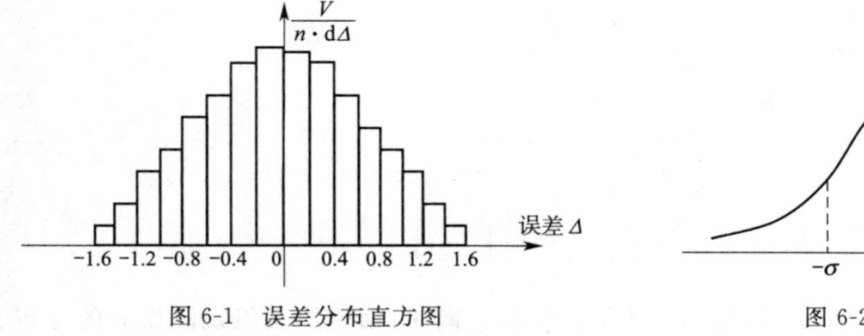

图 6-1 误差分布直方图

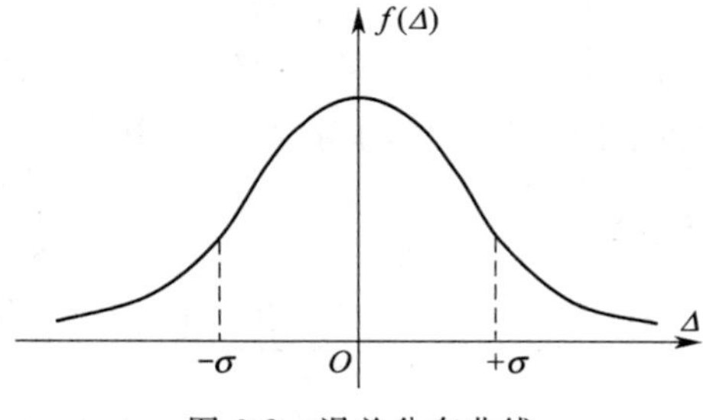

图 6-2 误差分布曲线

当误差个数足够多时,如果将误差的区间间隔无限缩小,则图 6-1 中各长方形顶边所形成的折线将变成一条曲线(称为误差分布曲线),如图 6-2 所示。

偶然误差分布曲线服从概率论中的正态分布 $N(0,\sigma^2)$，其概率密度函数为：

$$f(\Delta)=\frac{1}{\sqrt{2\pi}\sigma}e^{-\frac{\Delta^2}{2\sigma^2}} \tag{6-4}$$

式中，Δ 为观测误差，σ^2 为观测误差的方差，其定义式为：

$$\sigma^2=\lim_{n\to\infty}\frac{[\Delta^2]}{n} \tag{6-5}$$

式(6-5)中，方括号表示求和。方差 σ^2 的平方根 σ 称为观测误差的标准差(测量中称中误差)，其定义式为：

$$\sigma=\pm\lim_{n\to\infty}\sqrt{\frac{[\Delta^2]}{n}} \tag{6-6}$$

中误差 σ 的大小直接影响误差分布曲线的形态，如图 6-2 所示，σ 位于误差分布曲线的拐点处，σ 越小，曲线形态越陡峭，表明小误差出现的概率大，观测精度高；反之，σ 越大，曲线形态越平缓，表明大误差出现的概率大，观测质量差，精度低。在测量中，通常用中误差衡量测量成果的精度。

6.3　评定精度的标准

根据误差分布表(表 6-1)、直方图(图 6-1)及误差分布曲线(图 6-2)等可以比较不同观测值的精度。通常，测量中利用数值来评价观测值精度，即采用以下几种评定精度的标准。

6.3.1　中 误 差

前面已经介绍，一组观测误差所对应的中误差的大小，能够反映该组观测结果的精度。在式(6-5)中，方差 σ^2 是 Δ^2 的理论平均值。而在实际测量工作中，观测值的个数 n 是有限的，由有限的观测值真误差只能求得方差估值(也称方差)。所以，当观测值个数有限时，可得方差估值：

$$m^2=\frac{[\Delta\Delta]}{n} \tag{6-7}$$

同样，可得中误差估值(也称中误差)：

$$m=\pm\sqrt{\frac{[\Delta\Delta]}{n}} \tag{6-8}$$

【例 6-1】　设有两组同精度观测值，其真误差分别为：

第一组　$-3''$、$+3''$、$-1''$、$-3''$、$+4''$、$+2''$、$-1''$、$-4''$；

第二组　$+1''$、$-5''$、$-1''$、$+6''$、$-4''$、$0''$、$+3''$、$-1''$。

试比较这两组观测值的精度，即求中误差。

【解】

$$m_1=\pm\sqrt{\frac{3^2+3^2+1^2+3^2+4^2+2^2+1^2+4^2}{8}}=\pm2.9''$$

$$m_2=\pm\sqrt{\frac{1^2+5^2+1^2+6^2+4^2+0+3^2+1^2}{8}}=\pm3.3''$$

由于 $m_1<m_2$，可见第一组观测值的精度比第二组高。同时，通过第二组观测误差的分布情况可看出其误差值的波动幅度较大，因而也可判断出第二组观测值的稳定性较差，精度较低。另外，由以上分析可知，中误差仅代表了一组观测值的精度，并不表示某个观测值的真

误差。

6.3.2 容许误差

由偶然误差的特性可知，在一定的观测条件下，偶然误差的绝对值不会超过一定的限值。根据测量误差理论和大量的实践证明，在一系列同精度观测误差中，每个误差落在$(-m, m)$、$(-2m, 2m)$及$(-3m, 3m)$区间的概率分别是0.683、0.955及0.997。

可见，大于2倍或3倍中误差的观测误差是小概率事件，即不可能事件。因此，在测量工作中，通常以2倍或3倍中误差作为观测误差的极限值，称为容许误差或极限误差，即

$$\Delta_{容} = 2m \quad 或 \quad \Delta_{容} = 3m \tag{6-9}$$

当某观测值的观测误差超过了容许误差时，则认为该观测值含有粗差，即为错误值，应当舍去，并进行重新观测。

6.3.3 相对误差

对于某些观测量(例如线量观测)，仅利用中误差还不能反映出观测值的精度。例如，分别丈量了100 m和200 m两段距离，中误差均为±0.02 m。虽然两者的中误差相同，显然两者的观测精度并不相同，即后者精度高于前者。因此，为了客观反映实际精度，对某些观测量通常采用相对误差(或称相对中误差)的方法来衡量其精度。

相对误差是观测值中误差m的绝对值与相应观测值S之比，通常将分子化为1、分母取整数，即

$$K = \frac{|m|}{S} = \frac{1}{\frac{S}{|m|}} \tag{6-10}$$

上例中，前者的相对中误差为$\frac{|\pm 0.02|}{100} = \frac{1}{5\ 000}$，后者为$\frac{|\pm 0.02|}{200} = \frac{1}{10\ 000}$，则表明后者精度高于前者。

6.4 误差传播定律

当对某量进行了一系列观测后，观测值的精度可用中误差来衡量。但在实际工作中，往往会遇到某些量不是直接测定的，而是由观测值通过一定的函数关系间接计算出来的。例如，在水准测量中，在某测站上测得后视、前视读数分别为a、b，则高差$h=a-b$，这里的a、b为直接观测值，h就是直接观测值的函数。当a、b存在测量误差时，h也将受到影响而存在误差，即误差会传播。

阐述观测值中误差与观测值函数中误差之间关系的定律称为误差传播定律。下面以四种常见函数关系来讨论、理解误差传播规律，即根据直接观测值(也称独立观测值)的中误差计算观测值函数(也称间接观测值)的中误差。

6.4.1 倍数函数

设有倍数函数

$$z = kx \tag{6-11}$$

式中k为倍数(常数)；x为直接观测值，已知其中误差为m_x。下面推算观测值函数z的中误

差 m_z。

设 x、z 的真误差分别为 Δ_x、Δ_z，由真误差的定义式(6-1)可得

$$\Delta_z = \tilde{z} - z = k\tilde{x} - kx = k(\tilde{x} - x) = k\Delta_x \tag{6-12}$$

若对 x 共观测了 n 次，则第 i 次的真误差为

$$\Delta_{z_i} = k\Delta_{x_i} \quad (i = 1,2,\cdots,n) \tag{6-13}$$

由方差定义式(6-7)可得观测值 x 的方差为

$$m_x^2 = \frac{[\Delta_x^2]}{n} \tag{6-14}$$

同样，由式(6-13)可得倍数函数 z 的方差为

$$m_z^2 = \frac{[\Delta_z^2]}{n} = k^2 \frac{[\Delta_x^2]}{n} \tag{6-15}$$

将式(6-14)代入式(6-15)可得

$$m_z^2 = k^2 m_x^2 \tag{6-16}$$

即

$$m_z = km_x \tag{6-17}$$

可见，观测值倍数函数的中误差等于观测值中误差乘倍数。

例如视距测量时，若已知观测视距间隔的中误差 $m_l = \pm 1$ cm，常数 $k=100$，则根据水平视距公式 $D=k \cdot l$ 及式(6-17)，可得平距的中误差 $m_D = 100 \cdot m_l = \pm 1$(m)。

6.4.2 和差函数

设有和差函数

$$z = x + y \tag{6-18}$$

式中 x、y 为独立观测值，已知它们的中误差分别为 m_x 和 m_y。设 x、y 的真误差分别为 Δ_x 和 Δ_y，可得函数 z 的真误差：

$$\Delta_z = \Delta_x \pm \Delta_y \tag{6-19}$$

若对 x、y 均观测了 n 次，则有

$$\Delta_{z_i} = \Delta_{x_i} \pm \Delta_{y_i} \quad (i = 1,2,\cdots,n) \tag{6-20}$$

将式(6-20)两端平方后求和，并同时除以 n 可得

$$\frac{[\Delta_z^2]}{n} = \frac{[\Delta_x^2]}{n} + \frac{[\Delta_y^2]}{n} \pm 2\frac{[\Delta_x \Delta_y]}{n} \tag{6-21}$$

由于上式 $[\Delta_x\Delta_y]$ 中各项均为偶然误差，则 $[\Delta_x\Delta_y]$ 趋近于零，于是式(6-21)可写成

$$\frac{[\Delta_z^2]}{n} = \frac{[\Delta_x^2]}{n} + \frac{[\Delta_y^2]}{n} \tag{6-22}$$

因此，由方差定义可得和差函数 z 的方差为

$$m_z^2 = m_x^2 + m_y^2 \tag{6-23}$$

可见，观测值和差函数的方差等于观测值方差之和。

例如在△ABC 中，$\angle C = 180° - \angle A - \angle B$，设 $\angle A$ 和 $\angle B$ 的观测中误差分别为 $3''$ 和 $4''$，则 $\angle C$ 的中误差 $m_C = \pm\sqrt{m_A^2 + m_B^2} = \pm\sqrt{3^2 + 4^2} = \pm 5''$。

6.4.3 线性函数

设有线性函数

$$z = k_1 x_1 \pm k_2 x_2 \pm \cdots \pm k_n x_n \tag{6-24}$$

式中 x_1、x_2、…、x_n 为独立观测值，k_1、k_2、…、k_n 为常数，综合考虑式(6-16)和式(6-23)，可得线性函数 z 的方差为

$$m_z^2 = (k_1 m_1)^2 + (k_2 m_2)^2 + \cdots\cdots + (k_n m_n)^2 \tag{6-25}$$

例如，有一函数 $z=2x_1+x_2+3x_3$，其中独立观测值 x_1、x_2、x_3 的中误差分别为±3 mm、±2 mm、±1 mm，则 z 的中误差为 $m_z = \pm\sqrt{6^2+2^2+3^2} = \pm 7$ mm 。

6.4.4 一般函数

设有一般函数

$$z = f(x_1,\ x_2,\ \cdots,\ x_n) \tag{6-26}$$

式中，x_1、x_2、…、x_n 为独立观测值，它们的中误差分别为 m_1、m_2、…、m_n。

当 x_i 具有真误差 Δ_{x_i} 时，函数 z 也将产生相应的真误差 Δ_{z_i}，因为真误差是一微小量，故将式(6-26)两边同时取全微分，将其化为线性函数

$$\mathrm{d}z = \frac{\partial f}{\partial x_1}\mathrm{d}x_1 + \frac{\partial f}{\partial x_2}\mathrm{d}x_2 + \cdots + \frac{\partial f}{\partial x_n}\mathrm{d}x_n \tag{6-27}$$

若以真误差符号“Δ”代替式(6-27)中的微分符号“d”，可得

$$\Delta_z = \frac{\partial f}{\partial x_1}\Delta_{x_1} + \frac{\partial f}{\partial x_2}\Delta_{x_2} + \cdots + \frac{\partial f}{\partial x_n}\Delta_{x_n} \tag{6-28}$$

上式中 $\frac{\partial f}{\partial x_i}$ 是函数 z 对 x_i 的偏导数，代入相应的观测值则为常数，由式(6-25)可知

$$m_z^2 = \left(\frac{\partial f}{\partial x_1}\right)^2 m_1^2 + \left(\frac{\partial f}{\partial x_2}\right)^2 m_2^2 + \cdots + \left(\frac{\partial f}{\partial x_n}\right)^2 m_n^2 \tag{6-29}$$

则得到误差传播定律的一般形式。前述式(6-16)、式(6-23)、式(6-25)等都可以看成是式(6-29)的特例。

【例 6-2】 丈量某段斜距 $S=106.28$ m，斜距的竖角 $\delta=8°30'$，斜距和竖角的中误差分别为 $m_S=\pm 5$ cm 、$m_\delta=\pm 20''$，求斜距对应的平距 D 及其中误差 m_D 。

【解】 平距　$D = S \cdot \cos\delta = 106.28 \times \cos 8°30' = 105.113\,(\mathrm{m})$

由于 $D = S \cdot \cos\delta$ 是一个非线性函数，所以，对等式两边取全微分，化成线性函数，并用“Δ”代替“d”得

$$\Delta_D = \cos\delta \cdot \Delta_S - S \cdot \sin\delta \cdot \Delta_\delta$$

再根据式(6-29)，可以直接写出平距方差计算公式，并求出平距方差值

$$m_D^2 = (\cos\delta)^2 \cdot m_S^2 + (S \cdot \sin\delta)^2 \cdot \left(\frac{m_\delta}{\rho''}\right)^2 = (\cos 8°30')^2 \times 5^2 +$$

$$(106.28 \times \sin 8°30')^2 \times \left(\frac{20''}{206\ 265''}\right) = 24.477\ (\mathrm{cm})^2$$

因此，平距的中误差：$m_D=\pm 5$ cm。最终平距可表示为：$D=105.113$ m±0.050 m。

应用误差传播定律时，由于参与计算的观测值的类型不同，则计算单位也可能不同，如角度单位和长度单位，所以，应注意各项单位要统一。例如，上例中的角值需要化为弧度。

综上所述，应用误差传播定律求任意函数中误差的步骤如下：

(1)列独立观测值函数式：$z = f(x_1, x_2, \cdots, x_n)$；

(2)对函数式进行全微分：$\mathrm{d}z = \frac{\partial f}{\partial x_1}\mathrm{d}x_1 + \frac{\partial f}{\partial x_2}\mathrm{d}x_2 + \cdots + \frac{\partial f}{\partial x_n}\mathrm{d}x_n$；

(3)写出中误差关系式：$m_z=\pm\sqrt{\left(\frac{\partial f}{\partial x_1}\right)^2 m_{x_1}^2+\left(\frac{\partial f}{\partial x_2}\right)^2 m_{x_2}^2+\cdots+\left(\frac{\partial f}{\partial x_n}\right)^2 m_{x_n}^2}$。

应用误差传播定律应特别注意两点：正确列出函数式；函数式中的各个观测值必须是独立观测值。

【例 6-3】 用长度为 $l=30$ m 的钢尺丈量了 10 个尺段，若每尺段的中误差 $m=\pm5$ mm，求全长 D 及其中误差 m_D。

【解】 列独立观测值函数式 $D=l_1+l_2+\cdots+l_{10}$

对函数式进行全微分 $\mathrm{d}D=\mathrm{d}l_1+\mathrm{d}l_2+\cdots+\mathrm{d}l_{10}$

写出中误差关系式 $m_D=\pm\sqrt{m_{l_1}^2+m_{l_2}^2+\cdots+m_{l_{10}}^2}=\pm\sqrt{10\cdot m^2}$

则全长的中误差为 $m_D=\pm\sqrt{5^2+5^2+\cdots+5^2}=\pm5\times\sqrt{10}=\pm16$ mm

如果采用下面方法计算该题：即先列出函数式 $D=10l$，写出全长 D 的中误差关系式并计算中误差 $m_D=10\cdot m=10\times5=\pm50$ mm，则结果错误，原因在于错误地列出了函数式。

【例 6-4】 设有函数式 $z=y_1+2y_2+1$，而 $y_1=3x$，$y_2=2x+2$，已知 x 的中误差为 m_x，求 z 的中误差。

【解】 若直接利用式(6-16)和式(6-23)计算，则函数 z 的中误差为

$$m_z=\pm\sqrt{m_{y_1}^2+4m_{y_2}^2}=\pm\sqrt{(3m_x)^2+4\cdot(2m_x)^2}=\pm5m_x$$

注意，上面结果是错误的！这是因为 y_1 和 y_2 均是 x 的函数，它们不是互相独立的观测值，因此，不能直接应用误差传播定律进行计算。正确的做法是先将 y_1 和 y_2 代入函数式 z，合并同类项后即为独立观测值，再应用误差传播定律，即

$$z=3x+2(2x+2)+1=7x+5$$

$$m_z=\pm7m_x$$

6.5 算术平均值及其中误差

在测量工作中，除了要对观测值进行精度评定外，还需要确定最接近观测值真值的观测成果(亦称最优值、最或然值、最或是值、最可靠值或最佳值等)。

6.5.1 算术平均值

设在相同观测条件下对某量进行了 n 次等精度观测，观测值分别为 L_1、L_2、$\cdots$、L_n，其真值为 $\widetilde{L}$，则真误差为

$$\Delta_i=\widetilde{L}-L_i\quad(i=1,2,\cdots,n)$$

取上式之和并除以 n，得：

$$\widetilde{L}=\frac{[L]}{n}+\frac{[\Delta]}{n}\tag{6-30}$$

上式右边第一项为观测值的算术平均值，即

$$x=\frac{[L]}{n}=\frac{L_1+L_2+\cdots+L_n}{n}\tag{6-31}$$

则

$$\widetilde{L}=x+\frac{[\Delta]}{n}\tag{6-32}$$

由偶然误差的特性可知，当观测次数 $n\to\infty$ 时，$[\Delta]\to0$，则 $x\to\widetilde{L}$。可见，当观测次数 n 无

限增多时,算术平均值即为真值。然而,实际观测次数 n 总是有限的,因此,根据有限个观测值求出的算术平均值即为最或然值,并作为最后观测成果。

6.5.2 算术平均值的中误差

设 n 次同精度观测值 $L_i(i=1,\cdots,n)$ 的中误差均为 m,其算术平均值见式(6-31),即

$$x=\frac{[L]}{n}=\frac{1}{n}L_1+\frac{1}{n}L_2+\cdots+\frac{1}{n}L_n \tag{6-33}$$

应用误差传播定律,可得算术平均值的中误差

$$M=\pm\sqrt{\left(\frac{1}{n}\right)^2m^2+\left(\frac{1}{n}\right)^2m^2+\cdots+\left(\frac{1}{n}\right)^2m^2}=\frac{m}{\sqrt{n}} \tag{6-34}$$

由式(6-34)可知,算术平均值的中误差 M 是观测值中误差 m 的 $\frac{1}{\sqrt{n}}$ 倍。可见,增加观测次数 n,能够提高算术平均值的精度。但是,通过大量实验发现:当观测次数达到一定数目后,即使再增加观测次数,精度却提高得很少,见表 6-2 所示,这是因为观测次数与算术平均值中误差并不是成线性比例关系。因此,为了提高观测精度,除适当地增加观测次数外,还应选用较高精度的观测仪器,采用合理的观测方法,选择良好的外界环境,以及提高操作人员的技术水平和责任心。

表 6-2 观测次数与算术平均值中误差之间的关系

观测次数 n	2	4	6	10	20	50
算术平均值的中误差 M	0.71 m	0.50 m	0.41 m	0.32 m	0.22 m	0.14 m

6.5.3 按最或然值计算中误差

根据式(6-8)可知,要计算同精度观测值的中误差,首先要已知各观测值的真误差。但实际工作中,由于观测值的真值往往不知道,所以真误差也就无法求得。但是,观测值的最或然值(即算术平均值)却可以求得。因此,在实际工作中常常以观测值的算术平均值取代观测值的真值进行中误差的解算。

观测值的算术平均值 x 与观测值 L 之差,称为该观测值的改正数 v,即

$$v_i=x-L_i\quad(i=1,2,\cdots,n) \tag{6-35}$$

在实际测量工作中,通常利用观测值的改正数计算观测值中误差 m,即实用公式(也称白塞尔公式)为:

$$m=\pm\sqrt{\frac{[vv]}{n-1}} \tag{6-36}$$

白塞尔公式推导如下:将式(6-1)、式(6-35)相减,得

$$\Delta_i-v_i=(\widetilde{L}-L_i)-(x-L_i)=\widetilde{L}-x$$

令 $\delta=\widetilde{L}-x$

则 $\Delta_i=v_i+\delta$

取平方和 $[\Delta\Delta]=[vv]+2\delta[v]+n\delta^2$

由于将式(6-35)相加后有 $[v]=n\cdot x-[L]=n\cdot\frac{[L]}{n}-[L]=0$

故 $$[\Delta\Delta]=[vv]+n\delta^2$$

即 $$\delta^2=\frac{[\Delta\Delta]}{n}-\frac{[vv]}{n} \tag{a}$$

又因 $$\begin{aligned}\delta^2&=(\tilde{L}-x)^2=\left\{\tilde{L}-\frac{[L]}{n}\right\}^2\\&=\frac{1}{n^2}\{n\tilde{L}-[L]\}^2=\frac{1}{n^2}\{[\tilde{L}-L]\}^2=\frac{1}{n^2}\{[\Delta]\}^2\\&=\frac{[\Delta\Delta]}{n^2}+\frac{2(\Delta_1\Delta_2+\Delta_1\Delta_3+\cdots+\Delta_{n-1}\Delta_n)}{n^2}\end{aligned}$$

根据偶然误差特性，当 $n\to\infty$ 时，上式右边第二项趋于零。于是

$$\delta^2=\frac{[\Delta\Delta]}{n^2}$$

将式(a)代入上式，得 $\frac{[\Delta\Delta]}{n}-\frac{[vv]}{n}=\frac{[\Delta\Delta]}{n^2}$

即 $$m^2-\frac{[vv]}{n}=\frac{m^2}{n}$$

整理后，则可得白塞尔公式 $$m=\pm\sqrt{\frac{[vv]}{n-1}}$$

【例 6-5】 对某段距离进行了 5 次等精度观测，观测结果列于表 6-3，试计算该段距离的最或然值及其中误差。

【解】 计算见表 6-3。

表 6-3 利用观测值的改正数计算观测值中误差

序号	观测值 L (m)	改正数 v (cm)	vv (cm)	精度评定
1	251.52	−3	9	最或是值：$x=\frac{[L]}{n}=\frac{1\,257.47}{5}=251.49$ (m) 观测值中误差：$m=\pm\sqrt{\frac{[vv]}{n-1}}=\pm\sqrt{\frac{20}{5-1}}=\pm 2.2$ (cm) 最或是值中误差：$M=\pm\frac{m}{\sqrt{n}}=\pm\frac{2.2}{\sqrt{5}}=\pm 1$ (cm) 测测成果：$x=251.494\pm0.01$ (m)
2	251.46	+3	9	
3	251.49	0	0	
4	251.48	−1	1	
5	251.50	+1	1	
Σ	$[L]=1\,257.47$	$[v]=0$	$[vv]=20$	

6.6 加权平均值及其中误差

6.6.1 权的定义

在测量工作中，经常可能遇到在不同观测条件下进行观测，即不等精度观测。这样，就不能按上述等精度观测公式计算观测值的最或然值和进行精度评定。在计算最或然值时，应考虑各个观测值的质量和可靠程度，即精度较高的观测值在计算最或然值时应占有较大的比重，反之，应占较小的比重。因此，每个观测值要给定一个数值来衡量它的精度或可靠程度，这个数值在测量计算中被称为观测值的权，常用 p 表示。观测值的精度愈高，中误差就愈小，权就愈大，反之亦然。可见，观测值精度的高低可以用中误差或权进行衡量。

在测量工作中，给出了用中误差求权的定义公式：

$$p_i = \frac{\mu^2}{m_i^2} \quad (i = 1, 2, \cdots, n) \tag{6-37}$$

式中，p_i 为观测值的权，μ 为常数，m_i 为观测值对应的中误差。

当 $p=1$ 时，式(6-37)中 $\mu=m$。通常称数字为1(即 $p=1$)的权为单位权，单位权对应的观测值称为单位权观测值，单位权观测值对应的中误差称为单位权中误差。计算不等精度观测值的中误差时，可以先设定 μ 值，然后按式(6-37)计算各观测值的权。

例如，已知观测值分别为 L_1、L_2、L_3，其中误差分别为 $m_1=\pm 1''$、$m_2=\pm 2''$、$m_3=\pm 3''$，则它们的权分别为：

取 $\mu=1$ 时，$p_1 = \frac{\mu}{m_1^2} = 1$，$p_2 = \frac{\mu}{m_2^2} = \frac{1}{4}$，$p_3 = \frac{\mu}{m_3^2} = \frac{1}{9}$

取 $\mu=4$ 时，$p_1 = \frac{\mu}{m_1^2} = 4$，$p_2 = \frac{\mu}{m_2^2} = 1$，$p_3 = \frac{\mu}{m_3^2} = \frac{4}{9}$

取 $\mu=36$ 时，$p_1 = \frac{\mu}{m_1^2} = 36$，$p_2 = \frac{\mu}{m_2^2} = 9$，$p_3 = \frac{\mu}{m_3^2} = 4$

上例中，当 $\mu=1$ 时，P_1 就是单位权，L_1 就是单位权观测值，$m_1=\pm 1''$就是单位权中误差。同时，也可以看出：$p_1 : p_2 : p_3 = 1 : \frac{1}{4} : \frac{1}{9} = 4 : 1 : \frac{4}{9} = 36 : 9 : 4$，即，当 μ 值不同时，权值也不同，但各权之间的比例关系不变。

可见，中误差用于反映观测值的绝对精度，而权用于比较各观测值之间的相对精度。因此，权的意义在于它们之间所存在的比例关系，而不在于它本身数值的大小。按照中误差确定权是定权的基本方法。但在某些测量工作中，可以用更简便的方法定权。下面根据误差传播定律讨论实用定权方法。

例如，水准测量中按测站数和水准测量距离定权。设在 A、B 两点间进行水准测量，共设置了 n 个测站，各测站的高差分别为 h_1、h_2、$\cdots$、h_n，则 A、B 点间的高差 h_{AB} 为

$$h_{AB} = h_1 + h_2 + \cdots + h_n \tag{6-38}$$

若每个测站的高差中误差为 $m_{站}$，则根据误差传播定律可得 h_{AB} 的中误差为

$$m_{h_{AB}} = m_{站}\sqrt{n} \tag{6-39}$$

若设每测站的水准距离相等，均为 s，则 A、B 间的水准测量距离 $S_{AB}=n \cdot s$，由式(6-39)可得 h_{AB} 的中误差

$$m_{h_{AB}} = m_{站}\sqrt{\frac{S_{AB}}{s}} = \frac{m_{站}}{\sqrt{s}} \cdot \sqrt{S_{AB}} \tag{6-40}$$

设 $\mu = \frac{m_{站}}{\sqrt{s}}$，则式(6-40)变为 $m_{h_{AB}} = \mu \cdot \sqrt{S_{AB}}$。当 $S_{AB}=1$ km 时，$m_{h_{AB}} = m_{公里} = \mu$，可见 μ 为每公里水准测量高差的中误差。因此，式(6-40)变为

$$m_{h_{AB}} = m_{公里} \cdot \sqrt{S_{AB}} \tag{6-41}$$

由式(6-39)和式(6-41)可得：水准测量高差的中误差与测站数的平方根成正比，与距离的平方根成正比。可见，在水准测量中，测站数越少或距离越短，则观测高差的精度越高。

若取 c 个测站的观测高差中误差为单位权中误差 μ，根据权定义式(6-37)和式(6-39)，可得观测高差 h_{AB} 的权为

$$p_{h_{AB}} = \frac{\mu^2}{m_{h_{AB}}^2} = \frac{m_{站}^2\, c}{m_{站}^2\, n} = \frac{c}{n} \tag{6-42}$$

若取 c 公里观测高差的中误差为单位权中误差 $m_{公里}$，根据定义权公式(6-37)和式(6-41)，可得观测高差 h_{AB} 的权为

$$p_{h_{AB}}=\frac{\mu^2}{m_{h_{AB}}^2}=\frac{m_{公里}^2 c}{m_{公里}^2 S_{AB}}=\frac{c}{S_{AB}} \tag{6-43}$$

由式(6-42)和式(6-43)可知：水准测量高差的权与测站数成反比，与水准路线的长度成反比。所以，通过测站数和水准测量距离就可以确定观测高差的权，而不需要利用中误差来定权。

【例 6-6】 在相同的观测条件下，对某一未知量分别用不同的次数 n_1、n_2、…、n_n 进行 n 批观测，得相应的算术平均值为 L_1、L_2、…、L_n。求 L_1、L_2、…、L_n 的权。

【解】 设各观测值的中误差分别为 m_1、m_2、…、m_n，且观测一次的中误差均为 m，则

$$m_1=\frac{m}{\sqrt{n_1}},\quad m_2=\frac{m}{\sqrt{n_2}},\quad \cdots,\quad m_n=\frac{m}{\sqrt{n_n}}$$

因此，相应的权为 $p_i=\frac{\mu}{m_i^2}=\frac{\mu}{\frac{m^2}{n_i}}=\left(\frac{\mu}{m^2}\right)n_i$，再令 $c=\frac{\mu}{m^2}$，则 $p_i=c\cdot n_i$，若取 $c=1$，则

$$p_i=n_i \tag{6-44}$$

可见，在相同的观测条件下，算术平均值的权与观测次数成正比(或相等)。

6.6.2 加权平均值及其中误差

设对某角进行了两组观测，第一组测了 n_1 个测回，观测值分别为 L'_1、L'_2、…、L'_{n_1}，其算术平均值为 L_1；第二组测了 n_2 个测回，观测值分别为 L''_1、L''_2、…、L''_{n_2}，其算术平均值为 L_2。如果每个测回观测值的精度相同，则根据式(6-31)，最或然值为

$$x=\frac{(L'_1+L'_2+\cdots+L'_{n_1})+(L''_1+L''_2+\cdots+L''_{n_2})}{n_1+n_2}$$

而
$$L'_1+L'_2+\cdots+L'_{n_1}=n_1L_1,\quad L''_1+L''_2+\cdots+L''_{n_2}=n_2L_2$$

顾及式(6-44)，则
$$x=\frac{n_1L_1+n_2L_2}{n_1+n_2}=\frac{p_1L_1+p_2L_2}{p_1+p_2}$$

以此类推，设 n 个不等精度观测值 L_1、L_2、…、L_n，相应的权分别为 p_1、p_2、…、p_n，则最或然值(称为加权平均值)为

$$x=\frac{p_1L_1+p_2L_2+\cdots+p_nL_n}{p_1+p_2+\cdots+p_n}=\frac{[pL]}{[p]} \tag{6-45}$$

可以看出，当各观测值为等精度时，则权 $p_1=p_2=\cdots=p_n=1$，上式就与算术平均值计算式(6-31)相同。

下面根据式(6-45)推算加权平均值的中误差。设观测值 L_1、L_2、…、L_n 的中误差分别为 m_1、m_2、…、m_n，则根据误差传播定律可得加权平均值的中误差为

$$M_x=\pm\sqrt{\frac{p_1^2}{[p]^2}m_1^2+\frac{p_2^2}{[p]^2}m_2^2+\cdots+\frac{p_n^2}{[p]^2}m_n^2} \tag{6-46}$$

由权定义式(6-37)有 $m_i^2=\frac{\mu^2}{p_i}$，代入式(6-46)可得：

$$\begin{aligned}M_x&=\pm\sqrt{\frac{p_1}{[p]^2}\mu^2+\frac{p_2}{[p]^2}\mu^2+\cdots+\frac{p_n}{[p]^2}\mu^2}\\&=\pm\sqrt{\frac{\mu^2}{[p]^2}\cdot(p_1+p_2+\cdots+p_n)}=\pm\frac{\mu}{\sqrt{[p]}}\end{aligned} \tag{6-47}$$

实际计算时，上式中的单位权中误差 μ 可用观测值的改正数来计算，其计算公式为

$$\mu = \pm\sqrt{\frac{pvv}{n-1}} \tag{6-48}$$

将式(6-48)代入式(6-47)，可得加权平均值的中误差计算公式为

$$M_x = \pm\frac{\mu}{\sqrt{[p]}} = \pm\sqrt{\frac{[pvv]}{[p](n-1)}} \tag{6-49}$$

【例 6-12】 如图 6-3 所示，从已知水准点 A、B、C 经三条水准路线，测得 E 点的观测高程 H_i 及水准路线长度 S_i（见表 6-4），求 E 点的加权平均值及其中误差。

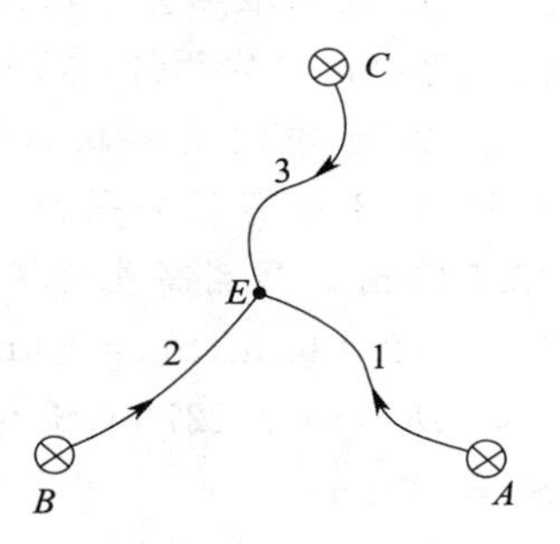

图 6-3 不等精度水准路线

【解】 由式(6-43)可得各条水准路线的权：

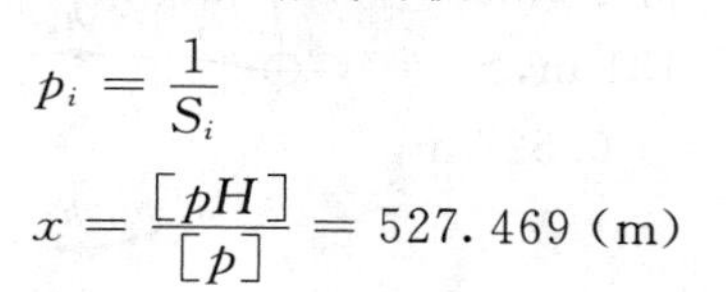

$$p_i = \frac{1}{S_i}$$

加权平均值： $x = \frac{[pH]}{[p]} = 527.469\ (\text{m})$

加权平均值中误差： $M_x = \pm\sqrt{\frac{[pvv]}{[p](n-1)}} = \pm 8.84\ (\text{mm})$

则 E 点高程： $H_E = 527.469\ \text{m} \pm 0.009\ \text{m}$

表 6-4 不等精度高程计算表

观测路线	E 点观测高程 H_i(m)	观测路线长度 S_i(km)	观测高程权 p_i	观测值的改正数 $v_i = x - H_i$ (mm)	pvv
1	527.459	4.5	0.22	10	22.00
2	527.484	3.2	0.31	−15	69.75
3	527.458	4.0	0.25	11	30.25

思考题与习题

1. 观测条件主要由哪些因素构成？

2. 观测误差分为哪几类？它们各自是怎样定义的？试举例说明。

3. 在水准测量中，有下列几种情况使水准尺读数有误差，试判断误差的性质：

(1)视准轴与水准管轴不平行；(2)仪器下沉；(3)读数不准确；(4)水准尺下沉；(5)水准尺倾斜。

4. 何谓多余观测？测量中为什么要进行多余观测？

5. 偶然误差的统计规律是什么？偶然误差的概率分布曲线能说明哪些问题？

6. 已知两段距离的长度及其中误差分别为：300.465 m±4.5 cm 及 660.894 m±4.5 cm，试说明这两段距离的真误差是否相等？它们的相对中误差是否相等？

7. 在三角形 ABC 中，已测出 $\angle A = 30°00' \pm 4'$，$\angle B = 60°00' \pm 3'$，求 $\angle C$ 的值及其中误差。

8. 两个等精度观测角度之和的中误差为 $\pm 10''$，问每个角的观测值中误差是多少？

9. 以相同精度观测某角 5 次，观测值分别为 39°40.5′、39°40.8′、39°40.9′、39°40.8′、39°40.6′，试计算该角的最或然值及其中误差。

10. 丈量两段直线得 $D_1=164.86$ m，$D_2=131.34$ m，其中误差分别为 $m_{D_1}=\pm 0.04$ m，$m_{D_2}=\pm 0.03$ m，求：(1)每段直线的相对中误差；(2)两段直线之和的相对中误差；(3)两段直线之差的相对中误差。

11. 在水准测量中，已知每次读水准尺的中误差为±2 mm，假定视线平均长为 50 m，容许误差为中误差的两倍，求测段长为 S_{km} 的水准路线往返测高差的容许闭合差应为多少？

12. 水准测量从点 A 到点 B，如图 6-4 所示。已知 A、B 点高程分别为 $H_A=50.145$ m，$H_B=48.533$ m。观测高差及其水准测量距离分别为：$h_1=-2.134$ m，$S_1=4$ km；$h_2=-2.131$ m，$S_2=2$ km；$h_3=-2.127$ m，$S_3=3$ km；$h_4=+0.527$ m，$S_4=2$ km。

求 C 点的最或然高程及其中误差。

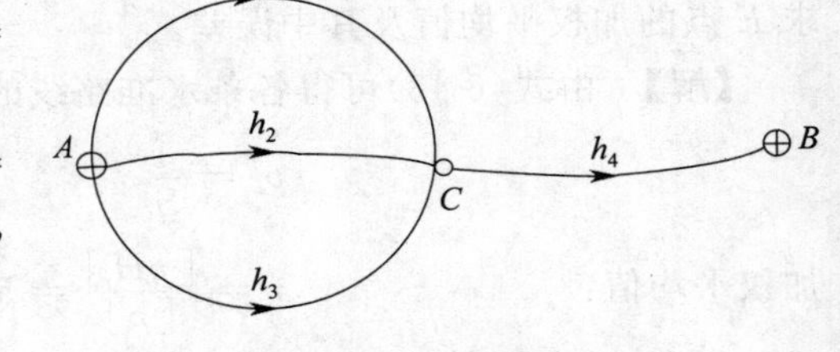

图 6-4 习题 12 图

13. 等精度观测了 12 个三角形的所有内角，求得每个三角形的闭合差 ω 如下，试计算测角中误差。

三角形编号	1	2	3	4	5	6	7	8	9	10	11	12
闭合差 ω(″)	3.2	−1.6	1.4	−2.5	0.7	2.3	−3.1	2.5	−1.8	−0.9	2.7	−2.2

参考答案

6. 它们的真误差不一定相等；相对精度不相等，后者精度高于前者。

7. $\angle C=90°00'\pm 5'$。 8. 7.071″。 9. 39°40.7′±0.1′。

10. $\frac{1}{4\ 121}$，$\frac{1}{4\ 378}$；$\frac{1}{5\ 924}$，$\frac{1}{670}$。 11. $8\sqrt{5\ S_{km}}$(mm)。

12. 48.012 m±0.002 m。

13. ω 为真误差，可得三角形内角和的中误差 $M=\pm\sqrt{\frac{[\omega\omega]}{n}}=\pm 2.2''$，则测角中误差 $m=\pm\frac{M}{\sqrt{3}}=\pm 1.3''$。

7 全球卫星导航系统

7.1 概　　述

全球卫星导航系统(GNSS)是目前全球卫星导航与定位系统的总称。目前,全世界有4套卫星导航系统:美国的全球定位系统GPS,以及正在建设的中国北斗卫星导航系统〔BeiDou〕、俄罗斯的格洛纳斯(GLONASS)及欧洲的伽利略(GALILEO)卫星导航系统。卫星导航系统是重要的空间基础设施,可为人类带来巨大的社会及经济效益。众所周知的美国全球定位系统(GPS)是使用最广泛的卫星导航与定位系统。通过实际使用表明GPS具有全天候、高精度、自动化、高效益等特点,并成功应用于测绘、遥感、运载工具导航与管制、地壳运动监测、工程变形监测、资源勘察、军事及交通等众多领域,特别是给测绘学科带来了一场深刻的技术革命。随着全球定位系统的不断改进,硬、软件的不断完善,应用领域也正在不断地拓展,逐渐遍及国民经济各个部门,并日益深入人们的工作与生活中。本章主要介绍美国的全球定位系统。

GPS与传统的测绘技术相比较,具有以下特点:

(1)测站之间无需通视。保持良好的通视条件是传统测量的重要条件之一。GPS测量不要求观测站之间相互通视,因而不需要建造觇标,这样,不仅可以减少测量经费及时间,同时也使点位的选择变得更加灵活。但为了GPS卫星信号接收时不被遮挡,必须保持观测站的上空开阔(净空)。

(2)实时动态定位。只要保持锁定4颗卫星,就能根据接收机测量值实时求得运动载体的位置,目前广泛用于运动载体导航与定位。

(3)高精度三维定位。GPS可以精密测定测站的平面位置和大地高,满足一般测量、精密测量及高精度重要工程的需求。

(4)观测时间短。观测时间仅需几分钟就可以提供mm级的实时三维定位结果。

(5)操作方法简便。GPS测量的自动化程度高,主要工作是安置仪器、开关仪器、量取仪器高、监视仪器是否正常工作等。另外,GPS接收机重量轻、体积小,携带方便。

(6)全天候作业。GPS测量工作可以在任何地点(只要卫星信号不被遮挡)、任何时间连续地进行,一般也不受天气状况的影响。

7.2 GPS定位系统的组成

GPS技术是利用空中的GPS卫星,向地面发射载频无线电测距信号,由地面上的用户接收机实时地连续接收,并依此计算出接收机天线相位中心所在的位置。GPS由以下三个部分组成:GPS卫星星座(空间部分)、地面监控系统(地面控制部分)和GPS用户接收机(信号接收处理部分),如图7-1所示。

图 7-1 全球定位系统(GPS)构成示意图

7.2.1 GPS 卫星星座

1978 年第一颗 GPS 试验卫星进入轨运行之后,至 1985 年总共发射了 11 颗 GPS 试验卫星。而第一颗 GPS 工作卫星于 1989 年 2 月发射,至 1996 年共发射了 27 颗 GPS 工作卫星,其中 24 颗 GPS 工作卫星构成了完整的 GPS 工作卫星星座,达到"21+3 的全星座状态(3 颗备用卫星)",同时所有的 GPS 试验卫星停止工作。

目前,覆盖全球的"GPS 全星座",使得在地球上任何地方都可以同时观测到 4～12 颗高度角在 15°以上的卫星。如图 7-2 所示,GPS 卫星分布在 6 个近圆形轨道面,高度在地面以上约 20 200 km,轨道面相对于地球赤道面倾斜 55°角,卫星运转周期约 11 h58 min。

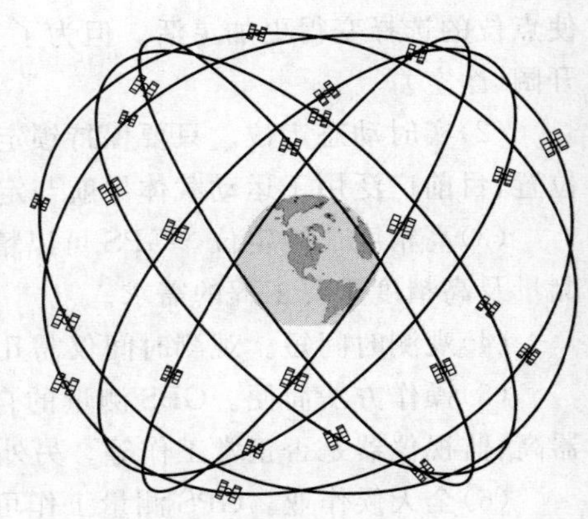

图 7-2 GPS 卫星星座示意图

GPS 卫星的基本功能是:接收和储存由地面监控站发来的跟踪监测信息;在地面监控站的指令下,通过推进器调整卫星的姿势和启用备用卫星;进行必要的数据处理工作;通过星载的高精度铯钟和铷钟提供精密的时间标准;向用户广播 GPS 信号。

GPS 卫星广播的 GPS 信号是 GPS 定位的基础,它由一基准频率(f_0=10.23 MHz)经倍频和分频后产生。经 154 和 120 倍频后,分别形成 L 波段的两个载波频率信号(L_1=1 575.42 MHz,L_2=1 227.60 MHz),波长分别为 19.03 cm 和 24.42 cm。调制在 L 载波上的信号包括 C/A 码、P 码及 D 码,其中 C/A 码和 P 码为测距码,分别为基准频率的十分频和一倍频,对应的波长为 293.1 m 和 29.3 m;D 码为卫星导航电文,数据率为 50 bit/s。若测距精度为波长的百分之一,则 C/A 码和 P 码的测距精度为 2.93 m 和 0.29 m。GPS 信号的结构如图 7-3 所示。

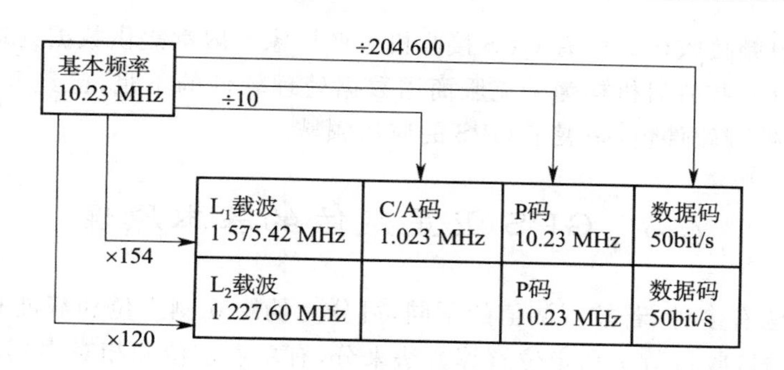

图 7-3 GPS 信号的结构

7.2.2 地面监控系统

地面监控系统由一个主控站、三个注入站和五个监测站组成。主控站的作用是收集各个监测站所测得的伪距、积分多普勒观测值、环境要素等数据，计算每颗 GPS 卫星的星历(星历是描述卫星运动的 6 个开普勒定律轨道参数及其扰动参数)、时钟改正量、状态数据及信号的大气层传播改正，并按一定的形式编制成导航电文传送到主控站。此外，还控制和监视其余站的工作情况并管理、调度 GPS 卫星。

注入站的作用是将主控站传来的导航电文，用 10 cm 波段的微波作载波，分别注入相应的 GPS 卫星中，并通过卫星将导航电文传递给地面上的广大用户。导航电文是 GPS 用户需要的重要信息，通过导航电文才能确定出 GPS 卫星在各时刻的具体位置。

监测站的主要任务是为主控站编算导航电文提供原始观测数据。每个监测站上都有 GPS 接收机对所见卫星作伪距测量和积分多普勒观测，并采集环境要素等数据，经初步处理后发往主控站。

7.2.3 GPS 用户接收机

GPS 的空间部分和地面监控部分为用户广泛利用 GPS 进行导航和定位提供了基础。而用户要实现利用 GPS 进行导航和定位的目的，还需要 GPS 接收机(即用户设备部分)。GPS 接收机的作用是接收 GPS 卫星发射的信号，获得必要的导航和定位信息及观测量，经数据处理后获得观测时刻接收机天线相位中心的位置坐标，如图 7-4、图 7-5 所示。

图 7-4 GPS 接收机

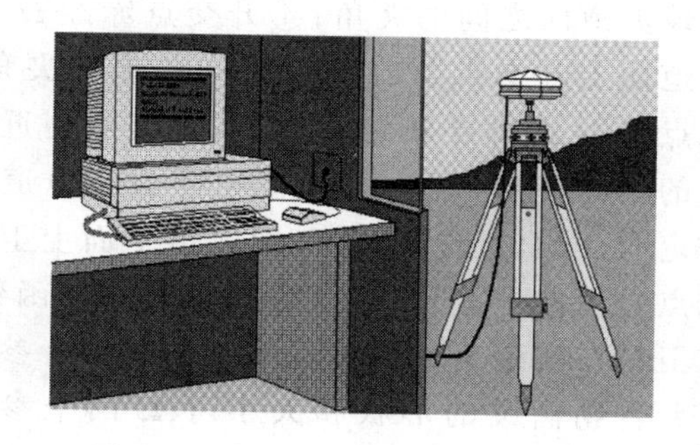

图 7-5 GPS 接收机及数据处理设备

用户设备部分主要由 GPS 接收机和数据处理系统组成。GPS 接收机有较精密的双频接收机和较便宜的单频接收机。所有 GPS 接收机生产厂家一般都提供数据处理软件包，但其作用有限。国际上有一些科研机构为了克服商用数据处理软件的不足，已经开发研制了多种精密的 GPS 数据后处理软件包，拓展了 GPS 的应用领域。

7.3 GPS 卫星定位的基本原理

GPS 定位方法有多种，若按观测值的不同，可分为伪距观测定位和载波相位测量定位；若按使用同步观测的接收机数量和定位解算方法来分，有单点定位和相对（差分）定位；同时根据接收机的运动状态又可分为静态定位和动态定位。

单点定位（又称绝对定位）确定的是天线相位中心在世界坐标系（WGS-84）中的三维坐标。WGS-84 是一个协议地球参考系（CTS——conventional terrestrial reference system），其原点是地球的质心，Z 轴指向 BIH（国际时间）定义的协议地球极（CTP）方向，X 轴指向零子午面和 CTP 赤道的交点，Y 轴和 Z、X 轴构成右手坐标系，如图 7-6 所示。

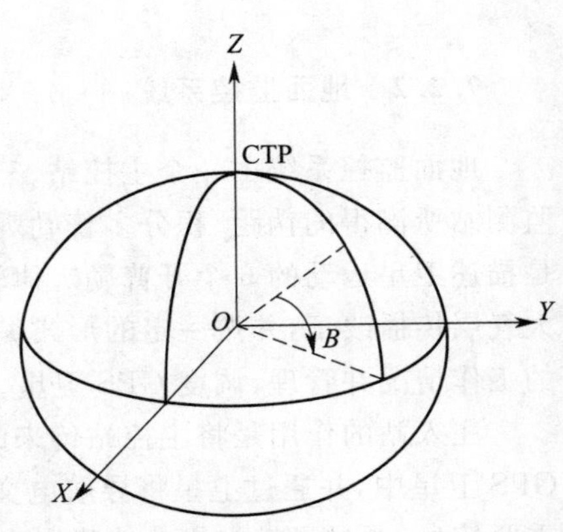

图 7-6 WGS-84 坐标系

相对定位确定的是待定点相对于地面上另一参考点的空间基线向量。静态定位是指确定接收机静止不动时的位置，而动态定位是指确定安置接收机的运动平台的三维坐标和速度。绝对定位和相对定位中，均包含静态和动态两种方式。比较有代表性的定位模式为伪距单点定位和载波相位相对定位，其他定位模式均依此衍生。

7.3.1 卫星轨道

卫星的无摄运动一般可通过一组适宜的参数来描述，但这组参数的选择并不唯一，其中应用最广泛的一组参数称为开普勒轨道参数。

如图 7-7 所示，卫星理想椭圆轨道可用以下 6 个轨道参数表示：①轨道椭圆的长半轴 a；②轨道椭圆的偏心率 e；③轨道倾角 i，即卫星轨道平面与地球赤道面之间的夹角；④升交点赤经 Ω，即地球赤道面上升交点与春分点之间的地心夹角；⑤近地点角距 ω，即在轨道平面上，升交点与近地点之间的地心夹角，表达了开普勒椭圆在轨道平面上的定向；⑥真近地点角 V，即轨道平面上卫星与近地点之间的地心角距，该参数为时间的函数，可确定卫星在轨道上的瞬时位置。a、e 两个参数确定了开普勒椭圆的形状和大小，i、Ω 两个参数唯一地确定了卫星轨道平面与地球体之间的相对定向。

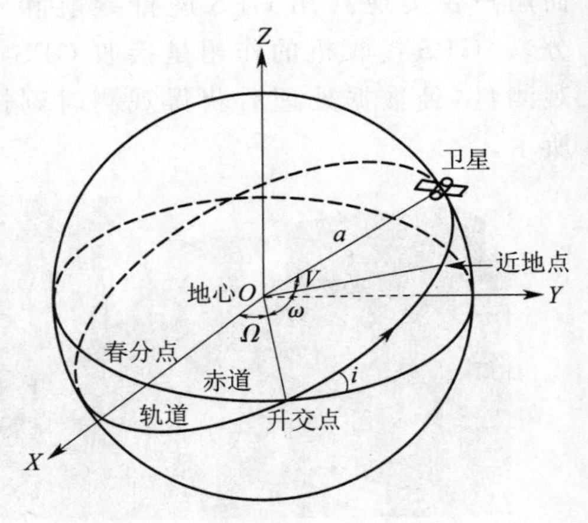

图 7-7 开普勒轨道参数

7.3.2 伪距观测量及伪距法单点(绝对)定位

伪距就是卫星到接收机的距离观测量，即由卫星发射的测距码信号到达 GPS 接收机的传播时间乘以光速所得的距离。由于伪距观测量所确定的卫星到测站的距离不可避免地会含有大气传播延迟、卫星钟和接收机同步误差等影响，为了区别卫星和接收机之间的真实几何距离，故将这种含有误差影响项的距离称为“伪距”，并把它视为 GPS 定位的基本观测量。

伪距法单点定位就是利用 GPS 接收机在某一时刻，同步测定 4 颗以上 GPS 卫星的伪距，以及从卫星导航电文中获得的卫星位置，采用距离交会法求得接收机的三维坐标。因为卫星从 2 万 km 高空向地面传输，经过电离层、对流层时会产生时延，所以接收机测得的距离(用 R_i^j 表示)含有误差，其数学模型为

$$R_i^j = \rho_i^j + d_I + d_T - c\delta_S + c\delta_R \tag{7-1}$$

式中：

$$\rho_i^j = \sqrt{(X^j - X_i)^2 + (Y^j - Y_i)^2 + (Z^j - Z_i)^2} \tag{7-2}$$

其中，X_i、Y_i、Z_i 为待测点的三维坐标；X^j、Y^j、Z^j 为 GPS 卫星的空间坐标，由卫星导航电文得到；d_I 为电离层延迟误差；d_T 为对流层延迟误差；δ_S 为卫星时钟误差；δ_R 为接收机时钟误差。这些误差中 d_I 、d_T 可以用模型修正，δ_S 可用卫星星历文件中提供的卫星时钟修正参数修正。

由式(7-1)、式(7-2)可见，有四个未知数 X_i、Y_i、Z_i 及 δ_R 。所以 GPS 三维定位至少需要 4 颗卫星，即至少需要 4 个同步伪距观测值来实时求解 4 个未知参数，如图 7-8 所示。当地面高程已知时，也可用三颗卫星定位。事实上，由于大气延迟、卫星时钟误差、接收机时钟误差等影响，伪距法单点定位精度不高，目前约 10 m 左右。但由于伪距单点定位速度快、无多值性问题，因此，该定位方法被广泛应用于飞机、船舶及车辆等运动载体的导航上。

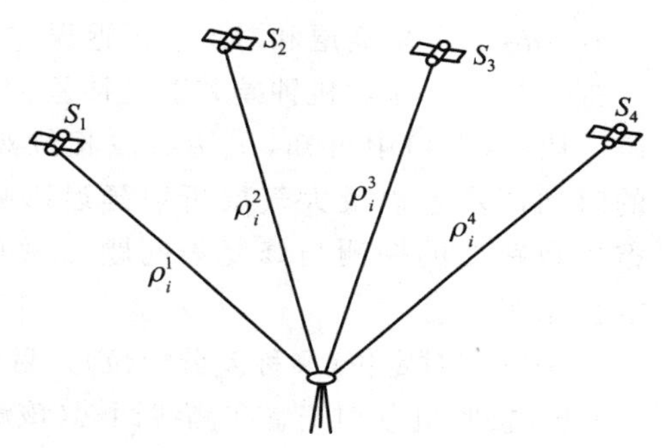

图 7-8 GPS 伪距单点定位原理

7.3.3 载波相位测量与相对定位

由于载波的波长远小于测距码的波长，所以在分辨率相同的情况下，载波相位的观测精度远较码相位的观测精度高。载波相位观测值的定义为

$$\varphi = \varphi_S(t_S) - \varphi_R(t_R) \tag{7-3}$$

式中 $\varphi_S(t_S)$ ——接收机收到的卫星信号的相位；

$\varphi_R(t_R)$ ——接收机同时刻产生的参考信号的相位；

t_S 、t_R ——发射和接收时刻。

当接收机在某时刻 t_0 锁定卫星信号并开始测量时，测相计只能测出相位的不足一周的小数部分，其中相位的整数部分是未知，称初始整周未知数，如图 7-9 所示。只要卫星信号不失锁，可以测出从开始的所有相位整周数的累积变化值，设初始整周模糊度为 N，任意时刻 t 的相位观测值为从开始时刻 t_0 的整周变换累积数与不足一周的小数部分之和。目前载波相位的测量精度通常优于 0.01 周。

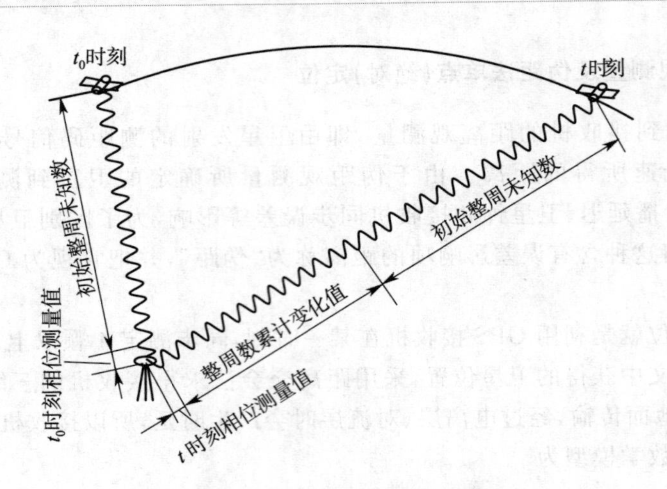

图 7-9 整周未知数与相位观测值

对于连续波，载波相位测量的观测方程可表示为

$$\lambda\varphi_i^j = \rho_i^j - d_I + d_T + \lambda N_i^j + c(\delta_R - \delta_S) \tag{7-4}$$

式中 ρ_i^j——信号发射时刻(t_S)卫星至接收机的距离；

λ——信号波长，$\lambda=c/f_S$，f_S 为卫星信号频率；

N_i^j——初始观测时刻整波长数目(整周未知数)；

d_I、d_T——电离层和对流层延迟误差；

δ_R、δ_S——接收机钟差和卫星钟差。

从式(7-4)中可知，采用载波相位观测值解算时，除了同样要考虑卫星钟与接收机钟的时间同步差以及大气层折射延迟影响外，还有整周未知数 N 的求解及信号失锁导致的整周数跳变的探测与修复等问题。只有这些问题都解决了，才能得出高精度的卫星测量定位结果。

GPS 相对定位(又称差分定位)是目前常见的高精度 GPS 定位方法，其基本方法为：将两台 GPS 接收机分别安置在测线两端(该测线称为基线)，同步接收 GPS 卫星信号，并利用同步观测值进行解算，求解基线两端在 WGS-84 坐标系中的相对位置或基线向量。如果其中一个端点坐标已知时，则可推算出另一个待定点(端点)的坐标。

在两个或多个观测站同步观测相同卫星的情况下，卫星的轨道误差、卫星钟差、接收机钟差、以及电离层和对流层的折射误差等，都对观测量的影响具有一定的相关性。因此，利用这些观测量的不同组合，进行相对定位便可有效地消除或减弱上述误差的影响，从而提高相对定位的精度。下面介绍载波相位的基本观测量及其线性组合。

设在某基线两端安设 GPS 接收机 $T_i(i=1,2)$，对卫星 s^k 和 s^j 与历元(历元是指在卫星定位中所获数据对应的时刻)t_1 和 t_2 进行同步观测，则对任一频率 $L_i(i=1,2)$，有独立的载波相位观测量 $\varphi_1^j(t_1)$、$\varphi_1^j(t_2)$、$\varphi_1^k(t_1)$、$\varphi_1^k(t_2)$、$\varphi_2^j(t_1)$、$\varphi_2^j(t_2)$、$\varphi_2^k(t_1)$、$\varphi_2^k(t_2)$，这些观测量称为基本观测量，而相应的基本观测方程为

$$\lambda\varphi_1^j(t) = \rho_1^j(t) + c[\delta t_1(t) - \delta t^j(t)] - \lambda N_1^j(t_0) + d_{1,I}^j(t) + d_{1,T}^j(t) \tag{7-5}$$

式中 $\delta t_1(t)$——历元 t 时刻测站 1 的接收机时钟误差；

$\delta t^j(t)$——历元 t 时刻卫星 s^j 的时钟误差；

$d_{1,I}^j(t)$——电离层折射延迟量；

$d_{2,I}^j(t)$——对流层折射延迟量。

为了消除或消弱各项误差的影响以及减少未知数等原因，常对以上观测量作差分组合处理。常用的组合有单差、双差和三差等。

(1) 单差法

单差观测量通常是指不同观测站同步观测相同卫星所得观测量之差，如图 7-10 所示，其表达形式为

$$\varphi^{j}_{1,2}(t)=\varphi^{j}_{2}(t)-\varphi^{j}_{1}(t) \tag{7-6}$$

将式(7-5)代入式(7-6)，相应的观测方程为

$$\lambda\varphi^{j}_{1,2}(t)=\rho^{j}_{2}(t)-\rho^{j}_{1}(t)+c[\delta t_{2}(t)-\delta t_{1}(t)]-\lambda[N^{j}_{2}(t_{0})-N^{j}_{1}(t_{0})]+ d^{j}_{2,\mathrm{I}}(t)-d^{j}_{1,\mathrm{I}}(t)+d^{j}_{2,\mathrm{T}}(t)-d^{j}_{1,\mathrm{T}}(t) \tag{7-7}$$

该单差模型的优点是消除了卫星钟差的影响，同时可以明显减弱诸如轨道误差、大气折射误差等系统性误差的影响，缺点是减少了观测方程的数量。

(2) 双差法

双差观测量是指在单差法基础上，对不同测站同步观测一组卫星所得的单差，再在不同的卫星间求差，如图 7-11 所示，即

$$\varphi^{k,j}_{2,1}(t)=\varphi^{k}_{2,1}(t)-\varphi^{j}_{2,1}(t)=[\varphi^{k}_{2}(t)-\varphi^{k}_{1}(t)]-[\varphi^{j}_{2}(t)-\varphi^{j}_{1}(t)] \tag{7-8}$$

相应的观测方程为

$$\lambda\varphi^{k,j}_{2,1}(t)=\rho^{k}_{2}(t)-\rho^{k}_{1}(t)-\rho^{j}_{2}(t)+\rho^{j}_{1}(t)-\lambda[N^{k}_{2}(t_{0})- N^{k}_{1}(t_{0})-N^{j}_{2}(t_{0})+N^{j}_{1}(t_{0})] \tag{7-9}$$

双差观测方程的主要优点是能进一步消除两站的接收机时钟误差项。但是，这使得可能组成的双差观测方程数进一步减少。为了简便起见，上式中忽略了有关大气折射延迟的双差项。

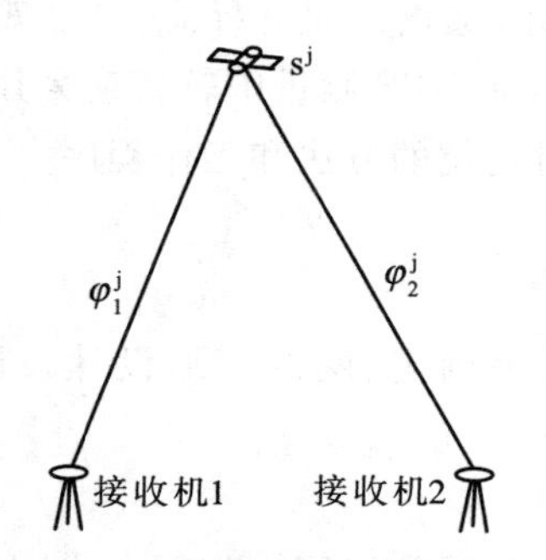

图 7-10 测站间同步观测量的单差

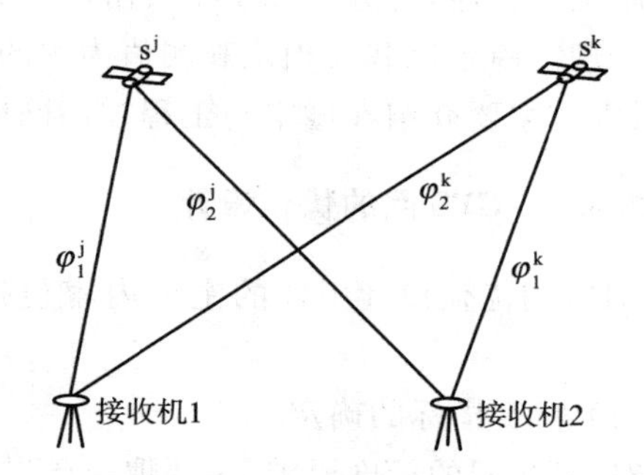

图 7-11 GPS 同步观测量之双差

(3)三差法

三差法是在双差法基础上，进一步在不同历元之间对双差观测量求差，如图 7-12 所示，即：

$$\begin{aligned}\varphi^{k,j}_{2,1}(t_{2},t_{1})&=\varphi^{k,j}_{2,1}(t_{2})-\varphi^{k,j}_{2,1}(t_{1})\\&=[\varphi^{k}_{2}(t_{2})-\varphi^{k}_{1}(t_{2})-\varphi^{j}_{2}(t_{2})+\varphi^{j}_{1}(t_{2})]-\\&\quad[\varphi^{k}_{2}(t_{1})-\varphi^{k}_{1}(t_{1})-\varphi^{j}_{2}(t_{1})+\varphi^{j}_{1}(t_{1})]\end{aligned} \tag{7-10}$$

相应的观测方程为

$$\begin{aligned}\lambda\varphi^{k,j}_{2,1}(t_{2},t_{1})&=[\rho^{k}_{2}(t_{2})-\rho^{k}_{1}(t_{2})-\rho^{j}_{2}(t_{2})+\rho^{j}_{1}(t_{2})]-\\&\quad[\rho^{k}_{2}(t_{1})-\rho^{k}_{1}(t_{1})-\rho^{j}_{2}(t_{1})+\rho^{j}_{1}(t_{1})]\end{aligned} \tag{7-11}$$

这样一来，就进一步消去了双差观测方程中含有的整周未知数，这是三差模型的主要优

点。但是,这将使观测方程的数量进一步减少。

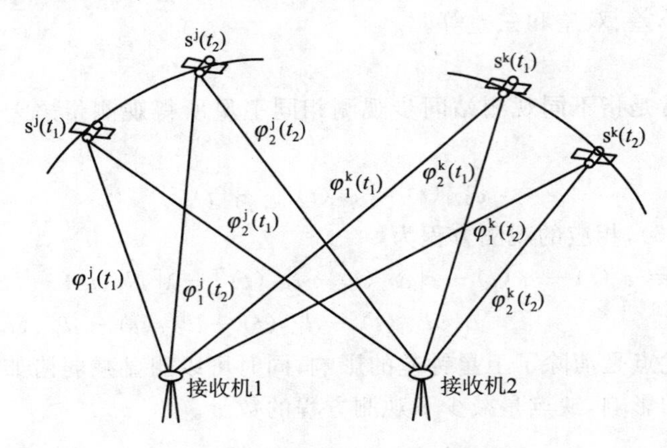

图 7-12 GPS 相对定位三差观测

差分法载波相位测量虽然可以消去一系列多余参数项(即不含有测站坐标的项),但是在组成差分观测方程的同时,减少了观测方程的个数,另外也增加了观测量之间的相关性,这些都不利于提高最后解的精度。一般是采用双差法求解最终结果,而三差法则只是用于整周跳变的探测和估计,或求得测站坐标的近似解。

7.4 GPS 测量的实施

GPS 测量的实施过程与常规测量一样,按性质可分为外业和内业两大部分。按照 GPS 测量实施工作程序,可分为几个主要阶段:GPS 网的优化设计,选点与建立标志,外业观测,内业数据处理。由于以载波相位观测值为主的相对定位法是当前 GPS 测量中较普遍采用的方法,所以,本节主要介绍在城市与工程控制网中采用 GPS 相对定位的方法和工作程序。

7.4.1 GPS 网的优化设计

GPS 网优化设计工作的主要内容包括精度指标的合理确定、网的图形设计及网的基准设计。

(1) 精度指标的确定

对 GPS 网的精度要求,主要取决于网的用途。精度指标通常以网中相邻点之间的距离误差来表示,其形式为

$$\sigma = [a_0^2 + (b_0 \times D)^2]^{\frac{1}{2}} \tag{7-12}$$

式中,σ 为网中相邻点间的距离误差;a_0 为与接收设备有关的常量误差;b_0 为比例误差;D 为相邻点间的距离。

根据我国 1992 年颁布的 GPS 测量规范要求,GPS 相对定位的精度划分见表 7-1。

表 7-1 所列的精度指标,主要是对 GPS 网的平面位置而言。考虑到垂直分量的精度较水平分量精度低,因此,在 GPS 网中对垂直分量的精度要求可将表 7-1 所列的比例误差部分增大一倍。精度指标是 GPS 网优化设计的重要参数,其值将直接影响 GPS 网的布设方案、观测计划、观测数据的处理方法、作业时间及经费等。因此,在实际设计工作中,要根据用户的实际需要确定。

表 7-1　GPS 相对定位的精度指标

测量分级	常量误差 a_0(mm)	比例误差 b_0(10^{-6})	相邻点距离（km）
A	≤5	≤0.1	100～2 000
B	≤8	≤1	15～250
C	≤10	≤5	5～40
D	≤10	≤10	2～15
E	≤10	≤20	1～10

（2）网形设计

GPS 网的网形设计，主要取决于用户的要求，也与经费、时间、人力的消耗以及所需接收设备的类型、数量和后勤保障条件等有关。

1）设计的一般原则

● GPS 网应采用独立观测边构成闭合图形，例如三角形、多边形或附合线路，以增加检核条件，提高网的可靠性。

● GPS 网作为测量控制网，其相邻点间基线向量的精度应分布均匀。

● GPS 网应尽量与原有地面控制网相重叠。通常，重合点一般不应少于 3 个(不足时应联测)，且在网中应分布均匀，以利于可靠地确定 GPS 网与地面控制网之间的转换参数。

● GPS 网应考虑与地面水准点相重合，而非重合点应根据要求以水准测量方法进行联测，或在网中布设一定密度的水准联测点。

● 为了便于 GPS 测量及水准联测，GPS 点一般应设在视野开阔和交通便利的地方。

● 为了便于用传统方法联测或扩展，可在 GPS 点附近布设通视良好的方位点，以便建立联测方向。同时，方位点与观测站的距离应大于 300 m。

2)基本图形的选择

根据 GPS 测量的不同用途，GPS 网的独立观测边应构成一定的几何图形，如图 7-13 所示。

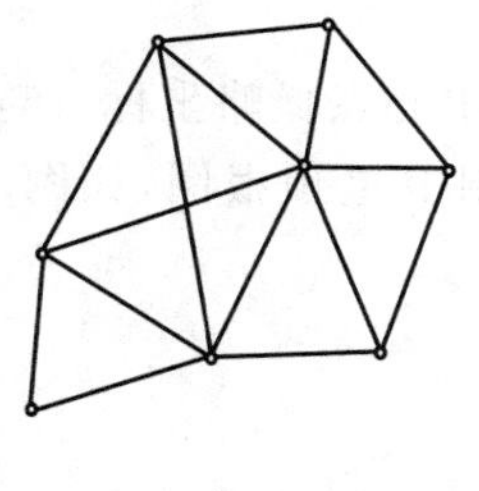

(a)三角形网

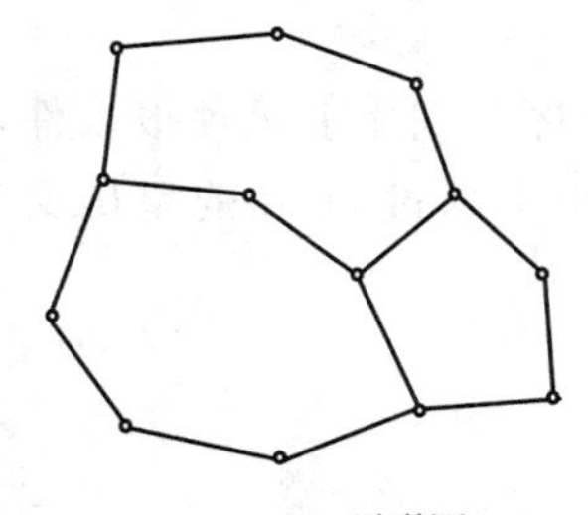

(b)环形网

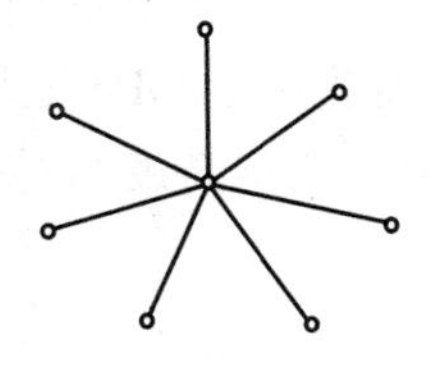

(c)星形网

图 7-13　GPS 网型布设图

三角形网的边由独立观测边组成，图形的几何结构强，具有良好的自检能力，能够有效地发现观测值的粗差。同时，经平差后网中的相邻点间基线向量的精度分布均匀。该网形的主要缺点是观测工作量较大，当接收机的数量较少时则观测工作的时间较长。通常，当网的精度和可靠性要求较高时，才采用这种图形。

环形网是由若干含有多条独立观测边的闭合环所组成的。这种网形的结构强度比三角网低，因此，根据网的不同精度要求，闭合环中包含的基线边数不应超过一定量，见表 7-2。环形网的优点是观测工作量较小，具有较好的自检性和可靠性；缺点主要是非直接观测的基线边（或间接边）精度比直接观测边低，相邻点间的基本精度分布不均匀。作为环形网的特例，在实际工作中还可以采用附合线路，但是要求附合线路两端的已知基线向量必须具有较高的精度。

表 7-2 闭合环中基线边数的限值

级　别	一	二	三
闭合环中的边数	≤4	≤5	≤6

三角形网和环形网是大地测量和精密工程测量中普遍采用的两种基本图形。一般情况下，往往采用上述两种图形的混合网形。

星形网的几何图形简单，直接观测边之间一般不构成闭合图形，因此，其检验与发现粗差的能力差。这种网形的主要优点是在观测中通常只需要两台 GPS 接收机，作业简单。

（3）网的基准设计

GPS 网的基准包括网的位置基准、方向基准和尺度基准。确定网的基准是通过网的整体平差来实现的。在 GPS 网的优化设计中，应当根据网的用途提出确定基准的方法和原则。

通常，在 GPS 网整体平差中可能含有两类观测量，即相对观测量（如基线向量）和绝对观测量（如点在 WGS-84 中的坐标值）。在仅含有相对观测量的 GPS 网中，网的方向基准和尺度基准由在平差计算中作为相关观测量的基线向量确定；而网的位置基准则取决于所取 GPS 点坐标的近似值和平差方法。在 GPS 网包含点的坐标观测量的情况下，网的位置基准将取决于这些 GPS 点的坐标值及其精度。

GPS 网的基准设计，主要是指确定网的位置基准问题。确定网的位置基准时，可根据情况选取以下方法：选取网中一点的坐标值并加以固定，或给以适当的权；网中的点均不固定，通过自由网平差方法确定网的位置基准；在网中选若干点的坐标值并加以固定；选网中若干点（直至全部点）的坐标值并给以适当的权。

7.4.2 GPS 外业观测

（1）外业观测计划设计

首先编制 GPS 卫星可见性预报图。利用卫星预报软件，输入测区中心点概略坐标、作业时间、卫星截止高度角（≥15°）等，利用不超过 20 d 的星历文件即可编制卫星预报图，如图 7-14 所示。

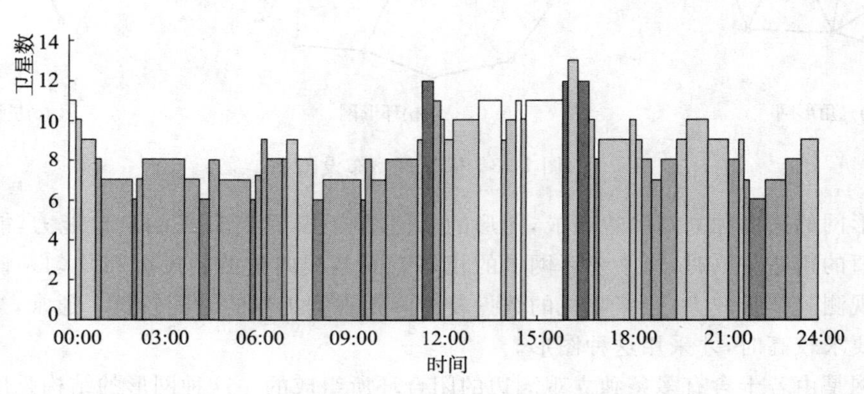

图 7-14 卫星可见性预报图

编制作业调度表。应根据仪器数量、交通工具状况、测区交通环境及卫星预报状况制定作业调度表，主要包括：观测时段（测站上开始接收卫星信号到停止观测，连续工作的时间段），注明开、关机时间；测站号、测站名、接收机号、作业员；车辆调度表。

（2）野外观测

野外观测应严格按照技术设计要求进行，主要过程如下：

1）安置天线。对中、整平仪器，量取仪器高，通常要求钢尺在互为120°方向量三次，互差小于3 mm，取平均值后记录或输入GPS接收机。

2）安置GPS接收机。GPS接收机应安置在距天线不远的安全处，连接天线及电源电缆。

3）开机观测。打开GPS接收机，输入或记录测站名，具体操作方法可参阅仪器操作手册。

GPS接收机自动化程度高，能够自动跟踪卫星并进行定位，作业员只需要查看接收机工作状况，若发现故障及时排除。一个时段的测量结束后，要查看仪器高和测站名是否输入，确保无误后再关机、关电源，迁站。GPS接收机记录的数据有GPS卫星星历、卫星钟差参数、观测历元的时刻、伪距观测值、载波相位观测值、GPS绝对定位结果及测站信息。

（3）观测数据下载及数据预处理

观测成果的外业检核是确保外业观测质量和保障定位精度的重要环节。因此，外业观测数据在测完时要及时地进行严格检查，对外业预处理成果按规范要求检查、分析，根据情况进行必要的重测和补测，确保外业成果无误后方可离开测区。

7.4.3 内业数据处理

根据上述处理所获得的标准化数据文件，便可进行观测数据的计算工作，主要内容包括以下方面。

（1）基线向量解算和检核

采用厂家的随机软件用广播星历解算或用专用软件与精密星历解算，对同步环、异步环进行闭合差检核，为平差提供基线向量及相应的方差或协方差。

（2）GPS网平差

进行网的三维无约束平差和二维约束平差，可得网点在WGS-84下的空间直角坐标和大地坐标，以及用户要求的高斯平面坐标或独立坐标系下的坐标等。需要时，还可加入地面边长进行二维网平差和作GPS水准拟合计算。

7.5 实时动态定位技术

7.5.1 概　　述

实时动态（Real Time Kinematic——RTK）是一种以载波相位为观测量的实时相对定位技术。通常采用双差相位观测量，其关键问题是初始整周未知数的快速固定，一旦完成模糊度的固定就可以实现逐个历元的动态定位。通过数据电台将基准站的数据（图7-15）发送给流动站，在流动站完成双差方程解算和初始模糊度的固定（图7-16），之后就可以实时计算流动站的三维坐标，其精度达到厘米级。RTK定位技术也广泛用于精密测定运动目标的轨迹、测定道路中心线、剖面测量、航道测量、地形测量等。

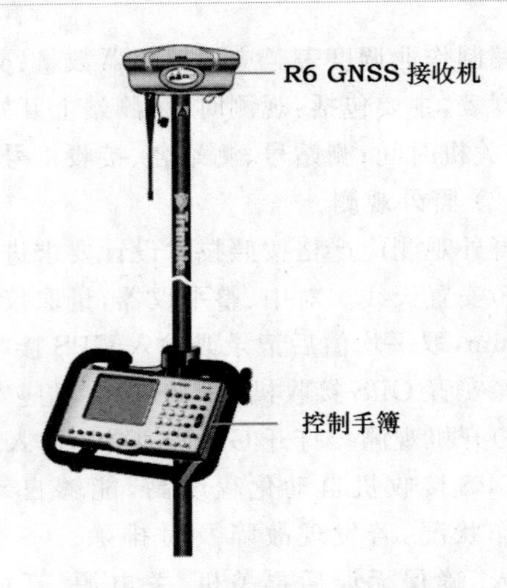

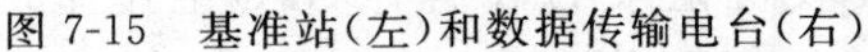

图 7-15　基准站(左)和数据传输电台(右)　　　　图 7-16　流动站接收机和控制手簿

动态测量前,流动站需要静止观测数分钟,当控制手薄提示完成模糊度初始化后方可进行流动作业。在动态定位过程中仍需保持观测卫星的连续跟踪。一旦发生卫星信号失锁,则需要重新进行初始化。目前,实时动态测量技术要求流动站距离基准站在 20 km 范围内。

7.5.2　实时动态测量方法(以 Trimble R6 为例)

(1)创建测量任务

所有测量信息都存储在控制器手薄的任务文件中,因此,测量前需要创建测量任务文件。创建测量任务的步骤如下:

1)从主菜单选择文件/ 新任务,这时出现新任务对话框;

2)在任务名域中输入一个任务名称;

3)点击坐标系统钮,然后定义坐标系统。当前坐标系统显示在坐标系统钮上,当前距离单位显示在单位钮上。如果改变单位,则点击单位钮。

(2)基准站安装(图 7-15)

1)在三脚架上安装 GPS 天线;

2)用提供的电缆把外部电台连接到 GPS 接收机端口;

3)用 O-shell Lemo-to-Hirose 电缆把控制器接到 GPS 接收机端口 1;

4)打开控制器电源。

(3)基准站设置

开始测量前,从主菜单选择测量,然后从列表中选择一种测量形式。基准站设置步骤如下:

1)从测量菜单中选择启动基准站接收机。第一次使用该测量形式时,形式向导将提示指定要用的设备,之后出现启动基准站屏幕。

2)输入基准站名称和下面一项内容:

- 网格坐标(必须已经定义了投影和基准转换参数)。
- 由 GPS 接收机得到的当前位置。
- 启动第一个基准站接收机。观测类域显示基准站点的观测类别。

3)在代码（可选的）和天线高度域内输入值。

提示：如果采用的是 CMRTM 或 CMR＋TM 广播格式，点击“扫描”，查看是否有其他基准站在相同频段上工作。

4)点击“开始”键，外部无线电开始广播 RTK 改正信息，并出现以下信息：基准站已启动；将控制器从接收机断开。

5)从基准站接收机断开控制器，但不要关闭接收机，开始设置流动接收机。

对于实时测量，在离开设备时，应确保电台接收装置处在工作中，数据灯在闪烁。

(4)流动站安装和设置(参见图 7－16)

1)将接收机固定在测杆上，并将鞭状无线电天线接到接收机。

2)将控制器托架接到测杆上，控制器固定到控制器托架上。

3)打开接收机电源及控制器电源，运行 Trimble Survey Controller 软件。

4) 如用 Bluetooth 无线技术连接接收机时，则作如下操作：

- 从主菜单中选择配置/ 控制器/ 蓝牙，点击配置，确认开启了蓝牙无线技术；
- 在控制器上开启扫描：在 TSC2 控制器上，点击［Devices］选项卡，然后点击［New］。在 Trimble CU、ACU 或 TSCe 控制器上，点击［Scan］；
- 点击“确认”健，返回到 Trimble Survey Controller 软件；
- 在接收机域中，选择接收机必须要连接的蓝牙设备，然后点击“接收”。

(5)开始流动站测量

在开始流动测量之前，先启动基准站接收机，然后进行如下操作：

1)确定所需要的任务已经打开。当前任务名称出现在主菜单的标题中。

2)从主菜单中选择测量，然后从列表中选择一种测量形式。如果只有一种测量形式，当您选择测量时它将被自动选择。

3)选择开始测量，一个测量菜单出现。此菜单带有为所选测量形式指定的条目，包括启动基准站接收机和开始测量。第一次使用该测量形式时，形式向导将提醒您指定要用的设备。

4)进行测量初始化：对于 RTK 测量，开始 cm 级测量前应先进行初始化。如果使用 OTF (On The Fly——运动中模糊度初始化)选项，测量将用 OTF 初始化法自动开始初始化。一经完成测量初始化，便可以执行放样或测量点。

思考题与习题

1. GPS 由哪几部分构成？各部分的功能是什么？
2. 伪距单点定位的基本原理是什么？为什么至少需要观测 4 颗卫星？
3. 什么是初始整周未知数？写出载波相位观测方程。
4. 什么是单差、双差？各有何优缺点？
5. GPS 测量有哪几种常用布网方式？各适用于何种场合？
6. GPS 外业观测包括哪些步骤？
7. GPS 内业数据处理有哪些内容？

参考答案

3. 当接收机在某时刻 t_0 锁定卫星信号并开始测量时，测相计只能测出相位的不足一周的小数部分，其中的相位的整数部分是未知的，称为初始整周未知数。载波相位测量的观测方程可表示为：

$$\lambda\varphi_i^j = \rho_i^j - d_I + d_T + \lambda N_i^j + c(\delta_R - \delta_S)$$

4. 两个测站对同一颗卫星的观测量求差，称为单差，其优点是消除了卫星钟差，削弱了卫星轨道误差和大气误差影响。两个单差之差称为双差，其优点是消除了接收机钟差，进一步削弱了大气误差影响，双差模糊度具有整数特性，利用该特性可以提高坐标求解精度，所以双差是最为普遍使用的观测量。

8 控制测量

8.1 概　　述

控制测量是指测量控制网中控制点的工作，控制网是指起控制作用的高精度的地面点(即控制点)构成的网。控制测量的作用是在测区内建立统一的平面控制网和高程控制网，限制测量误差的传播和积累，并使分区的测图能按统一的标准拼接成整体，以及使整体设计的工程建筑物能分区放样。控制测量贯穿在工程建设的各阶段，例如，在道路与铁道工程的勘测设计阶段，需要进行测图和道路中线测量所需的控制测量；在工程施工阶段，需要进行桥、隧、站场等的施工控制测量和变形监测控制测量；在工程竣工后要进行竣工测量的控制测量；在工程运营阶段要进行建筑物变形监测控制测量。

控制测量通常分为平面控制测量、高程控制测量和三维控制测量。平面控制测量确定控制点的平面位置(X,Y)，高程控制测量确定控制点的高程(H)，三维控制测量则是指同时确定控制点的平面位置和高程。控制测量主要采用全站仪和 GPS 接收机施测。

8.1.1　平面控制网

平面控制网主要有 GPS 网、导线网和边角网，以及目前已经较少应用的三角网、三边网及交会点等。GPS 网主要是指通过 GPS 技术进行基线观测构成的网形。导线网是由控制点连成折线所构成的网形，其中的边长、转折角利用全站仪测定。边角网主要是由三角形构成的网形，并用全站仪观测网中所有的边与角。若只观测了边角网中所有的角度则称三角网，而只观测了边角网中所有的边长则称三边网。交会点主要是指利用角度或边长进行交会确定的点。

在全国范围内布设的 GPS 控制网称为国家大地控制网，通常采用逐级控制、分级布设的原则建立，分为 AA、A、B、C、D 及 E 级。通常，国家只负责建立和维护 AA 和 A 级网，B 级网由各省建立和维护，用户则根据需要在国家大地控制网框架下加密或自己单独建立控制网。过去在全国范围内建立的平面控制网分为一、二、三及四等；一等三角锁(网)沿经线和纬线布设成纵横交叉的三角锁系，一般锁长 200～250 km，如图 8-1所示；一等三角网的精度最高，由近似等边三角形组成，平均边长 20 多千米，主要用于控制二等及以下网，并为研究地球形状和大小提供资料；二等三角网在一等网内布设，平均边长 10 多千米；三、四等网是以一、二等网为基础，用插网或插点方法布设，三等网平均边长约 8 km，四等网平均边长约 4 km。

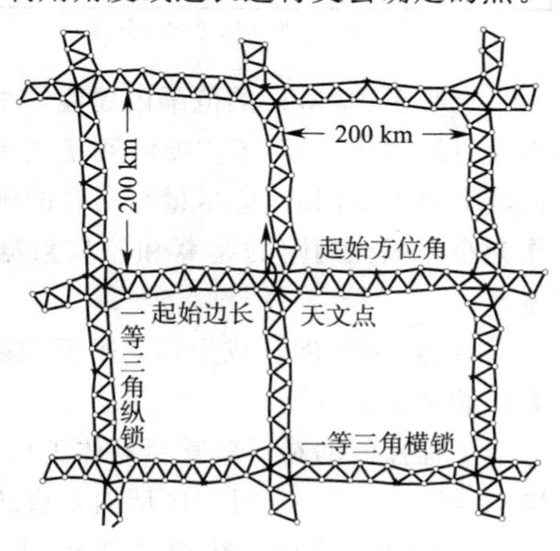

图 8-1　国家一、二等三角网示意图

在城市地区为了满足测绘地形图和城市建设需要，多布设城市平面控制网，它是在国家控制网的控制下布设的，按城市范围大小布设不同等级的平面控制网，分为二、三、四等三角网，以及一、二级和图根小三角网、图根导线网。城市三角测量和导线测量的主要技术要求见表 8-1 和表 8-2。

表 8-1　城市三角测量的主要技术要求

等　级	平均边长(km)	测角中误差(″)	起始边相对中误差	最弱边边长相对中误差	测回数			三角形最大闭合差(″)
					DJ_1	DJ_2	DJ_6	
二等	9	±1	1/300 000	1/120 000	12	—	—	±3.5
三等	5	±1.8	首级 1/200 000	1/80 000	6	9	—	±7
四等	2	±2.5	首级 1/200 000	1/45 000	4	6	—	±9
一级小三角	1	±5	1/40 000	1/20 000	—	2	6	±15
二级小三角	0.5	±10	1/20 000	1/10 000	—	1	2	±30
图根	最大视距的1.7倍	±20	1/10 000	—	—	—	—	±60

表 8-2　城市导线测量的主要技术要求

等级	导线长度(km)	平均边长(km)	测角中误差(″)	测距中误差(mm)	测回数			方位角闭合差(″)	导线全长相对闭合差
					DJ_1	DJ_2	DJ_6		
三等	15	3	±1.5	±18	8	12	—	$\pm 3\sqrt{n}$	1/60 000
四等	10	1.6	±2.5	±18	4	6	—	$\pm 5\sqrt{n}$	1/40 000
一级	3.6	0.3	±5	±15	—	2	4	$\pm 10\sqrt{n}$	1/14 000
二级	2.4	0.2	±8	±15	—	1	3	$\pm 16\sqrt{n}$	1/10 000
三级	1.5	0.12	±12	±15	—	1	2	$\pm 24\sqrt{n}$	1/6 000
图根	≤1.0 M	—	±30	—	—	—	—	$\pm 60\sqrt{n}$	1/2 000

注：n 为测站数，M 为测图比例尺分母。

在小于 10 km^2 的范围内建立的平面控制网，称为小区域平面控制网。在这个范围内，水准面可视为水平面，不需要将测量成果归算到高斯平面上，而是采用直角坐标系统。在建立小区域平面控制网时，应尽量与已有的国家或城市控制网连测，将国家或城市高级控制点的坐标作为小区域控制网的起算和校核数据。如果不便于高级控制点联测，也可建立独立平面控制网。

目前，GPS 网已成为建立平面控制网的主要方法，并且，将越来越广泛地应用于各种精度等级的平面控制测量。

工程控制网是针对某项具体工程建设项目，用于勘察、设计、施工、管理、监理、竣工、变形监测等需要，在一定时空区域内布设的平面、高程及三维控制网。建立工程控制网的基本原则是：一网多用（考虑测图、施工放样、变形观测等共用）；分级布设、逐级控制；具备足够的精度、密度，以及统一的规格和要求。工程控制网建网的主要步骤是：确定控制网的用途和等级；确定布网形式；确定测量仪器和操作规程；实地踏勘、选点、埋设标志；外业观测；内业数据处理；质量检查验收；编写报告，提交成果。

8.1.2 高程控制网

高程控制测量的主要方法为水准测量和三角高程测量。另外,可以用GPS所测得的大地高改化为海拔高程。国家高程控制网采用精密水准测量方法建立,所以又称国家水准网。国家水准网的布设原则也是采用从整体到局部、由高级到低级、分级布设逐级控制的原则。国家水准网分为4个等级:一等水准网精度最高,通常沿平缓的交通路线布设成周长约1500 km的环形路线;二等水准网布设在一等水准环线内,形成周长为500～750 km的环线,为国家高程控制网的全面基础;三、四等水准网直接为地形测图或工程建设提供高程控制,三等水准一般布置成长度不超过200 km的附合水准路线,四等水准通常为长度不超过80 km的附合水准路线。

城市高程控制网的精度等级可分为二、三、四、五等水准及图根水准。根据测区的大小,各等级水准均可作为首级高程控制,并应布设成环形路线,加密时宜布设成附合路线或结点网。水准测量主要技术要求见表8-3。

表8-3 水准测量主要技术要求

<table>
<tr><th rowspan="2">等级</th><th rowspan="2">每公里高差中误差(mm)</th><th rowspan="2">路线长度(km)</th><th rowspan="2">水准仪的型号</th><th rowspan="2">水准尺</th><th colspan="2">观测次数</th><th colspan="2">往返较差、附合或环线闭合差</th></tr>
<tr><th>与已知点联测</th><th>附合路线或环线</th><th>平地(mm)</th><th>山地(mm)</th></tr>
<tr><td>二等</td><td>2</td><td>—</td><td>DS_1</td><td>铟瓦尺</td><td>往返各一次</td><td>往返各一次</td><td>$4\sqrt{L}$</td><td>—</td></tr>
<tr><td rowspan="2">三等</td><td rowspan="2">6</td><td rowspan="2">≤50</td><td>DS_1</td><td>铟瓦尺</td><td rowspan="2">往返各一次</td><td>往一次</td><td rowspan="2">$12\sqrt{L}$</td><td rowspan="2">$4\sqrt{n}$</td></tr>
<tr><td>DS_3</td><td>双面尺</td><td>往返各一次</td></tr>
<tr><td>四等</td><td>10</td><td>≤16</td><td>DS_3</td><td>双面尺</td><td>往返各一次</td><td>往一次</td><td>$20\sqrt{L}$</td><td>$6\sqrt{n}$</td></tr>
<tr><td>五等</td><td>15</td><td>—</td><td>DS_3</td><td>双面尺</td><td>往返各一次</td><td>往一次</td><td>$30\sqrt{L}$</td><td>—</td></tr>
<tr><td>图根</td><td>20</td><td>≤5</td><td>DS_{10}</td><td>双面尺</td><td>往返各一次</td><td>往一次</td><td>$40\sqrt{L}$</td><td>$12\sqrt{n}$</td></tr>
</table>

注:L为往返测段附合或环线的水准路线长度,以km为单位;n为测站数。

在丘陵或山区,高程控制测量可采用三角高程测量方法进行施测,取代三、四、五等及图根水准测量。

8.2 导线测量

8.2.1 导线的布设形式

导线是由若干条直线连成的折线,每条直线称为导线边,相邻两直线之间的水平角叫做转折角。测定了转折角和导线边长之后,即可根据已知坐标方位角和已知点坐标推算出各导线点的坐标。导线的常见布设形式是附合导线和闭合导线,也可以根据测区实际情况布置成其他形式。

(1)附合导线。如图8-2所示,导线起始于一个已知控制点,测出中间若干待定点,并终止于另一个已知控制点。已知控制点是指具有已知坐标的点。

(2)闭合导线。如图8-3所示,由一个已知控制点出发,测出中间若干待定点,最后再回到起始的已知控制点,形成一个闭合多边形。

(3)支导线。如图8-4所示,从一个已知控制点出发,测出若干待定点,既不附合到另一个控制点,也不回到原来的起始点。由于支导线没有检核条件,故较少采用。

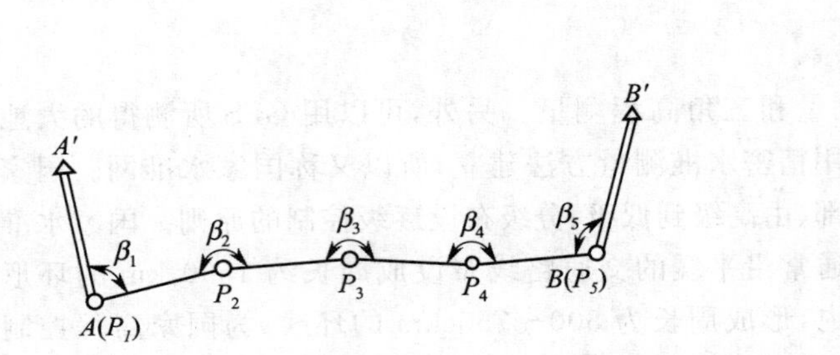

图 8-2 附合导线

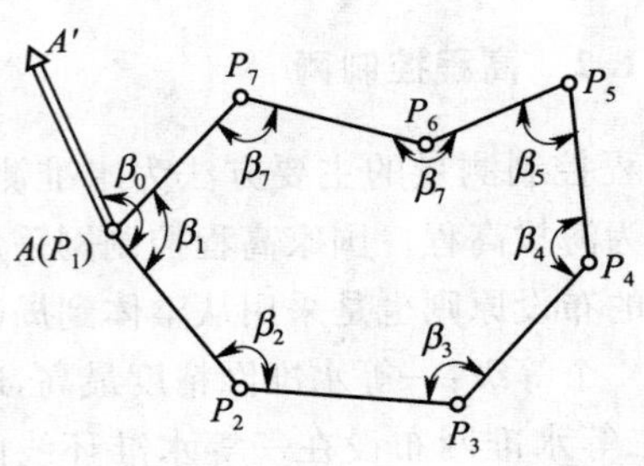

图 8-3 闭合导线

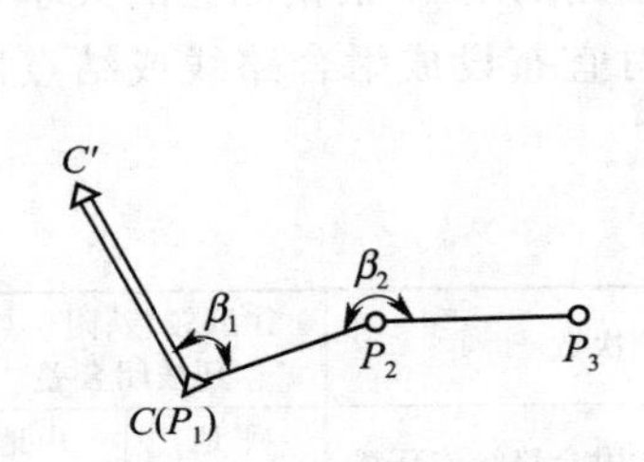

图 8-4 支导线图

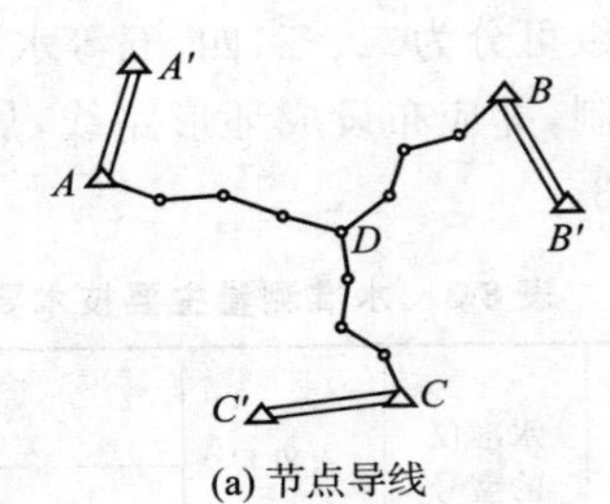

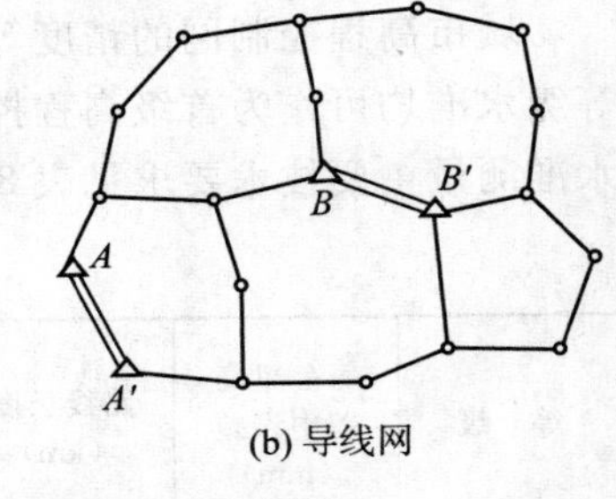

图 8-5 节点导线、导线网示意图

(4)节点导线。如图 8-5(a)所示,从多个已知控制点出发,测出若干待定点,最后相交于一个或多个节点上。

(5)导线网。如图 8-5(b)所示,由多个附合导线、闭合导线或支导线组合而成。

8.2.2 导线测量的外业工作

导线测量的外业工作包括踏勘选点、埋石造标、测角、测边、测定方向。

(1)踏勘选点及埋设标志

踏勘是为了了解测区范围、地形及控制点情况,以便确定导线的等级、形式和布网方案。选点是在地面选定导线点的位置,应考虑便于导线测量和地形测图。选点的主要原则为:相邻导线点间必须通视良好;导线点应选在地势较高、视野开阔处,并便于测角、测边和测图的地方;导线边长应符合技术要求并大致相等;导线点密度应适宜,易于保存和寻找,导线点位置应避免对测量人员和仪器构成威胁。

选好点后应直接在地上打入木桩或埋设标志,桩顶钉一小铁钉或划"+"作点的标志,木桩如图 8-6(a)所示,混凝土桩或标石如图 8-6(b)所示。埋桩后为了便于以后查找,应量出导线点至附近明显地物的距离,绘出草图(称点之记),如导线点 2 的点之记如图 8-6(c)所示。

(2)测角

利用仪器(即经纬仪或全站仪)测量导线转折角。通常,闭合导线测内角。导线测量精度要求见表 8-2。

(3)测边

导线边长可采用钢尺、测距仪或全站仪测量。

(4)测定方向

测区内有国家高级控制点时,可与控制点联测推求导线边方位角。当联测有困难时,也可利用罗盘仪测磁方位角,或用陀螺经纬仪测定真方位角。目前,通常利用 GPS 测定某些导线点坐标，反算出导线边方位角。

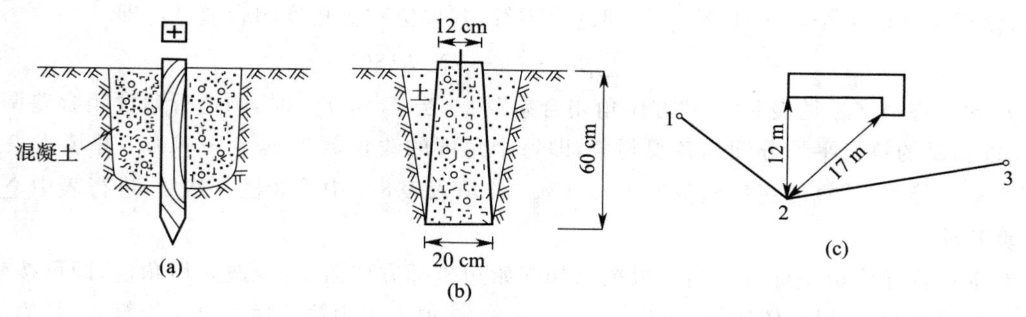

图 8-6　导线点标志和点之记

8.2.3　导线测量的内业计算工作

导线内业工作的目的是计算出各导线点坐标及其精度，可以采用专门的平差软件进行计算。下面结合实例介绍常见的闭合导线和附合导线的计算方法。

(1)闭合导线计算方法

1)填表并绘略图。首先按技术要求对外业观测成果进行检查，然后，将观测的转折角、边长填入表 8-4 中的 2、5 栏，将已知的起始边方位角和起始点坐标填入 4、8、9 栏(带双横线值)，并绘制导线略图。

表 8-4　闭合导线坐标计算表

点号	观测角 $\beta_测$ 改正数 v''_β (° ′ ″)	改正后角值 β (° ′ ″)	坐标方位角 α (° ′ ″)	边长 D (m)	计算坐标增量(m) $\Delta x_测$ 改正数 v_x	$\Delta y_测$ 改正数 v_y	计算坐标(m) x	y
1	2	3	4	5	6	7	8	9
1							500.00	500.00
			124 59 43	105.22	−60.34 −0.003	+86.20 +0.002		
2	107 48 30 +13	107 48 43					439.63	586.22
			52 48 26	80.18	+48.47 −0.002	+63.87 +0.002		
3	73 00 20 +12	72 00 32					488.08	650.11
			305 48 58	129.34	+75.69 −0.003	−104.88 +0.002		
4	89 33 50 +12	89 34 02					563.74	545.25
			215 23 00	78.16	−63.72 −0.002	−45.26 +0.001		
1	89 36 30 +13	89 36 43					500.00	500.00
			124 59 43					
2								
$\sum$	359 59 10 −50	360 00 00		392.90	+0.10 −0.10	−0.07 +0.07		

辅助计算：

$f_\beta = \sum \beta_测 - (4-2)\times 180 = -50''$，　$f_{\beta容} = \pm 30''\sqrt{n} = 60''$，$f_\beta \leqslant f_{\beta容}$

$f_x = \sum \Delta x_测 = +0.1$，　$f_y = \sum \Delta y_测 = -0.07$，　$f_D = \sqrt{f_x^2 + f_y^2} = 0.12(\mathrm{m})$

$K = \dfrac{f_D}{\sum D} = \dfrac{1}{3\,200}$，　$K_容 = \dfrac{1}{2\,000}$，　$K \leqslant K_容$

导线略图：

2)计算角度闭合差并调整。n 边形内角和的理论值为 $\sum\beta_{理} = (n-2) \times 180°$。由于测角误差,使得实测的 n 个内角和 $\sum\beta_{测}$ 与理论值不符,其差值称为角度闭合差 f_β,即

$$f_\beta = \sum\beta_{测} - (n-2) \times 180° \tag{8-1}$$

f_β 的容许值 $f_{\beta容}$ 见表 8-2 中"方位角闭合差"栏。当 $f_\beta \leqslant f_{\beta容}$ 时,则进行角度闭合差调整:将 f_β 以相反的符号平均分配到各观测角,即每个角度的改正数为 $v_\beta = -f_\beta / n$,并填入表 8-4 中第 2 栏。接着,计算改正后角值 $\beta = \beta_{测} + v_\beta$,并填入表 8-4 中第 3 栏。然后,进行表中 $\sum$ 栏的计算检核。

3)推算各导线边坐标方位角。根据已知起始边坐标方位角 α_{12} 及改正后角值,即可按坐标方位角推算公式(5-11),依次推算出 α_{23}、α_{34}、α_{41},并填入表中第 5 栏。再次推算 α_{12} 是为了计算检核。

4)计算坐标增量及其改正数。根据各边长及其方位角,可按坐标正算公式计算导线 i 点与 $i+1$ 点之间的坐标增量:

$$\left.\begin{aligned} \Delta x_{i,i+1} &= D_{i,i+1} \cdot \cos\alpha_{i,i+1} \\ \Delta y_{i,i+1} &= D_{i,i+1} \cdot \sin\alpha_{i,i+1} \end{aligned}\right\} \tag{8-2}$$

将坐标增量填入表 8-4 中第 6、7 两栏。闭合导线的纵、横坐标增量之和的理论值应等于零,即 $\sum\Delta x_{理} = 0$,$\sum\Delta y_{理} = 0$。但是,由于量边误差和水平角改正值的残余误差影响,计算的坐标增量和 $\sum\Delta x_{测}$、$\sum\Delta y_{测}$ 不等于零,其差值称为坐标增量闭合差,即

$$\left.\begin{aligned} f_x &= \sum\Delta x_{测} - \sum\Delta x_{理} = \sum\Delta x_{测} \\ f_y &= \sum\Delta y_{测} - \sum\Delta y_{理} = \sum\Delta y_{测} \end{aligned}\right\} \tag{8-3}$$

由于 f_x、f_y 的存在,使得导线不闭合而产生误差 f(称导线全长闭合差),即

$$f = \sqrt{f_x^2 + f_y^2} \tag{8-4}$$

f 值与导线全长 $\sum D$ 有关。通常,以导线全长相对闭合差 K 来衡量导线的综合精度,即

$$K = \frac{f}{\sum D} = \frac{1}{\dfrac{\sum D}{f}} \tag{8-5}$$

当 K 在容许值(见表 8-2)范围内时,可将 f_x、f_y 以相反符号按与边长成正比分配到各增量,其改正数公式为:

$$\left.\begin{aligned} v_{x_{i,i+1}} &= -\frac{f_x}{\sum D} \times D_{i,i+1} \\ v_{y_{i,i+1}} &= -\frac{f_y}{\sum D} \times D_{i,i+1} \end{aligned}\right\} \tag{8-6}$$

将计算的坐标增量改正数填入表 8-4 中第 6、7 两栏。

5)计算导线点坐标。由坐标增量改正数加上坐标增量,可以得到改正后坐标增量。再根据已知的起始点 1 的坐标和改正后坐标增量,依次计算 2、3、4 及 1 点的坐标(并填入表中 8、9 两栏)。再次计算 1 点的坐标是为了计算检核。

从以上导线计算过程可知,必须进行两项外业观测成果质量检核(f_β 和 K)和表 8-4 中 $\sum$ 栏的计算检核。如果 f_β 或 k 检核值超出容许值,则说明观测成果超限,必须重新进行外业测量。$\sum$ 栏的计算检核也必须进行,以便验证计算过程是否正确。

(2)附合导线计算方法

附合导线计算方法与闭合导线类似,见表 8-6 所示,只有以下两点不同。

表 8-5 附合导线坐标计算表

点号	水平角观测值 改正数 (° ′ ″)	改正后角值 (° ′ ″)	坐标方位角 (° ′ ″)	边长 (m)	计算坐标增量(m)		计算坐标(m)	
					Δx 改正数	Δy 改正数	x	y
1	2	3	4	5	6	7	8	9
A′								
			93 56 15					
A(1)	186 35 22 −3	186 35 19					167.81	219.17
			100 31 34	86.09	−15.73	+84.64 −1		
2	163 31 14 −4	163 31 10					152.08	303.80
			84 02 44	133.06	+13.80	+132.34 −1		
3	184 39 00 −3	184 38 57					165.88	436.13
			88 41 41	155.64	+3.55 −1	+155.60 −2		
4	194 22 30 −3	194 22 27					169.42	591.71
			103 04 08	155.02	−35.05	+151.00 −2		
B(5)	163 02 47 −3	163 02 44					134.37	742.69
			86 06 52					
B′								
∑	892 10 53 −16	982 10 37		529.81	−33.43 −1	+523.58 −6		
辅助计算	$f_\beta = \alpha_{A'A} + \sum\beta + n\cdot 180 - \alpha_{BB'} = +16''$, $f_{\beta容} = \pm 30''\sqrt{n} = 67''$ 则 $f_\beta \leqslant f_{\beta容}$ $f_x = \sum\Delta x_测 - \sum\Delta x_理 = +0.01$, $f_y = \sum\Delta y_测 - \sum\Delta_理 = +0.06$ $f = \sqrt{f_x^2 + f_y^2} = 0.06(\mathrm{m})$, $K = \frac{f}{\sum s} = \frac{1}{8\,800}$, $K_容 = \frac{1}{2\,000}$ 则 $K \leqslant K_容$				导线略图	β_1 β_2 β_3 β_4 β_5 A′ A(1) 2 3 4 B(5) B′		

1) 角度闭合差 f_β 的计算方法不同

由图 8-7 中可以看出,已知导线起始边 $A'A$ 的坐标方位角 $\alpha_{A'A}$ 及各个观测角 β_i,则可以推算出导线终边 BB'的 $\alpha'_{BB'}$。由于 β_i 存在误差,推算的 $\alpha'_{BB'}$ 与已知的 $\alpha_{BB'}$ 不相等,两者之差即为附合导线的角度闭合差,即 $f_\beta = \alpha'_{BB'} - \alpha_{BB'}$。

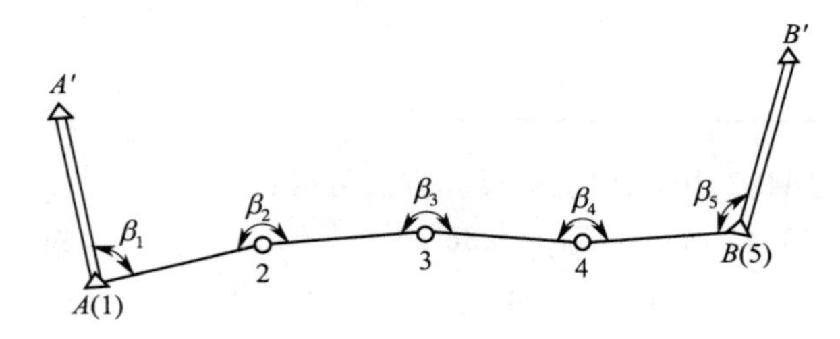

图 8-7 附合导线计算

2) 坐标增量闭合差 f_x、f_y 的计算方法不同

由图 8-7 可知,导线各边的纵、横坐标增量之和,其理论值应等于终、始两已知点坐标之差,即 $\sum\Delta x_理 = x_终 - x_始$,$\sum\Delta y_理 = y_终 - y_始$,则坐标增量之和的计算值与理论值之差值就是

附和导线的坐标增量闭合差，即

$$\left.\begin{aligned} f_x &= \sum \Delta x_{计算} - \sum \Delta x_{理论} = \sum \Delta x_{计算} - (x_{终} - x_{始}) \\ f_y &= \sum \Delta y_{计算} - \sum \Delta y_{理论} = \sum \Delta y_{计算} - (y_{终} - y_{始}) \end{aligned}\right\} \tag{8-7}$$

8.3 交会法定点

交会法定点是加密控制点常用的方法，包括前方交会和后方交会两种方式。前方交会是在已知点上设站，通过单纯的角度交会、单纯的边长交会或边角交会定出交点坐标。后方交会是在任意点上设站，通过观测两个或两个以上已知点的角度、边长，求得测站点的坐标。为了叙述简单，下面介绍单纯的测角前方交会、测角后方交会、边长交会，以及边角交会等基本方法。

8.3.1 测角前方交会

如图 8-8 所示，在已知点 A、B 上设站，测定待定点 P 与已知点的夹角 α、β。这样，便可以计算出角 γ，再利用已知边长 D_{AB} 计算出 AP 边长 D_{AP}，以及坐标方位角 $\alpha_{AP}=\alpha_{AB}-\alpha$，则 P 点的坐标可由 A 点坐标、D_{AP} 及 α_{AP} 求得(即坐标正算方法)。

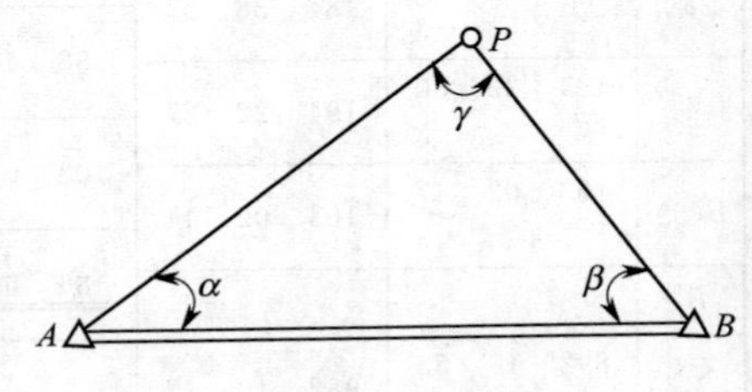

图 8-8 测角前方交会

由于利用两个已知点进行角度交会时，没有多余的检核条件，因此，通常利用三个已知点进行交会，这样可分两组计算 P 点坐标。当计算出的两组 P 点坐标较差 ΔD 在容许误差内时，则取它们的平均值作为 P 点的最后坐标。ΔD 的容许误差为：$\Delta D=\sqrt{(x_{P_2}-x_{P_1})^2+(y_{P_2}-x_{P_1})^2}\leqslant 0.2M$，其中 M 为测图比例尺分母。

【例 8-1】 如图 8-9 所示，已知点 A、B、C 的坐标及观测角 α、β，见表 8-6，试计算 P 点坐标。

表 8-6 前方交会计算表

点名	X 坐标(m)	Y 坐标(m)	观测角
A	588.65	529.46	$\alpha_1=61°14'25''$ $\beta_1=68°07'43''$
B	438.30	301.10	$\alpha_2=74°31'25''$
C	174.80	208.87	$\beta_2=56°40'27''$

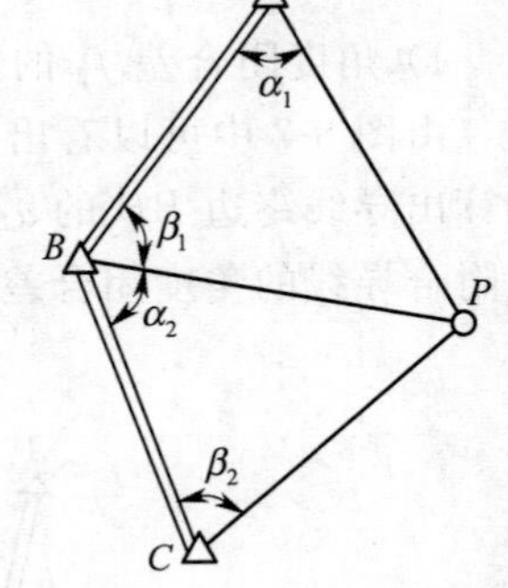

图 8-9 测角前方交会计算

【解】 在三角形$\triangle ABP$中，利用坐标反算方法可得：

$$D_{AB}=273.41\ \text{m},\quad \alpha_{AB}=236°38'31''$$

则

$$\alpha_{AP}=\alpha_{AB}-\alpha_1=175°24'06''$$

由正弦定理得：$D_{AP}=\dfrac{D_{AB}}{\sin\gamma_1}\cdot\sin\beta_1=\dfrac{\sqrt{(x_B-x_A)^2+(y_B-y_A)^2}}{\sin(180°-\alpha_1-\beta_1)}\cdot\sin\beta_1=328.21(\text{m})$

可得

$$x_{P_1}=x_A+\Delta x_{AP}=x_A+D_{AP}\cdot\cos\alpha_{AP}=261.50(\text{m})$$

$$y_{P_1}=y_A+\Delta y_{AP}=y_A+D_{AP}\cdot\sin\alpha_{AP}=555.77(\text{m})$$

同样，由三角形$\triangle BCP$计算可得：

$D_{BC}=279.17$ m， $\alpha_{BC}=199°17'24''$， $\alpha_{BP}=124°45'59''$， $D_{BP}=310.01$ m

可得

$$x_{P_2}=x_B+\Delta x_{BP}=x_B+D_{BP}\cdot\cos\alpha_{BP}=261.52(\text{m})$$

$$y_{P_2}=y_{BA}+\Delta y_{BP}=y_B+D_{BP}\cdot\sin\alpha_{BP}=555.77(\text{m})$$

设，测图比例尺分母 M=1 000，ΔD 的检核如下：

$$\Delta D=\sqrt{(x_{P_2}-x_{P_1})^2+(y_{P_2}-y_{P_1})^2}=20(\text{mm})\leqslant 0.2\times 1\,000=200(\text{mm})$$

则最后可得

$$x_P=\frac{x_{P_1}+x_{P_2}}{2}=261.51(\text{m})$$

$$y_P=\frac{y_{P_1}+y_{P_2}}{2}=555.77(\text{m})$$

8.3.2 测角后方交会

如图 8-10 所示，已知控制点 A、B、C 及 D，在待求点 P 设站，测得夹角 α、β 及 β'，则 P 点的坐标可以分两组进行计算。先根据 A、B、C 及 α、β，直接利用下面公式进行计算：

$$\tan\alpha_{BP}=\frac{(y_B-y_A)\cot\alpha+(y_B-y_C)\cot\beta+(x_A-x_C)}{(x_B-x_A)\cot\alpha+(x_B-x_C)\cot\beta-(y_A-y_C)}$$

$$\Delta x_{BP}=\frac{(y_B-y_A)(\cot\alpha-\tan\alpha_{BP})-(x_B-x_A)(1+\cot\alpha\tan\alpha_{BP})}{1+\tan^2\alpha_{BP}}$$

$$\Delta y_{BP}=\Delta x_{BP}\tan\alpha_{BP}$$

则

$$\left.\begin{aligned}x_P&=x_B+\Delta x_{BP}\\y_P&=y_B+\Delta y_{BP}\end{aligned}\right\}\qquad(8\text{-}8)$$

同样，利用 A、B、D 及 α、β'，再利用上面公式又可以计算出另一组 P 点坐标。检核方法与前方交会相同。如果两组 P 点坐标较差 ΔD 在容许误差内时，则取它们的平均值作为 P 点的最后坐标。

进行后方交会时应注意：如果直接利用上面公式进行计算，则已知点、观测角的编号必须与图 8-10 一致；已知点 A、B、C、D 及待定点 P 不能位于同一圆周上，否则无法解算出待定点 P 的坐标值。

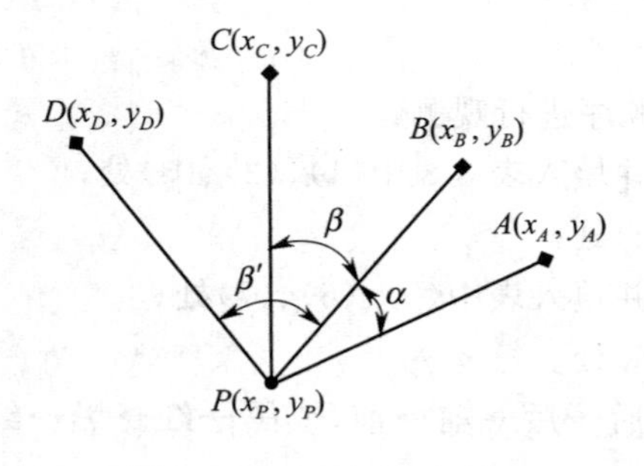

图 8-10 后方交会示意图

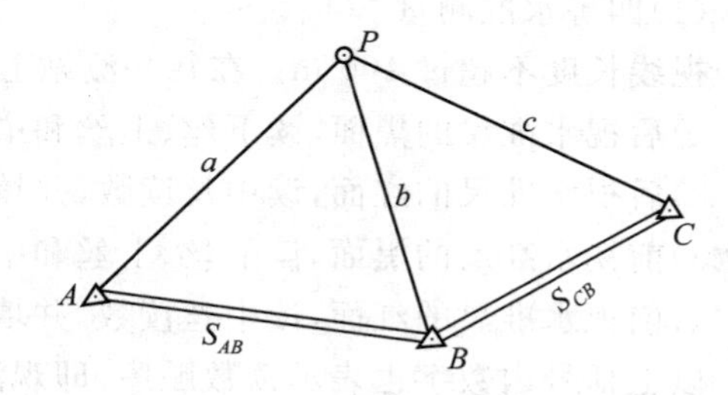

图 8-11 测边交会示意图

8.3.3 边长交会

边长交会定点主要采用三边交会法，如图 8-11 所示。图中 A、B、C 为已知点，a、b、c 为测定的边长。

解算时，先由已知点反算出方位角 α_{AB}、α_{CB} 及边长 S_{AB}、S_{CB}，然后，在三角形 ABP 中，利

用余弦定理 $\cos\angle A=\frac{S_{AB}^2+a^2-b^2}{2\cdot a\cdot S_{AB}}$ 求$\angle A$，$\alpha_{AP}=\alpha_{AB}-\angle A$，则可由$A$点坐标、$a$及$\alpha_{AP}$求得$P$点坐标。

同样，在三角形CBP中，可以再求得P点的一组坐标。检核方法与前方交会相同。根据计算出的两组坐标，其较差在容许限差内时，则取它们的平均值作为P点的最后坐标。

8.3.4 边角交会

如图8-12所示，已知控制点A、B，在待求点P设站测得水平角γ，以及两条边a、b，则可按下面方法计算P点的坐标。

首先由A、B两点的坐标反算边长c，然后利用余弦定律计算水平角α和β：

$$\left.\begin{aligned}\alpha&=\arccos\left(\frac{b^2+c^2-a^2}{2bc}\right)\\ \beta&=\arccos\left(\frac{a^2+c^2-b^2}{2ac}\right)\end{aligned}\right\}\tag{8-9}$$

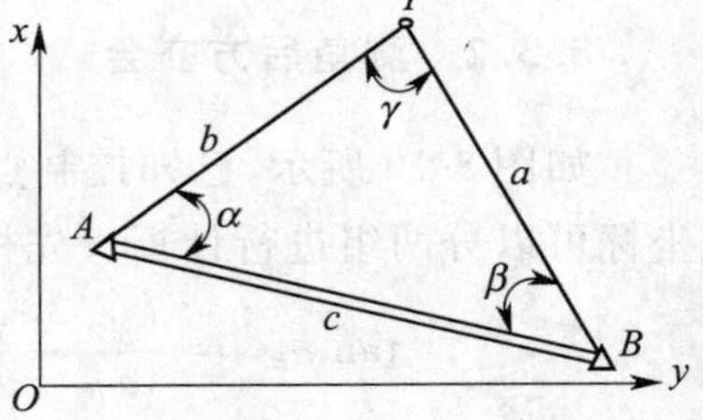

图8-12 边角交会

再计算出$\gamma'=180°-\alpha-\beta$，以及角度闭合差$f_\beta=\gamma'-\gamma$（即计算值与观测值之差）；若$f_\beta$在容许范围内，则以$f_\beta/3$改正$\alpha$或$\beta$，最后利用坐标正算方法计算待定点$P$的坐标。

8.4 三、四等水准测量

小地区地形测量或工程测量的高等级高程控制，一般采用三、四等水准测量方法，再用图根水准测量或三角高程测量方法加密高程控制点。三、四等水准测量通常用DS_3、DS_1级水准仪和双面水准尺进行，各项技术要求见表8-3，下面介绍观测和计算方法。

8.4.1 观测方法

(1)四等水准测量

视线长度不超过100 m。在每一测站上，按下列顺序进行观测：

1)后视水准尺的黑面，读下丝、上丝和中丝读数，并填入表8-8中(1)、(2)、(3)处；

2)后视水准尺的红面，读中丝读数，并填入表中(4)处；

3)前视水准尺的黑面，读下丝、上丝和中丝读数，并填入表中(5)、(6)、(7)处；

4)前视水准尺的红面，读中丝读数，并填入表中(8)处。

以上括号内数字也表示读数顺序，即观测顺序为后→后→前→前，或黑→红→黑→红，读黑面时读三丝读数，读红面时只读中丝读数。

(2)三等水准测量

视线长度不超过75 m。观测顺序为后—前—前—后，即

1)后视水准尺的黑面，读下丝、上丝和中丝读数；

2)前视水准尺的黑面，读下丝、上丝和中丝读数；

3)前视水准尺的红面，读中丝读数；

4)后视水准尺的红面，读中丝读数。

记录和计算格式与四等水准相同,见表 8-7。

表 8-7　四等水准测量记录

测站编号	测点编号	后尺 下丝(1) 上丝(2)	前尺 下丝(5) 上丝(6)	视线方向	水准尺读数(m)		K＋黑减红(mm)	高差中数(m)	备　注
					黑面	红面			
		后视距(9) 视距差 d(11)	前视距(10) $\sum d$(12)	后视 前视 后一前	(3) (7) (15)	(4) (8) (16)	(13) (14) (17)	(18)	
1	BM1 | Z1	1.891 1.525 36.6 −0.2	0.758 0.390 36.8 −0.2	后 7 前 8 后一前	1.708 0.574 ＋1.134	6.395 5.361 ＋1.034	0 0 0	＋1.134 0	$K_7=4.687$ $K_8=4.787$
2	Z1 | Z2	2.746 2.313 43.3 −0.9	0.867 0.425 44.2 −1.1	后 8 前 7 后一前	2.530 0.646 ＋1.884	7.319 5.333 ＋1.986	−2 0 −2	＋1.885 0	
3	Z2 | Z3	2.043 1.502 54.1 ＋1.0	0.849 0.318 53.1 −0.1	后 7 前 8 后一前	1.773 0.584 ＋1.189	6.459 5.372 ＋1.087	＋1 −1 ＋2	＋1.188 0	
4	Z3 | BM2	1.167 0.655 51.2 −1.0	1.677 1.155 52.2 −1.1	后 8 前 7 后一前	0.911 1.416 −0.505	5.696 6.102 −0.406	＋2 ＋1 ＋1	−0.505 5	
检核	$\sum(9)=185.2$ $-\sum(10)=186.3$ −1.1 末站(12)＝ −1.1 总视距＝$\sum(9)+\sum(10)=371.5$				总高差＝$\sum(18)=3.7015$ $\frac{1}{2}[\sum(15)+\sum(16)]=3.7015$ $\sum[(3)+(4)]=32.791$ $-\sum[(7)+(8)]=25.388$ $+7.403\times\frac{1}{2}=3.7015$				

8.4.2　计算和检核

(1) 测站上的计算和检核

1)视距检核

$$后视距离\ (9)=(1)-(2)$$

$$前视距离\ (10)=(5)-(6)$$

$$前后视距差\ (11)=(9)-(10)$$

对于四等、三等水准测量,前后视距差分别不得超过 5 m、3 m。

$$前后视距累积差\ (12)=本站(11)+上站(12)$$

对四等、三等水准测量,前后视距累积差分别不得超过 10 m、6 m。

2)红、黑面读数检核

同一水准尺红、黑面读数差为：　$(13)=(3)+K-(4)$

$$(14)=(7)+K-(8)$$

上式中 K 为水准尺红、黑面常数差，一对水准尺的常数差 K 分别为 4.687 和 4.787。对于四等水准测量，同一水准尺红、黑面读数差不得超过 3 mm，三等水准测量不得超过 2 mm。

3)高差计算与检核

黑面读数所得高差 $(15)=(3)-(7)$

红面读数所得高差 $(16)=(4)-(8)$

黑、红面所得高差之差 $(17)=(15)-(16)\pm 100=(13)-(14)$

式中±100 为两水准尺常数 K 之差。对于四等水准测量，黑、红面高差之差不得超过 5 mm，三等水准测量不得超过 3 mm。

测站平均高差 $(18)=\frac{1}{2}[(15)+(16)\pm 100]$

(2) 总的计算和检核

在手簿每页末或每一测段完成后，应作下列检核。

1)视距的计算和检核

末站的视距累积差 $(12)=\sum(9)-\sum(10)$

总视距 $\sum(9)+\sum(10)$

2)高差的计算和检核

测站数为偶数时的总高差 $\sum(18)=\frac{1}{2}[\sum(15)+\sum(16)]$

$$=\frac{1}{2}\{\sum[(3)+(4)]-\sum[(7)+(8)]\}$$

测站数为奇数时的总高差 $\sum(18)=\frac{1}{2}[\sum(15)+\sum(16)\pm 100]$

8.5 精密三角高程测量

8.5.1 精密三角高程测量原理

精密三角高程测量原理见图 8-13 所示。若求 A、B 两点间的高差 h_{AB}，可在 A 点安置仪器，量出仪器横轴到地面点 A 的高度 i_A（称仪器高）；在 B 点设置觇标，望远镜照准 B 点觇标测得竖直角 α_A，照准点离地面点 B 的高度称为觇标高 v_B。

在图 8-13 中，AE 和 CF 分别是过 A 和望远镜横轴 C 的水准面，故 BE 为 A、B 两点的高差 h_{AB}。CG 是 CF 在 C 点的切线，即过 C 点的水平视线。CM 是照准觇标上 M 点的视线，CN 是 CM 在 C 点的切线。所以，$\angle GCN$ 为 C 点照准 M 点时的竖直角 α_A。图中 GF 是由于地球曲率引起的高差误差 p，NM 是由于大气折光引起的误差 r。由于 A、B 两点间距离较之地球半径很小，可认为 $\angle CGN\approx 90°$，CG 近似等于 A、B 两点间的平距 D，则 $NG=D\cdot\tan\alpha_A$。因此，可得

$$h_{AB}=BE=NG+GF+FE-NM-MB$$

$$=D\tan\alpha_A+p+i_A-r-v_B$$

或

$$h_{AB}=D\tan\alpha_A+i_A-v_B+f \tag{8-10}$$

式中，球气差 $f=p-r\approx 0.43\frac{D^2}{R}$，$R$ 为地球半径。

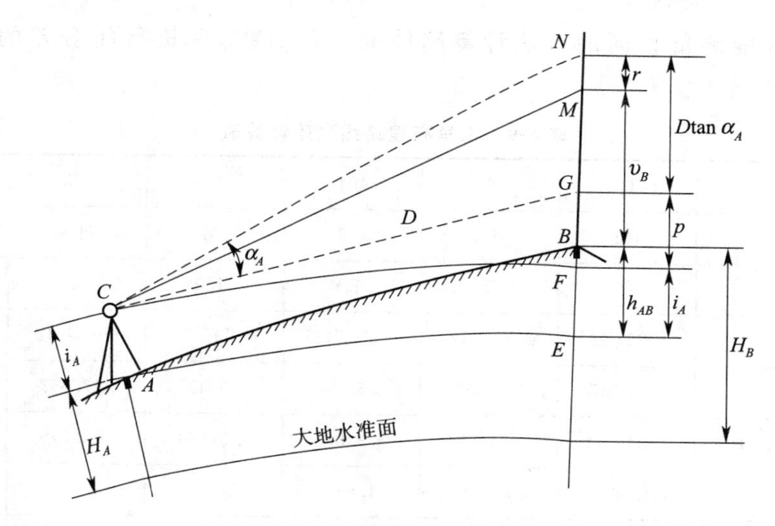

图 8-13　三角高程测量

通常采用双向观测方法，即再由 B 点向 A 点观测时可得

$$h_{BA}=D\tan\alpha_B+i_B-v_A+f \tag{8-11}$$

取双向观测的平均值，得

$$h_{AB}=\frac{1}{2}(h_{AB}-h_{BA})=\frac{1}{2}[D\tan\alpha_A-D\tan\alpha_B+(i_A-i_B)-(v_B-v_A)] \tag{8-12}$$

可见，采用双向观测的方法可以消除地球曲率和大气折光的影响。

8.5.2　精密三角高程测量方法

在实际工作中，通常把三角高程控制网布设成三角高程导线网，一般要求当平均边长为1 km时，不超过10条边；平均边长为2 km时，不超过4条边。竖直角通常用 DJ_2 级或更高精度的仪器观测。为减少大气折光的影响，应避免在大风或雨后初晴时观测，也不宜在日出后和日落前2 h内观测，并要求在每条边上均应作双向观测。觇标高和仪器高用钢尺丈量两次，读至毫米，其较差对于四等三角高程不应大于2 mm，对于五等不大于4 mm。光电测距三角高程测量的各项技术要求见表8-8所示。

表 8-8　光电测距三角高程测量主要技术要求

等　级	仪　器	竖直角测回数（中丝法）	指标差较差（″）	竖直角较差（″）	对向观测高差较差（mm）	附合路线或环线闭合差（mm）
四　等	DJ_2	3	≤7	≤7	$40\sqrt{D}$	$20\sqrt{\sum D}$
五　等	DJ_2	2	≤10	≤10	$60\sqrt{D}$	$30\sqrt{\sum D}$
图　根	DJ_6	2	≤25	≤25	$400D$	$40\sqrt{\sum D}$

注：D 为光电测距边长度(km)。

例如，在已知高程点Ⅲ$_{10}$、Ⅲ$_{12}$之间布设三角高程附合路线，对待定点401、402进行三角高程测量。已知高程、边长、竖直角观测值填入表8-9，高差计算见表8-9。高差计算后，再采用与水准测量相同的方法计算路线高差闭合差，并进行闭合差的分配和高程计算。

表 8-9 三角高程路线高差计算表

测站点	$Ⅲ_{10}$	401	401	402	402	$Ⅲ_{12}$
觇 点	401	$Ⅲ_{10}$	402	401	$Ⅲ_{12}$	402
觇 法	直	反	直	反	直	反
α（竖直角）	$+3°24'15''$	$-3°22'47''$	$-0°47'23''$	$+0°46'56''$	$+0°27'32''$	$-0°25'58''$
S(斜距，m)	577.157	577.137	703.485	703.490	417.653	417.697
$h'=S\cdot\sin\alpha$(m)	+34.271	−34.024	−9.696	+9.604	+3.345	−3.155
i(仪器高，m)	1.565	1.537	1.611	1.592	1.581	1.601
v（觇标高，m)	1.695	1.680	1.590	1.610	1.713	1.708
$f=0.34\dfrac{D^2}{R}$(m)	0.022	0.022	0.033	0.033	0.012	0.012
$h=h'+i-v+f$(m)	+34.163	−34.145	−9.642	+9.619	+3.225	−3.250
$h_{平均}$(m)	+34.154		−9.630		+3.238	

思考题与习题

1. 控制测量的作用是什么？说明城市平面控制网及小区域平面控制网的布设方法。
2. 导线的形式有哪几种？布设导线时应注意哪些问题？
3. 已知闭合导线的下列数据，计算各导线点的坐标（按图根导线要求）。

点号	水平角观测值（左角）(°　′　″)	改正后角值(°　′　″)	坐标方位角(°　′　″)	边长(m)	计算坐标增量(m) $\Delta x'$	$\Delta y'$	计算坐标(m) x	y
1							200.00	200.00
			109　02　00	308.14				
2	111　01　00							
				435.26				
3	75　20　00							
				516.03				
4	77　40　00							
				465.69				
1	95　58　00						200.00	200.00
			109　02　00					
2								
Σ								
辅助计算				导线略图				

4. 已知附合导线的下列数据，计算各导线点的坐标(按图根导线要求)。

点号	水平角观测值(右角)(° ′ ″)	改正后角值(° ′ ″)	坐标方位角(° ′ ″)	边长(m)	计算坐标增量(m)		计算坐标(m)	
					$\Delta x'$	$\Delta y'$	x	y
B							619.60	4 347.01
A	102 29 00						278.45	1 281.45
				607.31				
1	190 12 00							
				381.46				
2	180 48 00							
				485.26				
C	79 13 00						1 607.99	658.68
D							2 302.37	2 670.87
Σ								
辅助计算					导线略图			

5. 交会定点方法主要包括哪几种？各有什么特点？

6. 三、四等水准测量在每一测站上如何进行观测？

7. 为提高三角高程测量的精度，主要采取哪些措施？

参考答案

3. $f_\beta = -60''$，$k = \dfrac{1}{5\,510} < \dfrac{1}{2\,000}$。$x_2 = 99.455$，$y_2 = 491.302$；$x_3 = 432.540$，$y_3 = 771.408$；$x_4 = 653.723$，$y_4 = 305.240$。

4. $f_\beta = -40''$，$k = \dfrac{1}{4\,000} < \dfrac{1}{2\,000}$。$x_1 = 853.340$，$y_1 = 1\,085.302$；$x_2 = 1\,186.936$，$y_2 = 900.126$。

7. 双向观测，适当增加竖直角观测的测回数，考虑地球曲率和大气折光的影响等。

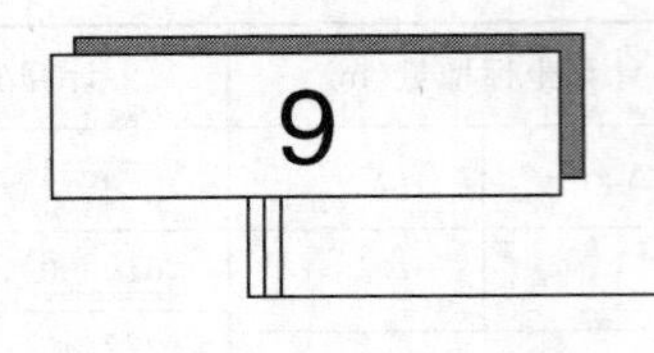

地形图及其测绘

9.1 地形图的基本知识

9.1.1 地形图概述

地面上的各种各样不同形状的物体和起伏变化的地势，可以概括为地物和地貌两大类。地物是指地表自然形成或人工建造的物体，如湖泊、河流、森林、居民地及道路等；地貌是指地表高低起伏的形态，如丘陵、高原、山谷及盆地等。地形则是地物和地貌的总称。地形图测绘（即测图）就是用测量的方法将地形按正射投影（即垂直投影）和一定比例及规定符号绘制出来的工作。

地图是按照一定的数学方法，将地表的地形信息按规定的符号概括表示的图。地图包括普通地图和专题地图。普通地图表示自然地理和社会经济的一般特征，它并不偏重表示某个要素。地形图属于普通地图的一种。专题地图着重表示一种或几种主体要素及它们之间的相互关系，如地籍图、土地资源图及地质图等。在图上仅表示地物，不表示地面高低起伏状态的图称为平面图。而地形图则既表示地貌，又表示地物的形状、大小、空间位置及其相互关系。

随着现代科学技术的发展，数字化的地形图产品（例如影像地图、电子地图等）正在逐渐普及。影像地图综合了地表影像和线划地形图两者的优点，既包含影像丰富的信息，又保证了地形图的精度，展示的地形直观、内容丰富、信息量大，能详细显示出地形要素的结构和分布特征。电子地形图是指以磁盘为载体，采用数字形式记录，通过二维或三维可视化手段（例如文本、图表、影像、声音、动画及视频等多媒体方式）展示地形的现代信息产品。电子地形图与纸质地形图相比，主要特点为：表现地理信息的形式直观、详尽，能快速更新、传输，使用、保存方便，保存时间长、不易损坏和变形等。

9.1.2 地形图的比例尺

（1）比例尺的种类

地形图上某线段的长度 d 与相应的地面平距 D 之比称为地形图的比例尺。因此，利用比例尺可以根据图上距离求得实际平距，反之亦然。常见比例尺有数字比例尺和直线比例尺两种。

1）数字比例尺：用分子为 1、分母为一个整数的分数形式来表示的比例尺，即

$$\frac{1}{M}=\frac{d(\text{图距})}{D(\text{实距})}$$

式中，M 称为比例尺分母，表示缩小的倍数。M 愈小，分数值愈大，则比例尺愈大，地图上表示的地物、地貌愈详尽。而 M 愈大，则比例尺愈小，地图愈概括。

通常把 1∶500、1∶1 000、1∶2 000、1∶5 000 的图称为大比例尺图；1∶1 万、1∶2.5 万、1∶5万、1∶10 万的图称为中比例尺图；1∶20 万、1∶50 万、1∶100 万及以上的图称为小比例尺图。不同比例尺图有不同的用途：大比例尺图多用于各种工程的详细规划、设计、建设及管理

工作，而中小比例尺图主要用于较大区域的社会经济、生态环境及其他工程的规划与建设工作。

2）直线比例尺（又称图示比例尺）：为了用图方便，并避免由于图纸伸缩而引起的误差，通常，在地形图上绘制一段直线并按一定的比例尺标注数值。如图 9-1 所示，为 1∶1 000 的图示比例尺，把线段分成若干 20 mm 长的短线段，每小段长度表示实地长度为 20 m；左端一段 20 mm长度的小段再细分 10 等分，每等分相当于实地长 2 m。当需要求取图上两点之间的实际平距时，可以利用分规等在图上量取两点间距离直接与图示比例尺进行比较。

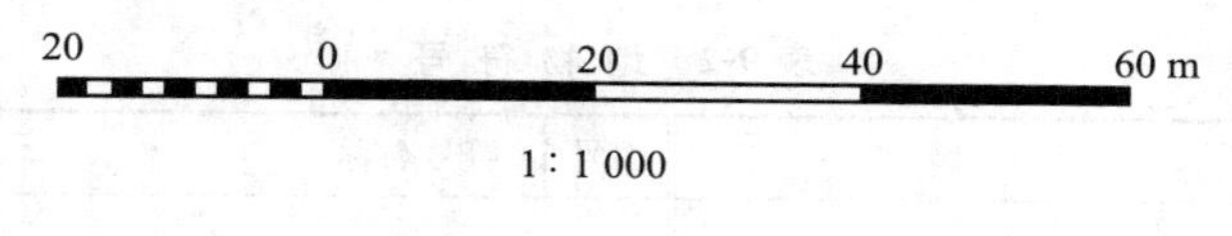

图 9-1　图示比例尺

（2）比例尺精度

通常，人眼的分辨能力为 0.1 mm，也就是在使用地图时能够辨认的长度为 0.1 mm。因此，地形图上 0.1 mm 线段所代表的实际平距称为地形图精度（也称比例尺精度）。如表 9-1 所示，不同比例尺地形图的精度也不同。利用地形图比例尺与其能达到的精度之间的关系，可以根据比例尺推算出测绘地形图时量距应准确到什么程度，例如，1∶1 000 地形图的精度为 0.1 m，测图时量距的精度只需达到 0.1 m 即可，因为小于 0.1 m 的距离在图上也表示不出来。反之，可以根据图上需要表示出长度的精度，推算出测图比例尺，例如，欲表示实地最短线段长度为 0.5 m，则测图比例尺不得小于 1∶5 000。

表 9-1　不同比例尺地形图能达到的精度

地形图比例尺	1∶500	1∶1 000	1∶2 000	1∶5 000	1∶10 000
比例尺精度（m）	0.05	0.1	0.2	0.5	1.0

比例尺愈大，地形图上表示的信息愈详细，而采集的信息量愈大，测量精度要求也愈高，测图成本也成几何级数增加。因此，使用何种比例尺图纸应从实际需要出发，不应盲目追求更大比例尺的地形图。

9.1.3　地形图的图式符号

地形图是各种工程进行规划、设计、建设及运行管理等项工作的基础资料和重要依据。地形在图上用各种符号和注记表示，如果符号和注记不规范，就无法使用地形图。国家测绘机关发布了各种比例尺的《地形图图式》，统一了地形图中的符号和注记，供测图和用图时使用。地形图中的符号和注记分为两大类，即地物符号和地貌符号。

（1）地物符号

地面上地物的空间位置、形状及大小都用规定的地物符号来表示。地物符号分为以下几类：

1）比例符号。按照比例尺缩小后把地物的形状、大小和位置绘制到图上的符号。地面上轮廓较大的地物，如房屋、运动场、湖泊、森林、田地等，根据比例绘制出地物的轮廓线。

2）非比例符号。采用统一规格、概括形象特征绘制的符号。地面轮廓较小且重要的地物，如水准点、独立树、水井和钻孔等，因无法将其形状和大小按比例绘到图上，故用规定的符号表示出地物的中心位置、类型、等级等特征，它并不表示地物的形状和大小。

3)半比例符号(也称线形符号)。长度按比例尺绘制、而宽度用规定方法表示的符号。地面上一些带状地物,如河流、道路及管线等地物,延长方向用中心线按比例表示地物的中心位置,宽度用规定的线条绘制。

4)地物注记。对地物加以说明的文字、数字或其他特定的符号。如城镇、河流和道路名称,江河的流向,林木、田地类别的说明等。

表 9-2 为国家测绘局颁布的大比例尺地形图图式中的部分地物符号。

表 9-2 地 物 符 号

编号	符号名称	图 例	编号	符号名称	图 例
1	三角点	梁山 383.27 3.0	12	小三角点	3.0 狮山 125.34
2	导线点	2.0 I12 41.38	13	水准点	2.0 Ⅱ蓉石 8
3	普通房屋	1.5	14	高压线	4.0 1.0
4	水 池	水	15	低压线	4.0 1.0
5	村 庄	1.5 李 村	16	通讯线	4.0 1.0
6	学 校	文 3.0	17	砖石及混凝土围墙	10.0
7	医 院	+ 3.0	18	土 墙	10.0 0.5
8	工 厂	工 3.0	19	等高线	首曲线 0.15 计曲线 0.3 间曲线 0.15 45 6.0 1.0
9	坟 地	2.0 2.0	20	梯田坎	未加固 1.5 加固的 3.0
10	宝 塔	3.5 1.0	21	垄	1.5 0.2
11	水 塔	2.0 1.0 3.5 1.0	22	独立树	阔叶 果树 针叶

续上表

编号	符号名称	图　例	编号	符号名称	图　例
23	公　路	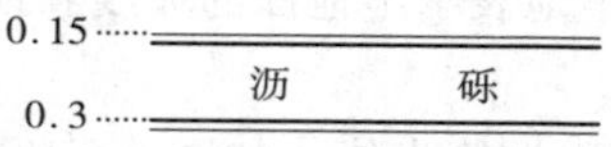 0.15 沥 砾 0.3	34	路　堤	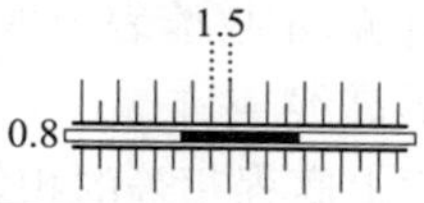 1.5 0.8
24	大车路	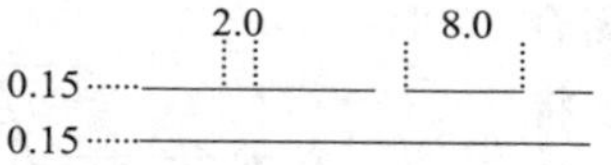 2.0 8.0 0.15 0.15	35	土　堤	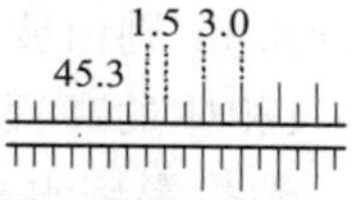 1.5 3.0 45.3
25	小　路	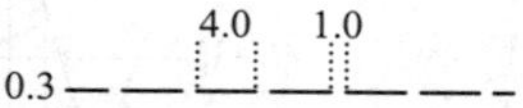 4.0 1.0 0.3	36	人工沟渠	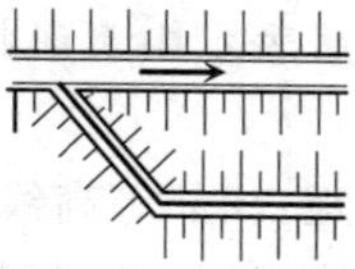
26	铁　路	 10.0 0.8	37	输水槽	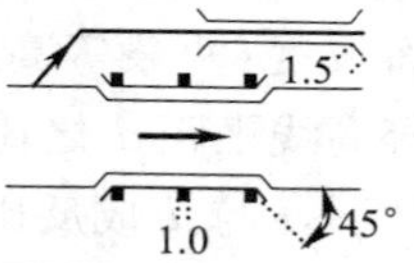 1.5 45° 1.0
27	隧　道	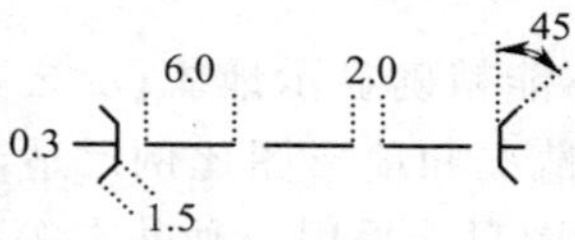 45° 6.0 2.0 0.3 1.5	38	水　闸	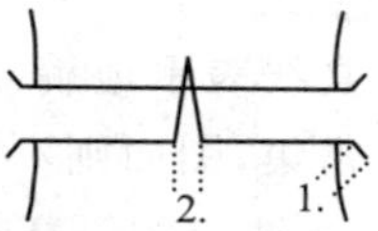 2. 1.
28	挡土墙	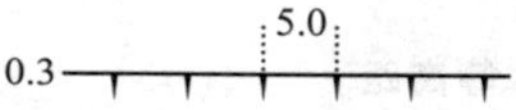 5.0 0.3	39	河流溪流	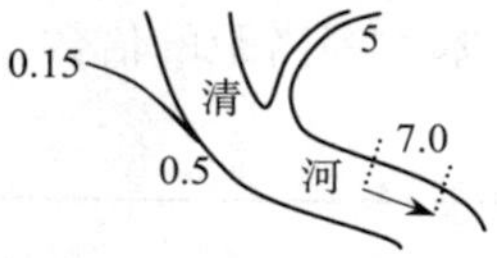 0.15 5 清 0.5 河 7.0
29	车行桥	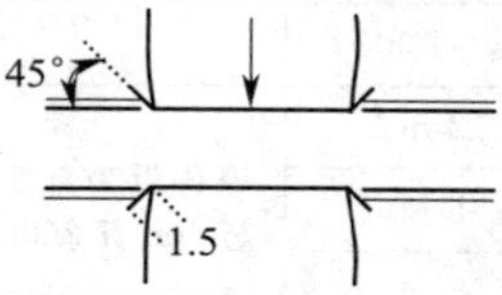 45° 1.5	40	湖泊池塘	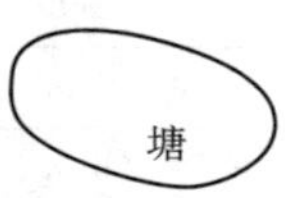 塘
30	人行桥	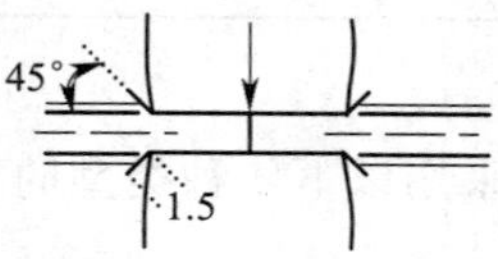 45° 1.5	41	地类界	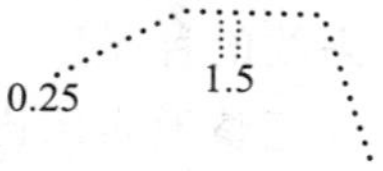 0.25 1.5
31	高架公路	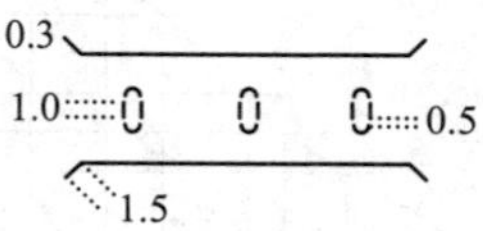 0.3 1.0 0.5 1.5	42	经济林	 3. 梨 1. 10 10
32	高架铁路	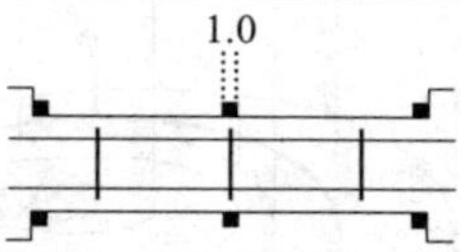 1.0	43	水稻田	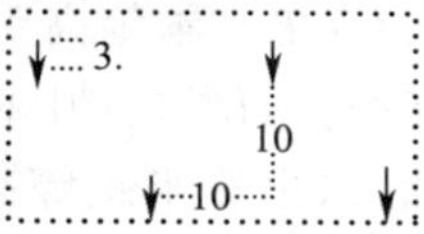 3. 10 10
33	路　堑	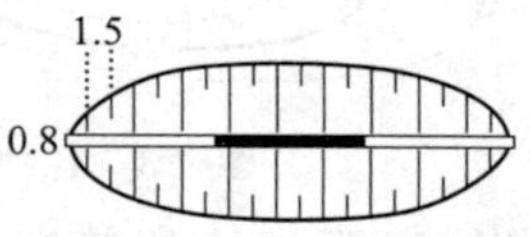 1.5 0.8	44	旱　地	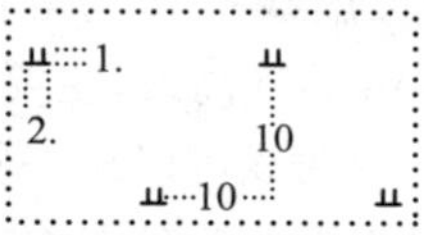 1. 2. 10 10

(2)地貌符号

地形图上表示地貌的方法有多种,在测量工作中最常用的表示方法是等高线。因为用等高线表示地貌,不仅能表示地面的起伏形态,而且能科学地表示出地面的坡度和地面点的高程。

1)等高线

地面上高程相等的相邻点连接而成的闭合曲线称为等高线。如图 9-2 所示,设有一座小山头,水位每退5 m,则山坡面与水面的交线即为一条闭合的等高线,设相应的高程分别为 45 m、40 m、35 m。将各交线垂直地投影到水平面上,按一定比例尺缩小,从而得到一簇表示山头形状、大小、位置及其起伏变化的等高线。

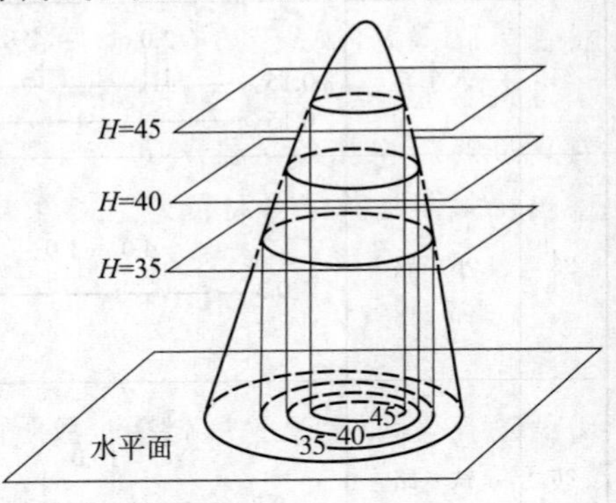

图 9-2 等高线原理

等高距:相邻等高线之间的高差。

等高线平距:相邻等高线之间的水平距离。

地面坡度:两条等高线之间的地面坡度 i 为等高距 h 与等高线平距 d 之比,即 $i = h/d$ 。因此,在 h 相同的条件下,i 与 d 成反比,即 d 愈小 i 愈大(陡),反之 d 愈大 i 愈缓。

用等高线表示地貌,当选择的等高距过大时则不能精确显示地貌;反之,等高距过小时等高线过于密集,图面则不够清晰。因此,应根据地形情况和地形图比例尺适当确定等高距,如表 9-3 所示,选定的等高距称为基本等高距。同一幅图只能采用一种基本等高距,等高线的高程应为基本等高距的倍数。

表 9-3 地形图的基本等高距

地形类别	比例尺				备注
	1∶500	1∶1 000	1∶2 000	1∶5 000	
平地	0.5 m	0.5 m	1 m	2 m	等高距为 0.5 m时,特征点高程可注至cm,其余均注至dm。
丘陵	0.5 m	1 m	2 m	5 m	
山地	1 m	1 m	2 m	5 m	

2)等高线的种类

为了较完整地表示出地貌形态,在地形图中通常采用以下 4 种类型的等高线。

首曲线(也称基本等高线):指按基本等高距描绘的等高线,用细实线描绘。图 9-3 中高程为 18 m、20 m、22 m、24 m 的等高线均为首曲线。

计曲线(也称加粗等高线):为了读图和计算方便,高程为 5 倍基本等高距的等高线用粗实线描绘,并注记高程。如图 9-3 中高程为 20 m 的等高线。

间曲线(也称半距等高线):按基本等高距的一半,并以长虚线描绘的等高线。如图 9-3 中高程为 21 m、25 m 的等高线,主要用于反映局部或细节的地貌形态。间曲线可以绘一段而不需封闭。

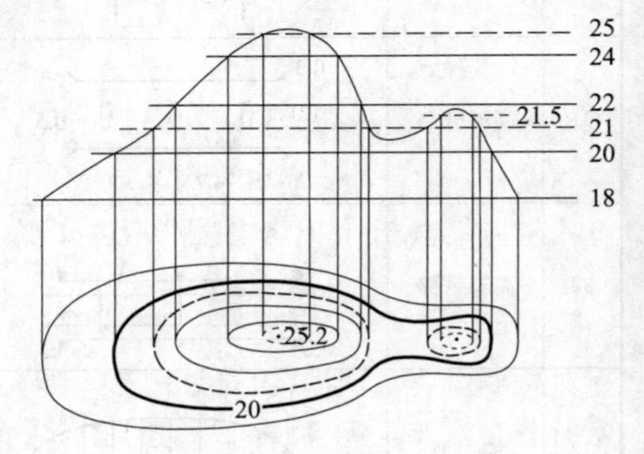

图 9-3 各种等高线

助曲线(也称辅助等高线):指按四分之一基本等高距描绘的等高线,主要用以表示首曲线和间曲线尚无法显示的更详细的重要地貌，在图上以短虚线描绘，如图 9-3 中高程为 21.5 m 的等高线。

3)典型地貌符号

地貌形态千变万化，但可以归结为几种典型地貌的组合。典型地貌有如下几种。

山头或洼地(盆地)：指较四周显著高出或低洼的地貌。图 9-4 表示了山头和洼地，等高线的特征均为一组闭合曲线，但采用高程注记或示坡线的方法进行区分。山头等高线的高程注记是中间高四周低，而洼地则相反。示坡线为从等高线起垂直指向下坡方向的短线，即从内圈指向外圈表示山头，从外圈指向内圈表示洼地或盆地。

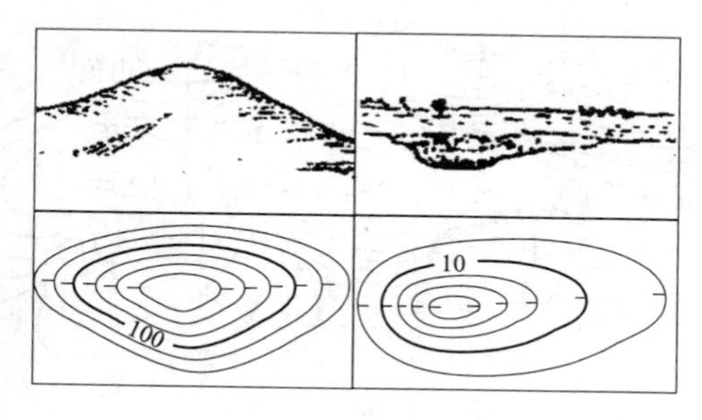

图 9-4　山头和洼地

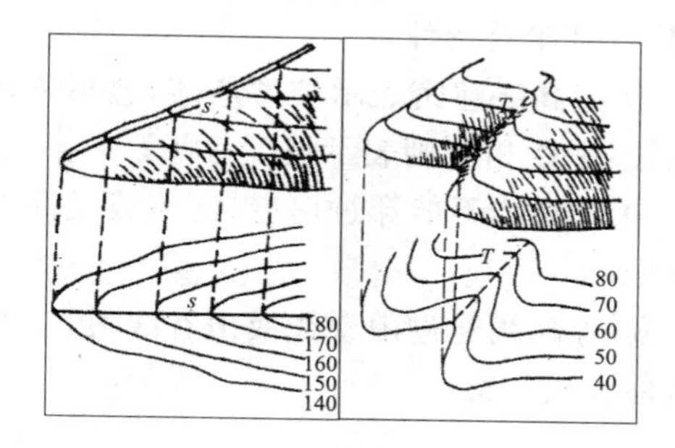

图 9-5　山脊和山谷

山脊或山谷：沿一定方向延伸的高地或洼地，其最高棱线或最低处连线分别称为山脊线或山谷线，又称分水线或汇水线。如图 9-5 所示，S 所在山脊的等高线为一组凸向低处的曲线。山谷是沿一定方向延伸的两个山脊之间的凹地，如图 9-5中 T 所示，其等高线是一组凸向高处的曲线。山脊线和山谷线是显示地貌基本轮廓的曲线，统称为地性线。

鞍部：指相邻两山头周围呈马鞍形的地貌。鞍部的最低处(如图中 9-6 中 K 点处)俗称垭口，为两个山脊与两个山谷的会合处，鞍部的等高线由一组较大的闭合曲线包含两组较小的闭合曲线组成。

陡崖：指坡度在 70°以上的陡峭崖壁，有石质和土质之分，图 9-7 所示是石质陡崖的地貌符号。

悬崖：指上部突出中间凹进的地貌，其等高线如图 9-8 所示，往下看不见的等高线画成虚线。

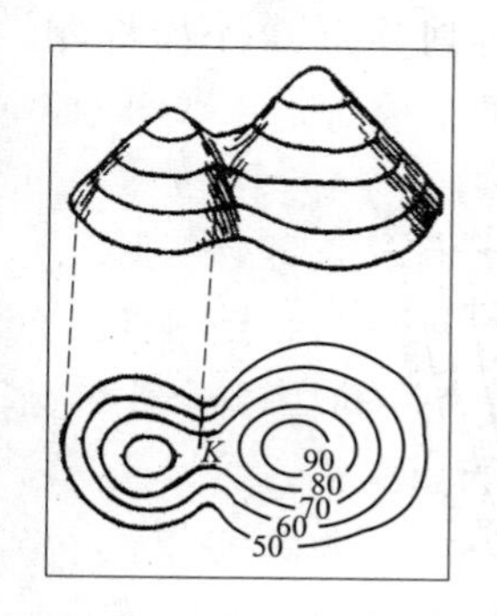

图 9-6　鞍部

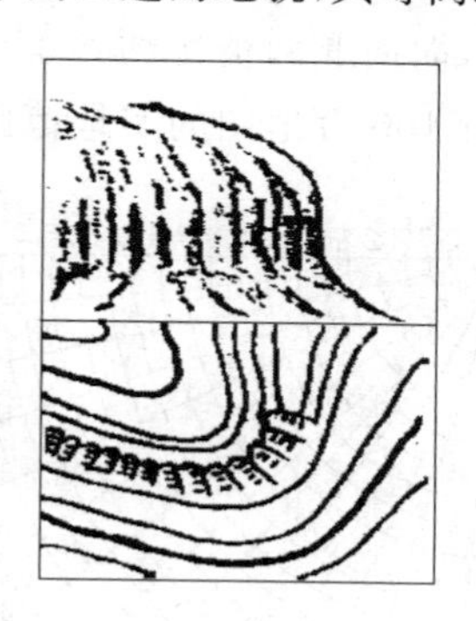

图 9-7　陡崖

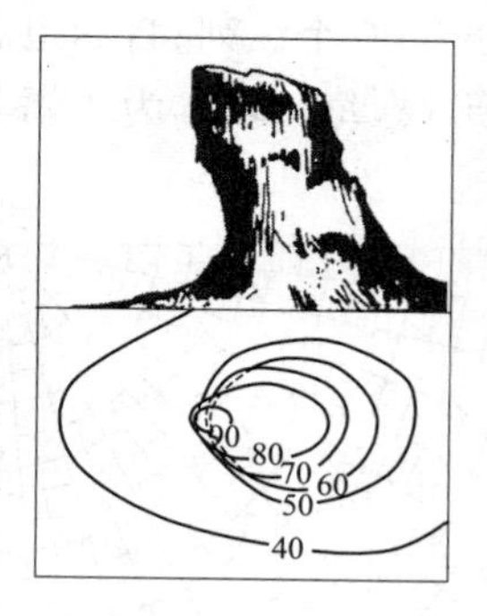

图 9-8　悬崖

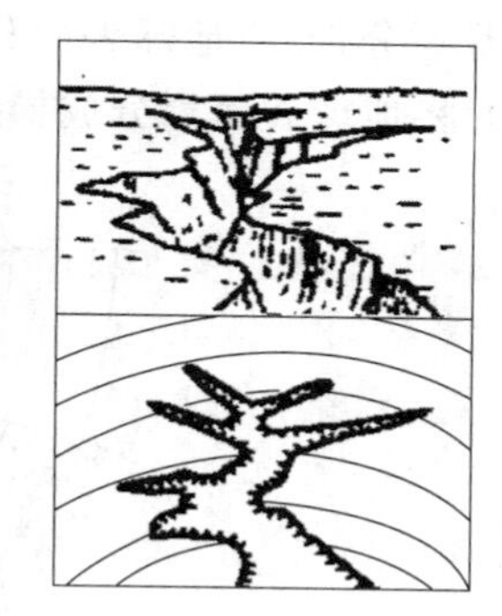

图 9-9　冲沟

冲沟(也称雨裂)：指具有陡峭边坡的深沟，如图 9-9所示，由于边坡陡峭而不规则，所以用锯齿形符号来表示。

熟悉了典型地貌符号及等高线特征后，就容易识别其组合而成的各种地貌。图 9-10 为某地区综合地貌示意图及其对应的等高线图，读者可自行对照识读。

4）等高线的特性

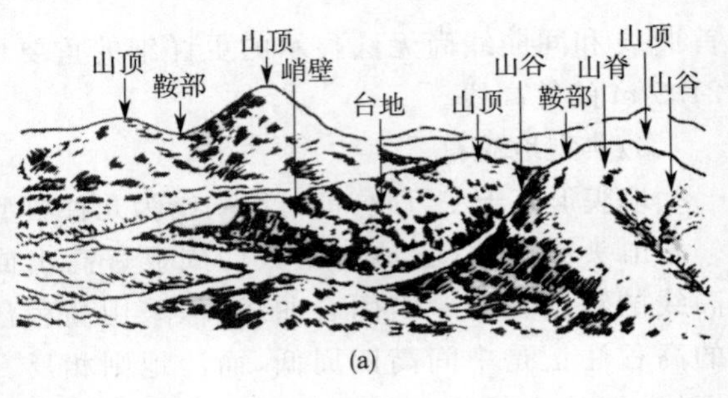

(a)

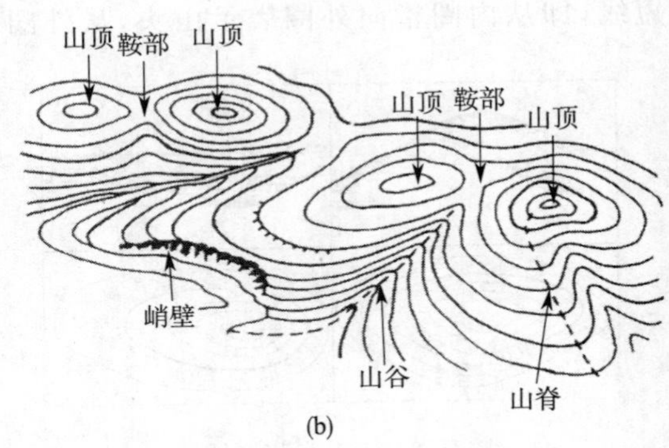

(b)

图 9-10　典型地貌及其等高线

根据等高线的原理可以得出等高线的如下特性：

① 同一条等高线上各点的高程相等，高程注记在计曲线上且字头朝北；

② 等高线是一组闭合曲线，如在一图幅内不闭合，则与相邻图幅拼接后最终仍闭合；

③ 等高线不能分叉为两条，同样也不能相交，只有悬崖处例外；

④ 等高线愈密表示坡度愈陡，愈稀表示坡度愈缓，平距相等则表示坡度相等；

⑤ 等高线不能穿过房屋、河流或道路等地物符号；

⑥ 等高线通过山脊线或山谷线时，应与这些地性线成正交。

9.1.4　地图的分幅与编号

我国幅员辽阔，测绘地形图时一般不能将地形全部表示在一张图纸上，而必须分幅绘制。因此，为了便于使用与管理，每幅图都应有一定的编号和明确的图名。

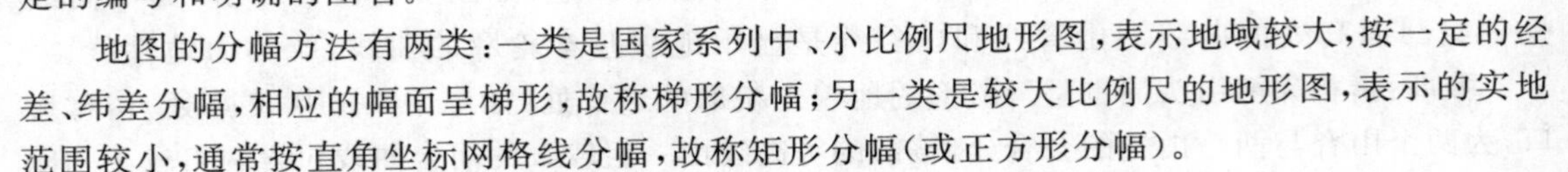

地图的分幅方法有两类：一类是国家系列中、小比例尺地形图，表示地域较大，按一定的经差、纬差分幅，相应的幅面呈梯形，故称梯形分幅；另一类是较大比例尺的地形图，表示的实地范围较小，通常按直角坐标网格线分幅，故称矩形分幅（或正方形分幅）。

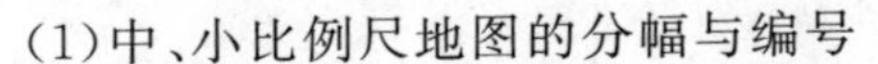

（1）中、小比例尺地图的分幅与编号

1）1：100 万地图的分幅与编号

分幅。我国 1：100 万地图采用国际通用的分幅与编号方法。如图 9-11 所示，分幅按经差 6°分带，将地球表面分为 60 个纵列；自赤道起，向南北两极按纬差 4°各划分为 22 个横行，由此将地球表面划分成梯形块，每一块作为一幅 1：100 万地图的实地范围。

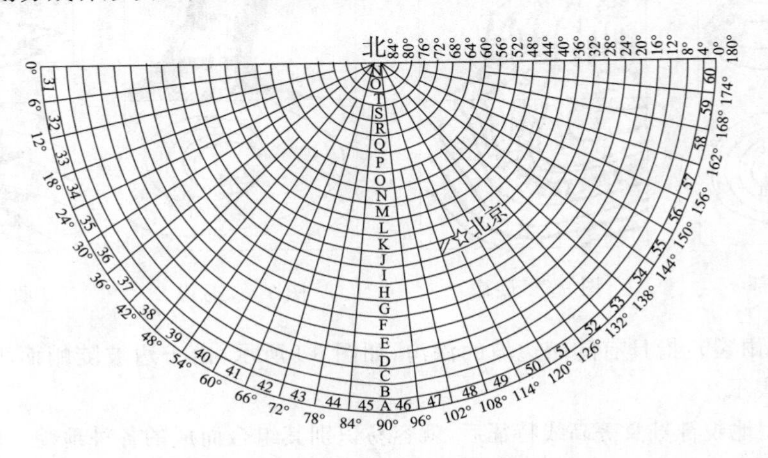

图 9-11　1：100 万地形图分幅及编号

编号。我国 1∶100 万图幅编号是从 180°经线起，按逆时针方向，将每个 6°带顺序编号为 1、2、3、…、60 纵列号；由赤道向两极，将每个 4°带顺序编为 A、B、…、V 横行号。规定每幅 1∶100 万地图的编号，以“横行号纵列号”表示。为了标明南北半球，可在图号前冠以 S 或 N。我国领土全部在北半球，通常省去 N。如图 9-11 所示，北京所在的 1∶100 万图幅编号为 J50。

2)1∶50 万～1∶5 000 地图的分幅与编号

分幅。我国于 1992 年对 1∶50 万～1∶5 000 比例尺地图的分幅与编号进行了统一规定，一律以 1∶100 万分幅为基础，按表 9-4 所列经差与纬差再进行细分，作为每幅图的实地范围。每幅 1∶100 万地图所含不同比例尺地图的幅数及相应的行数与列数见表 9-4。

表 9-4　我国基本比例尺地形图分幅

比例尺	图幅大小		每幅 1∶100 万地图的分幅		
	经差	纬差	行数	列数	幅数＝行数×列数
1∶100 万	6°	4°	1	1	1
1∶50 万	3°	2°	2	2	4
1∶25 万	1.5°	1°	4	4	16
1∶10 万	30′	20′	12	12	144
1∶5 万	15′	10′	24	24	576
1∶2.5 万	7′30″	5′00″	48	48	2 304
1∶1 万	3′45″	2′30″	96	96	9 216
1∶5 000	1′52.5″	1′15″	192	192	36 864

编号。1∶50 万～1∶5 000 比例尺图幅的编号以 10 位字符表示。如表 9-5 所示，第 1 位是所在 1∶100 万图幅的横行号字母；第 2、3 位是纵列号；第 4 位代表比例尺，以 B、C、D、E、F、G 和 H 分别代表 1∶50 万、1∶25 万、1∶10 万、1∶5 万、1∶2.5 万、1∶1 万和 1∶5 000；第 5～7位表示该图幅按表 9-4 分幅方法，在 1∶100 万图幅中所处的行号，而第 8～10 位表示该图幅所处的列号，不足三位则前面以零补齐。1∶50 万～1∶5 000 地图的分幅与编号方法如图 9-12 所示。

表 9-5　1∶50 万～1∶5 000 比例尺图幅的编号位数及含义

排列数位	第 1 位	第 2～3 位	第 4 位	第 5～7 位	第 8～10 位
字符含义	行号	列号	比例尺代码	在 1∶100 万中的行号	在 1∶100 万中的列号
字母或数字	字母	数字	字母	数字	数字

这样，可以根据每幅图的编号查找该幅图对应的实际位置及比例尺；同样，也可以根据每幅图的实际位置及比例尺确定该幅图的编号，实例见表 9-6。

表 9-6　幅图的编号表示的实际位置及比例尺

图幅编号	该图幅所在 1∶100 万图幅的编号	该图幅比例尺	该图幅行号	该图幅列号
J50B001002	J50	1∶50 万	001	002
J50C001003	J50	1∶25 万	001	003
J50D003009	J50	1∶10 万	003	009
J50E006018	J50	1∶5 万	006	018
J50F012036	J50	1∶2.5 万	012	036

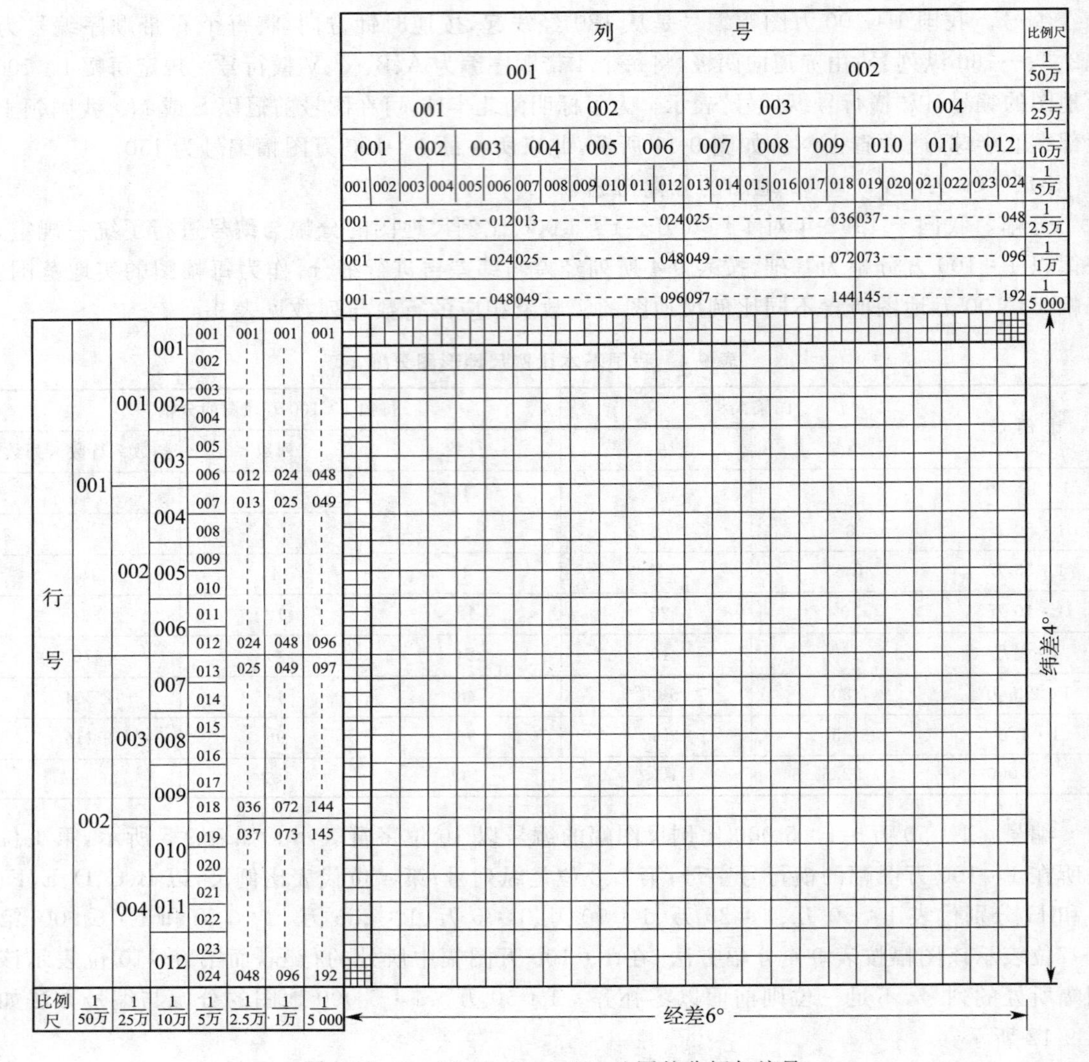

图 9-12 1∶50 万～1∶5 000 地图的分幅与编号

(2) 大比例尺地形图的分幅与编号

大比例尺地形图多属于工程用图，包括 1∶5 000、1∶2 000、1∶1 000 和 1∶500 比例尺的地形图，甚至为了满足特殊要求的 1∶200 地形图。由于图幅所表示的实地范围较小，故分幅与编号比较灵活。

1) 分幅

通常采用 50 cm×50 cm 或 50 cm×40 cm 图幅尺寸的矩形或正方形分幅方法，并规定：1∶5 000 分幅的图纸坐标格网线公里数应能被 4 整除，1∶2 000 分幅坐标格网线的坐标为整公里数。

2) 编号

大比例尺地形图图幅编号通常采用以下几种方法：

图廓点坐标法：通常以西南角图廓点的坐标作为该图幅的编号，即 *X-Y* 形式，以 km 为单位，1∶500 地形图取至 0.01 km，其他比例尺地形图取至 0.1 km。如图 9-13 所示，1∶2 000 地形图的编号为 15.0—20.0，画阴影线的 1∶1 000 和 1∶500 地形图的编号分别为 15.0—20.5 和 15.75—20.00。

自然序号法：依测区图幅的相关位置，按从上向下或从左到右的顺序统一进行编号。如图 9-14所示，图(a)和(b)中画有阴影线的图幅编号分别为××－15 和××－06(其中××为测区名或其他代号，虚线为测区范围线)。

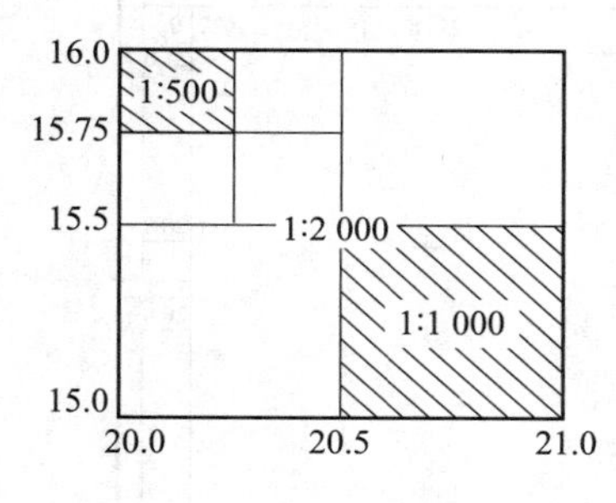

图 9-13　图廓点坐标编号法

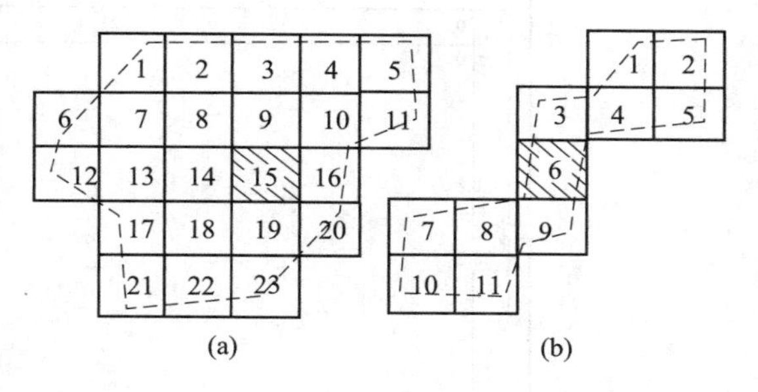

图 9-14　自然序号编号法

分级编号法：在同一地区有不同比例尺的地形图时，通常以测区西南角点的纵、横坐标值作为基础图号，对不同比例尺地形图逐级给定不同类型的代码并顺序编号，即在基础图号后逐级加缀本幅图的代码。如图 9-15 所示，图(a)中画阴影线的 1：2 000、1：1 000 和 1：500 比例尺图幅的编号为 20—12—Ⅳ、20—12—Ⅱ—Ⅱ和 20—12—Ⅰ—Ⅰ—Ⅳ。如图 9-15(b)中，画阴影线的 1：1 000 和 1：500 比例尺图幅编号分别为 20，13—Ⅰ和 20，13—11。

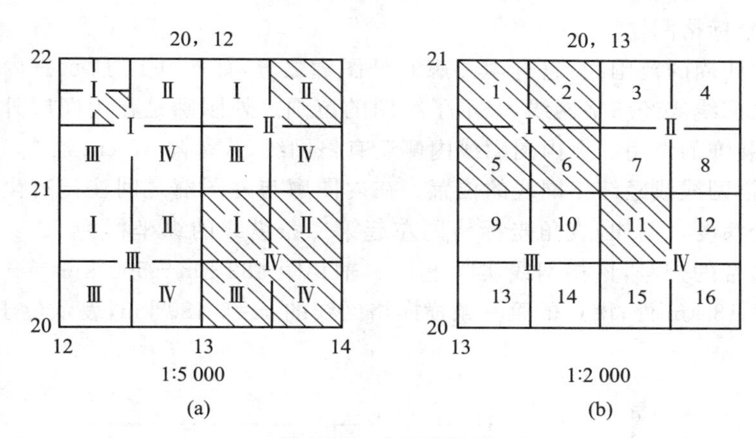

图 9-15　分级编号法

9.1.5　地形图的注记及说明

地形图上除了地物、地貌符号(称为地形图的地形要素)外，还必须在图廓间及图廓外附加若干注记及说明(称为地形图的数学要素)，主要包括以下内容。

(1) 图名与图号

图名是指本幅图的名称，常用本幅图内有影响的地名、村庄、厂矿或企业的名字来命名。图号即该幅图的编号，根据每幅图上标注的编号可确定本幅地形图所在的位置。图名和图号标在北图廓上方的中央，如图 9-16 所示。

(2)接图表

接图表说明本幅图与相邻图幅之间的关系，绘注在图廓的左上方，供索取相邻图幅时使用，如图 9-16 所示。

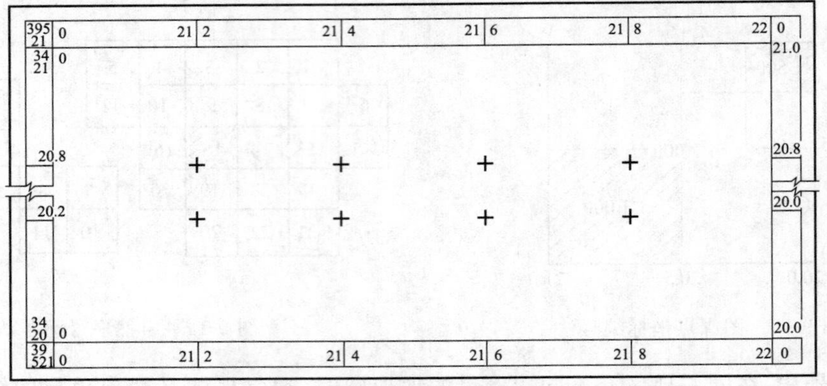

图 9-16　图名、图号与接图表

(3)比例尺

每幅图的下图廓外的中央均注有该图的数字比例尺，部分地图在数字比例尺的下方还绘出图示比例尺。

(4)图廓和坐标格网

图廓是图幅四周的范围线，它有内图廓和外图廓之分，如图 9-17 所示。内图廓是地形图分幅时的坐标格网线或经纬格网线，表示了绘图的范围。外图廓是在内图廓外面绘制的加粗图框线，主要起装饰的作用。在内图廓线内侧绘有格网线，或每隔 10 cm 绘有 5 mm 长的交叉短线，表示坐标格网线或经纬格网线的位置。在内图廓与外图廓之间注记有坐标格网线的坐标或经纬线的经纬度。例如，直角坐标格网左起第二条纵线的纵坐标为 22 482 km，其中 22 是该图所在投影带的带号，该格网线实际上与 x 轴相距 482 km－500 km＝－18 km，即位于中央子午线以西 18 km 处；南边的第一条横向格网线的 x＝5 189 km，表示位于赤道(y 轴)以北 5 189 km。

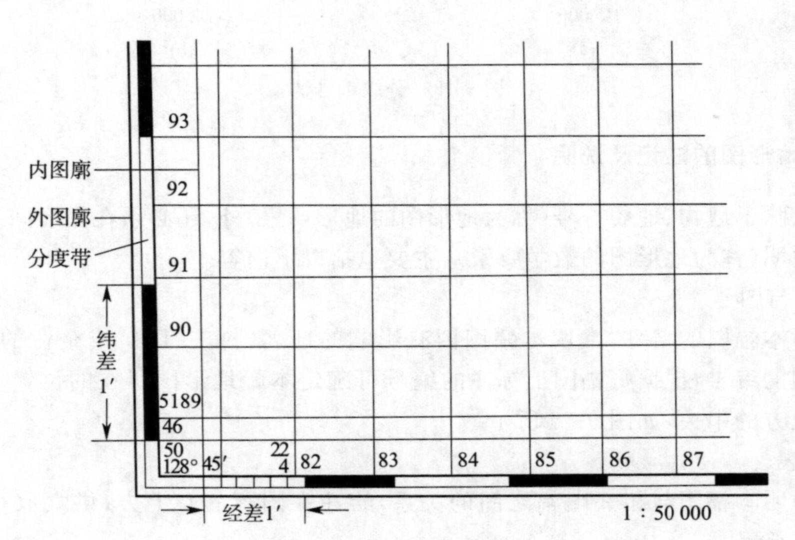

图 9-17　图廓与坐标格网

(5)投影方式、坐标系统、高程系统

每幅地形图测绘完成后，都要在图上标注该图的投影方式、坐标系统和高程系统，以备日后使用时参考。地形图都采用正投影的方式完成。每幅图所用的坐标系统，可能是1954年北京坐标系、1980年西安坐标系或独立坐标系等；高程系统可能是采用1956年黄海高程系、1985年国家高程基准或地方假定高程系等。

(6)三北方向及坡度尺

部分地形图，在其南图廓下方还绘有三北方向及坡度尺。三北方向反映真子午线、磁子午线和坐标纵轴(中央子午线)三个方向之间的角度关系。如图9-18所示，磁偏角为9°50′(西偏)，子午线收敛角为0°05′(西偏)。利用该关系图，可对图上任一方向的真方位角、磁方位角和坐标方位角进行换算。

坡度尺是一种能够在图上直接量取地面坡度的图示尺，如图9-19所示。通常在地形图的图廓下面绘制两种坡度尺，一种用于量取两条首曲线之间的地面坡度，另一种用于量取两条计曲线之间的地面坡度。使用时用分规卡出图上相邻两等高线之间的平距后，可在坡度尺上读出相应的地面坡度值。

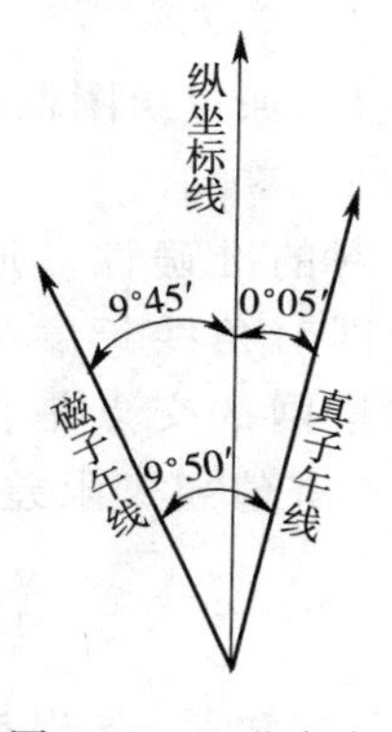

图9-18　三北方向

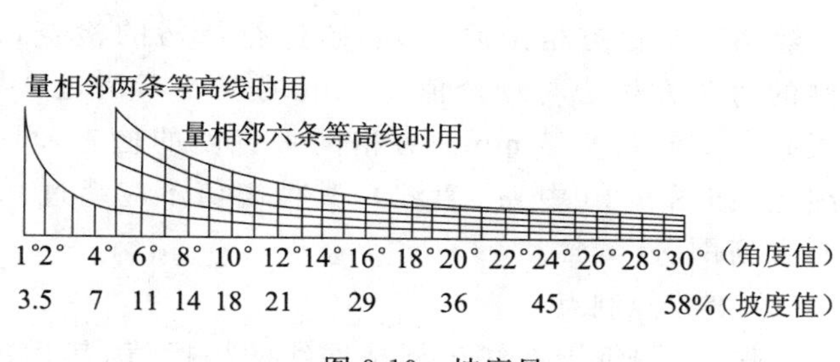

图9-19　坡度尺

9.2　模拟测图法

地形图的测绘方法较多，常见的有模拟测图法、数字测图法、航测成图法、遥感成图法以及近景摄影测图法等。在模拟测图法中，主要采用全站仪和经纬仪测图，两者的区别在于前者用电磁波测距，后者用视距法测距，模拟测图法若配备电子手簿和软件，也可发展成数字测图法。本节简要介绍用模拟测图法测绘大比例尺地形图的全过程。

9.2.1　测图前的准备工作

(1) 图纸的准备

大比例尺地形图的图幅大小一般为50 cm×50 cm、50 cm×40 cm、40 cm×40 cm几种。为了减少图纸的伸缩变形，目前大多采用聚酯薄膜代替绘图纸，它具有透明度好、伸缩性小、不怕潮湿、牢固耐用等特点，厚度为0.07～0.1 mm，可以直接在底图上着墨后晒蓝图，如果表面不清洁还可用水洗涤。但聚酯薄膜易燃、易折和老化，故在使用、保管过程中应注意防火、防折。

(2) 绘制坐标方格网

坐标方格网是在图上按坐标整数值绘制的纵横坐标线，以便展绘控制点。坐标格网的尺寸为 10 cm×10 cm 的方格，常见的绘制坐标方格网的方法有下述几种。

1)对角线法。如图 9-20 所示，先用直尺在图纸上绘出两条对角线，以交点 o 为圆心沿对角线量取等长线段，得 a、b、c、d 点，用直线顺序连接 4 点得矩形 $abcd$；再从 a、d 两点起各沿 ab、dc 方向每隔 10 cm 定一点，从 d、c 两点起各沿 da、cb 方向每隔 10 cm 定一点，连接对边上相应点得坐标格网。

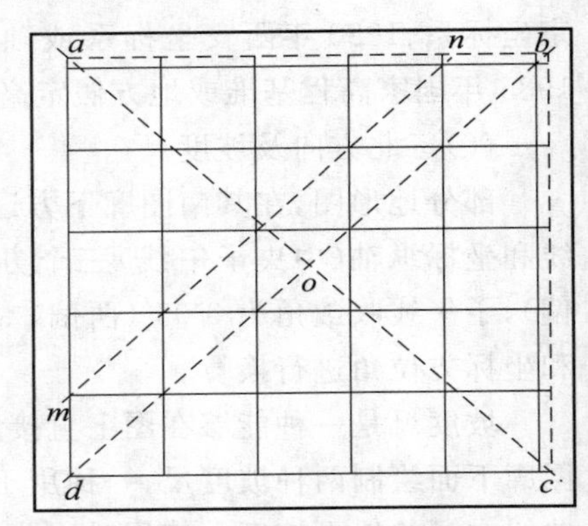

图 9-20 对角线法绘制格网

2)直角坐标仪法。直角坐标仪是一种专门用于绘制坐标格网和展绘控制点的工具，可用来绘制方格网，外业人员再进行展点和测图。

3)透制法。适用于聚酯薄膜，先绘制一张标准的坐标方格网作为模板，然后，只需将测图用的聚酯薄膜蒙在模板上进行透绘即可。

4)绘图仪法。利用 AutoCAD 等软件编制坐标格网绘制程序，然后，通过绘图仪把坐标格网绘制在图纸上。同时，还可以将控制点展绘于图纸上。

绘制完坐标方格网后，都必须进行严格的检查，以保证方格网的准确性。通常要求绘制的每条方格边与理论值 10 cm 的误差不超过 0.2 mm；方格网对角线长度与理论值的误差不应超过 0.3 mm。方格网垂直度的检查，可用直尺检查格网的交点是否在同一直线上(如图 9-20 中 mn 直线)，其偏离值不应超过 0.2 mm。如检查值超过限差，应重新绘制方格网。

(3) 展绘控制点

首先，在图纸上标注坐标格网线的坐标值，然后展绘控制点。方法是：先根据控制点坐标的大数确定其所在方格，再根据控制点坐标的尾数定出其具体位置，并用规定的符号绘制。

当图幅内所有控制点均展绘在图纸上后，应量取各相邻控制点间的距离，并与相应的实测距离进行比较，其误差不应超过图上 0.3 mm。图纸上的控制点还要注记点名和高程，通常在控制点的右侧以分数形式注明，分子为点名、分母为高程。

9.2.2 碎部测量的基本方法

碎部点(也称地形特征点或地形点)是指具有特征意义的点，即地形的方向或坡度发生变化的位置，例如房角、道路转弯、山脚及山顶等地点。碎部测量是以控制点为测站，测定周围碎部点的平面位置和高程，并按照一定的比例尺和规定的图式符号绘制成地形图。测定碎部点的基本方法有以下几种。

(1)极坐标法。以测站点作为极点，测定碎部点的极角和极径，则可确定碎部点的平面位置。如图 9-21 所示，以导线控制点 C_5 为测站，测量出房屋角点 1、2 的水平角 β_i 和平距 D_i，则可确定 1、2 点的平面位置。

(2)方向交会法。遇到不便于立尺的碎部点(如烟囱、水田中的电杆等)，可用方向线交会的方法定点。如图 9-21 所示的碎部点 3，可以在控制点 C_5、C_6 测量水平角 β_3、β'，然后根据两条方向线的交点定出3点。

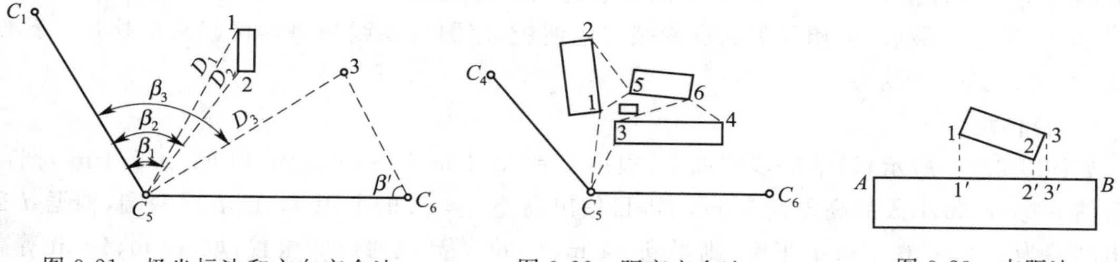

图9-21 极坐标法和方向交会法　　图9-22 距离交会法　　图9-23 支距法

(2)距离交会法。在便于量距的地区,可以根据控制点或已测出的地物,利用距离交会的方法确定碎部点。如图9-22所示,可利用已测出的点1、2、3、4交会出房角点5、6。

(3)支距法。根据已测直线,可以利用量出支距的方法确定碎部点。如图9-23所示,利用已知直线AB,量出$A1'$、$A2'$、$A3'$及垂距$1'1$、$2'2$、$3'3$,则可定1、2、3等点。

9.2.3 碎部点的选择

在测绘地物时,凡是能依比例尺表示的地物,都直接测绘在图纸上,如房屋、林地、河流及运动场等。在林地边界内还要绘上地形图图示规定的地物符号,如森林、苗圃、果园及草地等。对于不能依比例尺表示的地物,则用规定的地物符号表示,如水塔、控制点及独立树等。

测绘地形图时,地物碎部点需要经过综合取舍确定。例如,房屋取轮廓转角点,道路和管线取转弯点,河流或湖泊等水系取水涯线,植被取边界并内部加注相应符号和说明。

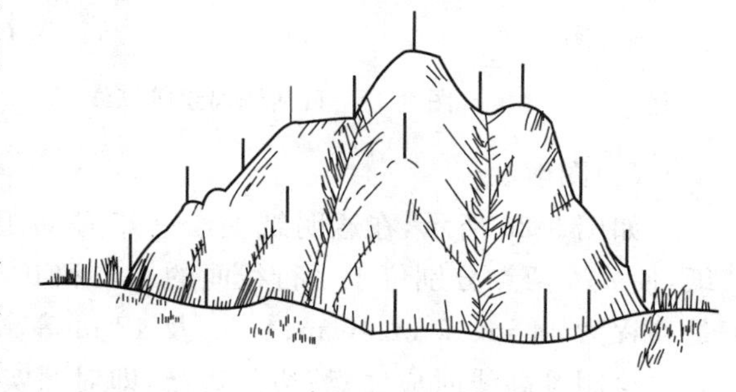

图9-24 地貌特征点

对于地貌特征点,通常选在最能反映地貌特征的山脊线、山谷线等地性线上,如山顶、鞍部、山脊、山谷、山坡、山脚等坡度或方向变化点,如图9-24所示。

9.2.4 等高线的描绘方法

绘制等高线时,应先根据地貌特征点连接地性线,构成地貌骨架,然后,再按高程绘出等高线。由于地貌特征点的高程通常不等于等高线的高程,因而需要内插出等高线上的点,再连接等高点成等高线。常用的内插方法有解析法、目估法和图解法等。

(1)解析法

如图9-25(a)所示,某局部地区地貌特征点的位置和高程已测定在图上,并且两地貌特征点之间的地面坡度相同(若有变化则应有特征点)。首先,连接地性线ba、bc等(虚线表示山脊线、实线表示山谷线),然后,按高差与平距成比例的关系内插等高点,再勾绘等高线。

例如,描绘等高线的等高距为1 m,解析法步骤如下:在图上量取ab段平距$d_{ab}=35$ mm,高差$h_{ab}=48.5\text{ m}-43.1\text{ m}=5.4\text{ m}$,可得$ab$段地面坡度$i=h_{ab}/d_{ab}$,则其间任意高差$h$对应的平距$d=h/i=d_{ab}/h_{ab}\cdot h$;$a$点至44 m等高线的高差$h$=0.9m,则平距$d=(35/5.4)\times$

0.9 = 5.8 mm，可在 ab 段定出 44 m 等高线通过点；同法，根据高差 1.9 m、2.9 m、3.9 m、4.9 m 可分别定出 45 m、46 m、47 m、48 m 等高线通过点。同理，在 bc、bd、be 段上定出相应的点，见图 9-25(b)所示。最后，将相邻等高点参照实地地貌，用圆滑曲线顺势连接起来就构成一簇等高线，见图 9-25(c)所示。

(2)目估法

如图 9-25(a)所示，目估法步骤如下：根据 $h_a = 43.1$ m、$h_b = 48.5$ m，得 $h_{ab} = 5.4$ m；把 ab 段目估 5 等分，每小段的高差约 1.1 m，再目估出高差为 1 m 的平距 d；在 ab 段两端，根据 d 目估出高差为 0.9 m、0.5 m 的平距，则得到 44 m、48 m 等高线通过的位置；取 44 m、48 m 等高线位置的中点得 46 m 等高线通过的位置，再分别取中点得 45 m 和 47 m 等高线通过的位置。同法，在 bc、bd、be 段上定出相应的点，并将等高点连接成等高线。

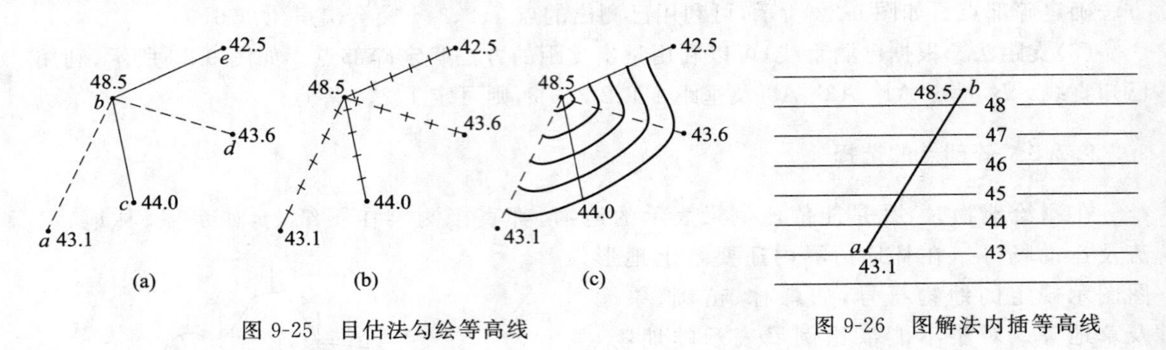

图 9-25 目估法勾绘等高线

图 9-26 图解法内插等高线

(3)图解法

如图 9-26 所示，在透明纸上绘一组等间距平行线，蒙在待勾绘等高线的图上，转动透明纸，使 a、b 两点分别位于平行线间的 0.1 和 0.5 的位置上，则直线 ab 与五条平行线的交点便是高程为 44 m、45 m、46 m、47 m 及 48 m 等高线通过的位置。

绘制等高线时应注意：边测边绘，即对照实地地形真实地描绘；在等高线密集的山地应先绘计曲线，并只对计曲线注记高程；等高线与地形线成正交，并不能通过地物符号；每个独立地物(如水塔、烟囱及独立树等)、空旷地带及山顶等处应注记高程。

9.2.5 测图法步骤

模拟测图法的实质是极坐标法(也称经纬仪测绘法)。如图 9-27 所示，A、B 为图根控制点，P 为碎部点。下面以测站 A 为例说明模拟测图法步骤：

(1)安置仪器。在测站 A 安置仪器，量出望远镜旋转轴与 A 点之间的仪器高，填入手簿(见表 9-7)；照准 B 点标杆后，将水平度盘读数调为 0°00′00″(此操作称为定向，B 点称为零方向)。绘图员把测图板置于测站旁，立尺员在 P 点树立标尺。

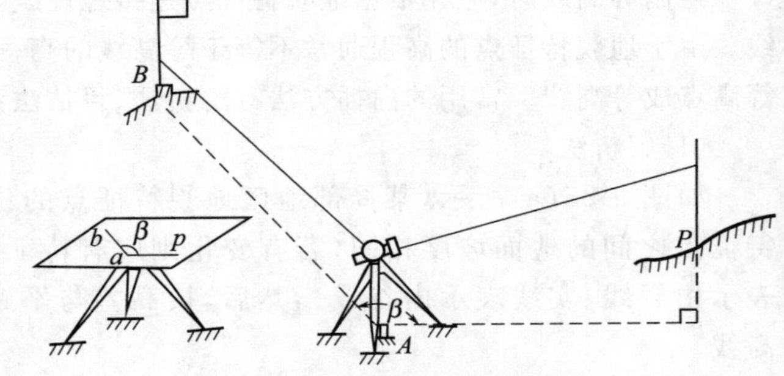

图 9-27 仪器测图法示意图

(2)观测。将经纬仪瞄准 P 点标尺，读取上、下丝及中丝读数 v，以及竖盘读数 L 和水平角 β(如果利用全站仪，则不需要读上、下丝读数及竖盘读数 L，而直接读取平距及高差)。

表 9-7 地形测量手簿

测站:A　　后视点:B　　仪器高:1.42 m　　测站高程 H:207.40 m

点号	尺间隔 l(m)	中丝读数 v(m)	水平角 β	竖盘读数 L	竖直角 α	高差 h(m)	水平距离 D(m)	高程 H (m)	备注
1	85.0	1.42	160°18′	85°49′	4°11′	6.18	84.55	213.58	水渠
2	13.5	1.42	10°58′	81°19′	8°41′	2.02	13.19	209.42	
3	50.6	1.42	234°32′	79°35′	10°25′	9.00	48.95	216.40	
4	70.0	1.60	135°36′	93°43′	−3°43′	−4.71	69.71	202.69	电杆
5	92.2	1.00	34°44′	102°25′	−12°25′	−18.94	87.94	188.46	

(3)计算。由上、下读数相减得尺间隔 l、并把 l、v、L、β 记入手簿，利用视距测量公式计算平距 D、高程 H(详见本书第 4 章内容)。

(4)绘图。在测图板上，由已知方向 ab 在 a 点用半圆仪量出 β 角得 ap 方向，并在该方向按测图比例尺定出 p 点，并将其高程 H 注记在 p 点右侧。同法测定和展绘其他碎部点，连接形成地形图。

碎部测量注意事项：

1)能够按比例尺表示的地物，碎部点应选在地物轮廓的方向变换处，不能按比例尺表示的地物(如土堆、涵洞等)，碎部点应选在地物的中心位置，必要时立尺员绘制草图供绘图员参考。

2)绘图员应在实地绘制地形，以便进行检查。要熟悉地形图图式符号，所有注记应字头朝北。

3)基本等高距为 0.5m 时，高程应注记到 cm 位；基本等高距大于 0.5m 时，高程注记可到 dm 位。

4)为了保证测图精度，测量碎部点的密度应适当，空地要加测高程点，视距不能太长(应能够看清楚读数)。

5)在测站上应经常检查定向。

9.2.6 地形图的拼接、检查、整饰和验收

测区较大时，地形图采用分幅测绘。为了保证相邻图幅的互相拼接，每一幅图的四边要求测出图廓外 5 mm。每幅图测完后，还需要对图幅进行拼接，检查与整饰。

(1)地形图的拼接

在相邻图幅的连接处，通常地物或地貌不能完全一致。如图 9-28 所示，左、右两幅图的房屋、等高线都有偏差，要求不能超过表 9-8 的规定。若两幅图的接边差在允许范围内，则取平均位置，修正两幅图接边处的地物、等高线位置。

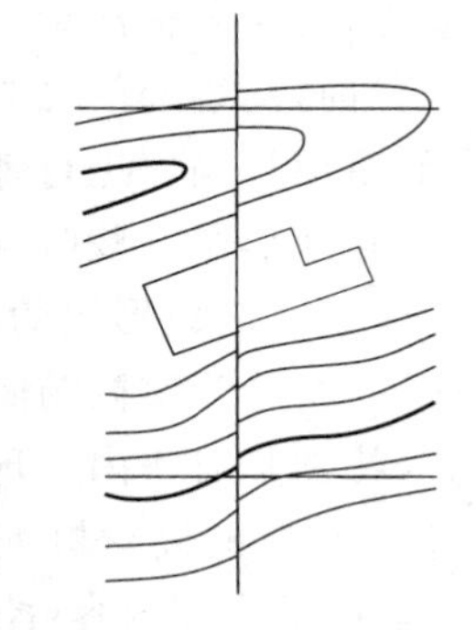

图 9-28 地形图的拼接

表 9-8 地形图接边误差允许值

地区类别	点位中误差(mm)	高程中误差(等高距)			
		平地	丘陵地	山地	高山地
山地、设站和施测困难地区	0.6	1/3	1/2	2/3	1
城市建筑区、平地、丘陵地	0.4				

(2)地形图的检查

在野外测图工作结束后，还应对地形图进行室内、野外检查，以便修改或补测。

1)室内检查

① 野外观测手簿。记录是否齐全，计算是否正确，有无超过限差，有无涂改等。

② 计算表格。是否填写齐全，观测条件是否符合规范规定，各项限差是否超限，计算是否正确，装订顺序是否合乎要求等。

③ 地形图检查。坐标方格网和控制点的展绘是否合乎要求，控制点的数量是否满足测图需要；高程注记点的位置、数量是否符合要求，地名注记及位置是否正确；等高线的描绘是否合理，鞍部、凹地等处等高线是否交代清楚；独立地物符号的运用是否恰当，几何中心是否正确；各种境界、地类界等是否清楚，各种植被的表示是否恰当，居民地内的街道主次是否分明等。

2)野外检查

① 巡视检查。拿着测好的图纸，沿着主要道路、居民地和其他重要地段，将地形图上所测绘的地物、地貌与实地进行对照，查看地物的综合取舍及表示是否恰当，地貌显示得是否正确逼真；图式符号的运用和描绘是否合理，地名的注记是否正确，有无遗漏和测错等现象。

② 仪器检查。对室内检查发现的较大问题进行现场修改或补测，同时，也对重要地物进行抽查。通常在原测站上设站，也可以重新设站进行检查。检查时发现的各种误差不应超过规定限差的$\sqrt{2}$倍。

(3) 地形图的整饰

当原图经过拼接和检查后，要进行清绘和整饰，使图面更加合理、清晰、美观及规范。整饰通常按下面顺序进行：各种控制点、内图廓及坐标网线 → 居民地、道路、桥梁及其他重要地物 → 各种注记 → 水系及其附属建筑物 → 地类界及植被 → 等高线及其他地貌符号 → 境界线 → 图廓整饰。

地形图整饰时应注意：应按图式规定的符号进行描绘、注记；高程注记和其他说明符号一律字头向北，书写清楚整齐；文字注记的位置应恰当、准确，例如山名一般用水平字列注在山顶的上方，河流名称注记在河流的中段，居民地名称一般水平书写；等高线的描绘须光滑。

目前，测绘部门已采用计算机绘制地形图，因此，经外业测绘的地形图只需用铅笔完成清绘，然后用扫描仪进行地图矢量化，便可利用绘图软件重新绘制地形图。

(4)地形图的验收

为了评定地形图的质量，有关管理或使用部门还要进行验收。验收程序与地形图的检查程序一样，分为室内与野外检查。室内检查分为全面检查或重点检查。野外检查主要是巡视检查，特别是对室内发现的问题，更应重点检查、核对并改正。为了确保成图质量，还应对每幅图进行 10%的设站检查。

验收的主要内容：控制点的密度是否符合要求；各项较差、闭合差是否符合限差要求；原始记录和计算成果是否正确，项目填写是否齐全；方格网、图廓线、控制点展绘精度是否合乎要求；地形取舍是否恰当，地物、地貌符号是否使用正确；接边精度是否合乎要求，各项资料是否齐全。

9.3 数字测图法

现代科学技术的发展促进了地形测量的自动化和数字化。数字测图法测绘的成果称为数字地形图(或称数字化地形图)，它不但可以表示在图纸上，还可以利用计算机进行存储、处理、传输及可视化展示。数字测图的基本配置包括硬件和软件两部分，硬件主要有测量数据采集系统（如全站仪、GPS、电子手簿、扫描仪及通讯接口等）和计算机辅助制图系统（如计算机、绘图仪、打印机等）；软件主要有系统软件（操作系统、文字处理软件等）和应用软件（数据处理软件、制图软件等）。

9.3.1 野外数据采集模式

数字测图野外数据采集（即碎部点测量）主要利用全站仪和 GPS 方法。外业除了采集碎部点的坐标外，还需要采集其他信息，如碎部点的名称、特征及绘制线型等，以便由计算机自动生成图形文件，并进行图形处理。为了便于计算机识别碎部点的名称、特征及线型等信息，需用代码来表示这些信息，这些代码称为图形信息码。

目前，根据图形信息码输入方式的不同，野外数据采集模式主要分为两种：一种是在观测碎部点时，绘制工作草图并记录地形要素、名称及碎部点之间的连接关系等，然后，在室内将碎部点显示在计算机屏幕上，根据工作草图采用人机交互方式连接碎部点，输入图形信息码，生成图形；另一种是利用笔记本电脑或掌上电脑等作为野外数据采集记录器，在测定碎部点后，对照实际地形直接输入图形信息码，生成图形。

9.3.2 数据记录内容和格式

（1）记录内容

大比例尺数字测图野外采集的数据主要包括：

1）一般数据，如测区代号、施测日期、小组编号等；

2）仪器数据，如仪器类型、仪器误差、测距仪加常数和乘常数等；

3）测站数据，如测站点号、零方向点号、仪器高、零方向读数等；

4）方向数据，如方向点号、觇标高、方向观测数据等；

5）碎部点数据，如点号、连接点号、连接线型、地形要素分类码，方向和距离观测值，以及觇标高等；

6）控制点数据，如点号、类别、x 和 y 坐标及高程等。

（2）记录格式

为了区分各种数据的记录内容，要采用不同的记录类别码放在每条记录的开头。各种数据需要规定它们的字长，再根据数据的字长和数据之间的关系，确定一条记录的长度。每条记录具有相同的长度和相同的数据段，按记录类别码可以确定一条记录中各数据段的内容，对于不用的数据段可以用零填充。

如表 9-9 所示，数据记录格式可以分为 8 个数据段。A_1 表示记录类别，后面的记录按记录类别表示相应的内容。例如，对于一条碎部点记录，A_2 表示点号，A_3 表示连接点号，A_4 表示线型和线序，A_5 表示地形要素代码，A_6、A_7、A_8 分别表示碎部点的 x、y 坐标及高程。

表 9-9 数据记录格式

A_1	A_2	A_3	A_4	A_5	A_6	A_7	A_8
碎部点	点号	连接点号	线型和线序	地形要素代码	x	y	H

（3）地形图要素的分类和代码

按照国家测绘部门制定的有关地形图要素分类与代码的标准，地形图要素可分为 9 个大类，即测量控制点，居民地和垣栅，工矿建(构)筑物及其他设施，交通及附属设施，管线及附属设施，水系及附属设施，境界，地貌和土质，植被。

通常，地形图要素代码由四位数字码组成：从左边开始第一位是大类码，用1～9表示；第二位是小类码；第三、第四位分别是一、二级代码。例如，一般房屋代码为2110，简单房屋为2120，围墙代码为2430，高速公路为4310，等级公路为4320，等外公路为4330等。

(4)连接线代码

除独立地物外，线状地物和面状地物的符号由两个或更多的碎部点连接而成。对于同一种地物符号，连接线的形状也可以不同。例如，房屋的轮廓线多数为直线段的连线，也有圆弧段。因此，在点与点连接时，需要有连接线的代码。连接线主要分为直线、圆弧及曲线，分别以1、2、3表示，称为连接线型码。为了使一个地物由点记录按顺序自动连接起来，形成一个图块，需要给出连线的顺序码，例如用0表示开始，1表示中间，2表示结束。

9.3.3 图形信息码的输入

(1)输入方式

输入图形信息码是为了识辨碎部点的特征及碎部点之间的连接关系，这样，可以将测量的碎部点自动生成数字化地图。根据工作草图可以将图形信息码输入到相应碎部点的记录中，但在地形要素复杂时容易出错。采用笔记本电脑或其他掌上电脑，可在现场输入图形信息码并显示图形，能够及时发现数据采集中的错误。

(2)图块各点连接方向

除了控制点和无方位的独立符号外，应将所测地物点逐点连接成图块，而具体连接方法则由数字测图系统开发者确定。例如，某数字测图系统对图块各点连接方向作如下规定：如陡坎等线状地物，则连接各碎部点后，用短线符号绘在连接方向的右侧；房屋、地类界等闭合的面状符号，则按顺时针方向连接各轮廓点。

(3)工作草图

在进行数字测图时，可利用测区旧图或影像(可适当放大)作为工作草图，如图9-29所示。这样，可以对照实地情况将变化的地物反映在草图上，同时标出控制点的位置。

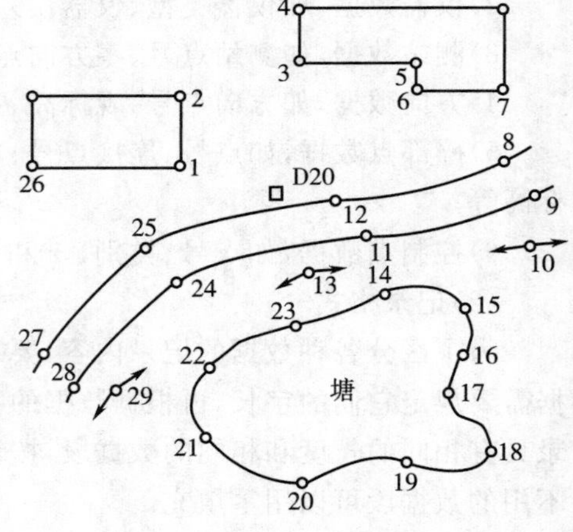

图9-29 工作草图

在没有合适的地图作为工作草图的情况下，应在数据采集时绘制工作草图，主要内容包括：地物的相关位置，地性线、碎部点号及距离，地名及注记等。工作草图可按地物相互关系绘制，也可按测站绘制。地物密集或复杂处可局部放大，草图上点号标注应清楚、正确，并与电子手簿记录的点号一一对应。

9.3.4 数字测图质量控制

(1) 数字测图的基本要求

对于地物点的平面位置精度，要求地物点相对最近控制点的图上点位中误差在平地和丘陵地区不得大于0.6 mm；对于高程精度，要求高程注记点相对最近控制点的高程中误差在平地和丘陵地区，1∶500 地形图不得大于 0.4 m，1∶1 000 和 1∶2 000 地形图不得大于 0.5 m。等高线对最近控制点的高程中误差，在平地和丘陵地区，1∶500 地形图不得大于 0.5 m，1∶1 000 和1∶2 000地形图不得大于 0.7 m；高程注记点密度为图上每 100 cm^2 内应有 8～20 个。

(2) 数字地形图的质量要求

大比例尺数字地形图的质量要求内容主要包括：地形图产品的数据说明、数学基础、数据分类与代码、位置精度、属性数据精度、逻辑一致性、地形要素的完备性等质量特性。

1)数据说明。包括产品名称和范围说明、存储说明、数学基础说明、采用标准说明、数据采集方法说明、数据分层说明、产品生产说明、产品检验说明、产品归属说明和备注等。

2)数学基础。指地形图采用的平面坐标系统、高程基准、等高线、等高距等。

3)数据分类与代码。应按照地形图要素分类与代码等国家标准执行，补充的要素及代码应在数据说明备注中加以说明。

4)位置精度。包括地形点、控制点、图廓点和格网点的平面精度，高程注记点和等高线的高程精度，接边精度等。

5)属性数据精度。指描述每个地形要素特征的各种属性数据的正确性，例如房屋的层数、结构及建设年代等。

6)逻辑一致性。指各地形要素相关位置应正确，并能正确反映各要素的分布特点及密度特征。例如，道路的连通性、线段过头现象及面状区域的封闭性等。

7)地形要素的完备性。指各种要素不能有遗漏或重复现象，数据分层要正确，各种注记要完整，并指示明确等。例如，河流的名称、流向及表示方法等。

数字地形图显示时，地物和地貌符号的线条应光滑、自然和清晰，应符合相应比例尺地形图图式的规定，注记应尽量避免压盖地物，说明符号的字体、尺寸、字向等也应符合地形图图式规定。

(3) 数字地形图的质量检查与精度评定

当数字地形图的比例尺大于 1∶5 000 时，检测点的平面坐标和高程应在外业按测站点精度施测，每幅图应检测 20～50 个重要碎部点(应均匀分布、随机选取)。

碎部点的平面坐标中误差：

$$\begin{cases} M_x = \pm\sqrt{\dfrac{\sum\limits_{i=1}^{n}(X'_i - X_i)^2}{n-1}} \\ M_y = \pm\sqrt{\dfrac{\sum\limits_{i=1}^{n}(Y'_i - Y_i)^2}{n-1}} \end{cases}$$

式中，M_x 为 X 坐标中误差，M_y 为 Y 坐标中误差；X'_i、X_i 分别为 X 坐标检测值及原测量值；Y'_i、Y_i 分别为 Y 坐标检测值及原测量值；n 为检测点数。

相邻碎部点之间间距的中误差：$M_s = \pm\sqrt{\dfrac{\sum\limits_{i=1}^{n}\Delta S_i^2}{n-1}}$

式中，ΔS_i 为相邻碎部点实测边长与图上对应边长较差，n 为检测边数。

碎部点高程中误差：$M_h = \pm\sqrt{\dfrac{\sum\limits_{i=1}^{n}(H'_i - H_i)^2}{n-1}}$

式中，H'_i 为检测点的实测高程，H_i 为图上相应点的高程，n 为高程检测点数。

(4) 数字地形图的验收

在验收时，一般按总量的10%抽取样本，应由同一区域、同一测绘单位的产品构成。当同一区域范围较大时，可以按测绘时间的不同分别组成检验批次。在验收工作中，对样本应进行详查并进行产品质量核定，对样本以外的产品应进行概查。当样本验收中有质量不合格产品时，须进行二次抽样详查。

9.4 航测成图概述

航空摄影测量是利用航空摄影像片来绘制地形图。这种方法可把大量野外工作变为室内作业，具有速度快、成本低、精度均匀、不受地形限制等优点。我国大部分 1：10 万～1：1 万地形图，以及部分 1：5 000～1：500 地形图也采用航空摄影测量绘制。

9.4.1 航摄像片的基本知识

航空像片是在飞机或其他飞行器上对地面进行摄影所得的影像。如图 9-30 所示，影像要覆盖整个测区范围，要按选定的航高和航线连续飞行摄影。相邻两航片之间要有影像重叠，通常规定航向重叠不小于 60%，旁向重叠不小于 30%。航片影像范围的大小称为像幅，较常见的像幅为 23 cm×23 cm。航片四边中点的对应点的连线构成直角坐标系，据此可量测像点坐标。航摄影片与地形图相比有下述特点。

(1)投影方式的差别

地形图是地物、地貌在水平面上的垂直投影，其比例尺为一常数。航摄像片是中心投影，如图 9-31 所示，地面点 A 发出的光线经摄影镜头 S 交于底片 a 上。摄影镜头 S 到底片的距离为摄影机焦距 f，S 到地面的垂直距离称为航高，以 H 表示。由图 9-31 可得像片的比例尺为：$\frac{1}{M}=\frac{ab}{AB}=\frac{f}{H}$，式中 M 为比例尺分母。

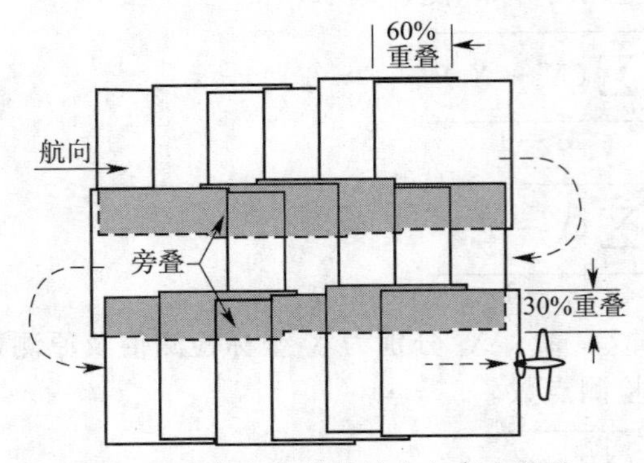

图 9-30 航空像片的航向与旁向重叠

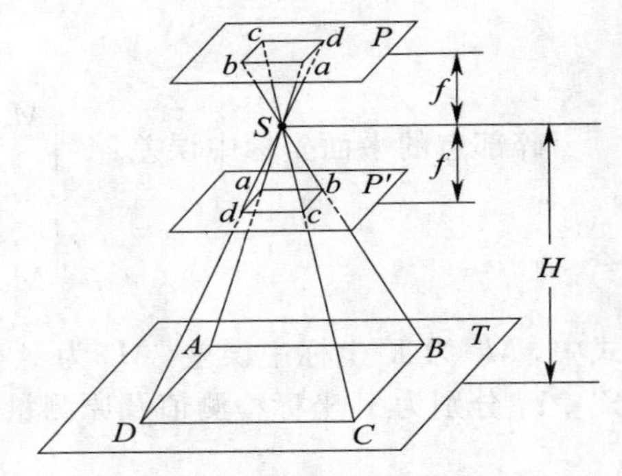

图 9-31 航片中心投影

(2)地面起伏引起的像点位移

如图 9-32 所示，地面两等长线段 AB 和 CD 位于不同的高度，但是，在水平像片上的投影 ab、cd 却有不同的长度和比例尺。即使在地面同一水平位置而高度不同的 D、D' 点，在像片上也有着不同的影像 d、d'，dd' 即为地面起伏而引起的像点位移，该误差称为投影误差。投影误差的大小，与地面点相对于选定的基准面 T_0 的高程 h 成正比。

(3)航摄像片倾斜误差

如图 9-33 所示,P 和 P' 分别为水平像片和倾斜像片,水平面上的等长线段 AB、CD 在水平像片上构像为 ab、cd,在倾斜像片上构像为 $a'b'$、$c'd'$,而 $ab < a'b'$,$cd > c'd'$,可见倾斜像片上各处的比例尺都不相同。由于像片倾斜引起像点位移产生的误差称为倾斜误差。为此,航片内业利用地面已知控制点,采取像片纠正方法来消除倾斜误差。

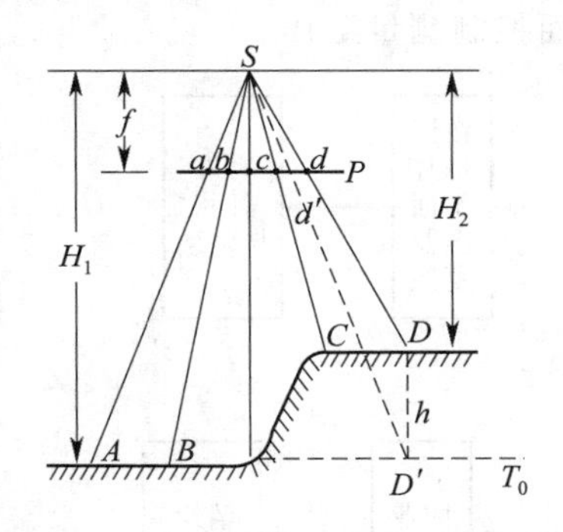

图 9-32 地形起伏产生投影误差

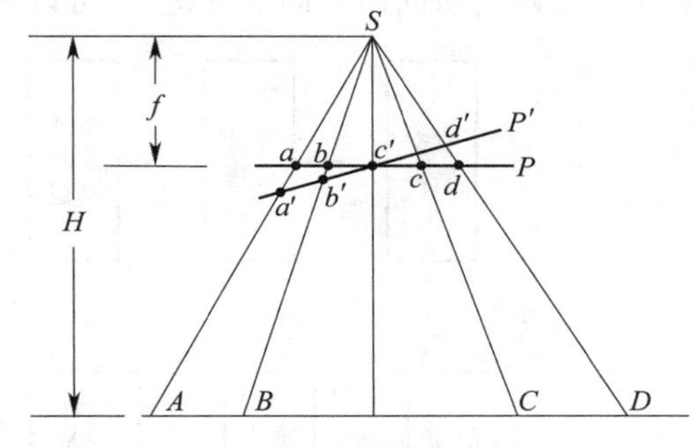

图 9-33 像片倾斜误差

(4)表达方式不同

在地形图上,地物、地貌是按照地形图图示规定的符号表达的。航片上则是地形的影像,航片以相关的形状、大小、色调、阴影等表示实际地物、地貌,而这种表达方式有一定程度的不确定性。利用航片制作地形图时,需要补充地物的属性和地貌特征等资料。因此,航测通过内业判读和外业调绘的方法来识别和综合有关地物、地貌信息,并按统一的图示符号和文字注记绘制在像片上。

9.4.2 航测成图过程简介

航空摄影测量是依据航片绘制地形图,包括航空摄影、控制测量与调绘、测图三部分工作。

(1)航空摄影

在摄影前需作一系列准备工作,如制定飞行计划、在地图上标出航线及检验摄影仪等。然后,在空中摄取地面影像,经过显影、定影、水洗和晒干等工序获得底片,晒印成正片后,供各作业部门使用。

(2)控制测量与调绘

为了纠正像片倾斜误差和投影误差,应在像片上确定一定数量的已知平面位置和高程的控制点作为纠正依据,这些控制点通常采用野外控制测量和室内控制加密获得。野外控制测量就是根据已知地面控制点进行控制测量,并对照实地将所测的点的位置精确地刺到像片上。室内控制加密可以利用像片上野外测量的控制点,用解析法、图解法等进行加密。

调绘就是利用航空像片进行调查和绘图,即利用像片到实地识别像片上各种影像所表示的地物、地貌,根据用图的要求进行适当的综合取舍;同时,还要调查地形图上应有的注记资料,并补测地形图上应表示的地物等。

(3)测图

目前,航测成图的方法有综合法、全能法和微分法等。

1)综合法:图 9-34(a)表示了综合法测图过程,航片通过航测内业处理获得地面影像点的平面位置,再拿到野外进行调绘,即得到航测地形原图。综合法测图主要适用于平坦地区,多用于地形图修测和大型工程的规划设计。

2)全能法:图 9-34(b)表示了全能法测图过程,它是利用航片和立体测图仪,在室内建立按比例缩小且与地面相似的光学(或数学)立体模型,然后,用该模型测绘地形图。全能法通过计算机软件对航片的倾斜和地形起伏的影响进行改正,因此它适用面较广。

随着全球定位系统(GPS)技术的发展,目前,利用安装在航摄飞机上的 GPS 接收机,测定摄影中心在曝光瞬间的空间三维坐标,可以大大减少地面控制测量工作。

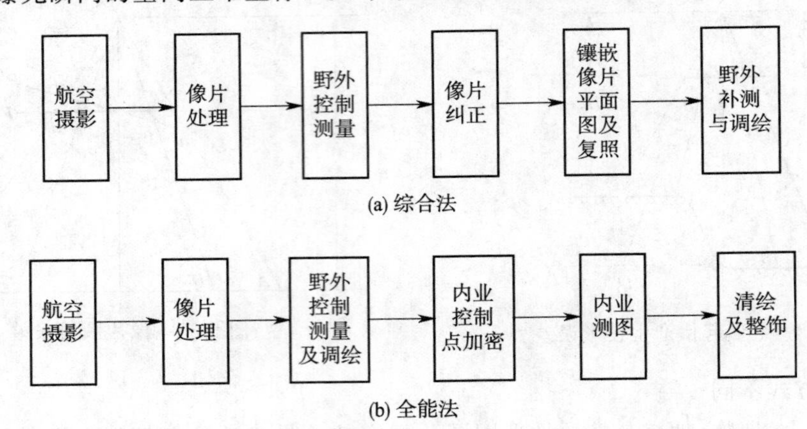

图 9-34 航测成图过程示意图

随着数字影像技术的发展,利用计算机绘图系统把获取的数字影像转化为数字化地形图,其基本流程如图 9-35 所示。

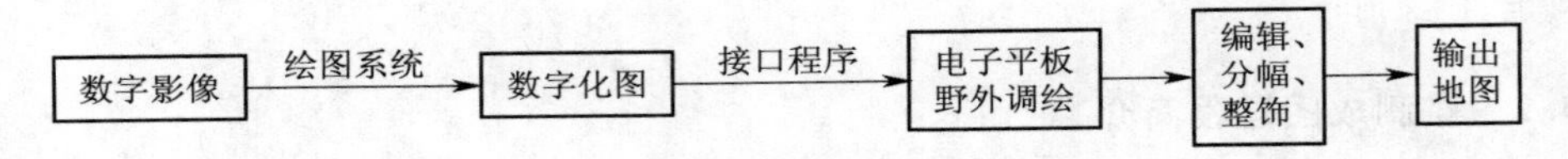

图 9-35 数字影像制图过程

鉴于篇幅所限,其他地形图测绘方法(如遥感成图法及近景摄影测图法)不再做一一介绍。

思考题与习题

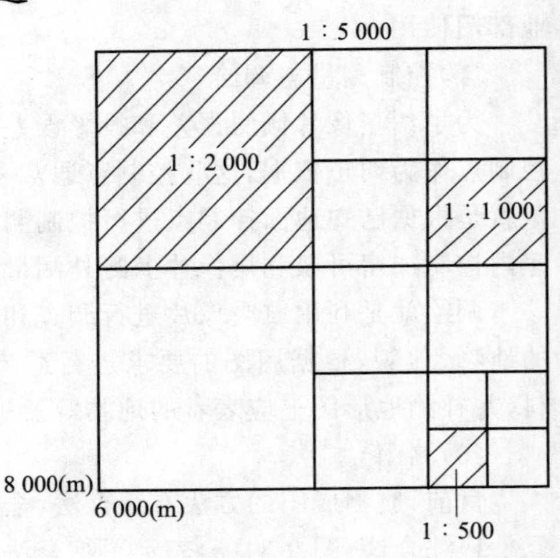

图 9-36 习题 4 图

1. 什么叫地形图? 地物和地貌有何区别?

2. 何谓比例尺精度? 它对测图和用图有何作用?

3. 设某点的经度为东经 103°26′,纬度为北纬 28°52′,试写出该点所在的 1∶10 万和 1∶2.5 万的地形图编号。

4. 如图 9-36 所示,城市测图,按正方形分幅,试写出 1∶5 000 及阴影所示的 1∶2 000、1∶1 000、1∶500诸幅图的图号。

5. 地形图图框外注记的图示比例尺(直线比例尺)、三北方向与坡度尺有何用途?

6. 什么叫地形图图式? 在使用地形图图式时

应该注意哪些问题？

7. 何谓等高线？等高线间隔(等高距)、等高线平距与地面坡度三者之间关系如何？等高线有哪些特性？

8. 在图 9-37 的等高线图中，按指定的符号表示山顶、鞍部、山脊线、山谷线(山脊线——·——·——，山谷线-------，山顶△，鞍部○)。

9. 测图前，如何绘制坐标格网和展绘控制点？应进行哪些检查？

10. 简述经纬仪测绘法测图的主要步骤。

11. 地物和地貌应如何测绘？

12. 图 9-38 为某地区所测得的各个地貌特征点，试根据这些地貌特征点，按等高距 h=5 m 勾绘出等高线。

13. 图幅的拼接与整饰有哪些要求？

14. 采用数字化测图法与模拟测图法进行测碎部测量，主要有哪些异同点？

图 9-37　习题 8 图

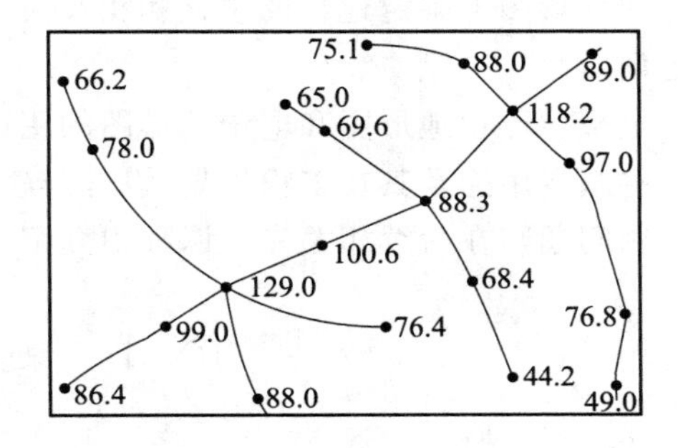

图 9-38　习题 12 图

参考答案

3. H48D018003(1∶10 万)，H48F038018(1∶2.5 万)。

4. 8.0—6.0(1∶5 000)；8.0—6.0—Ⅰ(1∶2 000)；8.0—6.0—Ⅱ—4(1∶1 000)；8.0—6.0—Ⅳ—4—(3)(1∶500)。

10 地形图的应用

地形图是国家经济建设、社会发展及国防建设等必备的基础资料，也是各种工程规划、设计、施工、运行及管理工作的依据。地形图反映了地物的位置、形状、大小和相互位置关系，以及地貌的起伏形态。不同比例尺的地形图，以不同的详概程度表示了水系、植被、居民地、道路、境界及地貌等信息。利用地形图可以认识和掌握地物的结构、形状、尺寸、类型、规模、密度、特点、相互位置关系和分布规律，以及地貌的起伏形态、走向、高程、沟谷密度及地势情况等。在地形图上确定地物的位置和相互关系及地貌的起伏变化情况等，比实地更准确、更全面及更便捷。

模拟(纸质)地形图和电子地形图的用途是一致的，但后者更方便快捷。本章介绍地形图的一些基本用途及其在工程规划、设计与建设等工作中的基本使用方法，而在相关专业领域内的应用问题则在后续相关专业课程中介绍。

10.1 地形图识读方法

10.1.1 概　　述

为了能够正确地应用地形图，必须要认识各种地形要素并读懂地形图，能够根据地形图上各种符号及注记，在头脑中建立起野外地形的立体模型，即地形图识读或识图。地形图识读内容主要包括以下两方面。

(1)图廓外要素

图廓外要素(也称数学要素)是指地形图内图廓之外的有关要素。通过图廓外要素的阅读，可以了解测图时间(从而判断地形图的新旧及适用程度)，地形图的比例尺、坐标系统、高程系统和基本等高距，图幅范围，图名、图号及相邻图幅之间的关系等内容。

(2)图廓内要素

图廓内要素(也称地形要素)是指地物、地貌符号及相关注记等。在判读地物时，首先要了解主要地物的分布情况，例如，居民点、交通线路及水系等。由于地物符号不能重叠，要注意地物符号的主次关系，例如，铁路和公路并行，通常是以铁路中心位置绘制铁路符号，而公路符号则需要让位。在地貌判读时，根据计曲线、首曲线的分布情况(平面图形特征、密度)，首先了解等高线所表示出的山谷、山脊等地性线及典型地貌，进而了解该图幅范围内的总体地貌，再识读各部分地区的实际地貌。同时，通过对居民地、交通网、电力线、输油管线等重要地物的判读，可以了解该地区的社会、经济发展情况。

10.1.2 地形图定向与填图

(1)地形图定向

在野外使用地形图时，经常需要将地形图放置的方向与实际地形方向一致，即图上表示的地物、地貌与实地地物、地貌的方位相对应，并在图上确定地形图放置点(即站立点)的位置，该项工作称为地形图定向。完成地形图定向后，则可以进行地形图与实地对照及野外填图等工作。

在野外进行地形图定向时，需要在地形图上确定站立点的位置，其方法为：当站立点附近有明显地貌或地物时，可以利用它们确定站立点在图上的位置，例如，站立点的位置是在图上道路或河流的转弯点、房屋角点、桥梁一端，以及在山顶等处；当站立点附近没有明显地物或地貌特征时，可采用距离交会等方法确定站立点在图上的位置。

地形图定向主要采用以下两种方法：

1)罗盘定向。根据地形图上的三北关系图，使罗盘仪上的南北线与地形图上的纵坐标线方向重合，然后，转动地形图使磁针北端指到磁偏角(或磁坐偏角)值，则完成地形图定向工作；

2)地物定向。先在地形图上和实地分别找出相应的两个显著位置点，例如，本人站立点、房角点、道路或河流转弯点、山顶、独立树等，然后转动地形图，使图上位置与实地位置方向一致对应。

(2)野外填图

1)地图与实地对照。当完成了地形图定向后，就可以根据图上地物、地貌符号，在实地找出相对应的地物、地貌，或者观察实地地物、地貌来识读在地图上所表示的位置。地形图与实地对照，通常是先识别主要和明显的地物、地貌，再按相互位置关系识别其他地物、地貌，了解和熟悉周围地形情况，比较地形图上内容与实地相应地形是否发生了变化。

2)野外填图。通过地图与实地对照，把土壤普查、土地利用、地质调查及矿产资源分布等情况填绘于地形图上。在野外填图时，应注意沿途具有方位意义的地物，随时确定本人站立点在图上的位置。同时，站立点要选择通视良好的地点，便于观察较大范围的填图对象，确定其边界并填绘在地形图上。通常用罗盘或目估方法确定填图对象的方向，用目估、步测或卷尺等方法确定距离。

10.2 地形图的基本用途

10.2.1 确定点的坐标和高程

(1)确定点的直角坐标

欲求某点 P 的直角坐标，如图 10-1(a)所示，首先在图上确定 P 点所在的坐标格网 a、b、c、d 及角点坐标(x_a，y_a)，再从 P 点作平行于直角坐标格网的直线，交于 e、f、g、h 点；用比例尺或直尺量出 ae 和 ag 两段距离，则 P 点坐标为：

$$x_p = x_a + ae = 21\ 100 + 27 = 21\ 127(\mathrm{m})$$

$$y_p = y_a + ag = 32\ 100 + 29 = 32\ 129(\mathrm{m})$$

为了防止图纸伸缩变形带来的误差，可以采用下面的坐标计算公式：

$$x_p = x_a + \frac{ae}{ab} \cdot l = 21\ 100 + \frac{27}{99.9} \times 100 = 21\ 127.03(\mathrm{m})$$

$$y_p = y_a + \frac{ag}{ad} \cdot l = 32\ 100 + \frac{29}{99.9} \times 100 = 32\ 129.03(\mathrm{m})$$

式中，l 为相邻格网线间距。

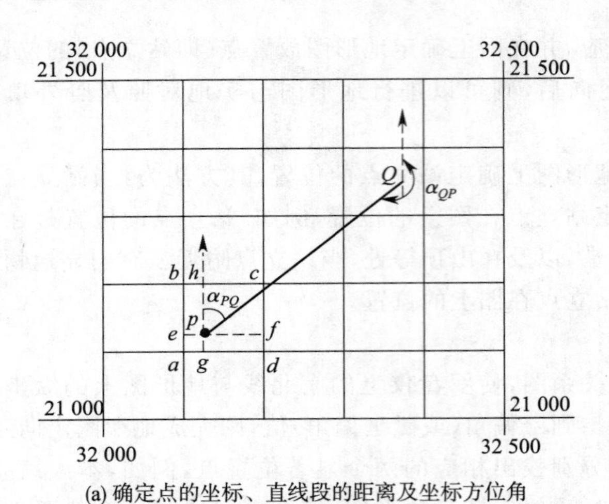

(a) 确定点的坐标、直线段的距离及坐标方位角

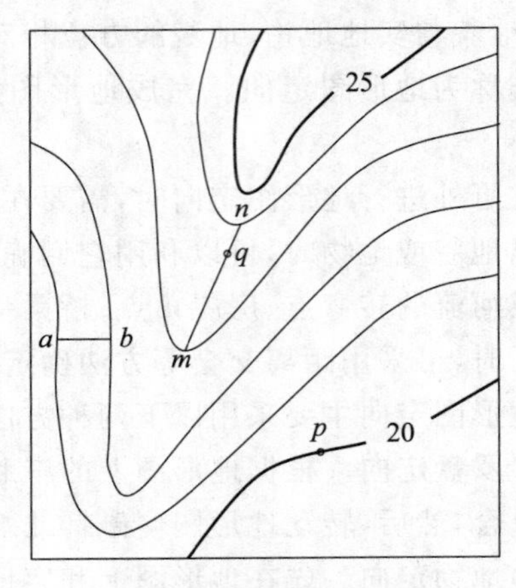

(b) 确定点的高程及坡度

图 10-1 确定坐标方位角

(2)确定点的大地坐标

在求某点的大地坐标时，首先根据地形图内外图廓中的分度带，绘出大地坐标格网。接着，找到待求点并作平行于大地坐标格网的纵横直线，交于大地坐标格网线。然后，按照上面求点位直角坐标的方法计算出点位的大地坐标。

(3)确定点的高程

根据地形图的等高线，可确定任一地面点的高程。如果地面点恰好位于某条等高线上，则根据等高线的高程注记或基本等高距，便可直接确定该点高程。如图 10-1(b)所示，p 点的高程为 20 m。

当需要确定位于相邻两等高线之间的地面点 q 的高程时，可以过 q 点作一条与相邻两条等高线垂直的线段，然后采用目估的方法确定 q 点高程，即可以看出 q 点位于 23 m 与 24 m 两条等高线之间，其高程值约为 23.7 m。还可以采用更精确的方法，即过 q 点作垂直于相邻两等高线的线段 mn，再根据高差与平距成比例的关系求解。例如，由于基本等高距为 1 m，则根据图上 mn、mq 线段长可计算 q 点高程：

$$H_q = H_n + \frac{mq}{mn} \cdot h = 23 + \frac{14}{20} \times 1 = 23.7(\text{m})$$

如果要确定两点间的高差，则可采用上述方法确定两点的高程后，相减即得两点间的高差，如图 10-1(b)所示，p、q 两点之间的高差 $h_{pq} = H_q - H_p = 23.7 - 20 = 3.7(\text{m})$ 。

10.2.2 确定两点间的距离

若求 PQ 两点间的水平距离，如图 10-1(a)所示，最简单的办法是用比例尺直接从地形图上量取，也可以利用直尺在图上量取距离后乘以比例尺分母即得。为了消除图纸的伸缩变形给量距带来的误差，可以用两脚规量取 PQ 间的长度，然后与图上的图示比例尺进行比较，得出两点间的距离。更精确的方法是利用上述方法求得 P、Q 两点的直角坐标，再用坐标反算公式计算出两点之间的距离。

10.2.3 确定直线的方位角

若需要求出直线 PQ 的坐标方位角 α_{PQ} ，如图 10-1(a)所示，可以先过 P 点作一条平行于坐标纵线的直线，然后，用量角器直接量取坐标方位角 α_{PQ} 。当要求精度较高时，可以利用上述方法先求得 P、Q 两点的直角坐标，再利用坐标反算公式计算出 α_{PQ} 。

10.2.4 坡度计算

地面坡度通常是指位于该处两条相邻等高线垂线方向的坡度，即垂直于两条等高线的直线段 ab 的坡度，如图 10-1(b)所示。垂直于等高线的直线段 ab 具有最大坡度值和最大倾斜角，该方向称为最大倾斜线方向(或称坡度线方向)。通常以最大倾斜线方向代表该处地面的倾斜方向，最大倾斜线的倾斜角也代表该处地面的倾斜角。

当需要求出 p、q 两点之间地面的平均坡度时，如图 10-1(b)所示，可以先求出 p、q 两点的高程 H_p 、H_q ，再求出其高差 $h_{pq}=H_q-H_p$ ，以及两点之间的平距 d_{pq} ，则 p、q 两点之间地面的平均坡度 $i=\dfrac{h_{pq}}{d_{pq}}$ ，而 p、q 两点之间地面的平均倾角 $\theta_{pq}=\arctan\dfrac{h_{pq}}{d_{pq}}$ 。当地面两点之间的等高线平距相等时，计算的坡度则为地面两点之间的实际坡度，否则为平均坡度。此外，也可以利用地形图上的坡度尺求取坡度。

10.3 地形图的工程应用

10.3.1 线路设计

对管线、渠道及交通线路等工程进行设计时，需要在地形图上按照技术要求，选定一定坡度的线路，即要求线路的坡度不能超过规定的限制坡度，并且线路最短。

如图 10-2 所示，设地形图的比例尺为 1∶2 000，等高距为 2 m，若需在该地形图上选出一条由车站 A 至某工地 B 的最短线路，并且在该线路任何处的坡度都不超 4%，则在地形图上的设计方法如下。

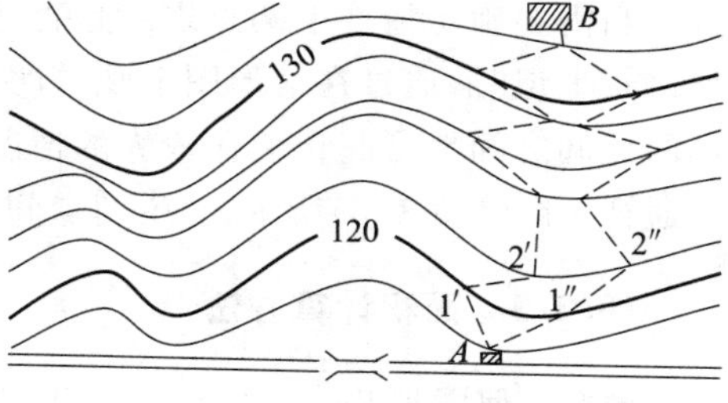

图 10-2 按设计坡度定线

先将两脚规在坡度尺上截取坡度为 4%时相邻两条等高线间的平距，也可以按下式计算相邻等高线间的最小平距(图上距离)：

$$d=\frac{h}{M\cdot i}=\frac{2}{2\ 000\times 4\%}=25(\text{mm})$$

式中，h 为等高距，M 为比例尺分母，i 为规定坡度。然后，将两脚规的脚尖设置为25 mm，把一脚尖立在 A 点，以 d 为半径作弧，交另一等高线于 $1'$点；再以 $1'$点为圆心，另一脚尖交相邻等高线得 $2'$点；如此继续直到 B 点。这样，由 A 、$1'$、$2'$、…至 B 连接的线路AB ，就是所选定的坡度不超过 4%的最短线路。

从图 10-2 中可知，如果平距 d 小于图上两相邻等高线间的平距，则说明该处地面最大坡度小于设计坡度，这时可以在两等高线间用垂线连接。此外，从 A 到 B 的线路可采用上述方法选择多条，例如，由 A 、$1''$、$2''$、$3''$…至 B 所确定的线路。最后选用哪条线路，则主要根据占用耕地、拆迁民房、施工难度及工程费用等因素决定。

10.3.2 绘制地形断面图

地形断面图(或称地表剖面图)是指沿某一方向描绘的地面起伏状态的竖直面图。地形断面图可以在野外实地直接测定,也可直接根据地形图的等高线进行绘制。

绘制地形断面图时,首先要确定断面图水平方向和垂直方向的比例尺。通常,在水平方向采用与所用地形图相同的比例尺,而在垂直方向的比例尺通常要比水平方向的比例尺放大 10 倍,以突出地形起伏状况。如图 10-3(a)所示,若要求在等高距为 5 m、比例尺为 1∶5 000 的地形图上,沿 AB 方向绘制地形断面图,可采用如下常用方法:

(1)在地形图上绘出断面线 AB,依次交于等高线得 1、2、3 等点;

(2)在另一张白纸(或毫米方格纸)上绘水平线 AB,并作若干平行于 AB 的等间隔平行线,间隔大小依竖向比例尺而定,再注记出相应的高程值,如图 10-3(b)所示;

(3)把 1、2、3 等点转绘到水平线 AB 上,并通过各点作 AB 的垂线,各点垂线与相应高程的水平线的交点即断面点;

(4)用平滑曲线连接各断面点,则得到沿 AB 方向的地形断面图,如图 10-3(b)所示。

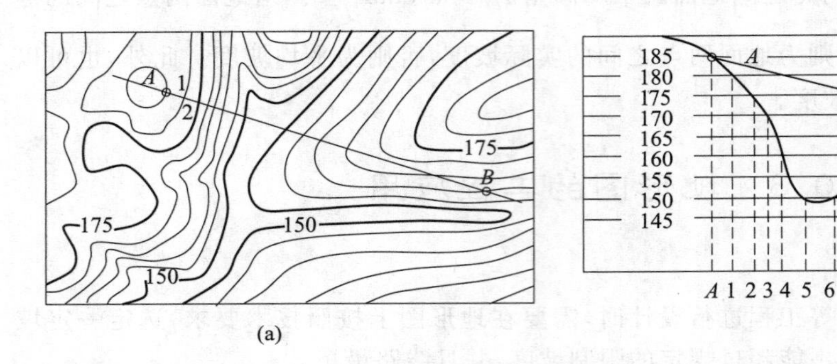

图 10-3 绘制地形断面图及确定地面两点间通视情况

当需要确定地面上两点之间是否通视时,可以根据地形图来判断。如果地面两点间的地形比较平坦时,通过在地形图上观看两点之间是否有阻挡视线的建筑物则可以判断是否通视。在两点间之间地形起伏变化较大的情况下,可以利用绘制地面断面图的方法判断 AB 两点是否通视,如图 10-3(b)所示,AB 两点间应当通视。

10.3.3 面积计算方法

(1) 几何图形法

当欲求某区域面积的边界为直线时,可以把该图形分解为若干个规则的几何图形,例如三角形、梯形或平行四边形等,如图 10-4 所示。然后,在地形图上量出这些图形的所有边长,这样,就可以利用几何公式计算出每个几何图形的面积。最后,将所有几何图形的面积之和乘以该地形图比例尺分母的平方,即为所求面积。

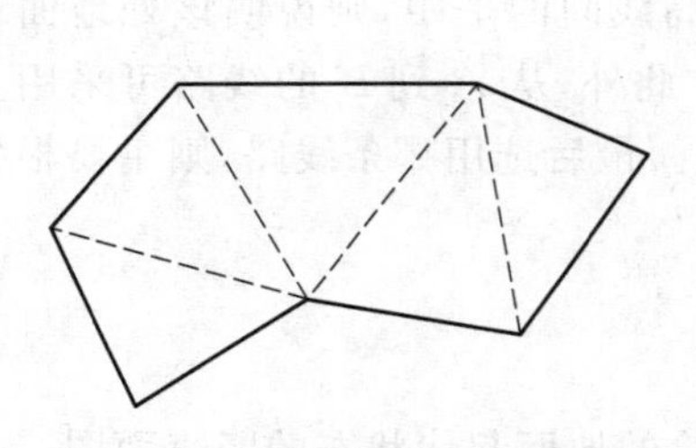

图 10-4 几何图形法计算面积

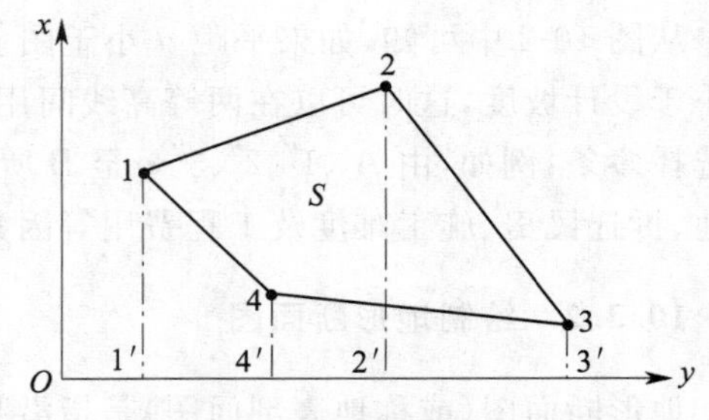

图 10-5 坐标计算法计算面积

(2) 坐标计算法

如果图形为任意多边形,并已知各角点的坐标时,可以利用坐标计算法精确计算该图形的面积。该方法适用于计算机编程,自动解算图形面积。如图 10-5 所示,由边界点 1、2、3、4 构成的面积 S 为:梯形面积 $S_{122'1'}$ + 梯形面积 $S_{233'2'}$ − 梯形面积 $S_{344'3'}$ − 梯形面积 $S_{411'4'}$,即

$$S = \frac{(x_1+x_2)}{2}(y_2-y_1)+\frac{(x_2+x_3)}{2}(y_3-y_2)-\frac{(x_3+x_4)}{2}(y_3-y_4)-\frac{(x_1+x_4)}{2}(y_4-y_1)$$

$$=\frac{1}{2}[x_1(y_2-y_4)+x_2(y_3-y_1)+x_3(y_4-y_2)+x_4(y_1-y_3)]$$

同理可得,当多边形由 n 个边界点构成时,则计算面积 S 的公式为

$$S=\frac{1}{2}\sum_{i=1}^{n}x_i(y_{i+1}-y_{i-1})$$

式中,当 $i=1$ 时,y_{i-1} 用 y_n 代替;当 $i=n$ 时,y_{i+1} 用 y_1 代替。

(3) 透明方格网法

对于不规则图形,可以利用绘有单元图形的透明纸蒙在待测图形上,统计落在待测图形轮廓线以内的单元图形个数来量测面积,如图 10-6(a)所示。

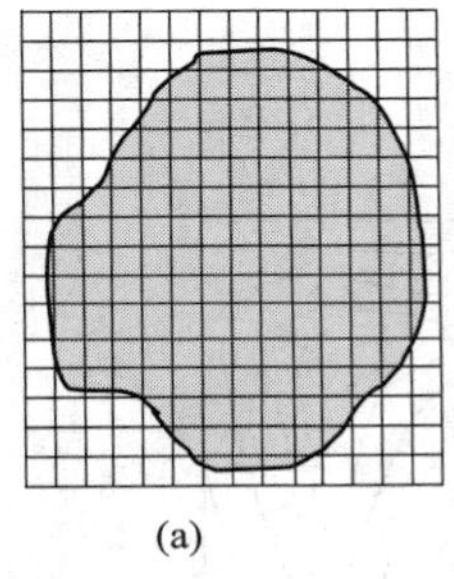
(a)

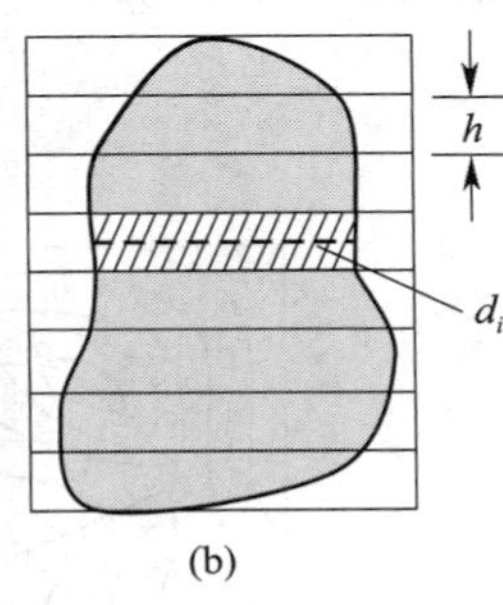

(b)

图 10-6 透明纸法计算面积

透明方格网通常是边长为 1 mm 的方格,每个方格的面积为 1 mm²,而所代表的实际面积则由地形图的比例尺决定。当量测图上面积时,将透明方格网蒙在图纸上,先数出完整方格数 n_1,再数出图形边缘的不完整方格数 n_2。然后,按下式计算整个图形的实际面积:

$$S=\left(n_1+\frac{n_2}{2}\right)\cdot\frac{M^2}{10^6}\quad(\mathrm{m}^2)$$

式中,M 为地形图比例尺分母。

(4) 透明平行线法

透明方格网法的缺点是数方格困难,为此,可以使用如图 10-6(b)所示的透明平行线法。被测图形用平行线分割成若干个等高的长条,每个长条的面积可以按照矩形公式计算。例如,图中绘有阴影线的面积,中间位置的虚线为上底与下底的平均值 d_i,可以直接在每个长条的中间位置量出,而每个长条的高均为 h,则其面积为

$$S=\sum_{i=1}^{n}d_i\cdot h=h\sum_{i=1}^{n}d_i$$

(5) 求积仪法

目前通常使用电子求积仪,如图 10-7 所示。在地形图上求取图形面积时,可以利用求积仪一端的十字中心沿图形边界跟踪一周,并记录统计出来的数字,再根据地形图比例尺求算图形面积。

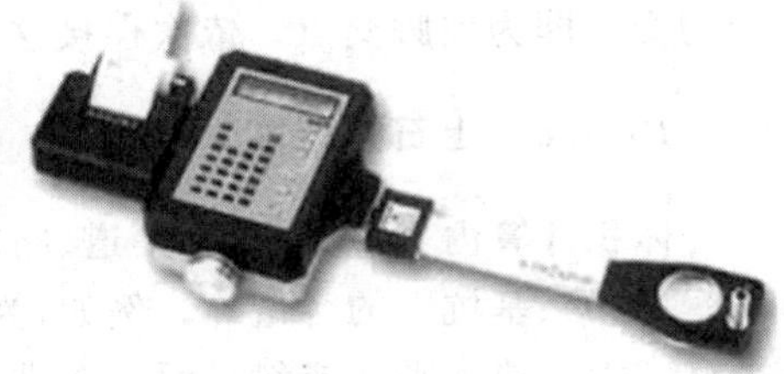
图 10-7 电子求积仪

求积仪具有直接显示量测结果、储存数据、计算周长、数据打印等功能。由于具备标准的 RS-232 接口,可以直接与计算机相连进行数据管理和处理。

当需要求取的面积较大时,可以采取将大图形划分为若干块小图形,分别求出这些小图形的面积

后再加起来。也可以在待测的大面积内划出一个或若干个规则图形(例如矩形、三角形、圆等),并计算其面积,剩下的边、角小块面积再用求积仪求取。

10.3.4 汇水面积计算

在修建交通线路的涵洞、桥梁或水库的堤坝等项工程中,需要确定有多大面积的雨水量汇集到桥涵或水库,即需要确定汇水面积,以便进行桥涵和堤坝的设计工作。通常是在地形图上确定汇水面积。

汇水面积是指由山脊线所围成的区域。如图 10-8 所示,某公路经过山谷地区,欲在 *m* 处建造涵洞,*cn* 和 *em* 为山谷线,注入该山谷的雨水是由山脊线(即分水线)*a*、*b*、*c*、*d*、*e*、*f*、*g* 及公路所围成的区域。区域的面积可通过上述面积量测方法得出。另外,根据等高线的特性可知,山脊线处处与等高线相垂直,并且经过一系列的山头和鞍部,因此,可以在地形图上直接确定汇水区域及面积。

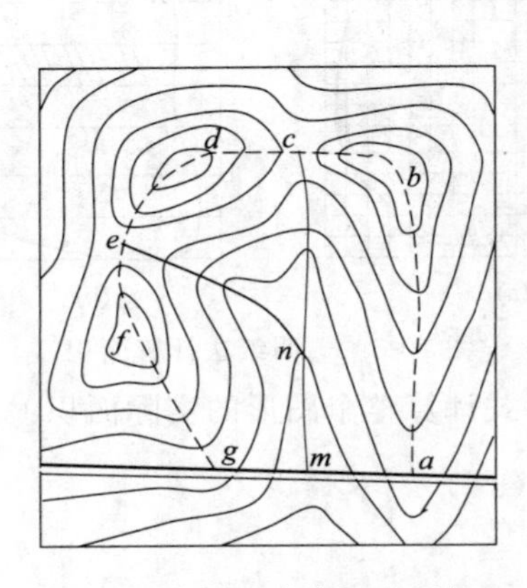

图 10-8 图上确定汇水面积

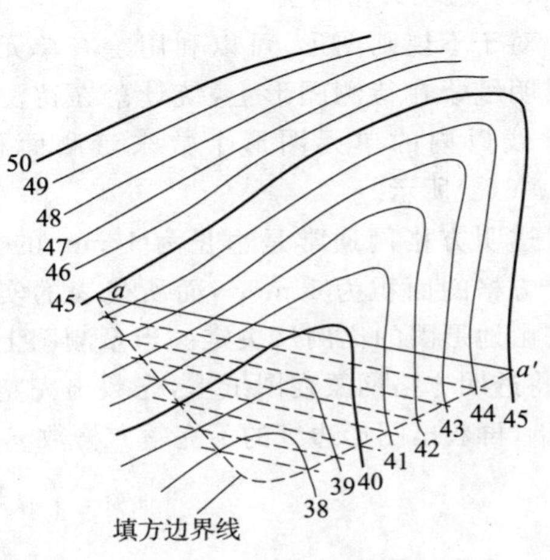

图 10-9 图上确定填挖边界线

10.3.5 绘制填挖边界线

在平整场地的工程中,可以在地形图上确定填方区和挖方区的边界线。如图 10-9 所示,要将山谷地形平整为一块平地,设平整后的设计高程为 45 m,则 45 m 等高线就是该场地上部的填挖边界线,可以直接在地形图上确定。

如果在场地下部边界 aa' 处的设计边坡为 1∶1.5(即每 1.5 m 平距高程降低 1 m),欲求填方坡脚边界线,则需在图上绘出等高距为 1 m、平距为 1.5 m、平行 aa' 的等高线,表示出斜坡面。首先,根据地形图比例尺绘出间距为 1.5 m 的平行线,该组平行线与地形图同高程等高线的交点即为坡脚交点。依次连接这些交点,即可绘出该场地下部边界 aa' 处的填方边界线。

10.3.6 土石方计算

体积计算内容主要包括:渠道、路基、堤坝及平整场地等的填挖方量,山丘、矿堆等的体积,水库、池塘、基坑等的容量等。例如,为了使起伏不平的地形满足一定工程的要求,需要把地表平整成为一块水平面或斜平面。在进行工程量预算时,通常利用地形图进行填、挖土石方量的概算。在地形图上进行体积计算的主要方法有等高线法、断面法及方格网法等。

(1) 等高线法

当地形起伏较大时,可以利用等高线法计算土石方量。首先,从设计高程的等高线开始计算出各条等高线所包围的面积,然后将相邻等高线面积的平均值乘以等高距即得填挖方量。

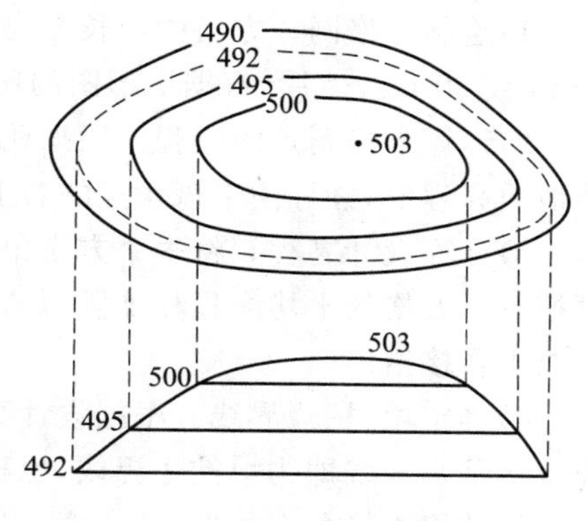

图 10-10　等高线法计算填挖方量

如图 10-10 所示,地形图的等高距为 5 m,要求平整后场地的设计高程为 492 m。首先,在地形图中内插出设计高程为 492 m 的等高线(如图中虚线所示),再求出 492 m、495 m、500 m 三条等高线所围成的面积 A_{492}、A_{495}、A_{500},然后,计算每层土石方的挖方量:

$$V_{492-495} = \frac{1}{2}(A_{492} + A_{495}) \times 3 \qquad (台体高为\ 3\ m)$$

$$V_{495-500} = \frac{1}{2}(A_{495} + A_{500}) \times 5 \qquad (台体高为\ 5\ m)$$

$$V_{500-503} = \frac{1}{3}A_{500} \times 3 \qquad (锥体高为\ 3\ m)$$

则总的土石方挖方量为:

$$V_{总} = \sum V = V_{492-495} + V_{495-500} + V_{500-505}$$

(2) 断面法

断面法计算体积的思路与等高线法类似,主要差别在于:等高线法作水平剖面,而断面法作竖直剖面。首先在施工场地内(例如山脊地貌范围)利用地形图按一定间距绘出地形断面图,并在各个断面图上绘出平整场地后的设计高程线。然后,分别求出各个断面图中地面线与设计高程线所围成的面积,再根据相邻断面之间的间距计算其土石方量,最后求和得总土石方量。

(3) 方格网法

如果要将地面平整为某一高程的水平面,如图 10-11 所示,填挖方量计算步骤如下:

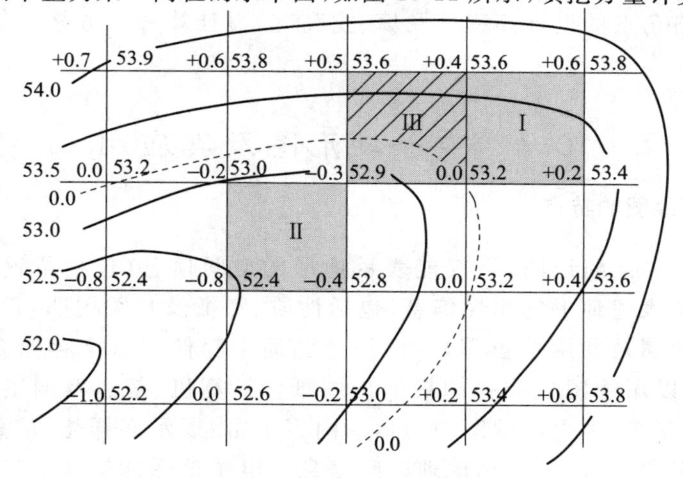

图 10-11　方格网法计算填挖方量

1)绘制方格网。方格的边长取决于地形的复杂程度和土石方量估算的精度要求,一般取 10 m 或 20 m。然后,根据地形图的比例尺在图上绘出方格网。

2)计算方格角点的高程。根据地形图上的等高线和其他已知高程点,目估出各方格角点的地面高程值,并标注于该角点的右上方。

3)计算设计高程。将每个方格角点的地面高程相加,并除以 4 则得到各方格的平均高程;再把每个方格的平均高程相加除以方格总数就得到设计高程 $H_设$(53.2 m)。$H_设$也可根据工程要求直接给出。

4)确定填、挖边界线。根据设计高程 $H_设$,在地形图上绘出高程为 $H_设$ 的等高线(如图中虚线所示),该线即为填挖边界线,也称零等高线。

5)计算方格角点的填、挖高度。将各方格角点的地面高程减去设计高程 $H_设$,得各方格角点的填、挖高度,并注在该角点的左上方(正号表示挖,负号表示填)。

6)计算各方格的填、挖方量。在图 10-11 中,方格Ⅰ、Ⅱ、Ⅲ的填、挖方量分别为

方格Ⅰ的挖方量: $V_1=\frac{1}{4}(0.4+0.6+0+0.2)\cdot A=0.3A$

方格Ⅱ的填方量: $V_2=\frac{1}{4}(-0.2-0.3-0.8-0.4)\cdot A=-0.425A$

方格Ⅲ的填、挖方量:
$$V_3=\frac{1}{4}(0.5+0.4+0+0)\cdot A_挖+\frac{1}{3}(0-0.3-0)\cdot A_填=0.225A_挖-0.1A_填$$

式中,A 为每个方格的实际面积,$A_挖$、$A_填$ 分别为方格Ⅲ中挖方区域和填方区域的实际面积。

7)计算总的填、挖方量。将所有方格的填方量和挖方量分别求和,即得总的填、挖土石方量。如果设计高程 $H_设$ 是各方格的平均高程值,则最后计算出来的总填方量和总挖方量应相等。

当地面坡度较大时,可将地形整理成一定坡度 i_0 的倾斜面。由图 10-11 可知,当把地面平整为水平面时,每个方格角点的设计高程值相同。而当把地面平整为倾斜面时,每个方格角点的设计高程值则不一定相同,这就需要在图上绘出代表设计倾斜面的一组等间距平行线,其间距 $d=h/i_0$,式中 h 为等高距。根据等距平行线(即设计等高线),则可以计算出每个方格角点的设计高程值及填、挖高度,再计算每个方格的填、挖方量及总的填、挖方量。

10.4 电子地形图及其应用

10.4.1 电子地图的特点

电子地图是数字化的地图,不仅能表示地形的空间信息(包括位置、大小、形状及相互关系等),也能够表述地形的属性信息(包括性质、特征及相关说明,例如建筑物的建造时间、建筑面积、权属及使用单位等)。电子地图通常存储于数字存储介质上,表达载体可以是屏幕,也可以用绘图仪或打印机输出图纸。计算机、信息及网络技术等为电子地图提供了软、硬件支撑,使电子地图中的信息内容丰富、展示多样化、信息更新快捷、使用方便,能够直观、形象、生动地表达地理空间信息。电子地图能够建立三维景观,将地物、地貌信息立体化,生成一个逼真的三维虚拟环境,可以使用户能够以视觉、听觉等感知形

式识读地形。

电子地图包括三方面内容：数学要素、几何要素（地形要素）和地图综合。数学要素是指地形在地图平面上表示时，必须遵循的数学函数关系，包括坐标系统、高程系统、地图投影、分幅及比例关系等。地形要素是统一规范的地物和地貌符号。地图综合主要是指由于地图图幅的限制或数据采集能力的局限，或制作某些专用地图的具体需要等，对地形所采取的某些合理取舍和综合概况。电子地图不是传统地图在理论、方法上的简单翻版，而是将其与现代信息技术相结合的创新，它提供了新的超越传统地图的描述地理环境和信息的能力，同时可以更好地表达人们对地理空间规律的认识，其主要特点是：

(1)可实现多源信息的集成处理，包括纸质地图、数据库系统、摄影测量、遥感、GPS 等获取的空间数据和属性数据，丰富了信息来源；

(2)可实现多维、多尺度的地理信息运算与表达，不仅支持一般地图的应用（如定位、导航等），还支持更深入的地理科学研究；

(3)可利用屏幕实时显示的灵活特性，进行有关地理对象或要素的时空变化过程模拟与规律研究，有助于进一步预测其变化发展的趋势；

(4)通过计算机和网络通信技术的应用，可以建立分布式电子地图的表达与应用的共享平台，以完成更加复杂的、集成的地球科学研究。

10.4.2 电子地图的其他表达形式

(1)多媒体电子地图

电子地图与多媒体技术相结合可产生多媒体电子地图，它集文本、图形、图表、图像、声音、动画和视频等多种媒体于一体，除了具有一般电子地图的优点之外，还增加了地图表达空间信息的媒体形式，以听觉、视觉等多种感知形式，直观、形象、生动地表达空间信息。

多媒体电子地图可以存储于数字存储介质上，以光盘、网络等形式传播，以计算机或触摸屏信息查询系统等形式供大众使用。无论用户是否有使用计算机和地图经验，都可以方面地从多媒体电子地图中得到所需要的信息，不仅可以查阅全图，也可将其缩小、放大、漫游、测距、控制图层显示、模糊查询，甚至可以进行下载及打印地图等操作。

(2)导航电子地图

导航电子地图是电子地图与导航技术的结合，导航图可以任意放大、缩小，既可以由地图确定交通工具在城市或乡村地区的具体位置，又可以通过电子地图查询到所需寻找的道路、交叉路口及建筑物等。随着卫星导航产业的快速发展，导航电子地图已经越来越广泛地应用于车载自动导航系统、移动目标监控、最优路径分析、目的地简况与位置查询、交通信息管理与服务等，以及面向个人消费者的旅游、出行等。

(3) 网络电子地图

网络电子地图是指基于现代网络技术的电子地图，它被赋予先进的可视化信息技术及网络技术，可以通过网络高速传输地图数据，实现快速、方便地查询异地相关地理信息。网络电子地图可广泛应用于土地与地籍管理、水资源管理、环境监测、数字天气预报、灾害监测与评估、智能交通管理、跟踪污染和疾病的传播区域、移动位置服务、现代物流、城市设施管理、数字城市、电子政务等诸多领域。

(4)三维电子地图

三维电子地图采用DEM技术，将地物、地貌信息立体化，非常直观、真实、准确地反映地形状况，并可查寻任意点的平面坐标、经纬度和高程值。在地物信息方面，除了提供效果良好的三维景观外，还可根据用户的要求提供丰富的属性数据。三维电子地图由于可以直观地观察到某地区的概貌和细节，快速搜索各种地物的具体位置及相关属性，因此，在土地利用和覆盖调查、农业估产、区域规划、居民生活等诸多方面具有重要的应用价值，在三维景观中可直接进行各项工程的规划与设计工作(图10-12)。目前三维电子地图开始出现在网络上，有卫星实景三维地图和人工虚拟三维地图等。

图10-12 利用三维电子地图进行房屋规划设计

(5)虚拟现实电子地图

虚拟现实(Virtual Reality——VR)技术是利用计算机生成一个逼真的三维虚拟环境，并通过利用专门的传感设备与之相互作用的新技术。虚拟现实电子地图就是基于虚拟现实技术的电子地图，它充分利用了计算机硬件与软件系统的集成技术，提供了一种实时的、虚拟景观，使用户具有仿佛置身于现实世界一样的身临其境感觉，并且可以通过人机对话方式交互地操作虚拟现实中的物体。

10.4.3 电子地形图应用方式

电子地形图的阅读工具一般是菜单形式的屏幕界面，界面上列出了工具内容，并通过帮助文档详细地介绍了功能及使用方法。随着菜单的引导，可以方便地选择阅读方式，或利用电子笔进行标绘，或进行地图要素的长度(距离)、面积、体积等的量算。电子地形图的使用方式可以概括为：

(1)阅读方式。直接在屏幕上显示地形图进行阅读和观察，判断地物位置、形状及地貌形态等，以及相关属性信息，这是电子地图的基本应用内容。

(2)分析方式。建立在地图数据库的基础上，侧重于地图信息的分析与应用，有较强的工具包、软件包、模型库的支持，例如，根据地名查找具体位置，根据地物查看相关信息等。

(3)嵌入方式。将电子地形图嵌入管理、分析或辅助决策等系统，提供地理数据与空间分析手段，或者起到地理背景或软件模块的作用，例如，查找最短路径、统计面积及计算里程等。

10.4.4 电子地形图的应用

电子地形图不仅具有纸质地形图所有的功能和应用内容，而且还具有自动查询、检索及分析功能，能够快速、高效、准确地解决实际问题。在电子地图上可查寻任意点的平面坐标、经纬度和高程值；可以查阅全图，也可将其缩小、放大、漫游、测距、分图层显示等；能够对地物的位置、形状及属性进行查询、检索及综合分析等项操作，也可根据用户的要求提供丰富的属性数据，直观地观察某一区域的概貌和细节，快速搜索各种地物的具体位置及相互位置关系。下面介绍一些电子地形图的应用事例。

(1)双向查询。能够实现图形和属性数据之间的双向查询,当选中某图形时就会弹出相应的属性表,也可根据属性查询相应的图形。例如,根据桥梁的属性(如名称、类型及修建时间等)进行查询,并将查询的相关结果在电子地图上闪烁显示。

(2)自动量算。在进行长度量算、面积量算及体积量算等工作时,只需要按照界面引导,选择相应的菜单或工具条即可得到量算数据。

(3)三维显示。电子地图可以根据需要建立逼真的三维景观。例如,对城市进行洪水淹没动态模拟与分析,当洪水泛滥时动态演示整个水淹过程,显示洪水淹没范围并统计出被淹没的道路、房屋及洪灾面积等。

(4)叠置分析。利用电子地图的叠置分析功能,可以将不同图形、属性的地形要素叠置在一起进行分析。例如,将境界层与道路层进行叠置分析后可以得到每个地区的道路里程数。

(5)缓冲区分析。根据实际需要,按照点(如某个城市)或线(如某条铁路)建立指定半径的缓冲区,并统计落入该缓冲区内的地形要素数目(例如农田面积、人口数量、滑坡个数及建筑物面积等),并以表格或图形等形式显示结果信息。

(6)网络分析。对地图线状要素进行分析,如道路、河流等。网络分析的典型方法是求连通性和最短路径,即判断两点间是否存在连通路径并找出最短路径,同时显示该路径的总长度及所经过的地名。

(7)数字地面模型分析。数字地面模型(即 DTM)是利用计算机表示地貌的一种数据模型,利用 DTM 可以实现许多的基本地形量算与分析,如地形坡度和坡向的量算与分析、通视分析、绘制断面图等。

(8)专业分析。在进行交通线路选线时,利用电子地形图可展示施工现场的三维地形景观,直观地分析、选择线路的方向与具体位置,进行场地平整设计并统计土石方量,自动地进行选线方案的优化工作等。

(9)防灾减灾。在制定防灾预案或面临突发灾害事件时,利用电子地图可以方便、快捷地模拟或确定事件发生的位置、影响范围、地形特点、前往最优路径及周围资源配置情况等,以便快速制定科学、合理的抢险救援方案。

思考题与习题

1. 如何辨别地形图的精度?

2. 如何选用合适比例尺的地形图?

3. 应用地形图可以解决哪些基本量算问题?

4. 应用地形图可以解决哪些实际问题?

5. 在图 10-13 中完成下面的练习:

(1)标出山头、鞍部、山脊线及山谷线。

(2)求出 A、B 两点之间的水平距离,并分别求出 A、B 两点的高程。

(3)绘出 A、B 两点之间的断面图,并判断 A、B 之间是否通视?

(4)找出图内山坡最陡处,并求出其坡度是多少?

(5)从 C 到 D 作出一条坡度不大于 10%的最短路线。

(6)绘出过点 C 的汇水面积。

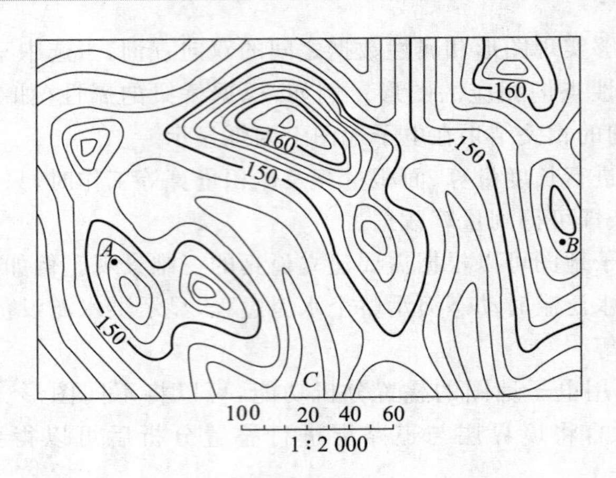

图 10-13　习题 5 图

参考答案

1. 比例尺。
2. 根据所需量距精度要求选用适当比例尺的地形图。

11 测设的基本方法

11.1 概　述

在工程施工建设阶段，需要把图纸上设计的各种建筑物（包括各种构筑物）的平面位置和高程，按照设计和施工的要求标定到地面上，作为施工的依据，该项工作称为测设（也称施工放样或放样）。而把地面点标定在图纸上或求其坐标的工作称为测定（也称测量或测绘），可见测设与测定是两个互逆的过程。

测设是根据已有地面控制点（或已有建筑物的特征点）与待定点之间的角度、距离和高差等几何关系，应用测绘仪器和工具在地面上标定出待定点。因此，测设已知水平距离、测设已知水平角、测设已知高程是测设的基本工作，其工作内容包括：利用已知点和待测设点的坐标计算测设数据、现场进行测设及检核。

测设的主要特点如下：

（1）测设直接为工程建设提供点位及空间关系，因此，应与施工组织、计划相协调，了解工程设计的内容、性质及其对测量工作的精度要求，随时掌握工程进度及变化情况，使测设精度和速度满足施工的需要；

（2）测设的精度要求主要取决于建筑物的规模、性质、用途、材料及施工方法等因素；一般高层建筑的测设精度应高于低层建筑，装配式建筑的测设精度应高于非装配式，钢结构建筑的测设精度应高于钢筋混凝土结构建筑，并且，局部精度通常高于整体定位精度；

（3）由于施工现场环境较差，各工序交叉作业、材料堆放、运输频繁、场地变动及施工机械的震动等，容易干扰测设工作的正常进行并使测量标志经常遭受破坏，因此，测量标志的形式、选点和埋设均应考虑便于使用、保存和检查，如有破坏应及时恢复。

为了保证各个建筑物的平面位置和高程都符合设计要求，测设工作同样应遵循“先控制后碎部”及“步步有检核”的原则，即在施工现场先建立统一的平面控制网和高程控制网，然后，根据控制点测设各个建筑物的位置，并对每项外业和内业成果进行检核。

11.2 测设的基本工作

11.2.1 测设已知平距

测设已知平距是指从地面一个已知点开始，沿已知方向测设出给定的水平距离，即确定另一个端点位置。根据测设的精度要求不同，可分为一般测设方法和精确测设方法。

（1）一般方法

在地面上，由已知点 A 开始，沿给定方向用钢尺量出已知水平距离 D 定出 B 点。如果地面倾斜，应尽量采用目估的方法将钢尺拉水平，如图 11-1 所示。为了校核与提高测设精度，应在起点 A 处改变钢尺位置，同法再量出已知距离 D 定出 B' 点。由于量距有误差，B 与 B' 两点一般不重合，若相对误差在允许范围内时，则取两点的中点作为最终位置。

如果利用全站仪(或光电测距仪)测设已知水平距离，可将全站仪安置于 A 点，反光镜沿已知方向 AB 移动，当仪器显示的水平距离等于待测设水平距离 D 时，定出 B 点即可。

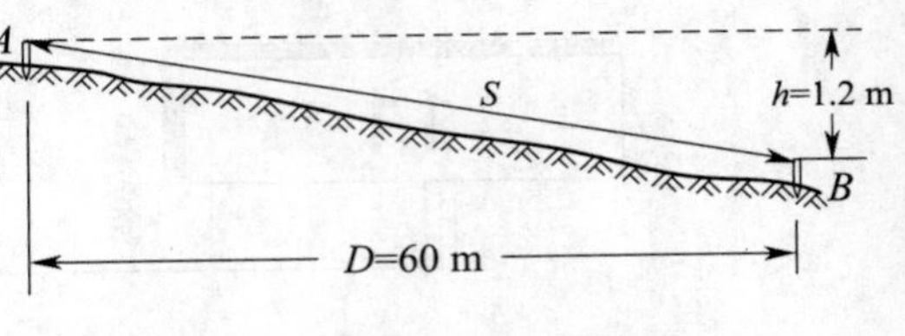

图 11-1 测设已知水平距离

(2)精确方法

当水平距离的测设精度要求较高(通常要求达到 1/2 000)时，则应进行尺长改正、温度改正和高差改正，但改正数的符号应与精确量距时的符号相反，即实地应测设的距离为

$$S = D - \Delta_l - \Delta_t - \Delta_h$$

式中，D 为待测设的水平距离；Δ_l 为尺长改正数，$\Delta_l = \dfrac{\Delta l}{l_0} \cdot D$，$l_0$ 和 Δl 分别是所用钢尺的名义长度和整尺长改正数；Δ_t 为温度改正数，$\Delta_t = \alpha \cdot D \cdot (t - t_0)$，$\alpha$ 为钢尺的线膨胀系数，t 为测设时的温度，t_0 为钢尺的标准温度(一般为 20°C)；Δ_h 为倾斜改正数，$\Delta_h = -\dfrac{h^2}{2D}$，$h$ 为线段两端点的高差。

【例 11-1】 如图 11-1 所示，欲测设水平距离 D，所使用钢尺的尺长方程式为：$l_t = 30.000\ \text{m} + 0.003\ \text{m} + 1.2 \times 10^{-5} \times 30(t - 20℃)\ \text{m}$，测设时的温度为 5℃，$AB$ 两点之间的高差为 1.2 m，试计算测设时在实地应量出的斜距 S 是多少？

【解】 尺长改正数：$\Delta_l = \dfrac{\Delta l}{l_0} \cdot D = \dfrac{0.003}{30} \times 60 = 0.006(\text{m})$

温度改正数： $\Delta_t = \alpha \cdot D \cdot (t - t_0) = 60 \times 1.2 \times 10^{-5} \times (5 - 20) = -0.011(\text{m})$

倾斜改正数： $\Delta_h = -\dfrac{h^2}{2D} = -\dfrac{1.2^2}{2 \times 60} = 0.012(\text{m})$

则实地应测设的斜距：

$$S = D - \Delta_l - \Delta_t - \Delta_h = 60 - 0.006 + 0.011 + 0.012 = 60.017(\text{m})$$

测设时，自线段的起点 A 沿给定的 AB 方向量出 S，定出终点 B，即得设计的水平距离 D。为了检核，应再测设一次，若两次测设之差在允许范围内，取平均位置作为点 B 的最后位置。

当利用全站仪(或光电测距仪)测设已知平距时，如图 11-2 所示，先安置仪器于 A 点，反光镜沿 AB 已知方向移动，当仪器显示的平距大致等于待测设水平距离 D 时定出 B' 点；再精确测出 AB' 两点之间的平距 D'；计算出 D' 与待测设水平距离 D 之间的改正数，$\Delta D = D - D'$；根据 ΔD 在实地沿已知方向用小钢尺由 B' 点量 ΔD 定出 B 点，AB 即为待测设水平距离 D。

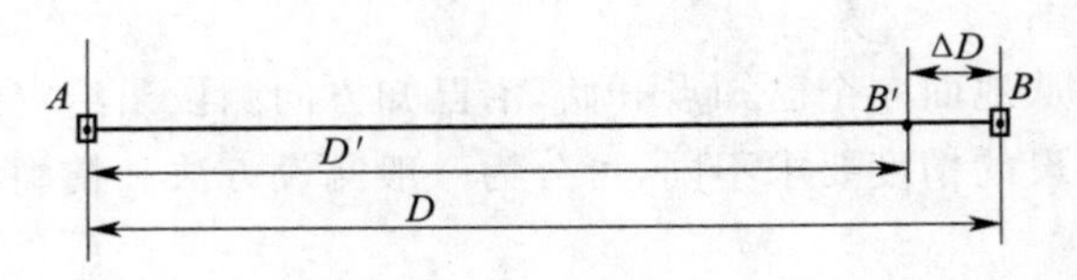

图 11-2 全站仪测设水平距离

为了检核，将反光镜安置在 B 点，测量 AB 的水平距离，若不符合要求则需重新进行改正，

直至满足精度要求为止。

11.2.2 测设已知水平角

测设已知水平角就是根据一个已知方向测设出另一个方向，使它们之间的夹角等于给定的设计水平角值。按照测设精度要求不同分为一般方法和精确方法。

(1)一般方法(盘左、盘右分中法)

如图 11-3 所示，设 OA 为地面上已知方向，欲测设水平角 β，先在 O 点安置仪器(全站仪或经纬仪)；以盘左镜位瞄准 A 点，配置水平度盘读数为 $0°00'00''$，转动照准部使水平度盘读数为 β 值，在视线方向定出 B_1 点；再用盘右镜位，与盘左同样方法定出 B_2 点；取 B_1 和 B_2 的中点 B，则$\angle AOB$ 即为 β 角。

(2)精确方法

当测设精度要求较高时，可利用精确方法测设已知水平角 β。如图 11-4 所示，安置仪器于 O 点，按照上述一般方法定出 B' 点；然后，再用多个测回精确测量$\angle AOB'$，取平均值得 β'；测量 OB' 水平距离；按下式计算出 B' 点与 B 点的垂距 $B'B$。

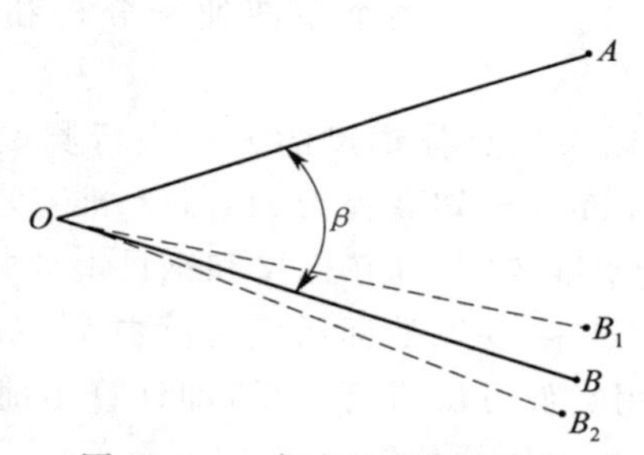

图 11-3 一般方法测设水平角

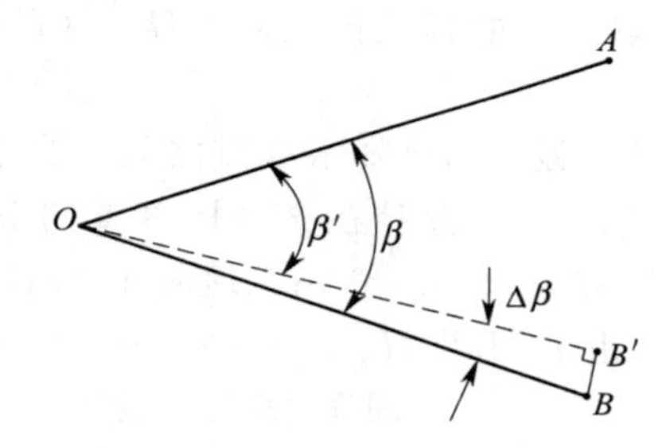

图 11-4 精确方法测设水平角

$$B'B = \frac{\Delta\beta}{\rho} \cdot OB' = \frac{\beta - \beta'}{206\ 265''} \cdot OB'$$

然后，用小钢尺从 B' 点沿 OB' 的垂直方向量出垂距 $B'B$ 定出 B 点，$\angle AOB$ 即为 β 角。

11.2.3 测设已知高程

测设已知高程就是根据已知点的高程，通过引测把设计高程标定在指定的位置上。如图 11-5所示，已知高程点 A 的高程值为 H_A，需要在 B 点标定出设计高程为 H_B 的位置。常用的方法是在 A、B 两点的中间安置水准仪，精平后读取 A 点标尺的读数 a，计算仪器视线高 $H_i = H_A + a$；则待测设高程为 H_B 时 B 点标尺读数 b 应为

$$b = H_i - H_B$$

然后，将水准尺紧靠 B 点木桩的侧面上下移动，直到尺上读数为 b 时，沿尺底画一横线即为设计高程 H_B 的位置。测设时应注意保持水准管气泡居中。

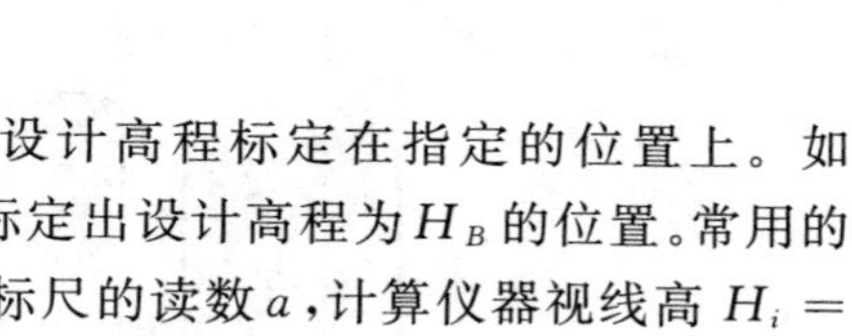

图 11-5 测设已知高程

例如，在建筑设计和施工中，为了方便常把建筑物的室内地坪设计高程用±0 标高表示，这样建筑物的基础、门窗等高程都是以±0 为依据进行测设。因此，就要在施工现场利用上述测设已知高程的方法测设出室内地坪高程的位置。

在地下工程(如隧道、地下室及矿山巷道等)施工中，高程点位通常设置在顶部。因

此，在测设高程点时，通常采用的方法是将水准尺倒立(即零点在上面)在高程点上。例如，设 A 为已知高程为 H_A 的水准点，B 为待测设高程为 H_B 的位置，从图 11-6 中可以看出 $H_B=H_A+a+b$，则在 B 点标尺应有的读数为 $b=H_B-(H_A+a)$；然后，将水准尺倒立并紧靠 B 点木桩上下移动，直到标尺读数为 b 时，则可在尺底零分划线处画出设计高程 H_B 的位置。

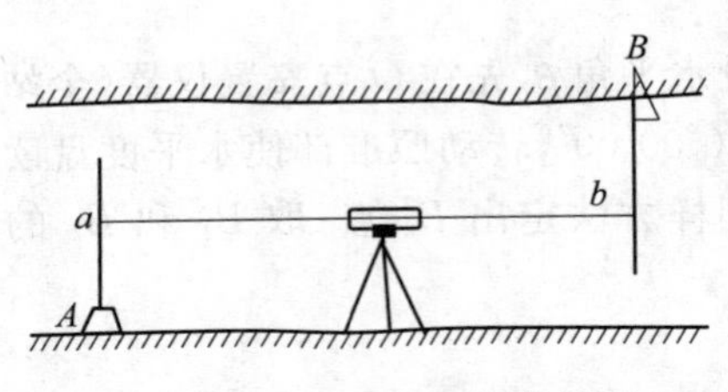

图 11-6　高程点在顶部的测设

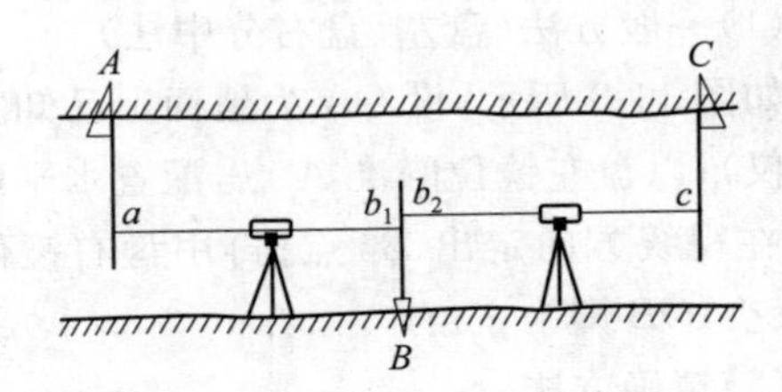

图 11-7　多个测站高程点测设

当待测设点距已知点较远时，也可以采用类似分析和解决方法。如图 11-7 所示，A 为已知高程 H_A 的水准点，C 为待测设高程为 H_C 的点位，由于 $H_C=H_A-a-b_1+b_2+c$，则在 C 点应有的标尺读数 $c=H_C-(H_A-a-b_1+b_2)$。可见，画个草图便于分析和解决该类问题。

当待测设点与已知水准点之间的高差较大时，可以采用悬挂钢尺的方法进行测设。如图 11-8所示，钢尺悬挂在支架上，零端向下并挂一重物，A 为已知高程为 H_A 的水准点，B 为待测设高程为 H_B 的点位；在地面和待测设点附近安置水准仪，分别在标尺和钢尺上读数 a_1、b_1 和 a_2；由于 $H_B=H_A+a-(b_1-a_2)-b_2$，则可以计算出在 B 点处标尺应有读数 $b_2=H_A+a-(b_1-a_2)-H_B$。同样，图 11-9 所示情形也可以采用类似方法进行测设，即计算出前视读数 $b_2=H_A+a+(a_2-b_1)-H_B$，即可确定设计高程 H_B 的标志线位置。

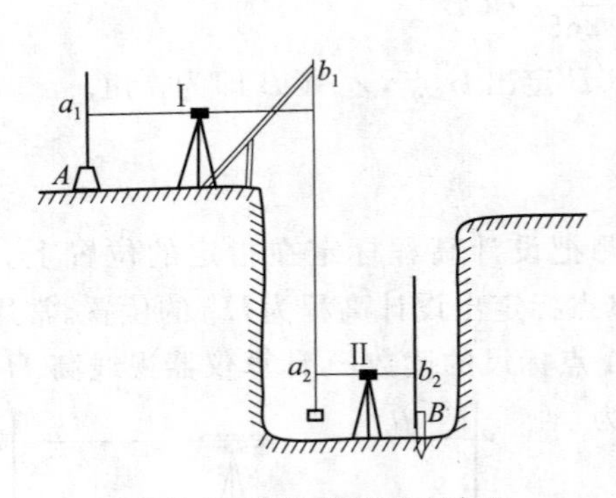

图 11-8　测设建筑基底高程

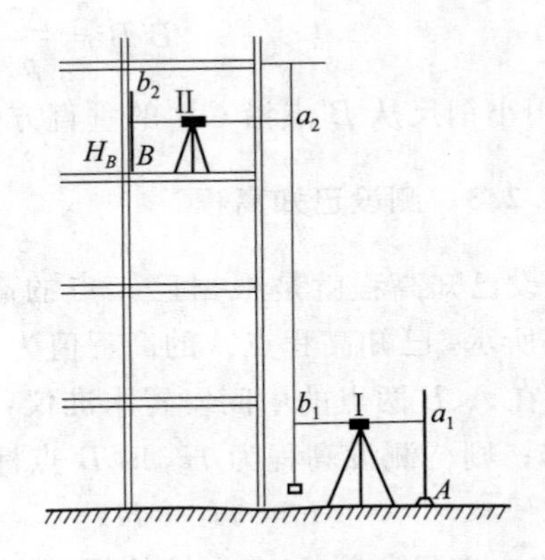

图 11-9　测设建筑楼层高程

11.3　平面点位的测设方法

每项工程的位置均由若干点的位置确定。测设点的平面位置是根据已有控制点和待测设点的坐标，反算出测设数据(即计算控制点和待测设点之间的平距和水平角)，再利用上述测设平距和水平角的方法标定出待测设点位。根据所用的仪器、控制点的分布情况、现场地形条件及测设点精度要求等不同条件，常用下述几种方法进行平面点位测设。

11.3.1　直角坐标法

直角坐标法是利用建筑场地已有的相互垂直的主轴线构成的控制网，根据坐标增量确定待测设点位的方法。如图 11-10 所示，A、B、C、D 为网状分布控制点，1、2、3、4 点为待测设矩形建筑物轴线的交点，并且，待测设建筑物的轴线与控制点的连线相互平行或垂直，测设方法如下：

(1)计算测设数据。计算坐标增量 Δy_{A1} 、Δx_{A1} 、Δy_{A3} 、Δx_{12} 。

(2)实地测设。在 A 点安置仪器，照准 C 点，沿视线方向测设平距 Δy_{A1} 、Δy_{A3} 定出 $1'$、$3'$两点；安置仪器于 $1'$点，盘左瞄准 C 点(或 A 点)，转 90°给出 1、2 两点方向，沿该方向分别测设平距 Δx_{A1} 、Δx_{12} 定出 1、2 两点，同法以盘右位置再定出 1、2 两点，取盘左、盘右的中点即为待测设点 1、2；同法，在 $3'$点测设出 3、4 点位置。

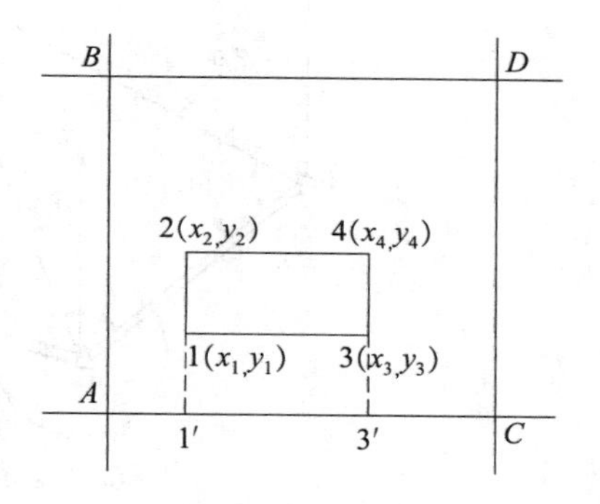

图 11-10　直角坐标法测设点位

(3)检核。在已测设的点上架设仪器，进行角度和边长检核，超限则需重新测设。如果待测设点位的精度要求较高，可以利用精确方法测设水平距离和水平角。

11.3.2　极坐标法

极坐标法是根据水平角和水平距离测设点的平面位置的方法。通常，在便于测距的情况下采用该法，精度可靠，效率较高。

如图 11-11 所示，$A(x_A, y_A)$、$B(x_B, y_B)$ 为已知控制点，$P(x_P$、$y_P)$ 为待测设点，放样步骤如下：

(1)计算放样数据。根据已知点坐标和测设点坐标反算出极角 β 和极径 D_{AP}，其中 $\beta = \alpha_{AB} - \alpha_{AP}$ 。

(2)放样。将仪器安置在 A 点，后视 B 点，按盘左、盘右分中法测设水平角 β 定出 AP 方向，并沿此方向测设平距 D_{AP}，在地面标定出设计点 P。

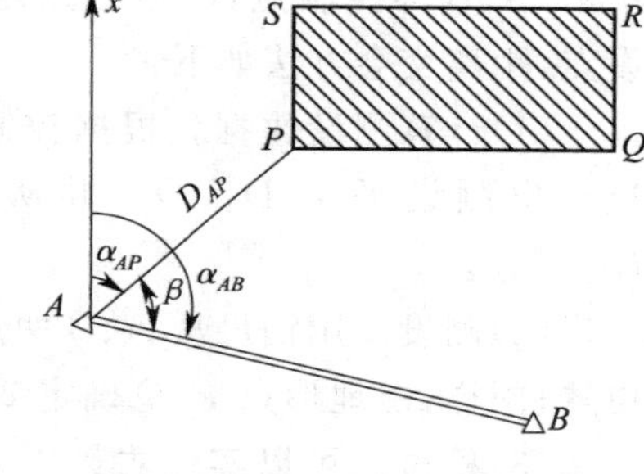

图 11-1　极坐标法

(3)检核。可以在 A 点重新测量一次，也可在 B 点利用相同方法测设 P 点，若两次测设点的误差不能满足要求则需重测。

11.3.3　角度交会法

角度交会法是在两个控制点上分别安置仪器，根据相应的水平角测设出两个方向，再根据两个方向交会定出待测点位。该法适用于待测设点离控制点较远或量距有困难的情况。如图 11-12(a)所示，A、B、C 为已知控制点，P 为待测设点，角度交会法测设 P 点步骤如下：

(1)计算测设数据。根据已知点和待测设点坐标反算测设数据，即计算出 α_{AB}，α_{AP}，α_{BP}，α_{CB} 及 α_{CP}，则 $\beta_1 = \alpha_{AB} - \alpha_{AP}$，$\beta_2 = \alpha_{BP} + 360° - \alpha_{BA}$，$\beta_3 = \alpha_{CP} - \alpha_{CB}$ 。

(2)测设。在 A 点安置仪器，瞄准 B 点，利用盘左盘右分中法测设 β_1 给出 AP 方向线，并在其方向线上的P点附近分别打上两个木桩(俗称骑马桩),在桩上钉小钉拉细线表示此方向;在B点安置仪器,同法定出BP方向线,由AP和BP方向线可交会待测设点P。

(3)检核。在控制点C安置仪器,测设水平角β_3给出方向线CP,如果交会没有误差,此方向应通过前两方向线的交点,否则将在P点形成一个"示误三角形",如图11-12(b)所示,若示误三角形边长在限差以内,则取示误三角形重心作为待测设点P的最终位置。

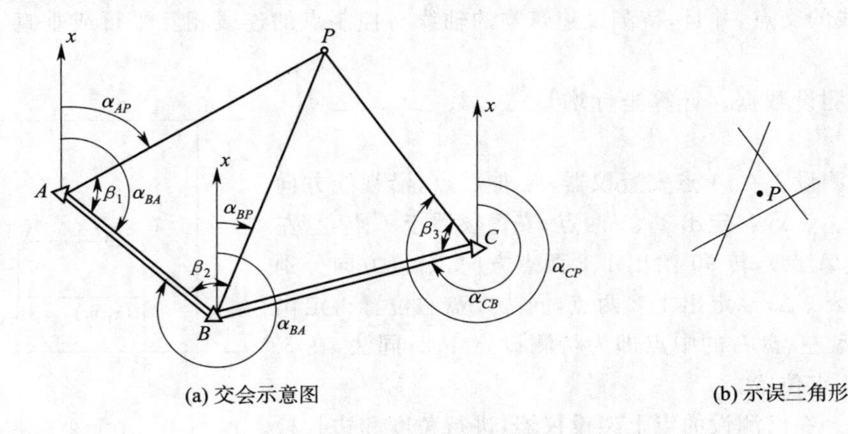

图11-12 角度交会法

11.3.4 距离交会法

距离交会法是从两个控制点或已知位置的地物,利用已知距离进行交会定点的方法。当便于量距时,用该法较为方便且不使用仪器。如图11-13所示,A、B为控制点,C为已知建筑物,1、2点为待测设点,距离交会方法如下:

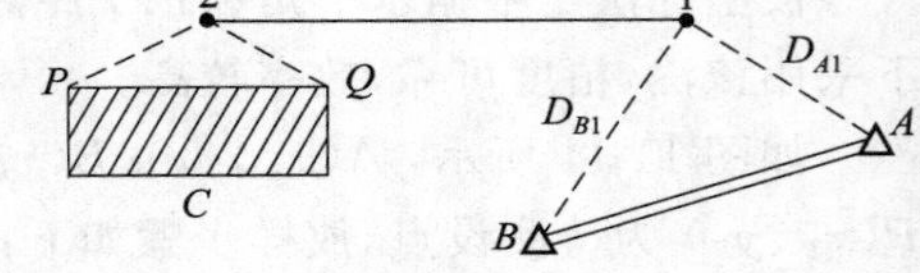

图11-13 距离交会法测设点位

(1)计算测设数据。根据控制点和待测设点坐标反算出测设平距D_A、D_B,并从设计图上量取平距D_{P2}、D_{Q2}。

(2)测设。用钢尺从A、B两点分别测设两段水平距离D_A和D_B,其交点即为所求1点的位置;同样,由地形点P、Q确定2点的位置。

(3)检核。可以实地丈量1、2两点间平距,并与1、2两点间设计坐标反算出的平距进行比较。

11.3.5 坐标法

坐标法就是利用全站仪具备的放样功能,即根据控制点、待测设点坐标直接放样点位的方法,该法具有测设精度高、速度快及适用面广的特点。坐标测设法的操作步骤如下:

(1)准备测设数据。设置仪器为测设模式,并输入控制点、待测设点的坐标。

(2)测设。仪器安置在控制点上,按坐标测设功能键后瞄准待测设点附近的棱镜,仪器自动解算、显示棱镜位置与待测设点之间的坐标差;根据该坐标差移动棱镜,直到坐标差值为零时,棱镜位置即为待测设点位。

(3)检核。每个待测设点位置确定后,再测定其坐标作为检核。

11.3.6 自由设站法

自由设站法是指当控制点与待测设点之间距离较远或中间有障碍物时，可以在待测设点附近找一个通视良好的中间点，精确测定该点位置，再根据该点放样待测设点。如图 11-14 所示，A、B 为控制点，Q 为待测设点，自由设站法步骤如下：

(1)测定中间点。在待测设点 Q 附近适当位置找一点 P，利用极坐标法或导线测量等方法测定 P 点坐标 $P(x_P、y_P)$。

(2)计算测设数据。根据 P、Q 两点坐标，反算 Q 点的测设数据 D_{PQ}、θ_Q。

(3)测设。在 P 点安置仪器，利用极坐标法测设 Q 点位置。

(4)检核。可测定 Q 点坐标，并与 Q 点的设计坐标进行比较；或再次测设 Q 点位以作检核。

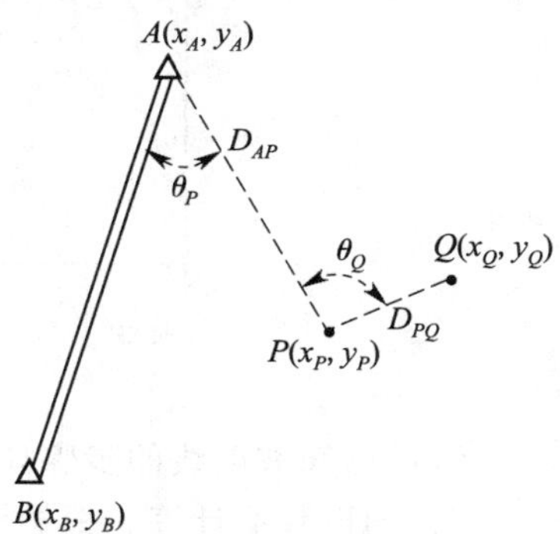

图 11-14 自由设站法测设铁路曲线

11.3.7 GPS 法

GPS 法是利用 GPS 实时动态测量技术(简称 RTK)直接测设点位的方法，该方法自动化程度高，速度快，受天气条件影响小。RTK 技术系统的配置主要有基准站接收机、移动站接收机及数据链。在 RTK 作业模式下，基准站接收机安置在已知控制点上，连续接收 GPS 卫星信号，并将相关信息通过数据链传送给移动站接收机；同时，移动站接收机还要采集 GPS 观测数据，并实时进行处理得到移动站的三维坐标。

基准站位置的合理选择是顺利进行 RTK 测量的关键，如果基准站位置选择不好，移动站则无发接收到基准站数据链，并且，移动站与基准站同步卫星偏少会使 RTK 不能正常工作。同时，随着移动站与基准站距离的不断增大，初始化时间也将延长，导致精度降低。因此，在基准站选址时应注意：应设在地势较高、四周开阔的位置，避免基准站附近有无线电干扰，防止多路径效应(如大面积水域、大型建筑物等)。GPS 测设点位的方法如下：

(1)安置基准站接收机。在控制点安置 GPS 接收机，并设置为放样工作模式。

(2)实地标定点位。将移动站接收机(对中杆)置于待测设点附近，测量该对中杆的三维坐标，并显示出对中杆与待测设点之间的距离和方位；根据显示的距离和方位，即可根据手簿屏幕中指示的箭头方向和距离进行实地定点。

(3)检核。可以在已标定的待测点位上，测定该点的坐标，并与设计值进行比较。

11.4 坡度线的测设

坡度线的测设就是在地面上标定出一段直线，其坡度值等于已给定的设计坡度。在交通线路工程、灌溉与排水渠道施工及敷设地下管线等项工作中经常涉及该类问题。

测设已知坡度线实际上还是测设已知高程点。如图 11-15 所示，设地面上 A 点的高程为 H_A，AB 两点之间的水平距离为 D，要求从 A 点沿 AB 方向测设一条设计坡度为 δ 的线段 AB，即在 AB 方向上定出 1、2、3、4、B 各桩点，使其各个桩顶连线的坡度等于设计坡度 δ。

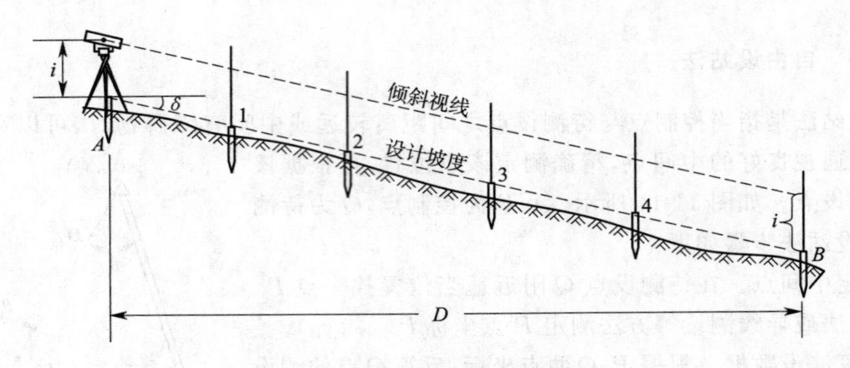

图 11-15　已知坡度线测设

测设已知坡度线的步骤如下：

(1)测设数据计算。根据设计坡度 δ 和水平距离 D，计算出 B 点的高程 $H_B=H_A-\delta\times D$ (注意坡度 δ 的正、负号)。

(2)测设高程。按照前述测设已知高程的方法，把 B 点的设计高程测设到木桩上，则 AB 两点连线的坡度等于已知设计坡度 δ。

(3)测设坡度线。为了便于施工，利用仪器(水准仪、经纬仪、全站仪等)在 AB 间加密 1、2、3、4 等点。方法是：使仪器的一个脚螺旋在 AB 方向上，另两个脚螺旋的连线大致与 AB 连线垂直，量取仪器高 i；用望远镜照准 B 点水准尺，旋转在 AB 方向上的脚螺旋，使 B 点桩上水准尺上的读数等于 i，此时仪器的视线即为设计坡度线。在 AB 中间各点打上木桩，并在桩上立尺使读数皆为 i，这时各桩顶的连线就是测设坡度线；

(4)检核。可以在 B 点设站瞄 A 点方向，同法检查各桩之间的坡度。

11.5　延长线及中间点的测设

在工程测量中，经常需要延长某段直线。如图 11-16 所示，要求延长直线 AB 到 C 点，通常采用正倒镜分中法，其主要步骤是：安置仪器于 B 点；盘左后视 A 点，倒镜后在视线方向上 C 点附近标定 C_1 点；盘右后视 A 点，再倒镜定 C_2；如果 C_1 与 C_2 间距小于 10 mm，则取中定出 C 点。

当需要在 A、B 两点的中间测设 C 点，并要求 C 点在 A、B 两点连线上时，测设步骤如下：安置仪器于 A 点；盘左瞄准 B 点，下放望远镜后在视线方向上 C 点附近标定 C_1 点；盘右同法再定 C_2；如果 C_1 与 C_2 间距小于 10 mm，则取中定出 C 点。

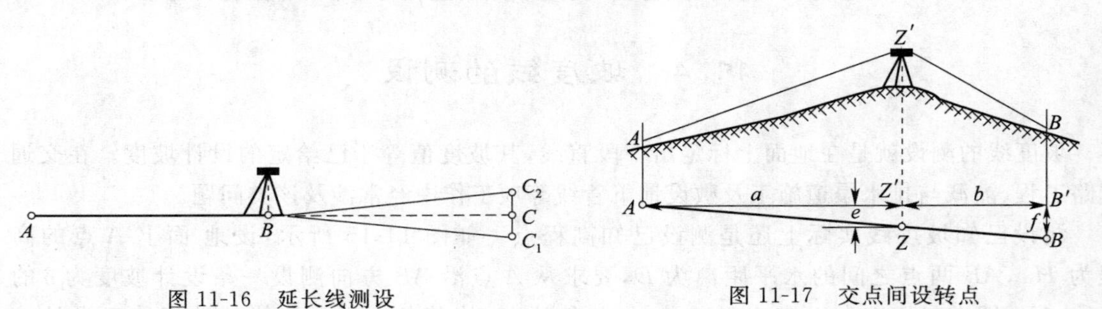

图 11-16　延长线测设　　图 11-17　交点间设转点

当需要在 A、B 两点连线上的中间位置测设 Z 点，且 A、B 两点不通视时，如图 11-17 所示，测设方法如下：在两点间较高处选一临时点 Z'，并安置仪器于 Z'；用正、倒镜中分法延长直线

AZ' 至 B'；分别测得 AZ'、$Z'B'$ 的平距 a、b；若 B' 与 B 点之间偏差为 f，则 Z' 点应横移的平距 $e=\frac{a}{a+b}f$；将 Z' 横移 e 定出转点 Z 后，再延长 AZ 检核 B 点是否在延长线上，否则重复上述步骤直至符合要求为止。

当需要测设 AB 的延长线且 A、B 两点之间有障碍不通视时，如图 11-18 所示，测设方法如下：在 Z 点附近设置临时点 Z'，并安置仪器于 Z'；用正、倒镜分别照准 A 点并取中间位置，在 B 点附近得 B'；分别测得 AZ'、$Z'B'$ 的平距 a、b；设 B' 与 B 的偏差为 f，则调整 Z' 的横移距 $e=\frac{a}{a-b}f$，将 Z' 横移 e 即得 Z 点。

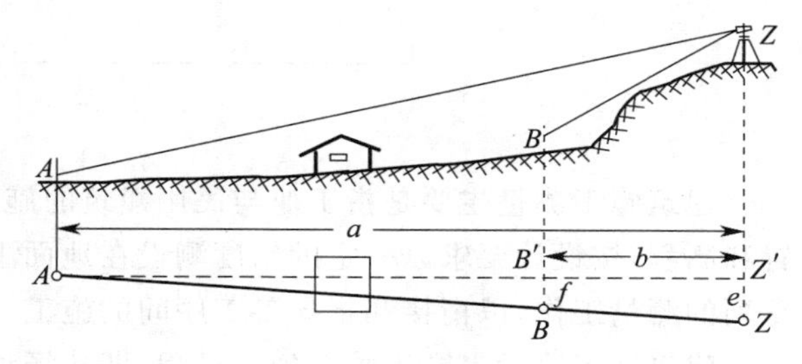

图 11-18　延长线上设转点

思考题与习题

1. 测设的基本工作主要有哪几项？测设与测定有何不同？

2. 要在坡度一致的倾斜地面上测设水平距离为 126.000 m 的线段，线段两端的高差为 3.60 m，测设时的温度为 10℃，所用钢尺的尺长方程式为：$l_t = 30\ \text{m} - 0.007\ \text{m} + 1.25 \times 10^{-5}(t - 20℃) \times 30\ \text{m}$，试计算用这把钢尺在实地沿倾斜地面应量的长度。

3. 欲在地面上测设一个直角 $\angle AOB$，先用一般方法测设出该直角，再用多个测回测得其平均角值为 90°00′54″，又知 OB 的长度为 150.000 m，问在垂直于 OB 的方向上，B 点应该向何方向移动多少距离才能得到 90°的角？

4. 建筑场地上水准点 A 的高程为 138.416 m，欲在待建房屋近旁的电杆上测设出±0 的标高，±0 的设计高程为 139.000 m。设水准仪在水准点 A 所立水准尺上的读数为 1.034 m，试说明测设步骤。

5. 测设点的平面位置主要有哪些方法？各适用于什么场合？各需要哪些测设数据？

6. A、B 为建筑场地已有控制点，已知 $\alpha_{AB} = 300°04'$，A 点的坐标为 $x_A = 14.22$ m，$y_A = 86.71$ m；P 为待测设点，其设计坐标为 $x_P = 42.34$ m，$y_P = 85.00$ m，试计算利用极坐标法从 A 点测设 P 点所需的数据。

参考答案

2. 实地测设水平距离为：$S = D - \Delta_l - \Delta_t - \Delta_h = 126 - 0.294 + 0.1575 + 0.051 = 125.914$(m)。

3. $B'B = \frac{\Delta\beta''}{\rho''} \cdot OB' = \frac{\beta - \beta'}{206265''} \cdot OB' = -0.039$(m)，需在垂直 OB 方向上往内侧移动 0.039 m。

4. 0.45 m。

6. $D_{AB} = 28.172$ m，$\beta = 303°32'47.7''$。

12 建筑施工测量

建筑施工测量主要是指工业与民用建筑的施工测量，即把设计好的建(构)筑物的平面位置和高程，按设计要求以一定的精度测设在地面上，作为施工的依据，并在施工过程中进行一系列的测量工作，以衔接和指导各工序间的施工。

建筑施工测量贯穿于整个施工过程，即从场地平整、建筑物定位、施工建设及竣工验收等过程都需要进行施工测量，才能使建筑物各部分的尺寸、位置等符合设计要求。有些工程竣工后，为了便于维修和扩建，还必须测绘出竣工图。有些高大或特殊的建筑物建成后，还要定期进行变形观测，以便掌握变形的规律，评价建设质量及保障安全使用，并为今后的设计、施工及维护工作提供参考资料。

在进行建筑施工测量之前，应建立健全测量组织和检查制度；核对设计图纸，检查总尺寸和分尺寸是否一致，总平面图和大样详图尺寸是否一致，不符之处要向设计单位提出并进行修正；对施工现场进行实地踏勘，根据实际情况编制测设计划，计算有关测设数据。

12.1 施工控制测量

由于在勘察设计阶段所建立的控制网主要是为了测图，因此，测图控制点的分布、密度及精度都难以满足施工测量的要求。另外，在施工场地平整过程中，许多控制点被破坏。因此，施工前必须在建筑场地先建立施工控制网，包括平面控制网和高程控制网，作为施工测量的基准。施工控制网与测图控制网相比，具有控制范围小、控制点密度大、精度要求高、使用频繁及易于遭受破坏等特点。

施工平面控制网的布设形式，应根据施工场地的地形条件、建筑物的大小、结构性质及分布特点等因素确定，常见形式有建筑基线、建筑方格网、导线及边角网等。建筑基线(图 12-1)适用于地势平坦且建筑物样式简单的小型施工场地；建筑方格网(图 12-2)适用于建筑物多为矩形且布置比较规则和密集的施工场地；导线网适用于建筑物样式复杂、分布零散且通视又比较困难的施工场地；边角网适用于地势起伏较大且建筑物分布范围较广的施工场地。

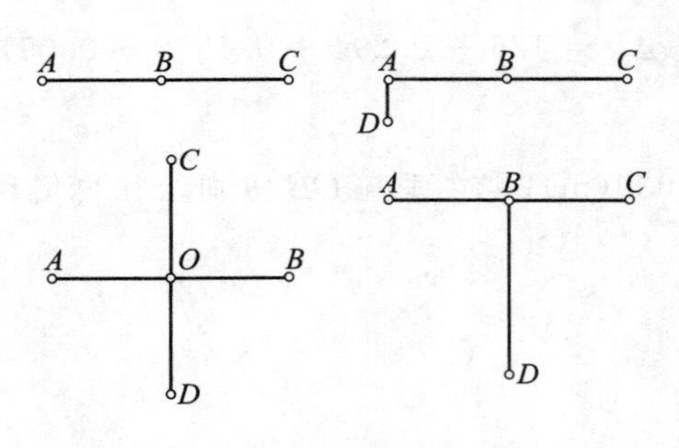

图 12-1　建筑基线的主要形式

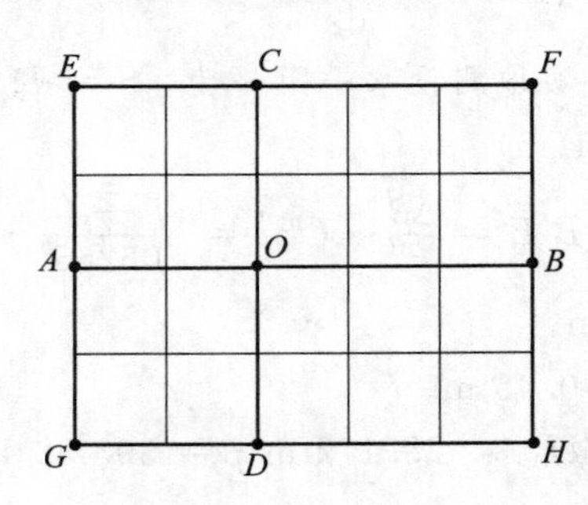

图 12-2　建筑方格网

12.1.1 施工平面控制

(1)施工坐标系与测量坐标系的坐标转换

通常,施工坐标系(也称建筑坐标系)的坐标轴与主要建筑物的主轴线相互平行或垂直,以便简化建筑物的放样工作。但是,施工坐标系与测量坐标系往往不一致,因此,在施工测量之前需要进行施工坐标系与测量坐标系的坐标换算。

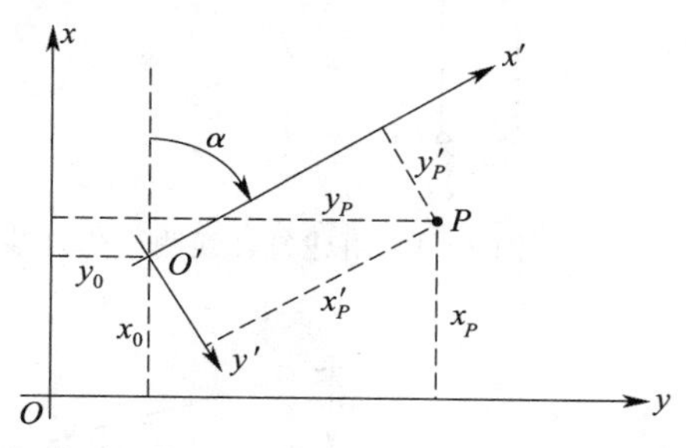

图 12-3 施工坐标系与测量坐标系示意图

如图 12-3 所示,设 xOy 为测量坐标系,$x'O'y'$ 为施工坐标系,x_0、y_0 为施工坐标系的原点 O' 在测量坐标系中的坐标,α 为施工坐标系的纵轴 $O'x'$ 在测量坐标系中的坐标方位角。设已知 P 点的施工坐标为($x_P{}'$,$y_P{}'$),则可按坐标平移、旋转公式将其换算为测量坐标中的坐标(x_P,y_P):

$$\begin{cases} x_P = x_0 + x'_P\cos\alpha - y'_P\sin\alpha \\ y_P = y_0 + x'_P\sin\alpha + y'_P\cos\alpha \end{cases} \tag{12-1}$$

如已知 P 点的测量坐标,则可按下式将其换算为施工坐标:

$$\begin{cases} x'_P = (x_P - x_0)\cos\alpha + (y_P - y_0)\sin\alpha \\ y'_P = -(x_P - x_0)\sin\alpha + (y_P - y_0)\cos\alpha \end{cases} \tag{12-2}$$

(2)建筑基线

建筑基线是建筑场地的施工控制基准线,适用于建筑设计总平面图布置比较简单的小型建筑场地,如图 12-1 所示。建筑基线的布设形式应根据建筑物的分布、施工场地地形等因素确定,常见形式有“一”字形、“L”形、“十”字形和“T”形等。

建筑基线的布设要求如下:

1)建筑基线应尽可能靠近拟建的主要建筑物,并与其主要轴线平行,以便使用直角坐标法进行建筑物的定位;

2)建筑基线上的基线点(即控制点)应不少于三个,以便能够进行检核;

3)基线点位应选在通视良好、不易被破坏的地方,尽量埋设永久性的混凝土桩。

根据施工场地的条件不同,建筑基线的测设方法主要有以下两种:

1)由城市测绘部门测定的建筑用地界定基准线(称建筑红线),可用作建筑基线测设的依据。如图 12-4 所示,AB、AC 为建筑红线,1、2、3 为建筑基线点,利用建筑红线测设建筑基线的方法如下:从 A 点分别沿 AB、AC 方向量取平距 d_2、d_1 定出 P、Q 两点;过 B 点沿 AB 垂线方向量取 d_1 定出 2 点,并做出标志;过 C 点沿 AC 垂线方向量取 d_2 定出 3 点,并做出标志;用细线拉出直线 $P3$ 和 $Q2$,两条直线的交点即为 1 点,并做出标志;在 1 点安置仪器精确观测 $\angle 213$ 进行检核,其值与 90° 的差值应小于 ±20″。

2)在施工现场,可以利用附近已有测量控制点测设建筑基线。如图 12-5 所示,A、B 为控制点,1、2、3 为设计的建筑基线点,测设方法如下:根据控制点和建筑基线点的坐标,计算出测设数据 β_1、D_1、β_2、D_2、β_3、D_3;用极坐标法分别测设出 1、2、3 点。

由于存在测量误差,测设的基线点往往不在同一直线上。如图 12-6 所示,设 1′、2′及 3′为放样的基线点,且点与点之间的距离与设计值也不完全相符。因此,需要精确测出 β' 和测设距离 D'($D'=1'2'+2'3'$),以便进行调整。

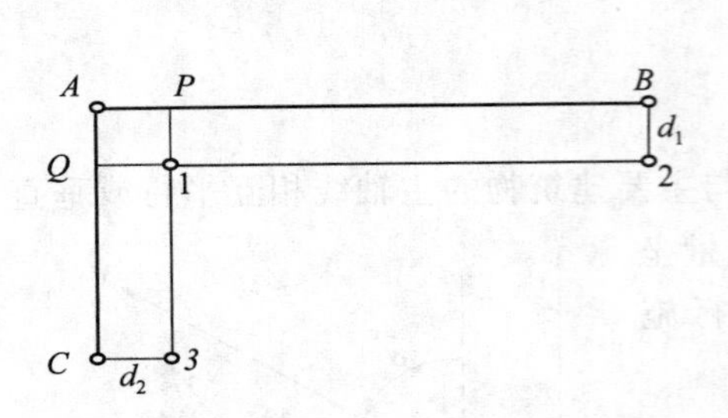

图 12-4　由建筑红线测设建筑基线

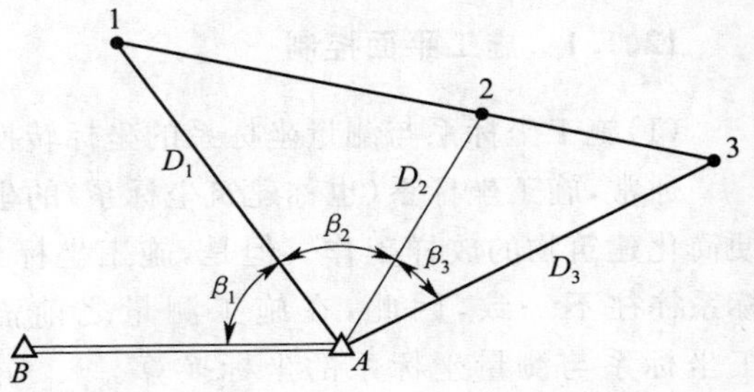

图 12-5　由控制点测设建筑基线

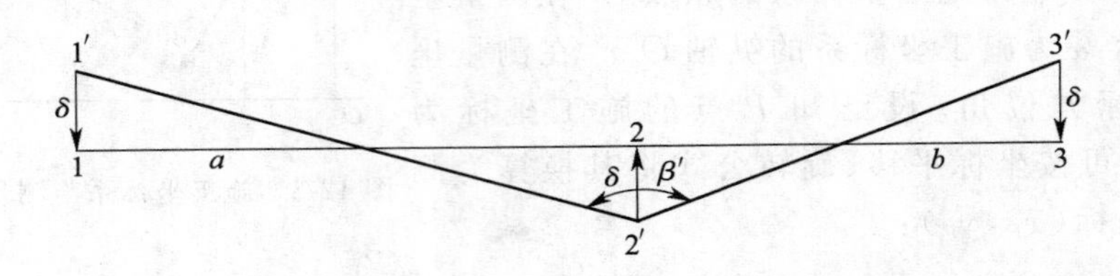

图 12-6　基线点的调整

如果 $\Delta\beta=\beta'-180^\circ>\pm15''$，则应对 1′、2′、3′ 点在与基线垂直的方向上进行等量调整，调整量按下式计算：

$$\delta=\frac{ab}{a+b}\times\frac{\Delta\beta}{2\rho} \tag{12-3}$$

式中：δ 为各点的调整值，a、b 分别为 12、23 直线段的长度，$\rho=206\ 265''$。

如果测设距离 D' 超限，即 $\frac{\Delta D}{D}=\frac{D'-D}{D}>\frac{1}{10\ 000}$，式中 D 为设计距离，则可以 2 点为准，按设计距离沿基线方向调整 1′、3′ 点即可。

(3)建筑方格网

如图 12-2 所示，布设由正方形或矩形组成的建筑方格网(也称矩形网)时，应根据总平面图上各建筑物、道路及各种管线的布置，结合现场的地形条件确定。通常，先确定方格网的主轴线 AOB 和 COD，然后再布设方格网。建筑方格网测设方法如下：

1)利用测设建筑基线的方法测设主轴线，即计算测设数据，测设两条互相垂直的主轴线 AOB 和 COD，检核主轴线点间的相对位置关系。建筑方格网的主要技术要求如表 12-1 所示。

表 12-1　建筑方格网的主要技术要求

等　级	边长(m)	测角中误差	边长相对中误差	测角检测限差	边长检测限差
Ⅰ级	100～300	5″	1/30 000	10″	1/15 000
Ⅱ级	100～300	8″	1/20 000	16″	1/10 000

2)分别在主点 A、B、C、D 安置仪器，照准主点 O 后测设 90°水平角及相邻两点间的设计距离，即可交会出方格网四边上的控制点。

3)检核时，测量相邻两点间的距离，查看是否与设计值相等；测量其角度是否为 90°，误差均应在允许范围内，并埋设永久性标志。

12.1.2　施工高程控制

施工高程控制测量一般采用水准测量方法，通常利用附近的已知水准点测定施工场地的高程控制点。在地表起伏较大的地区,也可以采用三角高程测量的方法测定高程控制点。施工场地水准点的密度,应尽量满足安置一次仪器即可测设待测点的高程。

通常,建筑基线点、建筑方格网点及导线点等也兼作高程控制点,只需要在平面控制点桩面上设置一个突出的半球形标志即可。为了便于检核和提高测量精度,施工场地高程控制网应布设成闭合或附合路线。高程控制网通常分为首级网和加密网,相应的水准点称为基本水准点和施工水准点。

基本水准点应布设在土质坚实、不受施工影响、无震动、便于测量的地方,并埋设永久性标志。通常采用四等水准测量的方法测定其高程,对高程具有较高精度要求时,则需按三等水准测量的方法测定其高程。施工水准点可直接用于测设建筑物高程。为了测设方便和减少误差,施工水准点应尽量靠近建筑物。此外,由于设计建筑物常以底层室内地坪标高为高程起算面(即±0),通常在建筑物内部或附近测设±0 水准点。±0 水准点的位置一般选在稳定的建筑物墙、柱的侧面,用红漆绘成顶为水平线的“▼”形,其顶端表示±0 高程位置。

12.2 民用建筑施工测量

民用建筑是指住宅、办公楼、食堂、医院和学校等建筑物。民用建筑施工测量的主要任务包括建筑物的定位和放线、基础工程施工测量、墙体工程施工测量及高层建筑施工测量等。

12.2.1 测设前准备工作

(1)熟悉设计图纸

设计图纸是施工测量的主要依据,在测设前应熟悉建筑物的设计图纸,了解施工建筑物与相邻地物的相互关系,以及建筑物的尺寸和施工的要求等,并仔细核对各设计图纸的有关尺寸。测设时必须具备下列图纸资料:

1)总平面图。可以查取或计算设计建筑物与原有建筑物或测量控制点之间的平距和高差,作为测设建筑物位置的依据,如图 12-7 所示。

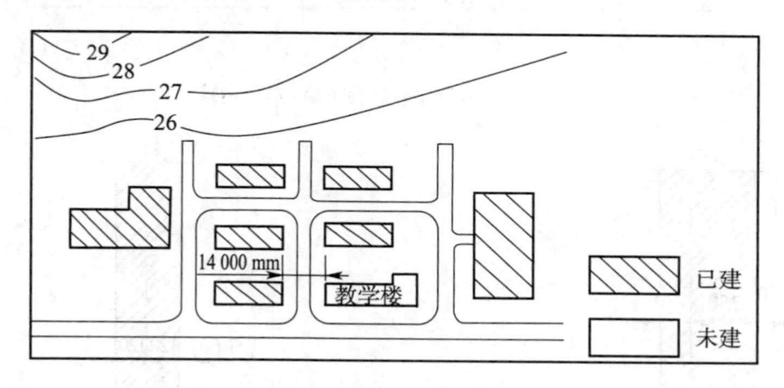

图 12-7 总平面图

2)建筑平面图。可以查取建筑物的总尺寸,以及内部各定位轴线之间的关系,这是施工测设的基本资料,如图 12-8 所示。

3)基础平面图。可以查取基础边线与定位轴线的平面尺寸,这是测设基础轴线的必要数据,如图 12-9 所示。

4)基础详图。可查取基础立面尺寸和设计标高,这是基础高程测设的依据,如图 12-10 所示。

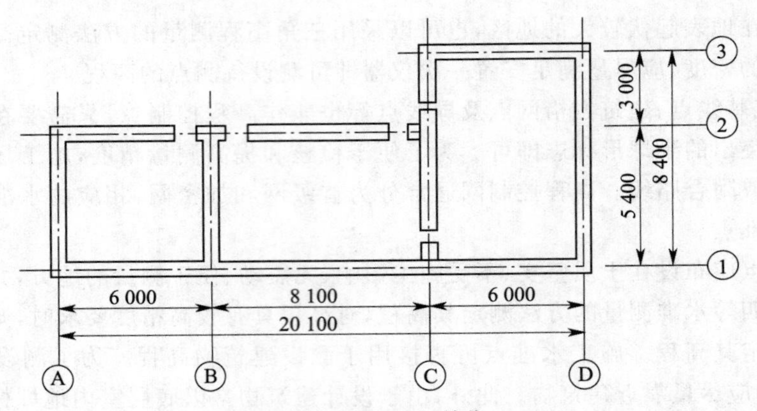

图 12-8　建筑平面图(单位:mm)

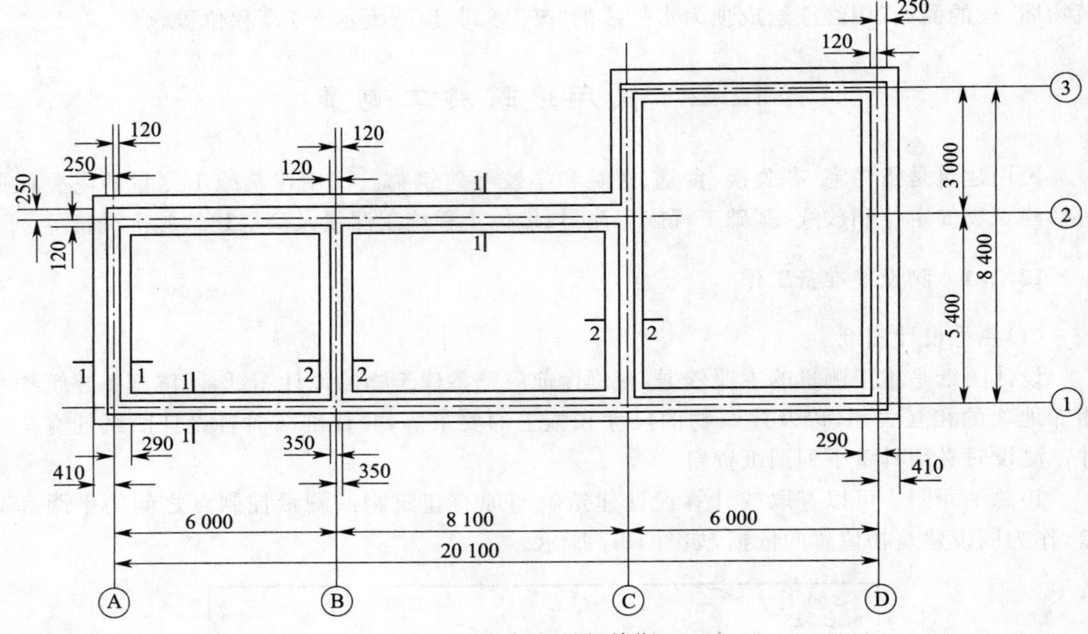

图 12-9　基础平面图(单位:mm)

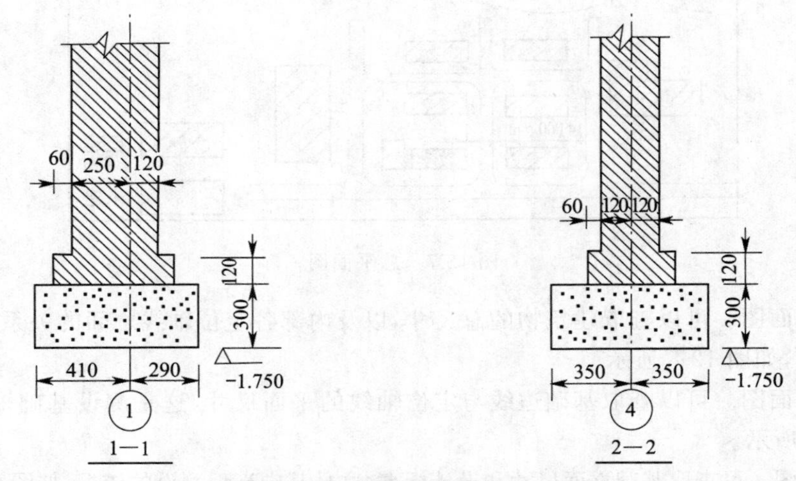

图 12-10　基础详图(单位:mm)

5)建筑物的立面图和剖面图。可以查取基础、地坪、门窗、楼板、屋架和屋面等设计高程,这是高程测设的主要依据。

(2)现场踏勘

全面了解现场情况,对施工场地上的平面控制点和水准点进行检核。

(3)施工场地整理

平整和清理施工场地,以便进行测设工作。

(4)制定测设方案

根据设计要求、定位条件、现场地形及施工方案等因素,制定测设方案,包括测设方法、测设数据计算、绘制测设略图等,如图 12-11 所示。

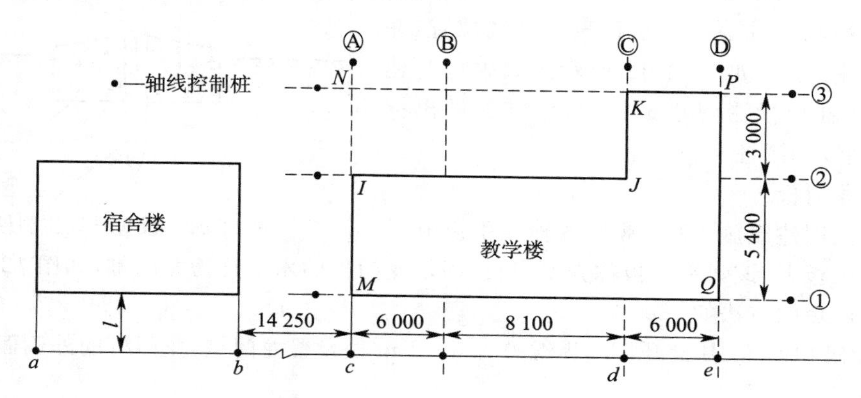

图 12-11 建筑物的测设略图(单位:mm)

(5)仪器和工具准备

对测设工作所使用的仪器和工具进行检校。

12.2.2 建筑物定位和放线

(1)建筑物定位

建筑物定位就是将建筑物外廓各轴线交点(简称角桩,如图 12-11 中的 M、I、J、K、P 和 Q)测设在地面上,作为基础放样和细部放样的依据。下面以已有宿舍楼测设拟建教学楼为例,介绍教学楼角桩的测设方法:

1)如图 12-11 所示,用钢尺沿宿舍楼东、西墙,延长出距离 l 得 a、b 两点,做出标志。

2)在 a 点安置仪器,瞄准 b 点,从 b 沿 ab 方向量取 14 m + 0.250 m(因教学楼外墙厚 370 mm,轴线偏里,离外墙皮 250 mm),定出 c 点,作出标志;再继续沿 ab 方向从 c 点起量取 14.100 m 和 20.100 m,定出 d 点、e 点,作出标志。

3) 在 c、d、e 三点分别安置仪器,后视 a 点,并用正、倒镜测设 90°,并沿视线方向量取距离 l+0.250 m(图 12-10) 定出 M、Q 两点;从 c、d 两点沿此视线方向再量取距离 l + 0.250 m + 5.400 m 定出 I、J 两点;从 d、e 两点沿此视线方向再量取距离 l + 0.250 m + 8.400 m 定出 K、P 两点;M、I、J、K、P 和 Q 等 6 个点即为教学楼外廓定位轴线的交点,打下木桩并在桩顶钉小钉以表示点位;

4)用钢尺检测各轴线交点的距离,以及∠N 和∠P 是否等于 90°,其误差应在允许范围内。

(2)建筑物放线

建筑物放线是指根据已定位的角桩,详细测设出建筑物各轴线的交点桩(或称中心桩),然后，根据交点桩用白灰标出基槽开挖边界线。放线时（图 12-11 和图 12-9），分别在 M、I 点安置仪器瞄准 Q、J 点，并用钢尺沿 MQ 和 IJ 方向量出相邻两轴线间的距离，可得建筑物其他各轴线的交点，即在外墙轴线周边上测设出各中心桩。

由于在开挖基槽时，角桩和中心桩要被挖掉，为了便于在施工中随时恢复各轴线位置，则需把各轴线延长到基槽外稳定处，并做好标志。恢复轴线位置的主要方法为：设置轴线控制桩（引桩）和设置龙门板。

1）设置轴线控制桩

在基槽外、基础轴线的延长线上设置轴线控制桩，作为开槽后各施工阶段恢复轴线的依据，如图 12-11 所示。轴线控制桩一般设置在基槽外 2～4 m 处，在木桩顶钉上小钉表示轴线位置，并用混凝土包裹木桩，如图 12-12 所示。如附近有建筑物，亦可把轴线投测到建筑物上，用红漆做出标志，以代替轴线控制桩。

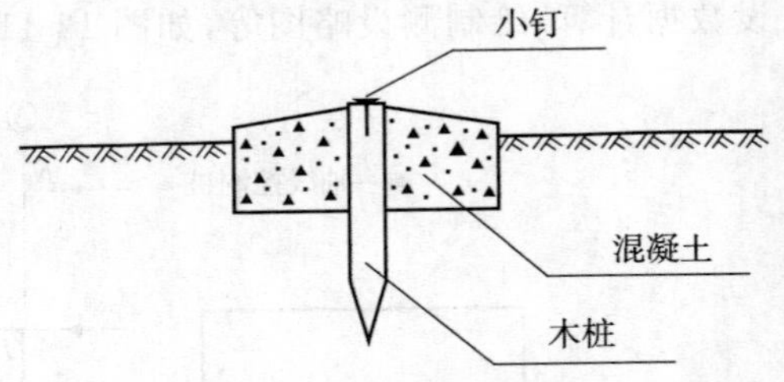

图 12-12 设置轴线控制桩

2）设置龙门板

在小型民用建筑施工中，常将各轴线引测到基槽外的水平木板上，该水平木板称为龙门板，固定龙门板的木桩称为龙门桩，如图 12-13 所示。

设置龙门板的方法如下：

① 在建筑物四角、基槽开挖边界线外 1.5～2 m 处设置龙门桩，龙门桩的外侧面应与基槽平行。

② 利用施工高程控制点，在每个龙门桩上测设出该建筑物室内地坪设计高程线（即±0 标高线），并在±0 标高线处钉设龙门板，即龙门板顶面为±0 位置；用水准仪校核龙门板的高程，允许误差为±5 mm。

③ 在 N 点安置仪器瞄准 P 点，沿视线方向在龙门板上定出一点，用小钉作标志，倒转望远镜在 N 点的龙门板上也钉一个小钉；同样，将各轴线引测到龙门板上，所钉之小钉称为轴线钉，检查轴线钉定位误差应小于 ±5 mm。

④ 用钢尺沿龙门板的顶面检查轴线钉的间距，其误差不超过 1∶2 000；检查合格后，以轴线钉为准，将墙边线、基础边线、基础开挖边线等标定在龙门板上。

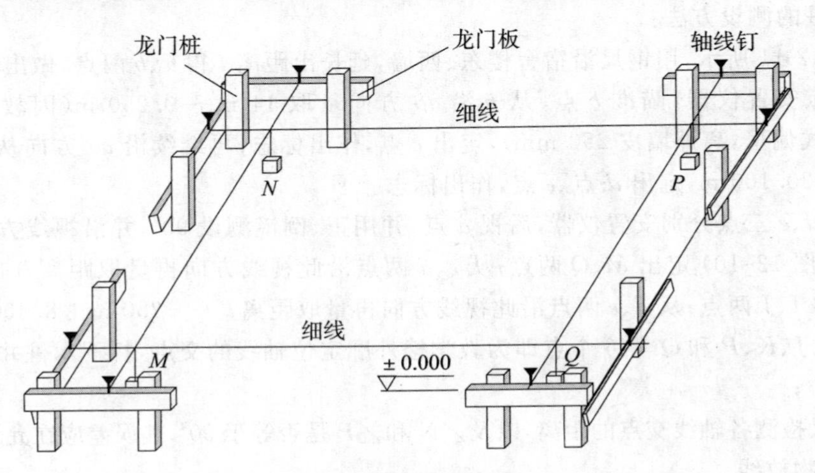

图 12-13 设置龙门板

12.2.3　基础施工测量

(1)基槽抄平

建筑施工中的高程测设也称抄平。为了控制基槽的开挖深度，当快挖到槽底设计标高时，应用水准仪根据地面上±0点在槽壁上测设一些水平小木桩(称为水平桩)，如图12-14所示，使木桩上表面离槽底的设计标高为一固定值(如0.500 m)。

为了施工时使用方便，一般在槽壁各拐角处、深度变化处和基槽壁上每隔3～5 m测设一水平桩，作为挖槽深度、修平槽底和打基础垫层的依据。

例如，槽底设计标高为1.700 m，欲测设比槽底设计高0.500 m的水平桩，测设方法如下：安置水准仪，并在±0标高线上立水准尺，读取后视读数为1.318 m；计算测设水平桩的应读读数 $b=a-h=1.318-(-1.700+0.500)=2.518$(m)；在槽内一侧立水准尺，并上下移动，直至水准仪视线读数为2.518 m时，沿水准尺底在槽壁打入一小木桩即可。

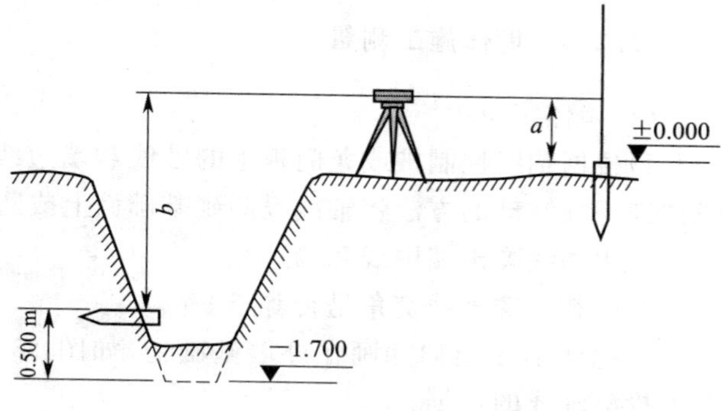

图12-14　设置水平桩

(2)垫层中线的投测

基础垫层打好后，根据轴线控制桩或龙门板上的轴线钉，用仪器或拉绳挂锤球的方法，把轴线投测到垫层上，如图12-15所示，并用墨线弹出墙中心线和基础边线，作为砌筑基础的依据。

由于整个墙身砌筑均以此为准，这是确定建筑物位置的重要环节，一定要严格校核后方可进行砌筑施工。

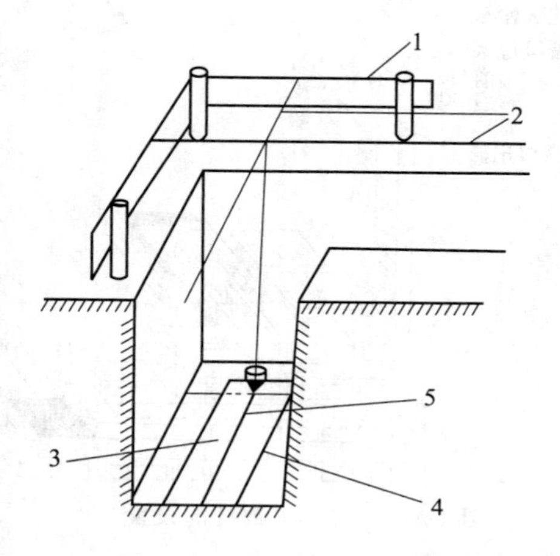

图12-15　垫层中线的投测

1—龙门板；2—细线；3—垫层；4—基础边线；5—墙中线

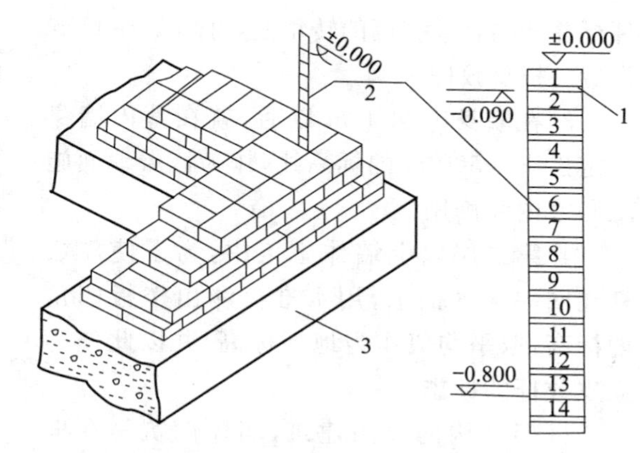

图12-16　基础墙标高的控制

1—防潮层；2—皮数杆；3—垫层

(3)基础墙标高的控制

房屋基础墙是指±0.000 m以下的砖墙，其高度是用皮数杆来控制的。皮数杆是一根木制的杆子，如图 12-16 所示，在杆上事先按照设计尺寸，将砖、灰缝厚度画出线条，并标明±0.000 m和防潮层的标高位置。

立皮数杆时，先在立杆处打一木桩，用水准仪在木桩侧面定出一条高于垫层某一数值(如100 mm)的水平线，然后将皮数杆上标高相同的一条线与木桩上的水平线对齐，并用大铁钉把皮数杆与木桩钉在一起，作为基础墙的标高依据。

(4)基础面标高的检查

基础施工结束后，应检查基础面的标高是否符合设计要求，方法是用水准仪测出基础面上若干点的高程和设计高程比较，允许误差为±10 mm。

12.2.4 墙体施工测量

(1)墙体定位

1)根据轴线控制桩或龙门板上的轴线和墙边线标志，用仪器或拉细绳挂锤球的方法将轴线投测到基础面上或防潮层上。

2)用墨线弹出墙中线和墙边线。

3)检查外墙轴线交角是否等于90°。

4)把墙轴线延伸并画在外墙基础上，如图 12-17 所示，作为向上投测轴线的依据。

5)把门、窗和其他洞口的边线，也在外墙基础上标定出来。

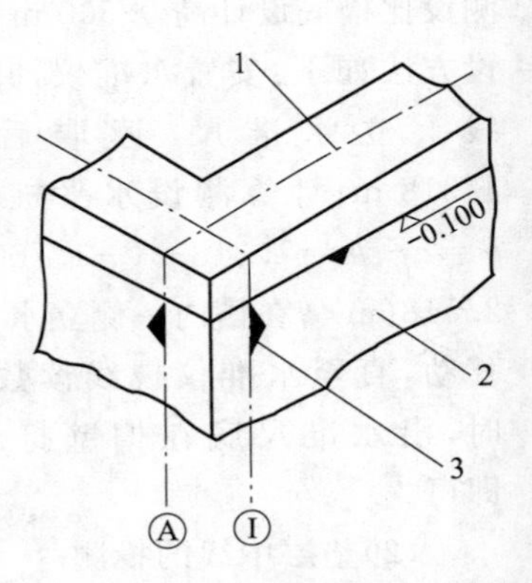

图 12-17 墙体定位

1—墙中心线；2—外墙基础；3—轴线

(2)墙体各部位标高控制

在墙体施工中，墙身各部位标高通常也是用皮数杆控制，测设方法如下。

1)在墙身皮数杆上，根据设计尺寸，按砖、灰缝的厚度画出线条，并标明±0.000 m、门、窗、楼板等的标高位置，如图 12-18 所示。

2)墙身皮数杆的设立与基础皮数杆相同，使皮数杆上的 0.000 m 标高与房屋的室内地坪标高相吻合。在墙的转角处，每隔 10～15 m 设置一根皮数杆。

3)在墙身砌起 1 m 以后，就在室内墙身上定出+0.500 m 的标高线，作为该层地面施工和室内装修用。

4)第二层以上墙体施工中，为了使皮数杆在同一水平面上，用水准仪测出楼板四角的标高，取平均值作为地坪标高，并以此作为立皮数杆的标志。

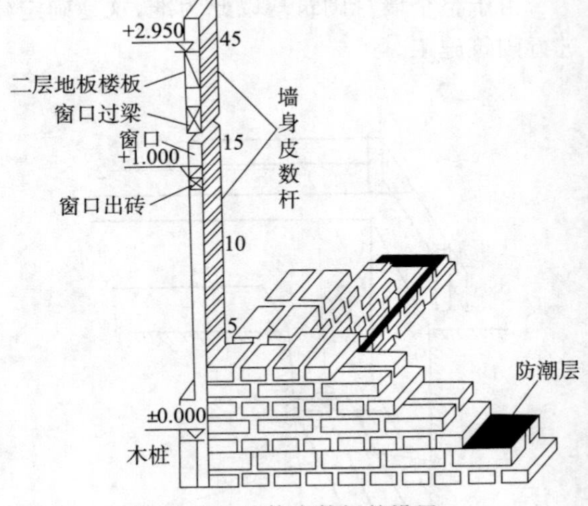

图 12-18 墙体皮数杆的设置

框架结构的民用建筑，墙体砌筑是在框架施工后进行，因而可在柱面上画线，代替皮数杆。

12.2.5 建筑物的轴线测设

在多层建筑墙身砌筑过程中，为了保证建筑物轴线位置正确，可用吊锤球或仪器将轴线投测到各层楼板边缘或柱顶上。

(1)吊锤球法。将较重的锤球悬吊在楼板或柱顶边缘,当锤球尖对准基础墙面上的轴线标志时,线在楼板或柱顶边缘的位置即为楼层轴线端点位置,并画出标志线。各轴线的端点投测完后,用钢尺检核各轴线的间距,符合要求后继续施工,并把轴线逐层自下向上传递。吊锤球法简便易行,不受施工场地限制,一般能保证施工质量。但当有风或建筑物较高时,投测误差可能较大。

(2)仪器投测法。在轴线控制桩上安置仪器,瞄准基础墙面上的轴线标志,用盘左、盘右分中法,将轴线投测到楼层边缘或柱顶上。当所有端点投测到楼板上之后,用钢尺检核其间距,相对误差不得大于1/2 000。检查合格后,才能在楼板分间弹线,继续施工。

12.2.6 建筑物的高程传递

在多层建筑施工中,要由下层向上层传递高程,以便楼板、门窗口等的标高符合设计要求。高程传递的主要方法有下列几种:

(1)皮数杆传递高程。一般建筑物可用墙体皮数杆传递高程,具体方法参照上述内容。

(2)钢尺直接丈量。对于高程传递精度要求较高的建筑物,通常利用钢尺直接丈量来传递高程;对于二层以上的各层,每砌高一层,就从楼梯间用钢尺从下层的“+0.500 m”标高线,向上量出层高,测出上一层的“+0.500 m”标高线,逐层向上引测。

(3)吊钢尺法。用悬挂钢尺代替水准尺,利用水准仪测设高程,从下向上传递高程。

12.3 高层建筑施工测量

高层建筑物施工测量中的主要问题是控制垂直度,即把建筑物的基础轴线准确地向高层引测,并保证各层相应轴线位于同一竖直面内,严格控制竖向偏差。轴线向上投测时,要求竖向误差在本层内不超过5 mm,全楼累计误差值不应超过$2H/10\ 000$(H为建筑物总高度),并且,当30 m$<H\leqslant$60 m时,不应超过10 mm;当60 m$<H\leqslant$90 m时,不应超过15 mm;当90 m$<H$时,不应超过20 mm。高层建筑物轴线的竖向投测方法主要有外控法和内控法两种。

12.3.1 外控法

外控法是利用仪器在建筑物外部轴线控制点上进行轴线传递工作。下面介绍常见的仪器投点法,即根据建筑物轴线控制桩来进行轴线的竖向投测,亦称“仪器引桩投测法”,主要操作方法如下。

(1)在建筑物底部投测中心轴线位置

高层建筑的基础工程完工后,将仪器安置在轴线控制桩A_1和A_1'、B_1和B_1'上,把建筑物主轴线精确地投测到建筑物的底部,并设立标志,如图12-19中的a_1和a_1'、b_1和b_1'。

(2)向上投测中心线

随着建筑物不断升高,要逐层将轴线向上传递,将仪器安置在中心轴线控制桩A_1和A_1'、B_1和B_1'上,用望远镜瞄准建筑物底部已标出的轴线a_1和a_1'、b_1和b_1'点,用盘左和盘右分别向上投测到每层楼板上,并取其中点作为该层中心轴线的投影点,如图12-19中的a_2和a_2'、b_2和b_2'。

(3)增设轴线引桩

当楼房逐渐增高,而轴线控制桩距建筑物又较近时,望远镜的仰角较大,操作不便,投测精度也会降低。为此，则应将原中心轴线控制桩引测到更远的安全地方，或者附近大楼上。

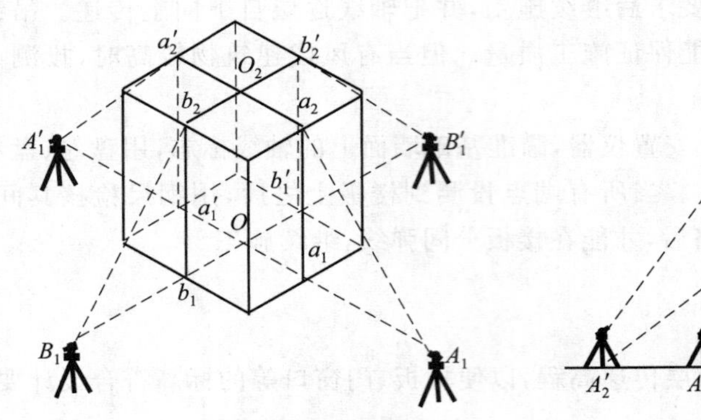

图 12-19 仪器投测中心轴线

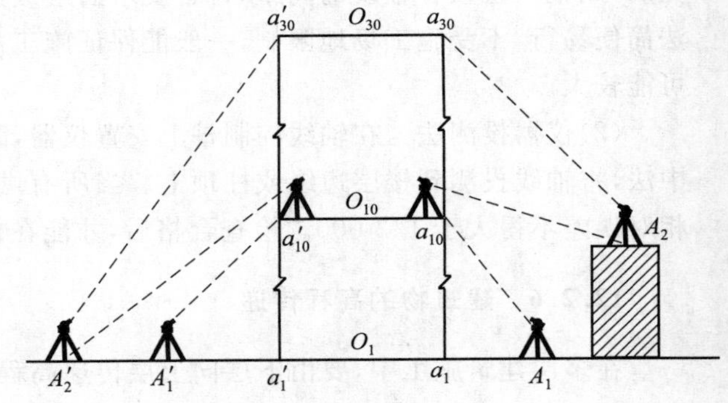

图 12-20 经纬仪引桩投测

引测方法如下：将仪器安置在已经投测上去的较高层（如图 12-20 中的第 10 层）楼面轴线 $a_{10}a'_{10}$ 上，瞄准地面上原有的轴线控制桩 A_1 和 A'_1 点，用盘左、盘右分中法将轴线延长到远处的新轴线控制桩 A_2 和 A'_2 点，并用标志固定其位置。

12.3.2 内控法

内控法是在建筑物内±0 平面设置轴线控制点，并埋设标志，在各层楼板相应位置上预留 200 mm×200 mm 的传递孔，并在轴线控制点上直接采用吊线坠法或激光铅垂仪法，通过预留孔将其点位垂直投测到任一楼层，如图 12-21 和图 12-22 所示。

(1)内控法轴线控制点的设置

在基础施工完毕后，在±0 层平面上适当位置设置与轴线平行的辅助轴线。辅助轴线距轴线 500～800 mm 为宜，并在辅助轴线交点或端点处埋设标志，如图 12-21 所示。

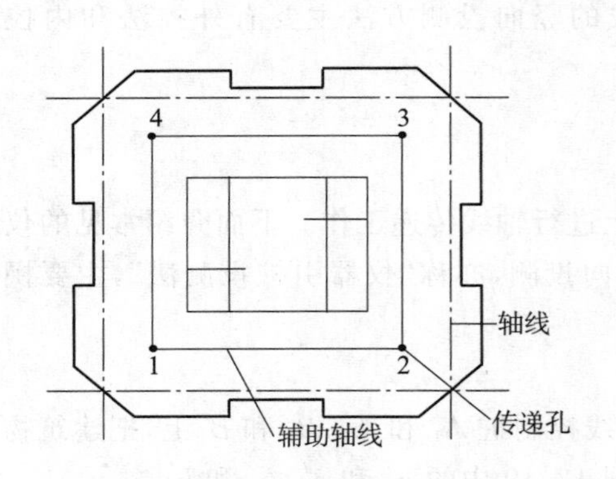

图 12-21 内控法轴线控制点的设置

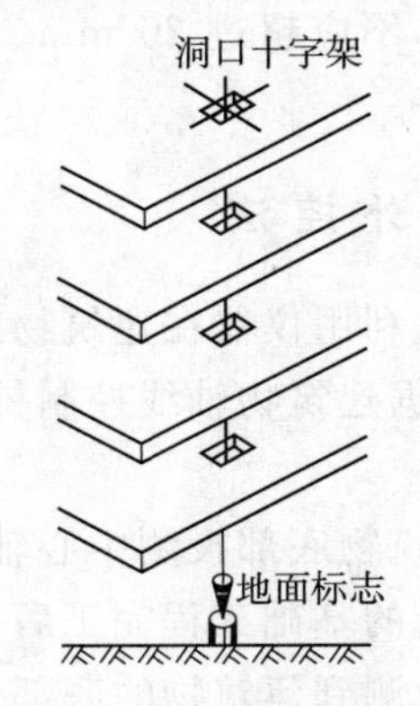

图 12-22 吊线坠法投测轴线

(2)吊线坠法

吊线坠法是利用钢丝悬挂重锤球的方法进行轴线竖向投测。这种方法一般用于高度在 50～100 m 的高层建筑施工中，锤球的质量为 10～20 kg，钢丝的直径为 0.5～0.8 mm。

投测方法：如图 12-22 所示，在预留孔上面安置十字架，挂上锤球，对准±0 层埋设的标志，当锤球线静止时，固定十字架，并在预留孔四周做出标记，作为以后恢复轴线及放样的依据。此时，十字架中心即为轴线控制点在该楼面上的投测点。用吊线坠法实测时，要采取一些必要措施，如用铅直的塑料管套着坠线或将锤球沉浸于油中，以减少摆动。

图 12-23 激光铅垂仪

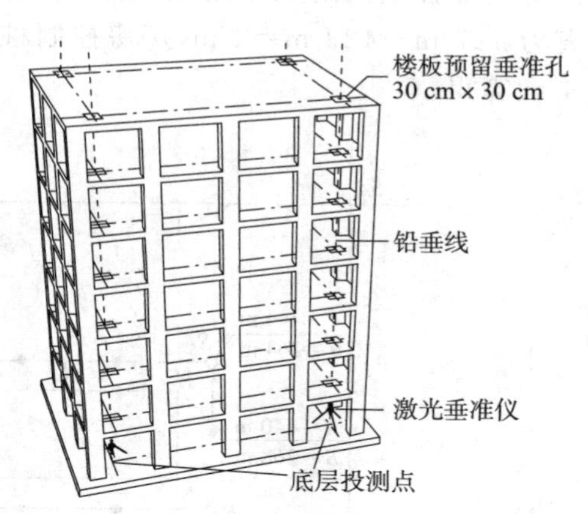

图 12-24 激光铅垂仪投测轴线示意图

(3)激光铅垂仪法

激光铅垂仪是一种专用的铅直定位仪器，适用于高层建筑物、烟囱及高塔架的铅直定位测量。激光铅垂仪如图 12-23 所示，可以向上或向下发射可见的激光束，并设置有两个互成 90°的管水准器，以便能使激光束铅垂。激光铅垂仪投测轴线方法（图 12-24）如下：

1)在±0 层轴线控制点上安置激光铅垂仪，利用激光器底端的激光束进行对中，调节基座整平螺旋使管水准器气泡严格居中。

2)在上层施工楼面预留孔处，放置接受靶。

3)启动激光器发射铅直激光束，并对发射望远镜调焦，使激光束会聚成红色耀目光斑投射到接受靶上。

4)移动接受靶，使靶心与红色光斑重合，固定接受靶，并在预留孔四周做出标记，此时，靶心位置即为轴线控制点在该楼面上的投测点。

12.4 工业建筑施工测量

工业建筑中以厂房为主体，包括单层和多层。厂房的柱子按其结构与施工不同，分为预制钢筋混凝土柱子、钢结构柱子及现浇钢筋混凝土柱子等。由于各种厂房结构与施工工艺不同，施工测量方法也有一定差异。本节以钢筋混凝土柱子装配式单层厂房为例，介绍厂房控制网的建立、厂房柱列轴线测设、杯形基础放样，以及厂房柱子吊装和构件安装等测量方法。

12.4.1 厂房矩形控制网测设

工业厂房柱列轴线间距要求较高的测设精度，因此，常在施工控制网的基础上，建立独立的厂房控制网（又称厂房矩形控制网），作为柱列轴线测设的依据。下面介绍根据建筑方格网，采用直角坐标法测设厂房控制网的方法。

如图 12-25 所示(设计坐标系),E、F、G 为建筑方格网中的控制点;H、I、J、K 四点是厂房的房角点,从设计图中已知 H、J 两点的坐标;S、P、Q、R 为布置在基础开挖边线以外的厂房矩形控制网的四个角点,称为厂房控制桩。厂房矩形控制网的边线到厂房轴线的距离为 427 m－423 m＝4 m,厂房控制桩 S、P、Q、R 的坐标,可按厂房角点的设计坐标加减 4 m 算得。

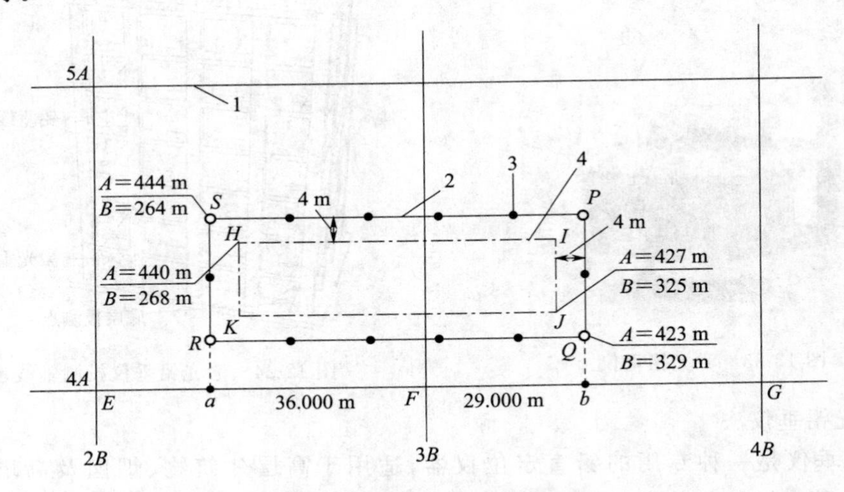

图 12-25 厂房矩形控制网的测设

1—建筑方格网;2—厂房矩形控制网;3—距离指标桩;4—厂房轴线

测设厂房控制网的方法如下:

(1)计算测设数据。根据厂房控制桩 S、P、Q、R 的设计坐标,计算利用直角坐标法进行测设时所需的测设数据,计算结果标注在图 12-25 中。

(2)测设厂房控制点。从 F 点起沿 FE 方向量取 36.000 m 定出 a 点,沿 FG 方向量取 29.000 m 定出 b 点;分别在 a、b 点上安置仪器,瞄准 E(或 F、G)点测设 90°角得视线方向,并沿视线方向量取 23 m 定出 R 、Q 点(Q 点纵坐标 423－4A 线纵坐标 400 ＝ 23),再向前量取21 m定出 S、P 点(S 点纵坐标 444 －Q 点纵坐标 423＝21);为了便于进行细部测设,在测设厂房控制网的同时,还应沿控制网方向测设距离指标桩,其间距一般等于柱子间距的整倍数。

(3)检查。检查 $\angle S$、$\angle P$ 是否等于 90°,其误差不得超过±10″;检查 SP 是否等于设计长度,其误差不得超过 1/10 000。

该方法适用于中小型厂房,对于大型或设备复杂的厂房,应先测设厂房控制网的主轴线,再根据主轴线测设厂房控制网。

12.4.2 厂房柱列轴线与柱基施工测量

(1)厂房柱列轴线测设

根据厂房平面图上所注的柱间距和跨距尺寸,沿矩形控制网各边量出各柱列轴线控制桩的位置,如图 12-26 中的 1′、2′、…,并打入大木桩,桩顶用小钉标出点位,作为柱基测设和施工安装的依据。丈量时应以相邻的两个距离指标桩为起点分别进行,以便检核。

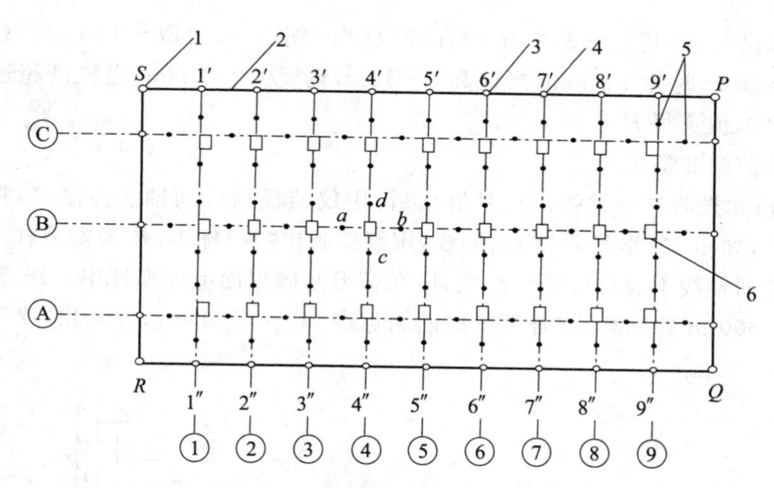

图 12-26 厂房柱列轴线和柱基测量

1—厂房控制桩；2—厂房矩形控制网；3—柱列轴线控制桩；
4—距离指标桩；5—定位小木桩；6—柱基础

(2)柱基定位和放线方法

1)安置两台仪器，在两条互相垂直的柱列轴线控制桩上，沿轴线方向交会出各柱基的位置（即柱列轴线的交点)，此项工作称为柱基定位。

2)在柱基的四周轴线上，打入四个定位小木桩 a、b、c、d（图 12-26)，其桩位应在基础开挖边线以外，基础深度 1.5 倍处，作为修坑和立模的依据。

3)按照基础详图所注尺寸和基坑放坡宽度，用特制角尺，放出基坑开挖边界线，并撒白灰线以便开挖，此项工作称为基础放线。

4)在进行柱基测设时，应注意柱列轴线不一定都是柱基的中心线，而一般立模、吊装等习惯用中心线，此时，应将柱列轴线平移，定出柱基中心线。

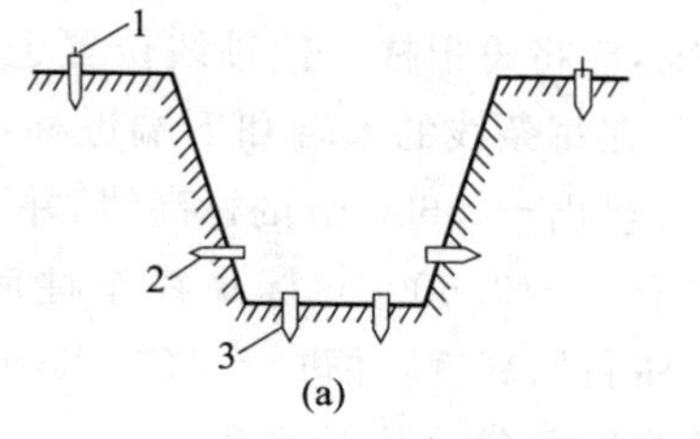

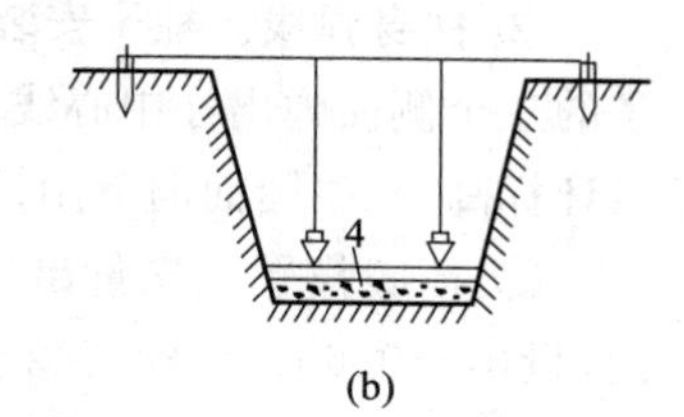

图 12-27 基坑测设

1—定位小木桩；2—水平桩；3—垫层标高桩；4—垫层

(3)柱基施工测量

当基坑挖到一定深度时，应在基坑四壁、离基坑底设计标高 0.5 m 处测设水平桩(图 12-27)，作为检查基坑底标高和控制垫层的依据。

杯形基础立模测量方法如下：

1)基础垫层打好后，根据基坑周边定位小木桩，用拉线吊锤球的方法，把柱基定位线投测到垫层上，弹出墨线，用红漆画出标记，作为柱基立模板和布置基础钢筋的依据；

2)立模时，将模板底线对准垫层上的定位线，并用锤球检查模板是否垂直；

3)将柱基顶面设计标高测设在模板内壁，作为浇灌混凝土的高度依据。

12.4.3 厂房预制构件安装测量

(1)柱子安装测量

1)柱子安装应满足的基本要求

柱子中心线应与相应的柱列轴线一致，其允许偏差为±5 mm。牛腿顶面和柱顶面的实际标高应与设计标高一致，其允许误差为±5 mm(柱高大于 5 m 时取±8 mm)。柱身垂直允许误差为：当柱高≤5 m 时为±5 mm，当柱高 5～10 m 时，为±10 mm；当柱高超过 10 m 时，则为柱高的 1/1 000，但不得大于 20 mm。

2)柱子安装前的准备工作

① 在柱基顶面投测柱列轴线。柱基拆模后，用仪器根据柱列轴线控制桩，将柱列轴线投测到杯口顶面上，如图 12-28 所示，弹出墨线，用红漆画出"▶"标志，作为安装柱子时确定轴线的依据。如果柱列轴线不通过柱子中心线，应在杯形基础顶面上加弹柱中心线；用水准仪在杯口内壁测设－0.600 m 的标高线(若杯口顶面的标高为－0.500 m)，并画出"▼"标志，作为杯底找平的依据。

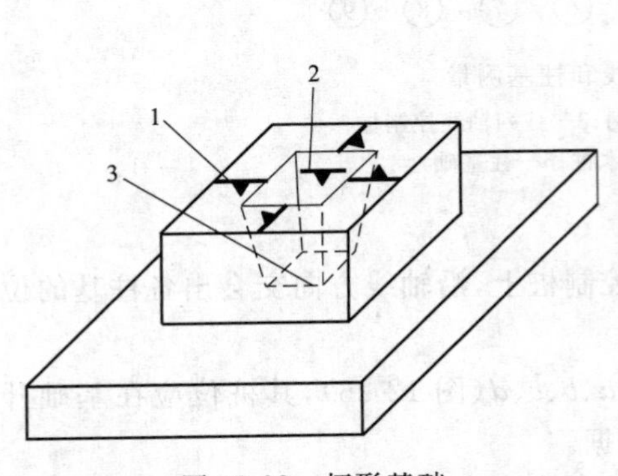

图 12-28 杯形基础

1—柱中心线；2——0.60 m 标高线；3—杯底

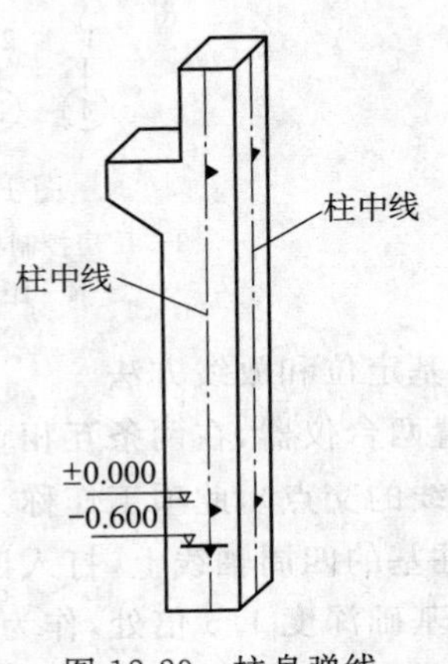

图 12-29 柱身弹线

② 柱身弹线。柱子安装前，应将每根柱子按轴线位置进行编号，如图 12-29 所示，在每根柱子的三个侧面弹出柱中心线，并在每条线的上端和下端近杯口处画出"▶"标志。根据牛腿面的设计标高，从牛腿面向下用钢尺量出－0.600 m 的标高线，并画出"▼"标志。

③ 杯底找平。先量出柱子的－0.600 m 标高线至柱底面的长度，再在相应的柱基杯口内，量出－0.600 m 标高线至杯底的高度，并进行比较，以确定杯底找平厚度，用水泥砂浆根据找平厚度在杯底进行找平，使牛腿面符合设计高程。

3)柱子的安装测量

柱子安装测量的目的是保证柱子平面和高程符合设计要求，柱身铅直。

柱子安装测量方法如下：预制的钢筋混凝土柱子吊入杯口后，应使柱子三面的中心线与杯口中心线对齐，如图 12-30(a)所示，用木楔或钢楔临时固定；柱子立稳后，立即用水准仪检测柱身上的±0.000 m 标高线，其容许误差为±3 mm；用两台仪器分别安置在柱基纵、横轴线上，并离柱子的距离不小于柱高的 1.5 倍，先用望远镜瞄准柱底的中心线标志后，再抬高望远镜观察柱子偏离十字丝竖丝的方向，并指挥拉直柱子，直至从两台仪器中，观测到的柱子中心线都与十字丝竖丝重合为止；在杯口与柱子的缝隙中浇入混凝土，以固定柱子的位置。

在实际安装时，一般是先把许多柱子都竖起来，然后进行垂直校正。这时，可把两台仪器分别安置在纵横轴线的一侧，一次可校正几根柱子，如图 12-30(b)所示，但仪器偏离轴线的角度应控制在 15°以内。另外，所使用的仪器必须严格校正，操作时应使水准管气泡严格居中；垂直校正时除注意柱子垂直外，还应随时检查柱子中心线是否对准杯口柱列轴线标志；在校正变截面的柱子时，仪器必须安置在柱列轴线上。

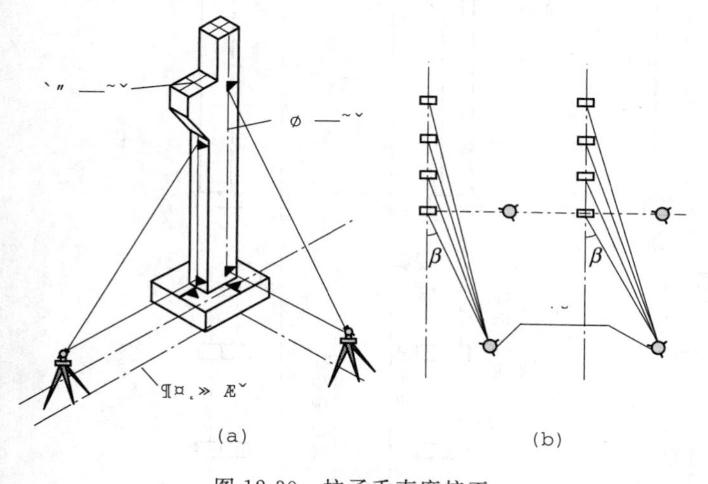

(a) (b)

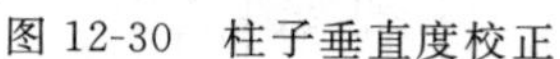

图 12-30 柱子垂直度校正

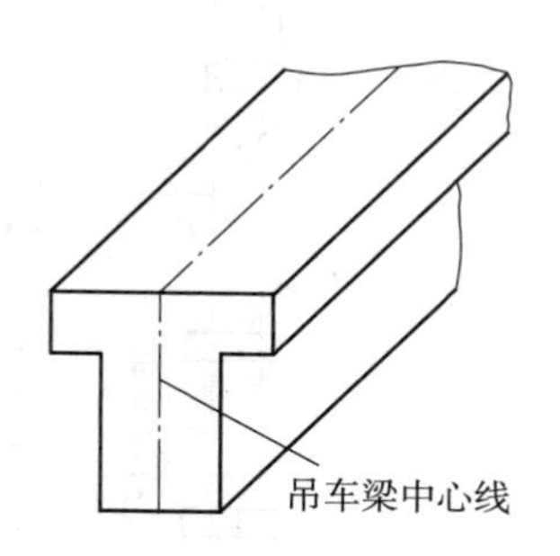

图 12-31 弹出梁的中心线

(2)吊车梁安装测量

吊车梁安装测量主要是保证吊车梁中线位置和吊车梁的标高满足设计要求。

1)吊车梁安装前的准备工作

量出吊车梁顶面标高。根据柱子上的±0.000 m 标高线，用钢尺沿柱面向上量出吊车梁顶面设计标高线，作为调整吊车梁面标高的依据。

投测梁的中心线。如图 12-31 所示，在吊车梁的顶面和两端面上，用墨线弹出梁的中心线，作为安装定位的依据。

投测梁的中心线。根据厂房中心线，在牛腿面上投测出吊车梁的中心线，投测方法如下：如图 12-32(a)所示，利用厂房中心线 A_1A_1，根据设计轨道间距，在地面上测设出吊车梁中心线(也是吊车轨道中心线)$A'A'$ 和 $B'B'$；在吊车梁中心线的一个端点 A'(或 B')上安置仪器，瞄准另一个端点 A'(或 B')，固定照准部，抬高望远镜，即可将吊车梁中心线投测到每根柱子的牛腿面上，并墨线弹出梁的中心线。

2)吊车梁安装测量

安装时，使吊车梁中心线与牛腿面梁中心线重合。采用平行线法对吊车梁的中心线进行检测、校正，方法如下：如图 12-32(b)所示，在地面上，从吊车梁中心线向厂房中心线方向量出长度 a (例如 1 m)，得到平行线 $A''A''$ 和 $B''B''$；在平行线一端点 A''(或 B'')上安置仪器瞄准另一端点 A''(或 B'')，固定照准部，抬高望远镜进行测量；此时，另一人在梁上移动横放的木尺，当视线正对准尺上 1 m 刻划线时，尺的零点应与梁面上的中心线重合(如不重合可用撬杠移动吊车梁，使其间距等于 1 m 为止)。

吊车梁安装就位后，先按柱面上定出的吊车梁设计标高线对吊车梁面进行调整，然后将水准仪安置在吊车梁上，每隔 3 m 测一点高程，并与设计高程比较，误差应在 3 mm 以内。

(3)屋架安装测量

屋架吊装前，先用仪器或其他方法在柱顶面上测设出屋架定位轴线，并在屋架两端弹出屋架中心线，以便进行定位。

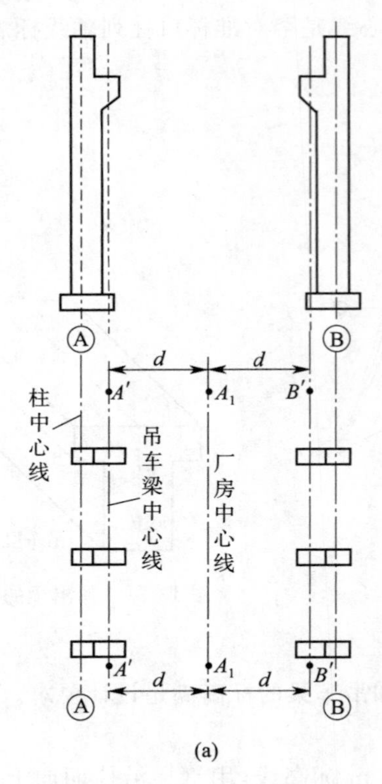

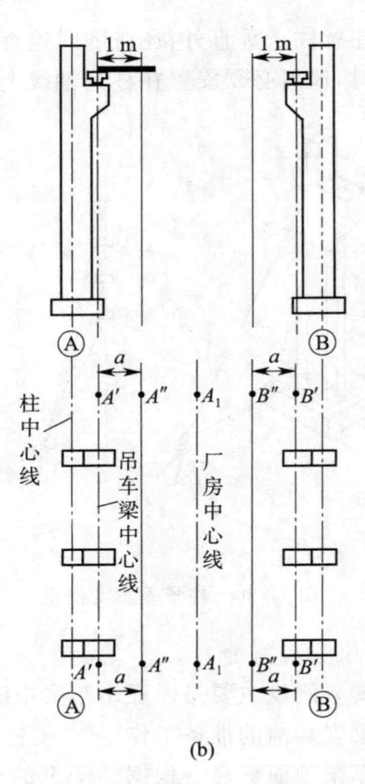

图 12-32　吊车梁的安装测量

屋架吊装就位时，应使屋架的中心线与柱顶面上的定位轴线对准，允许误差为 5 mm。屋架的垂直度可用锤球或仪器进行检查。利用仪器检校方法如下：如图 12-33 所示，在屋架上安装三把卡尺，一把卡尺安装在屋架上弦中点附近，另外两把分别安装在屋架的两端，并从屋架几何中心沿卡尺向外量出一定距离，一般为 500 mm，做出标志；在地面上，距屋架中线同样距离处安置仪器，观测三把卡尺的标志是否在同一竖直面内，如果屋架竖向偏差较大，则用机具校正，最后将屋架固定；垂直度允许偏差为薄腹梁 5 mm、桁架为屋架高的 1/250。

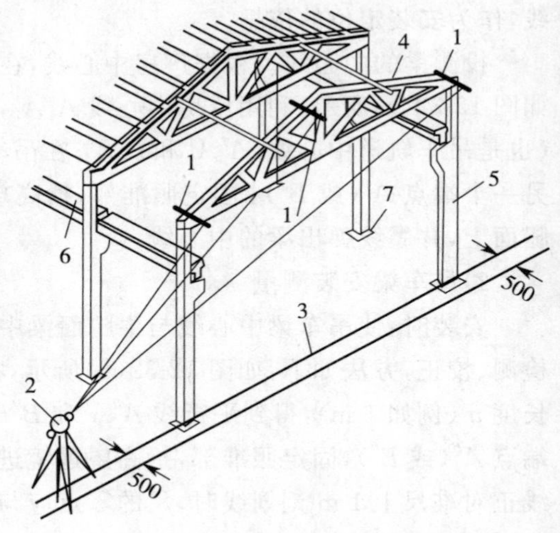

图 12-33　屋架安装测量

1—卡尺；2—仪器；P3—定位轴线；4—屋架；5—柱；6—吊车梁；7—柱基

12.4.4　烟囱、水塔施工测量

烟囱和水塔的施工测量相似，现以烟囱为例加以说明。烟囱是截圆锥形的高耸构筑物，其特点是基础小、主体高。施工测量主要是严格控制其中心位置，保证烟囱主体竖直。

(1)烟囱定位、放线

烟囱定位主要是定出基础中心的位置，方法如下：

1)按设计要求，利用施工控制点或建筑物的尺寸关系，在地面上测设出烟囱的中心位置 O

(即中心桩)，如图 12-34 所示。

2)在 O 点安置仪器，任选一点 A 作后视点，并在视线方向上定出 a 点，倒转望远镜，通过盘左、盘右分中投点法定出 b 和 B；然后，再测设 90° 方向定出 d 和 D，倒转望远镜，定出 c 和 C，得到两条互相垂直的定位轴线 AB 和 CD。

3) A、B、C、D 四点至 O 点的距离应为烟囱高度的 1～1.5 倍；a、b、c、d 是施工定位桩，用于修坡和确定基础中心，应设置在尽量靠近烟囱而不影响桩位稳固的地方。

烟囱放线是以 O 点为圆心，以烟囱底部半径 r 加上基坑放坡宽度 s 为半径，在地面上用皮尺画圆，并撒出白灰线，作为基础开挖的边线。

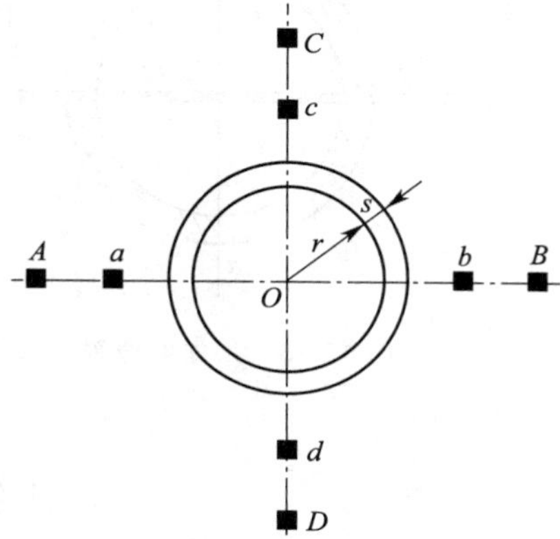

图 12-34 烟囱的定位、放线

(2)烟囱基础施工测量

1)当基坑开挖接近设计标高时，在基坑内壁测设水平桩，作为检查基坑底标高和打垫层的依据。

2)坑底夯实后，从定位桩拉两根细线，用锤球把烟囱中心投测到坑底，钉上木桩作为垫层的中心控制点。

3)浇灌混凝土基础时，应在基础中心埋设钢筋作为标志，根据定位轴线，用仪器把烟囱中心投测到标志上，并刻上“+”字，作为施工过程中控制筒身中心位置的依据。

(3)烟囱筒身施工测量

1)引测烟囱中心线

在烟囱施工中，应随时将中心点引测到施工的作业面上，通常每砌一步架或每升模板一次，就应引测一次中心线，以检核该施工作业面的中心与基础中心是否在同一铅垂线上。引测方法如下：在施工作业面上固定一根枋子，在枋子中心处悬挂 8～12 kg 的锤球，逐渐移动枋子，直到锤球对准基础中心为止，此时，枋子中心就是该作业面的中心位置。

通常，烟囱每砌筑完 10 m，必须用仪器引测一次中心线。引测方法如下：如图 12-34 所示，分别在控制桩 A、B、C、D 上安置仪器，瞄准相应的控制点 a、b、c、d，将轴线点投测到作业面上，并作出标记。然后，按标记拉两条细绳，其交点即为烟囱的中心位置，并与锤球引测的中心位置比较，以作校核。烟囱的中心偏差一般不应超过砌筑高度的 1/1 000。

对于高大的钢筋混凝土烟囱，烟囱模板每滑升一次，就应采用激光铅垂仪进行一次烟囱的铅直定位，定位方法如下：在烟囱底部的中心标志上，安置激光铅垂仪，在作业面中央安置接收靶，在接收靶上显示的激光光斑中心，即为烟囱的中心位置。

在检查中心线的同时，以引测的中心位置为圆心，以施工作业面上烟囱的设计半径为半径，用木尺画圆，如图 12-35所示，以检查烟囱壁的位置。

2)烟囱外筒壁收坡控制

烟囱筒壁的收坡采用靠尺板控制。靠尺板的形状如图 12-36 所示，靠尺板两侧的斜边应严格按设计的筒壁斜度制作。使用时，把斜边贴靠在筒体外壁上，若锤球线恰好通过下端缺口，说明筒壁的收坡符合设计要求。

3)烟囱筒体标高的控制

一般是先用水准仪在烟囱底部的外壁上测设出+0.500m(或任一整分米数)的标高线，以此标高线为准，用钢尺直接向上量取高度。

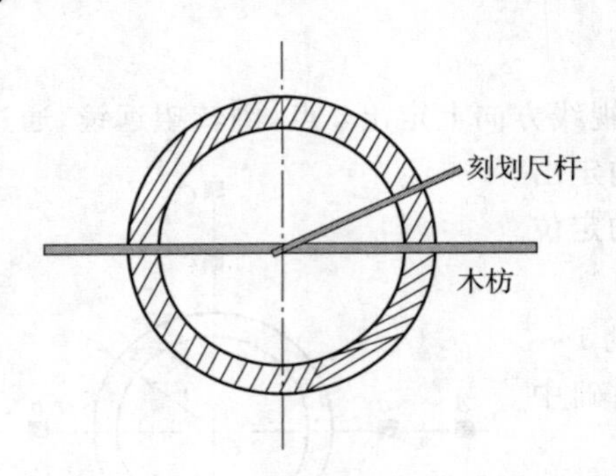

图 12-35 烟囱壁位置的检查

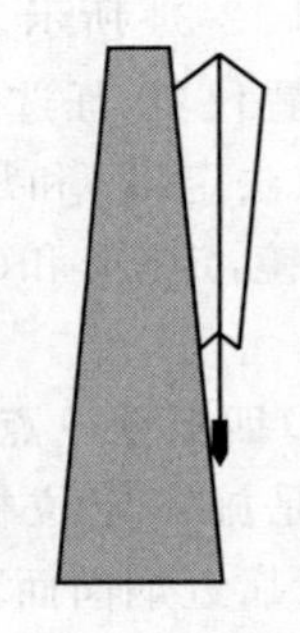

图 12-36 坡度靠尺板

12.5 管道工程测量

12.5.1 概 述

管道包括排水、给水、煤气、电缆、通信、输油、输气等管道。管道工程测量的主要任务包括中线测量、纵横断面测量及施工测量。管道中线测量的任务是将设计的管道中心线位置在地面上测设出来，包括管道转点桩、交点桩、转角桩、里程桩和加桩等的测设。中线测量方法和道路中线测量方法基本相同，在此不再重复。

管道纵断面测量的内容是根据管道中心线所测的桩点高程和桩号绘制成纵断面图。纵断面图反映了沿管道中心线的地面高低起伏和坡度陡缓情况，是设计管道埋深、坡度和土方量计算的依据。管道纵断面水准测量的闭合差允许值为$\pm 5\sqrt{L}$ mm（L 以 100 m 为单位）。管道横断面测量是测量中线两侧一定范围内的地形变化点至管道中线的水平距离和高差，以中线上的里程桩或加桩为坐标原点，水平距离为横坐标，高差为纵坐标，并按 1：100 比例尺绘制横断面图。根据纵断面图上的管道埋深、纵坡设计、横断面图上的中线两侧的地形起伏，可计算出管道施工的土方量。关于纵、横断面测量的基本方法前面已有叙述，下面主要介绍管道施工测量。

12.5.2 管道工程施工测量

管道工程施工测量的主要任务是根据设计图纸的要求，为施工测设各种标志，使施工技术人员便于随时掌握中线方向和高程情况。管道施工一般在地面以下进行，因为管道种类繁多、上下穿插、纵横交错组成管道网，所以，管道施工测量在施工中的重要作用尤为突出。

(1)管道工程测量的准备工作

1)熟悉设计图纸资料。包括管道平面图、纵横断面图和附属构筑物图等，清楚管线布置、工艺设计、施工安装等要求。

2)勘察施工现场。了解设计管线走向以及管线沿途已有平面和高程控制点分布情况。

3)准备测设数据。根据管道平面图和已有控制点，结合实际地形计算测设数据，并绘制施测草图。

4)确定测设精度。根据管道在生产上的不同要求、工程性质、所在位置和管道种类等因素确定施测精度。

(2)地下管道放线

1) 恢复中线

管道中线测量中所钉的中线桩、交点桩等在施工时难免被破坏。为了保证中线位置准确、可靠,施工前应根据设计进行复核,并将丢失和碰动的桩重新恢复。在恢复中线同时,一般均将管道附属构筑物(如涵洞、检查井等)的位置同时测出。

2) 测设施工控制桩

在施工时中线上的各桩要被挖掉,为了便于恢复中线和附属构筑物的位置,应在不受施工干扰处测设施工控制桩。施工控制桩分为中线控制桩和附属构筑物控制桩。

① 测设中线方向控制桩。如图 12-37 所示,施测时一般以管道中心线桩为准,在各段中线的延长线上钉设控制桩。若管道直线段较长,也可在中线一侧的管槽边线外测设一条与中线平行的轴线桩(各桩间距以 20 m 为宜)作为恢复中线和控制中线的依据。

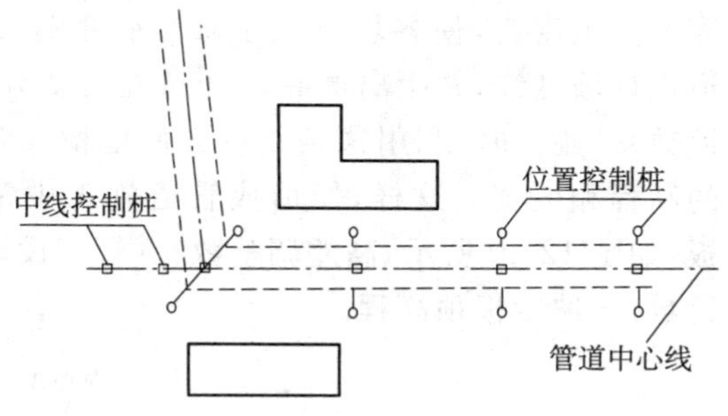

图 12-37 测设中线方向控制桩

② 测设附属构筑物控制桩。以定位时标定的附属构筑物位置为准,在垂直于中线的方向上钉两个位置控制桩,如图 12-37 所示。

③ 槽口放线

根据管径大小、埋设深度和土质情况决定管槽开挖宽度,并在地面上钉设边桩,沿边桩拉线撒出灰线,作为开挖的边界线。

由横断面设计图查得左右两侧边桩与中心桩的水平距离,如图 12-38 所示,施测时在中心桩处插立方向架测出横断面位置,在横断面方向上用皮尺量出 A、B 两点位置并各钉一个边桩,如图 12-38(a)所示。相邻横断面同侧边桩的连线即为开挖边线,放出灰线作为开挖的界线。当地面平坦时,如图 12-38(b)所示,开挖槽口宽度:

$$D_z = D_y = b/2 + mh \tag{12-4}$$

式中,D_z、D_y 分别为管道中桩至左、右边桩的距离;b 为槽底宽度;1∶m 为边坡坡度;h 为挖土深度。

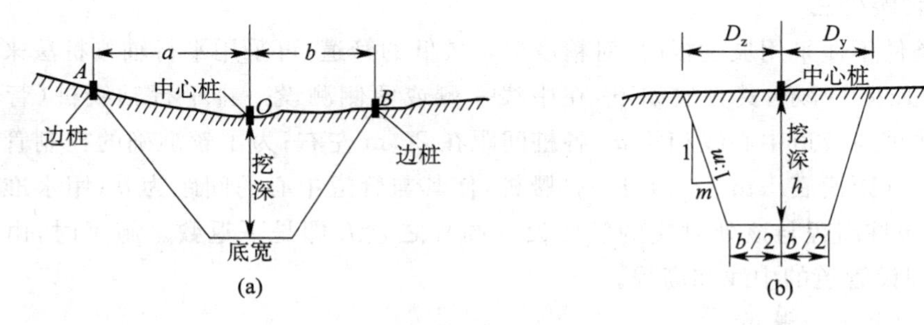

图 12-38 槽口放线图

(3)地下管道施工测量

管道施工中的测量工作,主要是控制管道的中线和高程位置。在开槽前后应设置控制管道中线和高程位置的施工标志,用来按设计要求进行施工。下面介绍两种常用的方法。

1) 龙门板法

管道施工测量的主要任务是控制管道中线设计位置和管底设计高程。因此,需要设置坡度板。如图 12-39 所示，坡度板跨槽水平设置，间隔一般为 10～20 m，并编写板号。当槽深在 2.5 m 以上时，应待开挖至距槽底 2 m 左右时再埋设在槽内。坡度板设好后，根据中线控制桩，用仪器把管道中心线测设在坡度板上，钉上中心钉，并标上里程桩号。施工时，用中心钉的连线可方便地检查和控制管道的中心线。

利用水准仪测出坡度板顶面高程，板顶高程与该处管道设计高程之差即为板顶往下开挖的深度。由于地面有起伏，各坡度板顶向下开挖的深度都不一致，对施工中掌握管底高程和坡度都不方便，需在坡度板上中线一侧设置坡度立板（也称高程板），在高程板侧面测设一坡度钉，使各坡度板上坡度钉的连线平行于管道设计坡度线，并距离槽底设计高程为整分米数（称下返数）。施工时，利用这条线可方便地检查和控制管道的高程和坡度。这样，便形成管道施工中常用的龙门板，如图 12-40 所示，高差调整数＝（管底设计高程＋下返数）－坡度板顶高程。

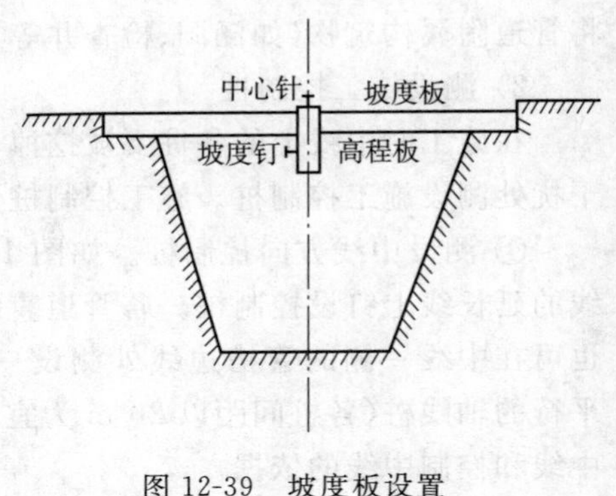

图 12-39　坡度板设置

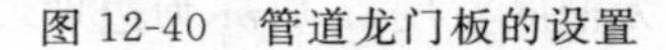

图 12-40　管道龙门板的设置

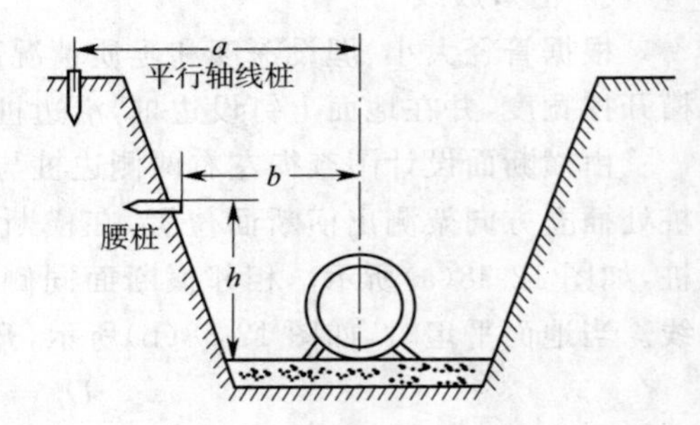

图 12-41　平行轴腰桩法

2）平行轴腰桩法

当现场条件不便采用坡度板时，对精度要求较低的管道，可采用平行轴腰桩法来测设坡度控制桩，如图 12-41 所示，其方法如下：在中线一侧或两侧测设一排平行轴线桩（管槽边线之外），平行轴线桩与管道中心线相距 a，各桩间距在 20 m 左右；为了较准确的控制管道中心和高程，在槽坡上（距槽底 1 m 左右）钉一排腰桩，使其与管道中心的间距为 b；用水准仪测出各腰桩的高程，腰桩高程与该处对应的管底设计高程之差 h 即是下返数。施工时，由各腰桩的 b、h 来控制埋设管道的中线和高程。

（4）架空管道施工测量

1）管架基础施工测量。管线定位经检查后，可根据起、止点和转折点，测设管架基础中心桩，其容许差为±5 mm，基础间距丈量的容许差为 1/2 000。管架基础中心桩测定后，通常沿中线和中线垂直方向打四个桩，以便定位和恢复。架空管道基础各工序的施工测量方法与厂房基础测量基本相同。

2）支架安装测量。架空管道需安装在钢筋混凝土支架或钢支架上。安装管道支架时，应配合施工进行柱子垂直校正和标高测量工作，其方法和精度要求均与厂房柱子安装测量相同。管道安装前,应在支架上测设中心线和标高。中心线投点和标高测量容许差为±3 mm。

(5)顶管施工测量

当地下管道穿越铁路、公路、江河或者其他重要建筑物时,由于不能或禁止开槽施工,则常采用顶管施工方法。顶管施工是在挖好的工作坑内安放铁轨或方木,将管道沿所要求的方向顶进土中,然后将管内的土方挖出来。顶管施工中要严格保证顶管按照设计中线和高程正确顶进或贯通,因此,测量及施工精度要求较高。

1) 顶管测量的准备工作

根据设计图上的管道要求,在中线控制桩上安置仪器,将顶管中线桩分别引测到坑壁的前后,并打入木桩和铁钉,如图 12-42 所示。为控制管道高程和坡度,在工作坑内设置临时水准点,一般设置两个以便校核,通常临时水准点高程与顶管起点管底设计高程一致;再安装导轨或方木。

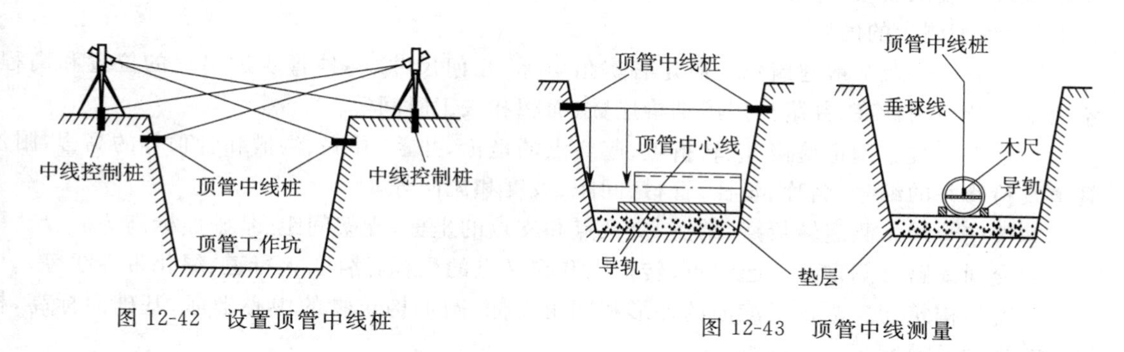

图 12-42 设置顶管中线桩

图 12-43 顶管中线测量

2) 中线测量

在进行顶管中线测量时,先在两个中线钉之间绷紧一条细线,细线上挂两个垂球,再靠两垂球线拉一水平细线(即顶管中心线),如图 12-43 所示。用一把木尺(分划以尺的中央为零向两端增加)横置在管内前端,如果两垂球方向线与木尺上零分划线重合,说明管道中心在设计管道方向上,当偏差值超过 1.5 cm 时,需要校正。

3) 高程测量

将水准仪安置在坑内,后视临时水准点,前视立于管内待测点的短标尺,即可测得管底各点高程。将测得的管底高程和管底设计高程进行比较,即可知道校正顶管坡度的数据,其差超过±1 cm 时,需要校正。在管道顶进过程中,管子每顶进 0.5～1.0 m 便要进行一次中线检查。当顶管距离较长时,应每隔 100 m 开挖一个工作坑。采用对向顶管施工方法时,其贯通误差应不超过 3 cm。

当顶管距离长、直径较大或有条件时,也可以使用激光仪器进行导向。

(6)管线竣工测量和竣工图编绘

管道工程竣工后,要及时整理并编绘竣工资料及竣工图。竣工图反映管道施工成果及其质量,为今后管理和维修使用,同时也是城市规划、设计的必要依据。管道竣工测量包括竣工带状平面图和管道竣工断面图的测绘。竣工平面图主要测绘起止点、转折点、检查井的坐标和管顶标高,并根据测量资料编绘竣工平面图和纵断面图。管道竣工纵断面的测绘,要在回填土前进行,用水准仪测定管顶和检查井的井口高程。管底高程由管顶高程和管径、管壁厚度计算求得。

12.6 编绘竣工总平面图

12.6.1 竣工总平面图编绘目的

工业与民用建筑工程是根据设计总平面图施工的，而在施工过程中由于种种原因，使建筑物竣工后的位置与原设计位置不完全一致，因此，需要编绘竣工总平面图。编制竣工总平面图的主要目的是：全面反映建筑工程竣工后的现状；为以后建筑物的管理、维修、扩建、改建及事故处理提供依据；为工程验收提供依据。竣工总平面图的编绘包括竣工测量和资料编绘两方面内容。

12.6.2 竣工测量

建筑物竣工验收时进行的测量工作称为竣工测量。在每一个单项工程完成后，必须由施工单位进行竣工测量，并提供该工程的竣工测量成果，作为编绘竣工总平面图的依据。

(1)竣工测量的内容

1)工业厂房及一般建筑物。测定各房角坐标、几何尺寸，各种管线进出口的位置和高程，室内地坪及房角标高，并附注房屋结构层数、面积和竣工时间等。

2)地下管线。测定检修井、转折点、起终点的坐标，井盖、井底、沟槽和管顶等的高程，附注管道及检修井的编号、名称、管径、管材、间距、坡度和流向等。

3)架空管线。测定转折点、结点、交叉点和支点的坐标，支架间距、基础面标高等。

4)交通线路。测定线路起终点、转折点和交叉点的坐标，路面、人行道、绿化带界线等。

5)特种构筑物。测定沉淀池的外形和四角坐标、圆形构筑物的中心坐标，基础面标高，构筑物的高度或深度等。

(2)竣工测量的方法与特点

竣工测量的基本方法与地形测量类似，区别在于以下几点：

1)图根控制点的密度。一般竣工测量控制点的密度要大于地形测量控制点的密度。

2)碎部点的实测。地形测量可以采用视距测量方法测定碎部点的位置，而竣工测量则通常采用极坐标法测定碎部点的位置。

3)测量精度。竣工测量精度高于地形测量精度。

4)测绘内容。竣工测量的内容比地形测量的内容更丰富，不仅要测地面的地物和地貌，还要测量地下各种隐蔽工程，如上、下水及管线等。

12.6.3 竣工总平面图的编绘

(1)编绘竣工总平面图的依据

1)设计总平面图，单位工程平面图，纵、横断面图，施工图及施工说明。

2)施工放样成果，施工检查成果及竣工测量成果。

3)更改设计的图纸、数据、资料(包括设计变更通知单)。

(2)竣工总平面图的编绘步骤

1)在图纸上绘制坐标方格网。其方法和精度与地形测量绘制坐标方格网的方法和精度要求相同。

2)展绘控制点。将施工控制点按坐标值展绘在图纸上，容许误差为±0.3 mm。

3)展绘设计总平面图。根据坐标方格网，将设计总平面图的内容按其设计坐标展绘在图纸上，作为底图。

4）展绘竣工总平面图。按设计坐标进行定位的工程，应按设计坐标展绘。对原设计进行变更的工程，应根据设计变更资料展绘。对有竣工测量资料的工程，若竣工测量成果与设计值之差不超过容许误差时，应按设计值展绘；否则，应按竣工测量资料展绘。

（3）竣工总平面图的整饰要求

1）竣工总平面图的符号应与原设计图的符号一致，有关地形图的图例应使用国家地形图图示符号。

2）对于厂房应使用黑色墨线绘出该工程的竣工位置，并在图上注明工程名称、坐标、高程及有关说明等。

3）对于各种地上、地下管线，应用各种不同颜色的墨线绘出其中心位置，并在图上注明转折点及井位的坐标、高程及有关说明等。

4）对于没有进行设计变更的工程，用墨线绘出的竣工位置与按设计原图绘出的设计位置应重合。

5）对于直接在现场指定位置进行施工的工程、以固定地物定位施工的工程或多次变更设计而无法查对的工程等，则应进行现场实测，这样测绘出的竣工总平面图称为实测竣工总平面图。

思考题与习题

1. 何谓施工测量？施工测量的任务是什么？

2. 建筑施工场地平面控制网的布设形式主要有哪几种？各适用于什么场合？

3. 建筑基线的布设形式有哪几种？

4. 如图 12-44 所示，“一”形建筑基线 A'、O'、B' 三点已测设在地面上，经检测 $\beta'=180°00'42''$。设计 $a=150.000$ m，$b=100.000$ m，试求 A'、O'、B' 三点的调整值，并说明如何调整才能使三点成一直线。

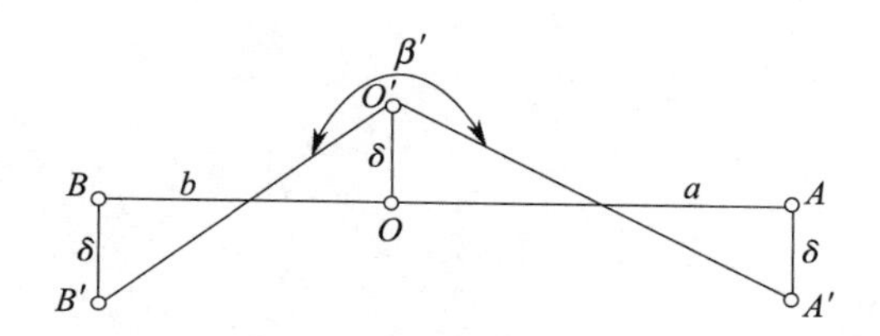

图 12-44 建筑基线点的调整

5. 民用建筑施工测量包括哪些主要工作？

6. 在图 12-45 中，已标出新建筑物的尺寸及新建筑物与原有建筑物的相对位置，另外，已知建筑物轴线距外墙皮 240 mm，试述测设新建筑物的方法和步骤。

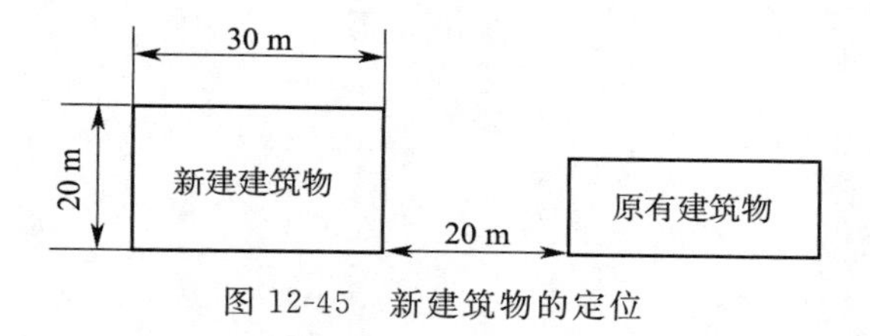

图 12-45 新建筑物的定位

7. 轴线控制桩和龙门板的作用是什么？如何设置？

8. 高层建筑轴线投测的方法主要有哪几种？

9. 工业建筑施工测量包括哪些主要工作？

10. 管道施工测量包括哪些主要工作？

11. 竣工测量包括哪些主要工作？

参考答案

4. $\delta=\frac{150\times100}{150+100}\times\frac{42''}{2\times206\ 265}=6.1\ \text{mm}$。

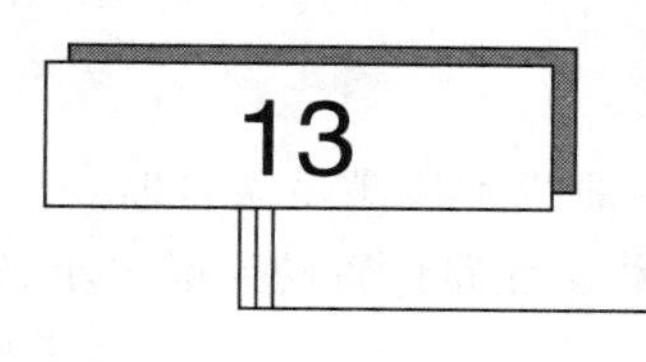

线路工程测量

13.1 概 述

线路工程测量主要是指铁道工程测量和公路工程测量。铁路是以钢轨引导列车的运输方式，它是建造在地面上的一种线形工程构造物，而公路是供汽车运行的交通设施。铁路或公路线路主要承受车辆荷载的重复作用并经受各种自然因素的长期影响，因此，不仅需要平顺的线形、和缓的纵坡，而且还要有坚实稳定的路基、平整的轨（路）面、牢固耐用的桥涵和其他人工构造物及附属设备，以保证运输安全。

线路主要由路基、轨（路）面、涵洞、桥梁、隧道、站场等基本构造物组成，还有线路交叉工程、路基防护工程及排水工程等。线路勘测、设计、施工、运行、管理与维护阶段的测量工作称为线路工程测量。

13.1.1 线路平面的组成

由于受地形、地质及技术条件等限制，线路的方向需要不断地改变。为了保持线路的圆顺性，在改变方向的两相邻直线段间须用曲线连接起来，这种曲线称平面曲线。平面曲线有两种形式，即圆曲线和缓和曲线。线路平面的组成如图 13-1 所示。

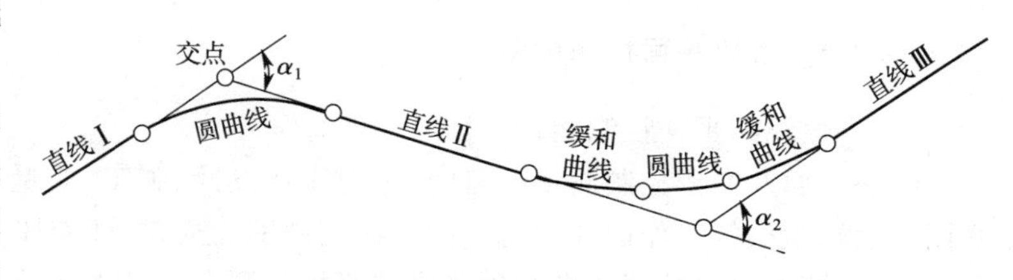

图 13-1　线路平面的组成

圆曲线是一段具有半径相同的圆弧。缓和曲线则是连接直线与圆曲线间的过渡曲线，其曲率半径由无穷大（直线端）逐渐变化到圆曲线的半径。线路干线的平面曲线都应加设缓和曲线，地方和厂矿专用线在行车速度不高时，可不设缓和曲线。缓和曲线的主要作用有：

（1）当列车以高速由直线进入曲线时，产生的离心力会危及列车运行安全和影响旅客的舒适，超为了抵消离心力影响则需采用外轨比内轨高（称超高）的方法，使列车产生内倾力。为了解决高引起的外轨台阶式升降，需在直线与圆曲线间加入一段曲率半径逐渐变化过渡曲线，即缓和曲线。

（2）当列车由直线进入圆曲线时，由于惯性力的作用，使车轮对圆曲线起点处的外轨内侧产生冲击力，加设缓和曲线可以减少冲击力，便于车辆安全、平稳行驶。

（3）为避免通过曲线时，由于轮轨产生侧向摩擦，圆曲线部分轨距应加宽，需要在直线和圆曲线之间加设缓和曲线来逐渐过渡。

缓和曲线是在不改变直线方向和圆曲线半径的情况下，插入到直线段和圆曲线之间的。缓和曲线的主要特性为：在直线端其曲率半径 ρ 为∞，在圆曲线端 ρ 为圆半径 R，中间各点满

足 ρ 与该点到缓和曲线起点的长度 l 成反比，即 $\rho \propto \frac{C}{l}$ 或 $\rho \cdot l = C$，其中 $C = Rl_0$，l_0 为缓和曲线长。我国多采用辐射螺旋线作为缓和曲线。

此外，在地形复杂或特殊要求地区，当设置一条圆曲线不能满足条件时，还可设置两个或两个以上不同半径的同向圆曲线互相衔接，构成复曲线。线路设置的半径较小、转角在 180°左右的曲线称为回头曲线。

13.1.2 线路工程测量内容

线路工程测量按目的不同，可分为线路勘察测量、线路施工测量、线路竣工测量、线路养护测量等。按线路工程测量的主要工作，可分为初测和定测。

初测是指沿初步研究审批的线路方向测绘带状地形图，用于在图纸上设计线路位置，其主要内容包括：布设平面控制网和高程控制网，测绘 1∶2 000 等大比例尺带状地形图，在重点工程处（例如桥、隧、涵、站场等）测绘 1∶500 等大比例尺地形图，测绘线路纵、横断面图等。定测是对批准的初步设计方案，利用带状地形图上初测控制点和设计线路的几何关系，将设计线路测设到实地，其主要内容包括：线路交点与转点测设，中线测设，高程测量，曲线测设，大比例尺纵、横断面测量，局部地形补测以及桥隧（详见本书第 14 章）和专用设施测设等。

线路测量平面坐标系统主要采用 1980 年西安坐标系 3°带投影成果，测区内投影长度变形值不大于 1/4 万；高程系统主要采用 1985 年国家高程基准。桥梁和隧道等重要工程局部地区控制测量工作，也可采用独立直角坐标系或独立高程系统。

13.2 线路新线初测

13.2.1 线路平面控制测量

(1)一般线路平面控制测量

线路平面及高程控制测量的目的，是为线路设计、施工、质量评定及运营维护等工作中的测图、放线、检核等工作而建立统一的平面控制网。通常，线路平面控制网分为首级网和加密网，所有施测方法及精度要求必须严格按照相关测量规范要求进行。线路平面控制网等级及技术要求应以满足线路工程的需求为原则，根据线路等级、定位精度及施工方法等要求，可以采取导线、GPS 控制网、带状边角网等方法建立首级网或加密网。首级网一般按全线一次建立、统一平差计算，而加密网可采用导线、极坐标法、GPS 及边角交会等方法插入首级网。

导线是建立线路平面控制网的常见方法，一般采用附合导线的形式与国家高等级控制点或高精度 GPS 点联测，通常，要求在导线的起、终点以及在中间每隔不远于 30 km 处联测一次。导线应尽量靠近线路方向贯通布设，导线点应选在土层坚固、宜于保存之处，导线边不宜太短并尽量等长。目前，已经利用 GPS 技术建立控制网，每组 GPS 控制点间距可在 2～10 km。具体技术要求见线路测量有关规范。

(2)高等级线路平面控制测量

高等级线路是指高速铁路、客运专线及技术要求高的高速公路等。高等级线路平面控制网应符合因地制宜、技术先进、经济合理、确保质量的原则，沿线路走向分级布网。高等级线路平面控制网的建立，可采用 GPS 测量和导线测量等方法。平面控制网在线路起点、终点，以及与其他线路平面控制网衔接地段必须有 2 个以上的控制点相重合。高速铁路、客运专线线路平面控制网分级控制顺序为三级：首级为基础平面控制网(CPⅠ)，第二级为线路控制网(CPⅡ)，第三级为轨道控制网(CPⅢ)。

1）基础平面控制网(CPⅠ)测量

CPⅠ(basic horizontal control points Ⅰ)沿线路走向布设，按GPS静态相对定位方法建立，为全线(段)各级平面控制测量的基准，主要为勘测、施工、运营维护提供坐标基准，测量实施以GPS B级规范要求为准。

通常，CPⅠ要求全线一次布网，应在航测控制测量阶段完成。CPⅠ的GPS控制点一般选在离线路中线不超过1 km的范围内，沿线路每10～15 km设一组点(至少3个)，点间距离不宜小于800 m，并相互通视。CPⅠ采用边联结方式构网，通常形成线性锁或大地四边形图形的带状网。CPⅠ应与附近的不低于国家二等控制点联测，一般每50 km联测一个国家控制点并要求联测总数不得少于3个，特殊情况下不得少于2个。当联测点数为2个时，应尽量分布在网的两端；当联测点数为3个及其以上时，一般在网中均匀分布。

2）线路控制网(CPⅡ)测量

CPⅡ(route control points Ⅱ)在CPⅠ基础上沿线路布设，为勘测、施工阶段的线路平面控制和施工阶段控制网的基准，测量实施以GPS C级规范要求为准。若采用导线测量方法，则以四等导线规范要求为准。CPⅡ一般全线一次布网，并同CPⅠ联测，统一平差。GPS线路控制测量一般在定测开始前或定测前期完成，在补测阶段由于线路方案变化，可以增加部分插点或插网。通常，GPS线路控制测量在航测外控测量阶段完成。

速度目标值≥160 km/h的新建铁路线路，GPS控制点沿线路每3～5 km设一组点(至少3个)；速度目标值<160 km/h的新建铁路线路，GPS控制点沿线路每5～10 km设一组点(至少3个)；点间距离一般在600～1000 m，并相互通视。在长大桥梁、隧道等重点工程两端一般各布设一对GPS控制点。CPⅡ采用边联结方式构网，形成线性锁或大地四边形的带状网。CPⅡ要求附合在CPⅠ上，对于插网必须联测3个以上CPⅠ控制点，布设CPⅡ的联测要求与CPⅠ相同。CPⅡ应尽量与附近的国家水准点联测，一般10 km左右联测一个水准点。线路GPS控制网在线路起点、终点，以及与其他线路平面控制网衔接地段应有2个以上联测点。

3）轨道控制网(CPⅢ)测量

CPⅢ(horizontal-level control points for track)为沿线路布设的三维控制网，起闭于CPⅠ或CPⅡ，一般在线下工程施工完成后施测，为施工和运营维护的基准。通常，CPⅢ控制点在CPⅡ的基础上采用导线或边角交会网施测；导线边长一般为150～200 m；边角交会网线路两侧平均60 m一对点，每对点间距10～20 m；一般要求进行选点埋石并作点之记。

CPⅢ导线测量应满足下列要求：导线相邻边长之比不小于1∶3；水平角观测技术要求见表13-1；外业如果采用电子记录设备时，应具有数据采集、限差实时检验、自动存储等功能；竖直角往返各观测2测回；边长应往返测取平均值，并加入气象改正；在方位角闭合差及导线全长相对闭合差满足要求后，应采用严密平差方法计算；在坐标换带附近的导线，应分别计算两带相应的导线点坐标。

表13-1　导线测量水平角观测技术要求

控制网等级	仪器等级	测回数	半测回归零差	2C较差	同一方向各测回间较差
CPⅢ	DJ_1	2	6″	9″	6″
	DJ_2	4	8″	13″	9″

13.2.2 线路高程控制测量

高程控制测量是为线路建立一个精度统一、便于整个新建铁路线路工程建设使用的高程控制网，也是各级高程控制测量的基础。对速度目标值≥160 km/h的新建铁路线路按三等或三等以上水准测量方法建立高程控制网；对速度目标值<160 km/h的新建铁路线路按四等水准测量方法建立高程控制网。高程控制网是在更高级国家水准点下布设的相应等级水准网。高程控制网在初测前完成，一般要求全线一次布网，整体严密平差。

高程控制网的水准路线要求距线路中线不超过500 m，起闭于国家高等级水准点。通常，三等水准路线80 km联测一次高等级水准点；四等水准路线50 km联测一次高等级水准点，并形成附合或闭合水准路线。高程控制点布设时，要求沿线路走向每5～10 km设一组点(至少2个)，一般与平面控制点共桩，并在重要地区增设高程控制点。高程控制点一般选在土质坚实、安全僻静、观测方便和利于长期保存的地方。

三等高程控制测量一般采用水准测量；四等高程控制测量在山区、丘陵、沼泽、水网等不便进行水准测量地区，可采用三角高程测量方法，一般结合平面导线测量同时进行。线路跨越江河、深沟，当视线长度为200 m以内时，可用一般方法施测；当视线长度大于200 m时，应采用相应等级的跨河水准测量方法或三角高程测量方法施测。每条水准线路，应按测段进行往返测高差；对于附合或闭合水准路线，应进行闭合差及每公里高差中误差的计算。高程控制测量一般在全线测量贯通后进行整体平差，平差过程中高差取位至0.1 mm，平差成果取位至1 mm。

13.2.3 带状地形测量

线路带状地形图是定线设计的主要依据，主要用于可行性研究、初步设计、施工图设计等。带状地形图的测绘宽度一般沿线路两侧不小于200 m，比例尺根据线路等级在1∶500～1∶5 000。带状地形图的主要特点是：具有较强的现实性，能够详细反映设计区域的地面状况；重点突出与线路设计有关的地形要素，如水利与电力设施、地下管线、居民点及需拆迁建筑等，以便合理地进行纸上定线；满足线路定线设计要求，突出建筑物、经济价值较高的种植区域及农田等分布情况；地形点的密度应满足较精确绘制等高线的要求。

带状地形测绘方法可用经纬仪测绘法、数字测图法、航测及遥感制图法等。目前，主要采用航测成图法。在线路方案变化致使线路偏出航测制图范围，或当重点工程需要进行地形图补测时可进行实地测图，但地形测量技术指标和精度应满足相关规定要求，并能与航测图接边。采用航测地形图时，应在现场进行核对、修正。

野外实测地形图时一般采用全站仪数字测图法。当用软件自动生成地形图时，应在现场进行以便及时核对。对于条件限制或其他原因不能现场生成地形图时，应在现场绘制草图，记录地形特征，以便对室内生成的地形图进行核对。为满足大型桥隧、重要边坡治理与支护工程的内业设计，需要对这些工点进行大比例尺地形测量。工点地形图用途单一、范围较小，精度要求高，因此，比例尺多为1∶500甚至1∶200。

对于二级以下的低等级公路或农村公路，通常在实地一次性完成定线，并进行中桩和纵、横断面测量，同时进行地形图测绘。这种地形图的比例尺一般为1∶5 000～1∶2 000，通常采用简单测图法测绘，即仪器置于线路交点或导线控制点上，将重要地物测绘到图纸上，其余地物、地貌按目估法进行勾绘，测绘宽度一般为50 m左右。

13.2.4　控制横断面测量

在需对不同方案做比较的地段或困难地区应作控制横断面。控制横断面的测量方法、技术及精度要求如下：

(1)控制横断面施测宽度、密度和位置，应根据地形、地物、地质情况及专业设计需要确定；

(2)控制横断面测量一般采用全站仪进行实测；

(3)控制横断面测量限差：高程为$\frac{L}{1\,000}+\frac{h}{1\,000}+0.2$ (m)，距离为$\frac{L}{100}+0.1$ (m)，式中，h为检测点至线路中桩的高差，L为检测点至线路中桩的水平距离。

13.2.5　线路初测应交资料

初测任务完成后，各种资料应按规定清理组卷，提供电子文档。各种电子文档应符合相关要求和签署的有关规定。

初测应交测量资料包括：导线测量记录本，水准测量记录本，横断面记录，调查记录，补充的地形原图及工点地形图，代表性横断面图，初测导线坐标计算表，初测导线成果表，初测水准高程平差计算表，初测水准成果表，测量精度统计表，质量检查资料，测量报告等。

13.3　线路新线定测

13.3.1　线路平面位置的标志

线路路基的中心线称为中线，确定中线位置的桩称为中线桩(或称中桩)。中线由一系列直线和曲线组成。线路直线段的转折点称为交点，它是布设线路、详细测设直线和曲线的控制点。当相邻交点间的距离超过500 m时，一般应在中间的中线上加设内分点(称转点)。此外，当存在障碍使相邻交点间不通视时，也应在中间或延长线上设置转点。

对线路方向起控制作用的桩称线路控制桩，如图13-2所示，直线上有交点桩(即JD)和转点桩(即ZD)，曲线上也有起点、中点和终点等一系列控制桩。通常，直线段线路每50 m、曲线段线路每20 m应设置一中桩，此外，里程桩及加桩都为中桩。加桩是指沿线路中线加设的有特殊意义的中桩，通常设置在地形明显变化、桥隧等重要工点及线路与其他道路或管线交叉等处。

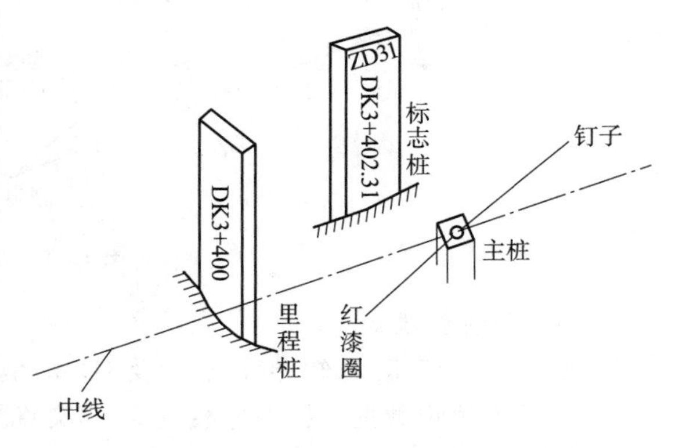

图13-2　地面上标定的线路控制桩

中桩除了标出中线位置外，还应标出各个桩的名称、编号及里程等。里程是指沿线路起点至该中桩的距离，里程为整百米的桩称百米桩，里程为整公里的桩称公里桩。百米桩、公里桩和加桩用板桩钉设，上端标明里程，字面背着线路前进方向。直线和曲线上的线路控制桩均应另设标志桩，直线段钉在线路前进方向的左侧，曲线段则钉在曲线的外侧，上面写明该控制桩的名称、编号及里程，字面向着控制桩。一般线路起点为DK0＋000，如图13-2中转点(ZD)桩距线路起点为3 km＋402.31 m，则里程为3402.3l m(DK表示定测里程)。交点虽不是中线点，但属于重要的方向控制点，也应标明里程。

13.3.2 线路平面位置的测设

线路平面位置的测设通常分为放线和中桩测设两项工作。放线是把图纸上设计好的线路中线在地面上标定出来，也就是把确定各直线段的线路控制点（即 JD、ZD）测设到地面上。中桩测设是根据放线中已钉出的线路控制点详细测设直线和曲线，即在地面详细钉出中桩（即中线点）。

线路平面位置测设应注意：当测区平面、高程控制点分布过稀或不能满足中线测设需要时，应按同精度要求进行插点或插网加密；在重点工程、桥隧两端、车站、与相邻勘测单位测量衔接处应布设不少于两个相互通视的线路控制桩；在左、右线并行时应在左线钉设桩点；在绕行地段，两线应分别钉桩，并分别标注左、右线里程；新线中线测量的所有角度、距离及高程测设工作应严格按照相关测量规程进行。

(1)放线

放线的任务是把线路中线上直线部分的控制桩（JD、ZD）测设到地面，以标定中线的位置。常用的放线方法有穿线法、拨角法及自由设站法等。

1)穿线法放线

如图 13-3 所示，C_4、C_5、C_6、C_7、C_8、C_9 为初测导线点（图纸上和实地均有点位），直线Ⅰ、Ⅱ为图纸上设计的线路位置。穿线法测设 JD、ZD 的步骤如下：

① 计算测设数据。在图上量出导线点到设计线路中线的支距及水平角；或者在图上量出设计线路中线上适当位置点的坐标，并反算出至导线点的平距及水平角。

② 实地放线。到现场在有关导线点上安置仪器，利用极坐标法，在实地测设出 P_4～P_9 等 ZD 及 JD 等点。

③ 调整点位。将仪器安置在已放出的临时点上（例如 JD），找出一条大多数 ZD 所靠近的直线，即是所放的直线，再调整偏离该直线的各 ZD，直至各点均位于该直线上。

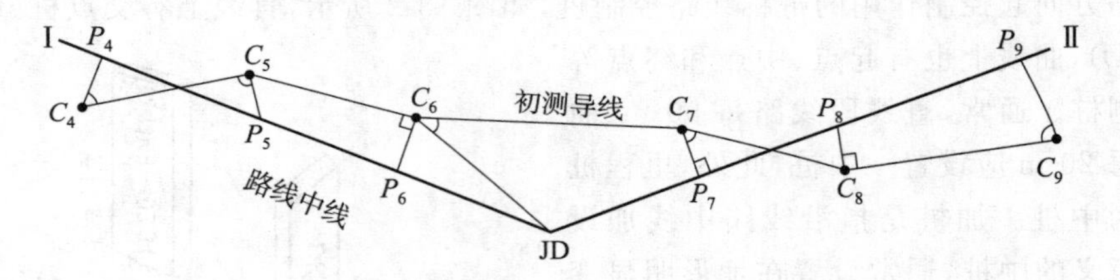

图 13-3 穿线法放线

2)拨角法放线

如图 13-4 所示，已知导线点 C_i 及 JD_i 的坐标，拨角法放线步骤如下：

① 计算测设数据。根据导线点 C_i 和交点的坐标，反算出导线点与交点之间的平距 S_i 及水平角 β_i 等测设数据。

② 实地放线。在现场导线点 C_1 安置仪器，利用极坐标法根据 S_1、β_1 测设出交点 JD_1；再在 JD_1 上安置仪器，利用极坐标法根据 S_2、β_2 测设出交点 JD_2；同法，测设出交点 JD_3 等。

③ 检核。由于放线误差累积，因此，当连续放出 3～4 个交点后应与导线点联测，如图 13-4 中放出交点 JD_3 后应与 C_6 联测，实测出水平角 β_4、β_5 及 JD_3 与 C_6 的平距 S_4，并与设计坐标反算出的 β_4、β_5 及 S_4 进行检核，超限应重测。

④ 测设转点。当检核满足测设精度要求后，根据计算的各个交点与转点之间的平距，分别在交点上安置仪器测出直线段 JD_1～JD_2、JD_2～JD_3 中的各个转点位置。

⑤ 继续放线。在后面的导线点上架设仪器，利用极坐标法测设后面 JD_4 的位置，在 JD_4 上同法测设交点 JD_5 等的位置，这样可以避免误差累积，截断前面交点的测设误差。

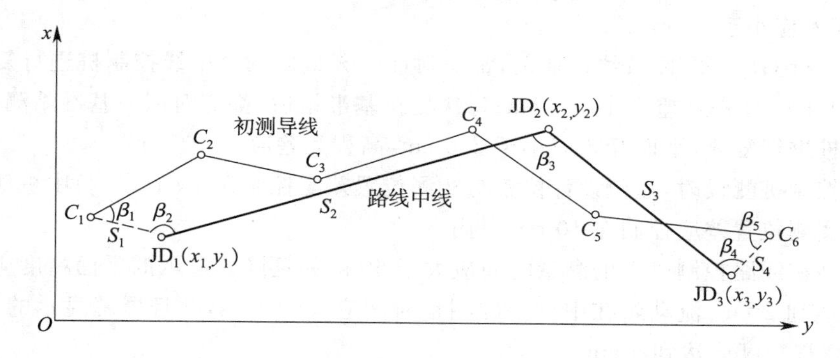

图 13-4 拨角法放线

3)自由设站法放线

如图 13-5 所示，已知导线点 C_A、C_B 以及交点 JD_i，利用自由设站法放线步骤如下：

① 测定自由设站点。先在拟测设 JD_i 附近，找一个通视良好、地面稳定的点 P，并在 C_A 点架设仪器，利用极坐标法测定 D_P、θ_P。

② 反算交点测设数据。根据 P 及 JD_i 坐标，反算 JD_i 点的测设数据 D_i、θ_i。

③ 实地测设交点位置。在 P 点架设仪器，利用极坐标法测设 D_i、θ_i 得交点 JD_i 的位置。

④ 检核。可以采用两次测设交点的方法进行检核，或利用另一个控制点再测设该交点位置进行比较。

⑤ 测设转点。当 JD 检核满足测设精度要求后，根据计算的各个 JD 与 ZD 之间的平距，分别在 JD 上安置仪器测设各个 ZD 的位置。

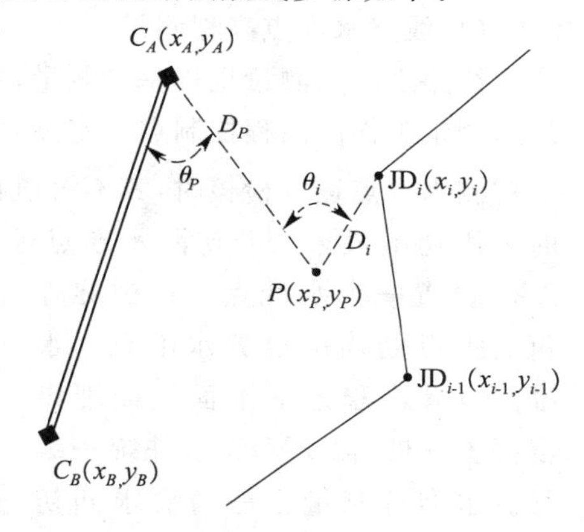

图 13-5 自由设站法测设铁路曲线

自由设站法的特点是在测区选择一个通视良好的测站，安置仪器后利用极坐标法可以一次完成大批点位的测设(包括 JD、ZD 等)。自由设站法选择测站灵活、适用面广、操作简便，工作效率和测设精度高，特别适合于线路方向上有障碍不通视、地形复杂、缺少线路控制点等困难环境。

(2) 中桩测设

中桩测设是在放线的基础上，根据已经测设的平面控制桩(即 JD 和 ZD)，用一系列的木桩将线路的直线段和曲线段在地面上详细标定出来。直线上的中桩测设比较简单，通常将仪器安置在 JD 或 ZD 上，以另一 JD 或 ZD 为控制方向，沿仪器视线方向按规定的距离(里程)钉设中桩。此外，还可以根据线路平面控制点利用极坐标法，或自由设站法测设直线上的任意中桩。

(3)利用 GPS 测设线路平面位置

线路控制桩、中桩可以利用 GPS RTK 方法一次性测设，其要点如下：

1)当初测 GPS 控制点或导线点的精度和分布不能满足要求时，应采用 GPS 静态测量方法按E级及以上GPS网要求建立GPS控制网，以作为放线测量的基准站；基准站一般设置于GPS控制点或导线点上，基准站间距以3～5 km为宜。

2)在GPS RTK测设线路控制桩过程中，流动站必须整平、对中，并使用支撑架安置稳当；线路控制桩测设应加强检核，可采用不同流动站对线路控制桩进行重新观测，点位互差应小于3 cm，高程互差应小于5 cm。

3)每天进行GPS RTK放线作业前，都应对前一天最后两个中线控制桩进行复测，平面互差应小于2.5 cm，高程互差应小于5 cm；每次更换基准站后，都应对前一基准站测量的最后两个中线控制桩进行复测，平面互差应小于2.5 cm，高程互差应小于5 cm。

4)线路控制桩测设时，点位设计位置与实测位置差应控制在1 cm以内；中桩测设时，点位设计位置与实测位置差应控制在10 cm以内。

5)流动站在线路控制桩上的测量时间应大于60 s，并且屏幕显示的平面精度应达到1 cm，高程精度应达到2 cm；流动站在中桩上的测量时间应大于10 s，并且屏幕显示的平面精度应达到3 cm，高程精度应达到5 cm。

13.3.3 线路高程测量

线路定测阶段也要进行高程测量，主要内容包括水准点高程测量和中桩高程测量。

(1)线路水准点高程测量

线路水准点测量也称基平测量，主要任务是沿线布设水准点、施测水准点的高程，以作为线路测量工作的高程控制点。定测阶段水准点的布设应在初测水准点布设的基础上进行。当对初测水准点逐一检核时，其不符值在$\pm 30\sqrt{K}$ mm（K为水准路线长度，以km为单位）以内时采用初测成果。若初测水准点远离线路，则需重新布设距线路100 m范围内、密度一般2 km设置一个水准点。在桥隧等重要工点处均应设置水准点。水准点设置在稳定的地面上或埋设混凝土标桩，以BM表示并统一编号。水准点测量方法与要求同初测水准点测量。

(2)线路中桩高程测量

初测时高程测量的主要目的是建立地形测量高程控制，而定测则是测定中线上各控制桩、中桩、公里桩、百米桩及加桩等高程。

中桩水准测量可以采用单程水准测量，水准路线应起闭于水准点，限差为$\pm 50\sqrt{L}$ mm（L为水准路线长度，以km为单位）。每个中桩的高程宜观测两次，不符值不应超过10 cm。

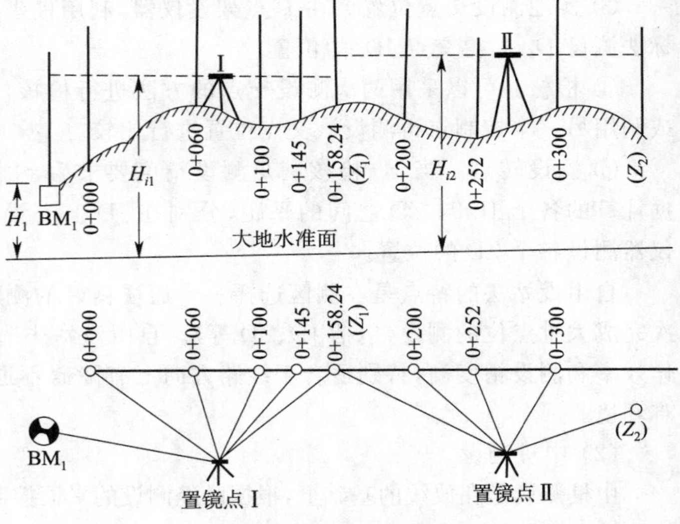

图13-6　中桩水准测量

中桩水准测量方法如图13-6所示，将水准仪安置于Ⅰ点，读取水准点BM_1读数作为后视读数；然后依次读取各中桩尺读数，并计算出各中桩高程；最后，读取转点Z_1的读数，作为前视读数。再将仪器搬至Ⅱ，后视转点Z_1，重复上述步骤，直至闭合于BM_2。

中桩高程也可采用三角高程测量方法进行，三角高程测量线路应起闭于水准点，并应满足中桩水准测量相同的限差要求。

(3)跨河水准测量

在线路水准点或中桩高程测量中，当跨越河流或深谷时，由于前、后视线长度相差悬殊及水面折光的影响，不能按通常的方法进行水准测量。当跨越江河、深沟视线长度超过 200 m 时，应按跨河水准测量或三角高程测量的方法进行。进行跨河水准测量时，首先要选择好跨河地点，如选在江河最窄处，避开草丛沙滩，跨河视线离水面 2～3 m 以上等处，并根据精度要求利用三等或四等水准测量方法。

如图 13-7 所示，跨河测站为 I_i，立尺点为 b_i，当使用两台水准仪作对向观测时，宜布置成图(a)或图(b)的形式，要求跨河视线 I_1b_2、I_2b_1 与岸上视线 I_1b_1、I_2b_2 尽量相等。当用一台水准仪观测时，宜采用图(c)的形式，测出 b_1 与 I_2、I_2 与 b_2 间高差，得 b_1 与 b_2 间高差，再测出 b_1 与 I_1、I_1 与 b_2 间高差，得 b_1 与 b_2 间高差，最后取平均值。这样，可以利用不同测站的前后视线长度差值形成互补，以便减弱测站不在立尺点中间位置造成的误差。

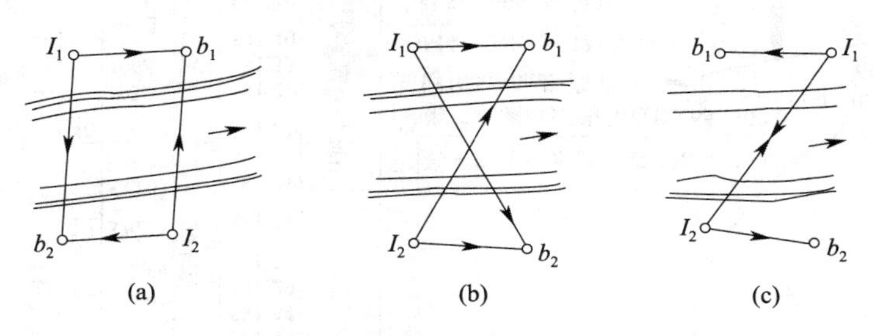

图 13-7 跨河水准测量

当水准测量需要跨越深沟时，如图 13-8 所示，为了避免多次安置仪器带来的误差，可在测站 1 先读取沟对岸的转点 2＋200 的前视读数，然后，以支水准路线形式测定沟中各点高程；再将仪器搬至测站 4 读取转点 2＋200 的后视读数。为了削减测站 1 前视距离长产生的误差，可将测站 4 的后视距离也加长。

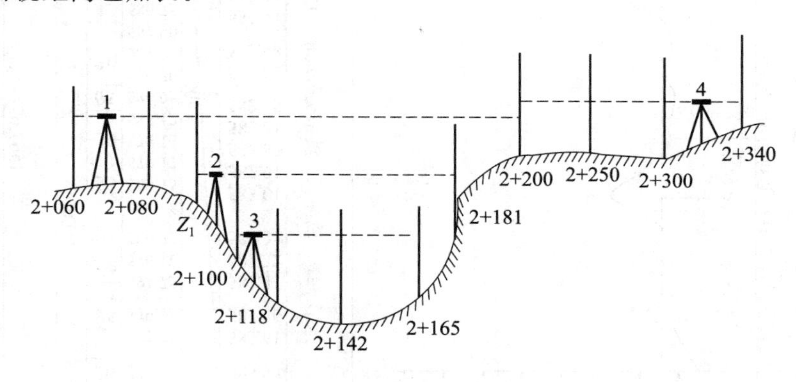

图 13-8 跨越深沟水准测量

13.3.4 线路纵、横断面测量

(1)纵断面测量

线路纵断面测量就是沿着地面上已经定出的线路中线测出所有中桩的高程，再根据里程及相关要素绘制线路的纵断面图，如图 13-9 所示。

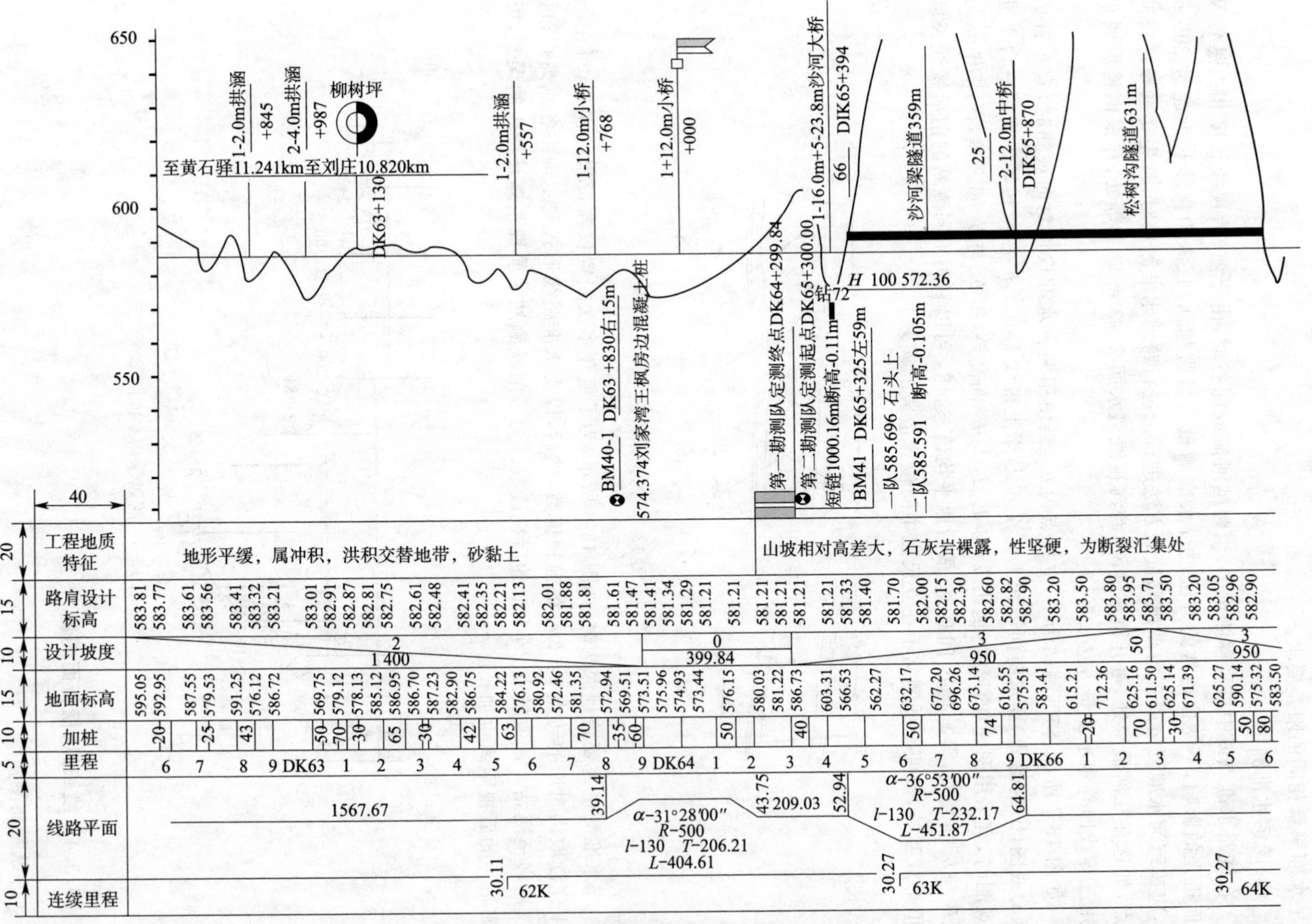

650
600
550
40
工程地质特征
路肩设计标高
设计坡度
地面标高
加桩
里程
线路平面
连续里程
20
15
10
15
10
5
20
10
地形平缓，属冲积，洪积交替地带，砂黏土
山坡相对高差大，石灰岩裸露，性坚硬，为断裂汇集处
至黄石驿11.241km至刘庄10.820km
柳树坪
1-2.0m拱涵
+845
2-4.0m拱涵
+987
DK63+130
1-2.0m拱涵
+557
1-12.0m小桥
+768
1+12.0m小桥
+000
BM40-1 DK63 +830右15m
574.374刘家湾王枫房边混凝土桩
第一勘测队定测终点DK64+299.84
第二勘测队定测起点DK65+300.00
短链1000.16m断高-0.11m
1-16.0m+5-23.8m沙河大桥
66
DIK65+394
钻72
H 100 572.36
BM41 DK65+325左59m
一队585.696 石头上
二队585.591 断高-0.105m
沙河梁隧道359m
25
2-12.0m中桥
DIK65+870
松树沟隧道631m
2
1 400
0
399.84
3
950
50
1567.67
39.14
α-31°28′00″
R-500
l-130 T-206.21
L-404.61
43.75
209.03
52.94
α-36°53′00″
R-500
l-130 T-232.17
L-451.87
64.81
30.11
62K
30.27
63K
30.27
64K

图13-9 线路纵断面图

在线路纵断面图中，横向表示里程，比例尺通常为1∶10 000；纵向表示高程，比例尺为1∶1 000，通常比横向比例尺大10倍，以便突出地面的起伏变化。图13-9的上部是按比例绘出的沿线路方向的地面线及设计坡度线，并注明沿线桥涵、隧道、车站等建筑物的形式和中心里程，同时注明沿线水准点的位置和高程。

图13-9中的各项内容说明如下：工程地质特征栏中填写沿线地质情况；路肩设计标高是指设计路基的肩部标高；设计坡度是指线路中线的设计坡度，斜线方向代表纵坡度，斜线上方数字表示坡度的千分率(‰)，下方数字表示坡段长度；地面标高是指中桩高程；加桩处竖线表示百米桩和加桩的位置，数字表示至相邻百米桩的距离；里程表示勘测里程，在百米桩和公里桩处注字；线路平面是指线路平面形状示意图，中央实线代表直线段，曲线段向下凸者为左转，向上凸者为右转，斜线代表缓和曲线，斜线间的直线为圆曲线；曲线起、终点的里程，只注百米以下里程尾数；连续里程表示线路自起点开始计算的里程公里数，短实线表示公里标位置，下面注字为公里数，短线左侧注字为公里标至相邻百米桩的距离。

(2) 横断面测量

线路横断面测量就是测量垂直于线路中线方向的地面起伏情况并绘制出断面图，以便用于路基、边坡、桥涵、隧道、站场及特殊构造物的设计、土方计算和施工放样等。横断面施测宽度和密度应根据地形、地质情况和设计需要确定。一般在曲线控制桩、百米桩和线路纵、横方向地形明显变化处应测绘横断面，同时，在桥头、隧道口、挡土墙等重点工程地段及不良地质地段应按专业设计需要适当加密。

横断面方向在直线段应垂直线路中线，在曲线段则应与切线垂直。直线地段横断面的方向可以用仪器或方向架(图13-10)直接测定。曲线段上的横断面方向，若用方向架确定(图13-11)时，应先将方向架立于待测断面B点上，使其一个方向照准曲线上的A点，在垂直方向上可标定出1点；再用方向架照准与AB等距的C点，同法标定出2点；使$B1=B2$，则1、2的中点N与B的连线即为横断面方向。同样，也可以利用仪器标定横断面方向。

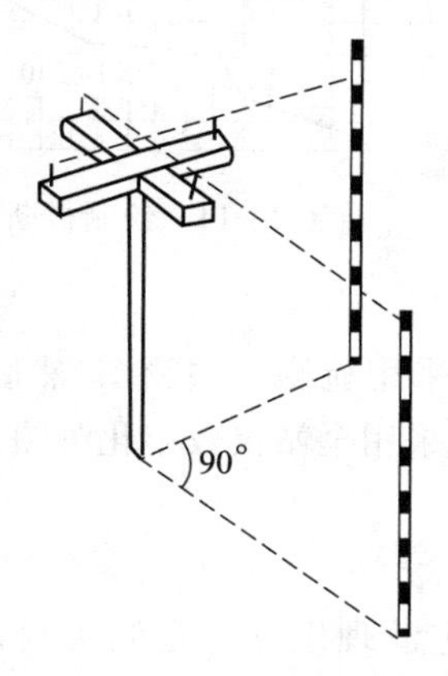

图13-10 方向架

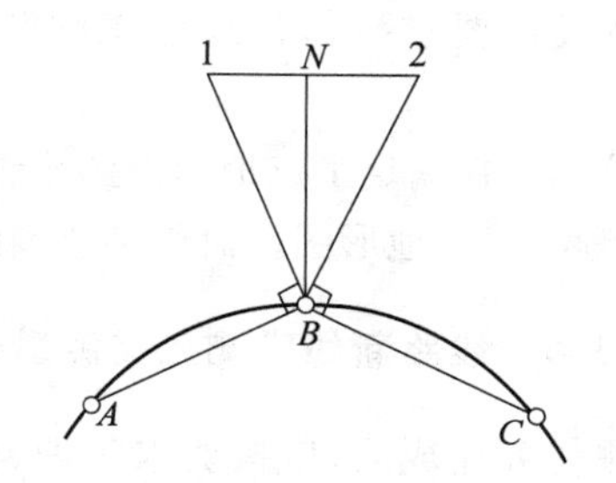

图13-11 方向架定横断面方向

横断面上距离和高差的测量方法有很多，应根据地形条件、精度要求和仪器条件来选择。下面为几种常用的方法：

1)全站仪法。在中线点上安置全站仪，在横断面上地形变化处立反光镜，直接测出各个地形点坐标及高程，该法安置一次仪器可以测多个横断面。

2)经纬仪法。将经纬仪安置在中线点上，利用视距法测量横断面上地形点的距离和高差，或用皮尺量斜距并测量竖直角，如图 13-12 所示，即可在现场绘出横断面图。

3)水准仪法。用方向架测定横断面方向，用皮尺量距、水准仪测高程，安置一次仪器可以测多个横断面，如同 13-13 所示。

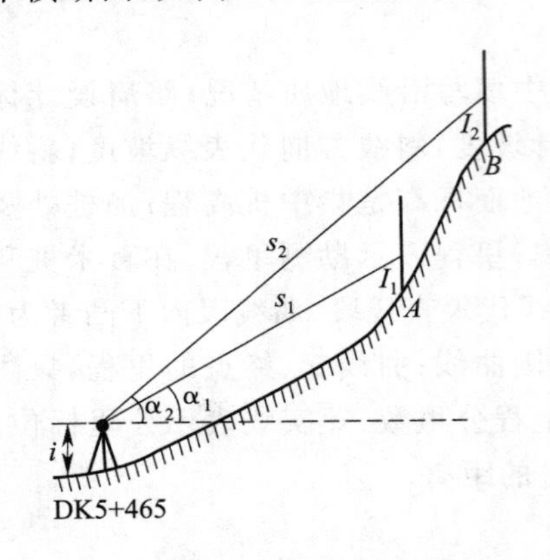

图 13-12　经纬仪法测横断面

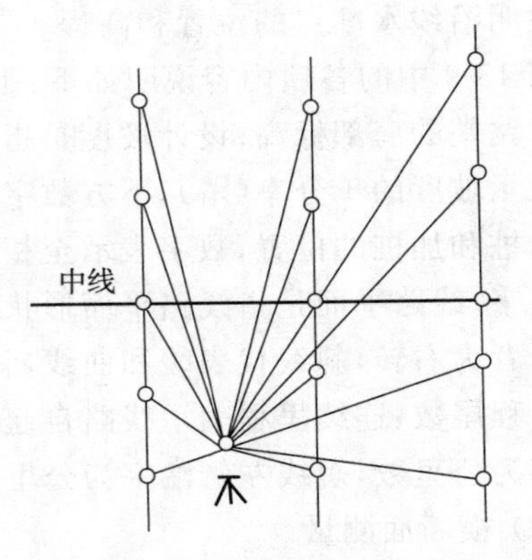

图 13-13　水准仪法测横断面

横断面测量的限差如下：高程为 $\pm\left(\frac{h}{100}+\frac{l}{200}+0.1\right)$ (m)；距离为 $\pm\left(\frac{l}{100}+0.1\right)$ (m)，式中，h 为地形点至线路中桩的高差(m)，l 为地形点至线路中桩的平距(m)。

横断面图一般绘在毫米方格纸上，为了便于路基断面设计和面积计算，水平距离和高程均采用相同比例尺，一般为 1∶300，如图 13-14 所示。横断面图最好采取现场边测边绘的方法，这样既可省去记录，又可实地检查，避免错误。若用全站仪测量、自动记录，则可在室内通过计算机自动绘制横断面图。

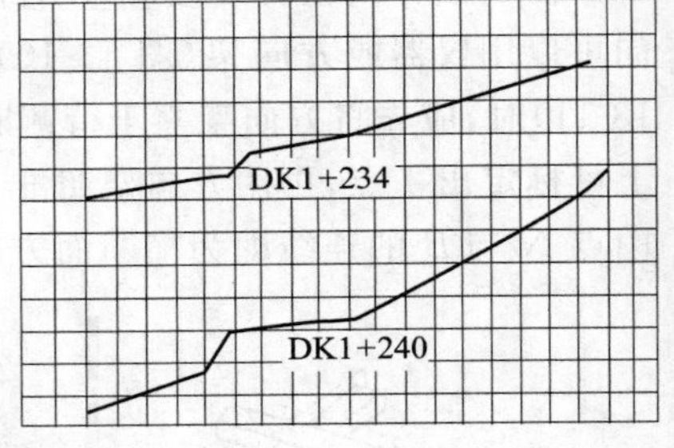

图 13-14　绘制横断面图

13.3.5　新线工点地形图测绘

线路地形图一般利用初测资料，根据需要进行实地补充和修改。路基、桥隧、改移道路等大比例尺工点地形图应根据专业设计要求按新建线路工程测量规范中有关规定测绘。

在航测资料满足工点地形图测绘精度要求的条件下，应采用航测方法测图，然后，在野外核实、补充测绘工点地形图。对于小范围的工点地形测量，一般采用全站仪数字化测图方法施测。

13.3.6　线路新线定测应交测量资料

定测任务完成后，应按要求整理、检查相关资料，按规定清理组卷。定测资料以电子文档形式提交，并应符合相关要求。平面控制点、水准点按统一图示展绘在定测线路平面图上，曲线要素应增加交点坐标信息。测量成果资料使用统一表格格式，包括表名、线段、设计阶段及测量单位名称等。

线路新线定测应交资料包括：GPS 观测手簿；导线测量记录本；水准测量记录本；中线测量记录本；横断面测量记录本；GPS 平面控制网平差计算手簿及 GPS 控制网联测示意图；导线坐标计算表及导线联测示意图；水准测量平差计算表及水准路线网联测示意图；GPS 平面控制网成果表及点之记；定测导线点成果表及点之记；水准点成果表及点之记；补测地形原图及

工点地形图；横断面图；曲线要素表(包括曲线交点坐标)；逐桩坐标表；控制桩表；中桩高程表；测量精度统计及质量检查表；GPS 放线数据(GPS 放中线时提供)；测量报告等。

13.3.7 补充定测

补充定测是根据设计要求对局部变动线路方案重新进行现场定测，有关的测量方法和精度要求按定测要求执行。

在补充定测线路段，当测区平面、高程控制点分布过稀时，应进行插点或插网加密控制；当方案变化造成线路走向超出定测控制点的控制范围，或不能满足中线放线及其他勘测需要时，也应对控制点进行补测；补测精度必须满足对应测量等级的精度要求，且衔接段相同点不允许出现断高。

线路整段偏离新设计中线 1 500 m 以上时，应在该段重新进行布置各级控制点；线路整段偏离新设计中线 500～1 500 m 时，应在该段进行插网加密控制点；线路只有 500 m 以内的零星偏离，应采用相应等级进行插点加密平面控制点。线路水准点密度不够或偏离线路中线超过规定范围时，应按相应水准点测量加密水准基点，加密水准点应闭合在线路高程控制点上，也可以闭合在相同等级的线路水准点上，其闭合差应满足同级水准测量的精度要求。水准点加桩和补设的埋石式样应与原水准点要求一致。

13.4 线路曲线测设

线路曲线段的测设过程与直线段测设类似，即先计算线路曲线主点的测设数据，实地测设曲线主点，然后详细测设曲线(即标定曲线段的中点)。

13.4.1 曲线主点测设数据计算

(1)圆曲线主点测设数据计算

如图 13-15 所示，JD 为交点，ZY 称为直圆点(即按线路前进方向由直线段进入圆曲线段的分界点)，QZ 称为曲中点(即圆曲线中点)，YZ 称为圆直点(即由圆曲线进入直线的分界点)。ZY、QZ、YZ 三点称为圆曲线主点。

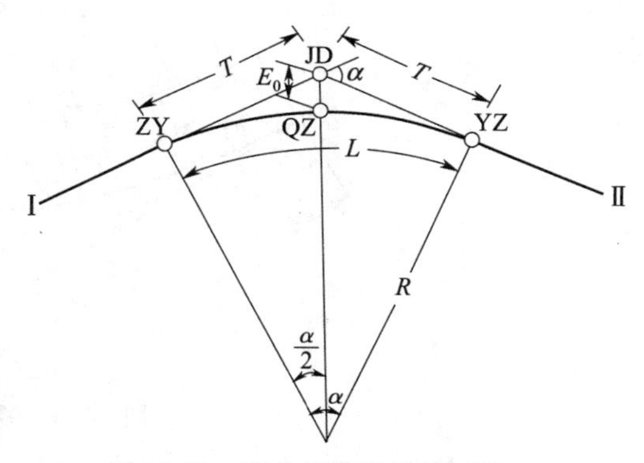

图 13-15 圆曲线主点及其要素

切线长 T 为 JD 至 ZY 或 YZ 的长度；曲线长 L 为圆曲线的长度；外矢距 E_0 为 JD 至 QZ 的距离。T、L、E_0 称为圆曲线要素。α 为转向角，沿线路前进方向的下一条直线段向左转则为 $\alpha_{左}$，向右转则为 $\alpha_{右}$。α、R(圆曲线半径)为设计参数，用于计算圆曲线要素，其计算公式可由图 13-15 推得：

$$\left.\begin{aligned}&\text{切线长}\qquad T = R\cdot\tan\frac{\alpha}{2}\\&\text{曲线长}\qquad L = R\cdot\alpha\cdot\frac{\pi}{180^\circ}\\&\text{外矢距}\qquad E_0 = R\cdot\left(\sec\frac{\alpha}{2}-1\right)\end{aligned}\right\}\tag{13-1}$$

例如，已知 $\alpha = 55^\circ43'24''$，$R = 500$ m，则根据式(13-1)计算曲线要素，得 $T = 264.308$ m，

$L = 486.278$ m，$E_0 = 65.561$ m。

当计算出曲线要素后，则可以计算圆曲线各主点的里程。例如，在上例中，若已知 ZY 点的里程为 DK53＋621.560，则各主点里程计算如下：

ZY 里程	DK53＋621.560
$+ L/2$	243.139
QZ 里程	DK53＋864.699
$+ L/2$	243.139
YZ 里程	DK54＋107.838

若已知交点 JD 的里程，则需先减 T 计算出 ZY 的里程，再由此推算其他主点里程。

(2)带有缓和曲线的曲线主点测设数据计算

1)缓和曲线的插入方式

在不改变线路方向及圆曲线半径的条件下，将缓和曲线插入到直线段和圆曲线之间，如图 13-16 所示，缓和曲线的一半长度位于原圆曲线范围内，另一半位于原直线段范围内，并使圆曲线沿垂直切线方向移动距离 p，即圆心从 O' 移至 O。这样，带有缓和曲线的线路曲线有 5 个主点控制线路方向，即直缓点(ZH)、缓圆点(HY)、曲中点(QZ)、圆缓点(YH)及缓直点(HZ)。

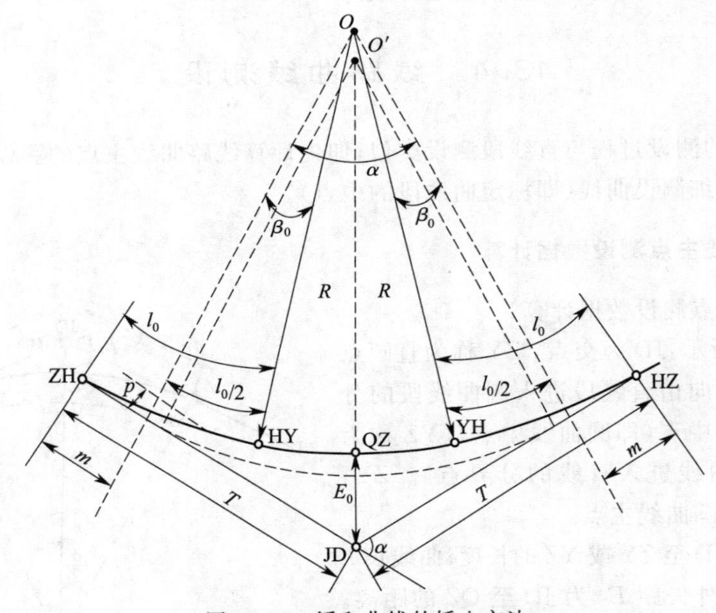

图 13-16　缓和曲线的插入方法

2)缓和曲线方程式

建立如图 13-17 所示的坐标系统：原点为 ZH(或 HZ)，通过该点的缓和曲线的切线方向为 x 轴，与 x 轴垂直的方向为 y 轴；x、y 为缓和曲线上任意点 P 的坐标，l 为 P 点到坐标原点的曲线长；x_0、y_0 为 HY(或 YH)的坐标，l_0 为缓和曲线总长度，R 为圆曲线半径，则缓和曲线方程(推导略)：

$$\left.\begin{aligned} x &= l - \frac{l^5}{40R^2 l_0^2} \\ y &= \frac{l^3}{6Rl_0} \end{aligned}\right\} \tag{13-2}$$

当 $l = l_0$ 时，则 $x = x_0$，$y = y_0$，代入式(13-2)得：

$$\left.\begin{aligned} x_0 &= l_0 - \frac{l_0^3}{40R^2} \\ y_0 &= \frac{l_0^2}{6R} \end{aligned}\right\} \tag{13-3}$$

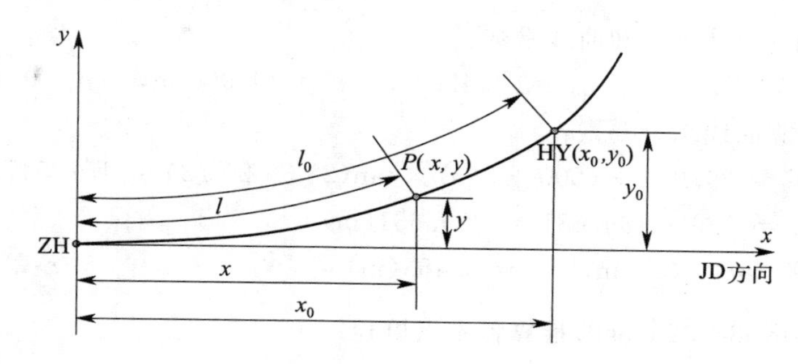

图 13-17 缓和曲线方程式

3)缓和曲线常数计算公式

β_0 ——缓和曲线切线角，即 HY(或 YH)点的切线与 ZH(或 HZ)点切线之间的夹角，如图 13-18 所示。

δ_0 ——缓和曲线总偏角，即 ZH(或 HZ)点切线与 ZH(或 HZ)点至 HY(或 YH 点)弦线之间的夹角，如图 13-18 所示。

m ——切垂距，即 ZH(或 HZ)到圆心 O 向切线所作垂线垂足的距离，如图 13-16 所示。

p—— 圆曲线内移量，即圆心 O 向切线所作垂线的垂线长与圆曲线半径 R 之差，如图 13-16 所示。

缓和曲线常数计算公式：

$$\left.\begin{aligned} \beta_0 &= \frac{l_0}{2R} \cdot \frac{180^\circ}{\pi} \\ \delta_0 &= \frac{1}{3}\beta_0 = \frac{l_0}{6R} \cdot \frac{180^\circ}{\pi} \\ m &= \frac{l_0}{2} - \frac{l_0^3}{240R^2} \\ p &= \frac{l_0^2}{24R} - \frac{l_0^4}{2\,688R^3} \approx \frac{l_0^2}{24R} \end{aligned}\right\} \tag{13-4}$$

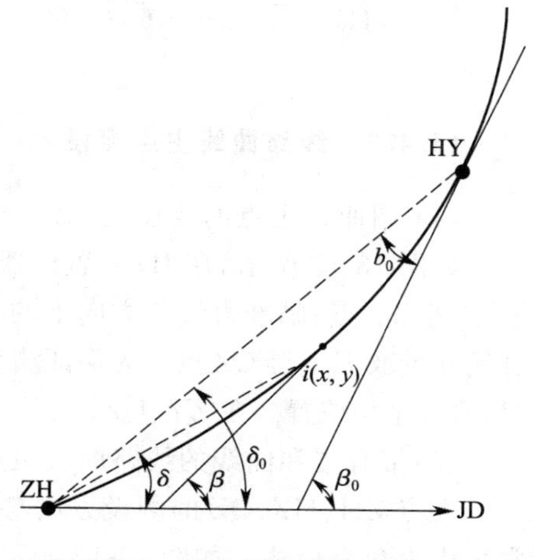

图 13-18 缓和曲线常数 β_0 及 δ_0

x_0、y_0 的计算见式(13-3)。

4)曲线综合要素计算公式

$$\left.\begin{aligned} &\text{切线长} \quad T = m + (R + p) \cdot \tan\frac{\alpha}{2} \\ &\text{曲线长} \quad L = 2l_0 + \frac{\pi R(\alpha - 2\beta_0)}{180^\circ} = l_0 + \frac{\pi R\alpha}{180^\circ} \\ &\text{外矢距} \quad E_0 = (R + p) \cdot \sec\frac{\alpha}{2} - R \\ &\text{切曲差} \quad q = 2T - L \end{aligned}\right\} \tag{13-5}$$

5)主点里程计算

根据计算出的曲线要素,则可以通过某已知点里程推算出各主点里程,通常沿里程增加的方向由 ZH→HY→QZ→YH→HZ 进行推算。

【例 13-1】 已知线路曲线设计参数:$R=500$ m,$l_0=60$ m,$\alpha=28°36'20''$,计算各主点里程。

【解】 由式(13-4)计算缓和曲线常数:

$$\beta_0=3°26'15.9'',\quad \delta_0=1°8'45.3'',\quad m=29.996\ \text{m},\quad p=0.3\ \text{m}$$

由式(13-5)计算曲线综合要素:

$$T=29.996+(500+0.3)\times\tan(28°36'20''/2)=157.547(\text{m})$$

$$L=120+189.631=309.631(\text{m})$$

$$E_0=16.303\ \text{m},\quad q=5.463(\text{m})$$

由 ZH 里程(DK58+323.560)推算各主点里程:

ZH	58+323.560
$+l_0$	60
HY	58+383.560
$+L/2-l_0$	94.816
QZ	58+478.376
$+L/2-l_0$	94.816
YH	58+573.192
$+l_0$	60
HZ	58+633.192

ZH	58+323.560	
$+2T$	315.094	
	58+638.654	
$-q$	5.463	
HZ	58+633.191	(校核)

13.4.2 线路曲线主点测设

(1) 圆曲线主点的测设

如图 13-15 所示,在 JD 安置仪器,瞄准直线Ⅰ方向上的一个转点,在视线方向上量取切线长 T 得 ZY 点;瞄准直线Ⅱ方向上的一个转点,量 T 得 YZ 点;用盘左、盘右分中法得到内角平分线并量取 E_0,得 QZ 点。为保证测设精度,切线长度应往返丈量,其相对较差不大于 1/2 000 时,取其平均位置。在 ZY、QZ、YZ 点均要打木桩、钉小钉表示点位。

(2)带有缓和曲线的线路曲线主点测设

主点 ZH、HZ、QZ 的测设方法与圆曲线主点测设方法相同,而 HY 和 YH 的测设方法通常采用直角坐标法。如图 13-17 所示,HY(或 YH)的测设方法如下:自 ZH(或 HZ)沿切线方向量取 x_0,打桩、钉小钉;然后将仪器架在该桩上,后视 ZH 点给出垂直方向并量取 y_0,打桩、钉小钉得 HY(或 YH)点。为保证主点测设精度,角度要用盘左、盘右分中法;距离应往返丈量,在限差以内取平均值。

当测设曲线主点的方向上存在障碍不通视或不便量距等困难条件下,可以利用自由设站法进行测设,但是,应注意加强检核。

13.4.3 直角坐标法详细测设曲线

中线点通常要求:圆曲线段间距为 20 m,且其里程为 20 m 的整倍数;缓和曲线段间距为 10 m。详细测设曲线的方法较多,第 11 章中的平面点位测设方法大多可用,本章主要介绍几种目前常用的方法。

(1)直角坐标法详细测设圆曲线

首先,需要计算出每个中线点的坐标。如图 13-19 所示,以 ZY(或 YZ)点为坐标原点,切线方向为 x 轴,切线的垂线方向为 y 轴,则可以根据圆曲线上任意中线点 i 的设计里程值 l_i,计算 i 点的测设坐标:

$$\left.\begin{aligned} x_i &= R\cdot\sin\alpha_i \\ y_i &= R\cdot(1-\cos\alpha_i) \\ \alpha_i &= \frac{l_i}{R}\cdot\frac{180^\circ}{\pi} \end{aligned}\right\} \tag{13-6}$$

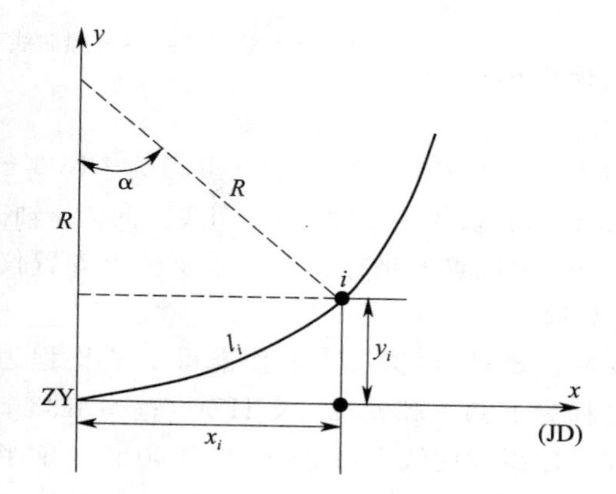

图 13-19 圆曲线中线点坐标计算

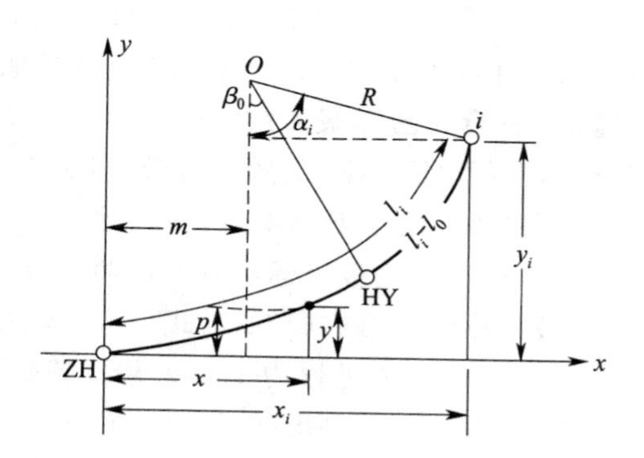

图 13-20 带有缓和曲线的中线点坐标计算

测设方法:在 ZY(或 YZ)点安置仪器,瞄准 JD 后,沿切线方向量出 x_i,在 x_i 处再安置仪器或用方向架等,在垂直方向测设 y_i 定出 i 点。同法,可以测设出所有圆曲线的中线点。

(2)直角坐标法详细测设带有缓和曲线的线路曲线

缓和曲线部分任意中线点坐标的计算可利用式(13-2)。如图 13-20,以 ZH(或 HZ)为坐标原点,以切线为 x 轴,垂直切线方向为 y 轴,圆曲线部分任意中线点 i 坐标的计算公式为:

$$\left.\begin{aligned} x_i &= R\cdot\sin\alpha_i + m \\ y_i &= R(1-\cos\alpha_i) + p \\ \alpha_i &= \frac{l_i - l_0}{R}\cdot\frac{180^\circ}{\pi} + \beta_0 \end{aligned}\right\} \tag{13-7}$$

测设方法:在 ZH(或 HZ)点安置仪器,沿切线方向量出线路曲线任意点 i 的 x_i,再在 x_i 处安置仪器,在垂直方向测设 y_i 定出 i 点。同法,测设出圆曲线和缓和曲线上的所有中线点。

13.4.4 极坐标法详细测设曲线

(1)极坐标法详细测设圆曲线

如图 13-21 所示,已知圆曲线任意中线点 i 的设计里程(即曲线长 L_i),即可计算 i 点的测设数据:

$$\left.\begin{aligned} \delta_i &= \frac{L_i}{R}\cdot\frac{180^\circ}{\pi}\cdot\frac{1}{2} \\ c_i &= 2\cdot R\sin\delta_i \end{aligned}\right\} \tag{13-8}$$

测设方法:在 ZY(或 YZ)点安置仪器,后视 JD,度盘对0°00′00″,测设水平角 δ_i,并在该视

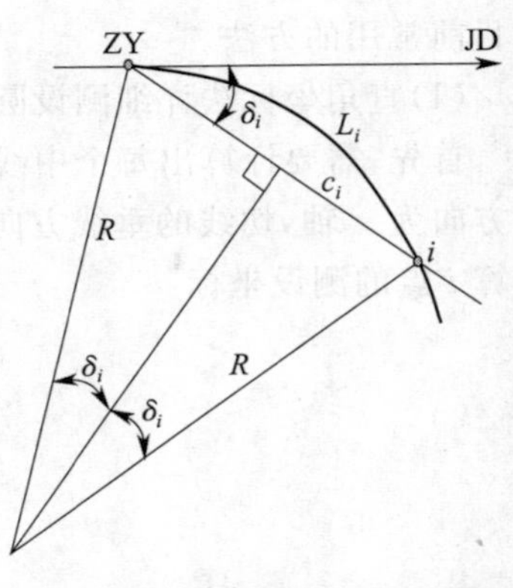

图 13-21　极坐标法详细测设圆曲线

线方向上测设平距 c_i 定出 i 点。同法，可以测设出圆曲线上所有中线点。

(2)极坐标法详细测设带有缓和曲线的线路曲线

坐标系统如图 13-20 所示，利用式(13-2)计算缓和曲线部分任意中线点的坐标，并利用式(13-7)计算圆曲线部分任意中线点的坐标。然后，根据 ZH(或 HZ)和线路曲线上任意中线点 $i(x_i, y_i)$ 的坐标，反算出测设数据的平距 c_i 及水平角 δ_i：

$$\left.\begin{aligned} c_i &= \sqrt{x_i^{\ 2} + y_i^{\ 2}} \\ \delta_i &= \arctan\frac{y_i}{x_i} \end{aligned}\right\} \tag{13-9}$$

测设时，将仪器安置在 ZH(或 HZ)点上，利用极坐标法根据 c_i、δ_i 详细测设线路曲线上的 i 点及其他中线点。

【例 13-2】　已知某曲线，$R = 500$ m，$l_0 = 30$ m，$\alpha = 14°36'20''$，ZH 点里程为 DK33＋422.670，曲线 ZH→QZ 为顺时针转；以 ZH 为坐标原点，其切线为 x 轴，垂直切线方向为 y 轴。试计算：(1)该曲线上 K33＋432.670 和 K33＋480.000 中线点的坐标；(2)若在 ZH 点安置仪器，后视 JD 点，采用极坐标法测设这两个点的测设数据。

【解】　首先利用式(13-4)、式(13-5)求出曲线综合要素；根据 ZH 里程推得 HY 里程为 K33＋452.670、QZ 里程为 K33＋501.399、YH 里程为 K33＋550.128 及 HZ 里程为 K33＋580.128，并由此判定中线点 K33＋432.670 位于前半段缓和曲线上，K33＋480.000 位于前半段圆曲线上；再按式(13-2)、式(13-7)、式(13-9)计算缓和曲线上 K33＋432.670 点、圆曲线上 K33＋480.000 点的坐标及测设数据，见表 13-2 所示。

表 13-2　极坐标法测设带有缓和曲线的线路曲线

里　程	测设坐标		测设数据		备　注
	x(m)	y(m)	水平角(°　′　″)	水平距离(m)	
K33＋432.670	10	0.011	0　03　49	10	缓和曲线段
K33＋480.000	57.279	1.866	1　51　56	57.309	圆曲线段

13.4.5　自由设站法详细测设线路曲线

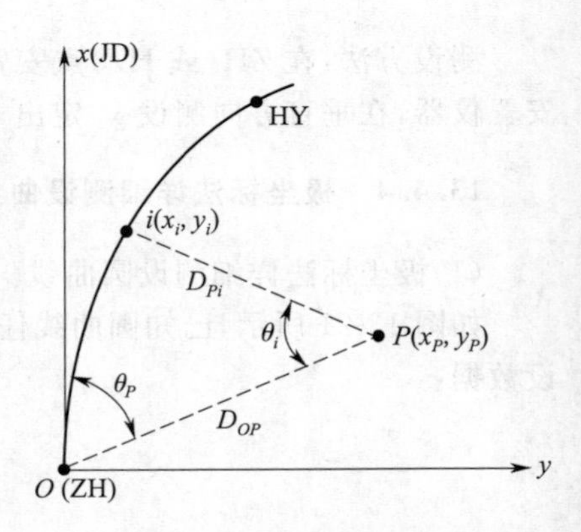

图 13-22　自由设站法测设线路曲线

在测设线路曲线工作中，自由设站法的使用较为广泛、灵活。如图 13-22 所示，采用自由设站法时，先在拟测曲线附近找一个通视良好、地面坚固的点 P，并设立标志；在 ZH 点架设仪器，测量 D_{OP}、θ_P 后可求得 $P(x_P, y_P)$；根据曲线任意设计点坐标 $i(x_i, y_i)$ 及 $P(x_P, y_P)$，反算 i 点的测设数据 D_{Pi}、θ_i；在 P 点架设仪器，利用极坐标法测设 D_{Pi}、θ_i 得 i 点位置。同法，测设出 曲线其他设计点位置。

当测设曲线遇到障碍不通视等困难时，常常利用自由设站法进行测设，甚至利用高精度全站仪一次性测设线路曲线的主点及中线点。

13.4.6　三维一体化测设法

随着科学技术的快速发展，勘测数据采集、处理、传输、应用及管理的方法正在逐渐实现自动化、数字化、标准化及网络化。三维放样一体化技术是指利用全站仪及专用勘测系统，在线路测设时实现平、纵、横三维一体化测设，即同时测设中线任意点的平面位置和高程，以及进行横断面测量。

专用勘测系统包括硬件和软件两部分。硬件部分可以采用掌上电脑、电子手簿等；软件部分包括操作系统、文字处理软件、数据处理与管理软件及专业应用软件。专用勘测系统的主要功能有工程数据管理、数据浏览、横断面数据采集及三维放样等。

在测设工作之前，先准备好线路控制点数据和测设数据。控制点数据是指初测阶段布设的控制点三维坐标(x,y,H)，主要用于设置测站和后视点。线路测设数据包括：点名、坐标(x,y,H)、里程、待测点至测站的方位（或水平角）及距离；曲线设计参数等。实际测设过程类似于全站仪坐标测设法。

此外，还可以利用 GPS 技术直接测设线路曲线主点及中线点。

13.4.7　线路曲线测设检核与误差分析

通常，在详细测设时，还要再次测设主点位置以便进行检核。例如，再次测设圆曲线 QZ 时则为 QZ′点，如图 13-23 所示，两次测设产生的闭合差为 f，可以将 f 分解为纵向分量 $f_{纵}$、横向分量 $f_{横}$。一般要求 $f_{横}$ 或 f 小于 10 cm，而客运专线等高等级线路对闭合差的要求更高。

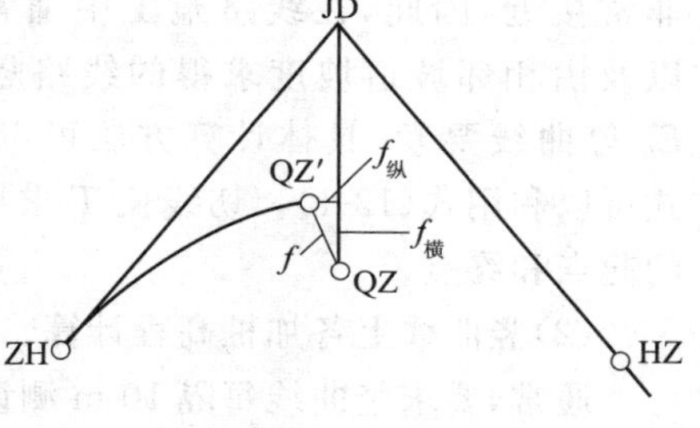

图 13-23　主点检核

在测设线路曲线时，应严格按照线路测量有关规范要求进行施测，并进行精度评定，超限必须重测。线路曲线测设的一般要求如下：

(1)线路曲线主点应单独测设，并进行多余观测形成检核条件，例如，可以利用不同仪器或不同方法进行两次测设，以便进行点位对比；

(2)详细测设线路曲线时，应经常性地进行检核，通常，每百米不少于 1 个检核点，也可以分两组独立进行测设；

(3)当置镜点（即测站）多于 2 个时，应形成闭合环或应有公共的检核点，以便能够保证测站或测设点位的正确性。

在线路曲线测设过程中，主点测设受到的误差影响有：JD 测设误差，切线长测设误差，确定 ZH 及 HZ 时的定向误差，确定 HY 及 YH 时 x_0、y_0 的丈量及定向误差，确定 QZ 时 E_0 的丈量及分角线方向的测角误差等。详细测设曲线时的误差主要来自：主点测设误差，仪器安置误差，角度测设误差，平距测设误差，后视点的方向误差等。

因此，为了保证曲线的测设精度，首先要确保主点的测设精度；其次，在详细测设曲线时，要认真对中、整平仪器，仔细对准后视方向并经常性进行检查，测设距离要准确；再者，对于长大曲线或回头曲线应增设控制点，分段测设、分段检核。

13.4.8 竖曲线测设

在线路中除了水平路段，还不可避免的有上、下坡路段。两相邻坡段的交点称为变坡点。按有关规定，当相邻路段的坡度变化较大时应在其间加设竖曲线。竖曲线按顶点所在的位置可分为凸形竖曲线和凹形竖曲线。

(1)竖曲线要素

如图 13-24 所示，i_1、i_2、i_3 分别是设计路面坡道线的坡度。上坡为正，下坡为负，θ 为竖曲线的转折角。由于线路设计时的允许坡度均较小，所以可认为 θ 为相邻坡道之坡度的代数差。如 $\theta_1 = i_2 - i_1$，$\theta_2 = i_3 - i_2$。θ 大于零时为凹形竖曲线，θ 小于零时为凸形竖曲线。

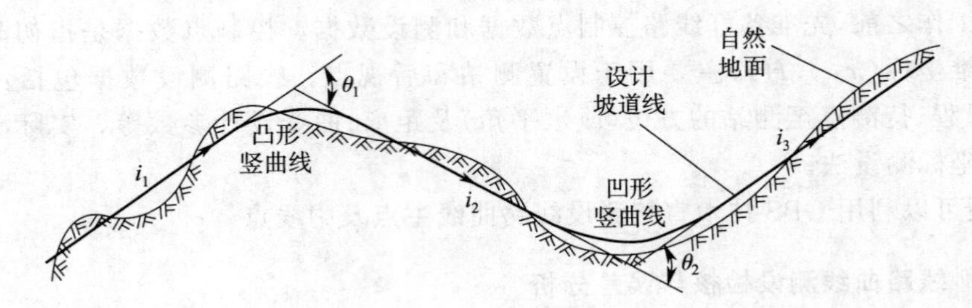

图 13-24 竖曲线要素的计算

竖曲线可以采用抛物线或圆曲线来过渡，由于采用圆曲线与采用抛物线的计算结果非常接近，因此，在线路施工中通常采用圆曲线。根据纵断面设计中给的竖曲线半径 R 以及由相邻坡道坡度求得的线路竖向转折角 θ，可以计算竖曲线长度 L、切线长 T、外矢距 E_0 等曲线要素。具体计算方法可以参照平面曲线要素的计算方法，如图 13-15 所示，计算公式可以利用式(13-1)。切线长 T 求出后，即可由变坡点沿中线向两边量取 T 值，定出竖曲线的起点和终点。

(2)竖曲线上各加桩高程计算

通常，要求竖曲线每隔 10 m 测设一个加桩以便于施工。测设前按规定间距确定各加桩点至竖曲线起(终)点的距离，并求出各加桩的设计标高，以便标出竖曲线的高程。

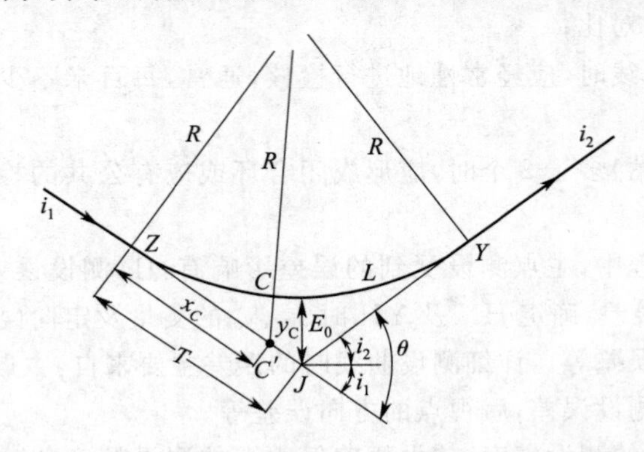

图 13-25 竖曲线上各加桩高程计算

如图 13-25 所示，C 为竖曲线上某个加桩，将过 C 点的竖曲线半径延长，交切线于 C'。令 C' 到起点 Z 的切线长为 x_C，$CC' = y_C$。由于设计坡度较小，可以把切线长 x_C 看成是 Z、C' 两点间的平距，把 y_C 看成是C、C' 两点间的高差。这样，竖曲线上任意点C的高程H_C可以根据C在切线上的高程 H'_C，利用近似公式求得：

$$H_C = H'_C \pm y_C \qquad (13\text{-}10)$$

式中，H'_C可根据变坡点J 的设计高程 H_0、坡度 i 及该点至坡点的间距来求出，即 $H'_i = H_0 \pm (T - x_i) \cdot i$；当竖曲线为凸形竖曲线时 y_C 取“—”，当为凹形竖曲线时 y_C 取“+”，而 y_C 值可由近似计算公式，$y_C = \dfrac{x_C{}^2}{2R}$。

【例 13-3】 已知变坡点J的里程桩号为K13+650，变坡点的设计高程 $H_0 = 290.950$ m，设计坡度为 $i_1 = -2.5\%$，$i_2 = +1.1\%$。设 $R = 2\ 500$ m 的竖曲线，要求曲线间隔为 10 m，求竖曲线要素及各曲线点的桩号及标高。

【解】 由式(13-1)可解得：$L \approx 90$ m，$T \approx 45$ m，$E_0 \approx 0.4$ m；由于 $\theta > 0$，则为凹形竖曲线。竖曲线起、终点里程计算如下：

变坡点 J	K13+650
$-T$	-45
起点 Z	K13+605
$+L$	90
终点 Y	K13+695

其余各项计算见表 13-3。

表 13-3 竖曲线计算表

点　名	桩　号	x (m)	标高改正 y (m)	坡道点 $H'_i = H_0 \pm (T - x_i) \cdot i$ (m)	路面设计高程 $H_i = H'_i \pm Y_i$ (m)
起点 Z	K13+605	0	0.00	292.08	292.08
	615	10	0.02	291.83	291.85
	625	20	0.08	291.58	291.66
	635	30	0.18	291.33	291.51
	645	40	0.32	291.08	291.40
变坡点 J	K13+650	T=45	E=0.40	H_0 =290.95	291.35
	655	40	0.32	291.01	291.33
	665	30	0.18	291.12	291.30
	675	20	0.08	291.23	291.31
	685	10	0.02	291.34	291.36
终点 Y	K13+695	0	0.00	291.45	291.45

13.5 新线施工测量

线路施工时，测量工作的主要任务是测设出作为施工依据的桩点的平面位置和高程，这些桩点主要是指标志线路中心位置的中线桩和标志路基施工界线的边桩。线路中线桩在定测时已标定在地面上，它是路基施工的主轴线，但由于施工与定测相隔时间较长，可能造成定测桩点丢失、损坏或位移。因此，在施工之前，必须进行中线桩和水准点的校核、恢复工作，检查定测资料的可靠性和完整性，这项工作称为线路复测。

由于施工中随时需要线路中线位置，而在施工中又经常发生中线桩被碰动或丢失，为了迅速、准确地把中线恢复在原来位置，则必须对交点、转点及曲线控制桩等主要桩点设置护桩。通常，在线路复测后路基施工前对中线桩设置护桩。此外，在修筑路基之前，需要在地面设置边桩以便把路基施工界线标定出来，这项工作称为路基边坡放样。

13.5.1　护桩的设置

设置护桩可采用图 13-26 所示形式，一般设两条交角不小于 60°的交叉线，每条线上的护桩应不少于三个，以便能够发现护桩有无损坏。设护桩时，先将仪器安置在中线控制桩上，瞄准某较远点用正、倒镜定出各护桩，然后再测出另一方向各护桩，并丈量出护桩间距离。为便于寻找护桩，通常要对护桩的位置用草图及文字作详细说明，如图 13-27 所示。护桩的位置应选在施工范围以外，在施工过程中不会被破坏，视线也不会被阻挡的地方。

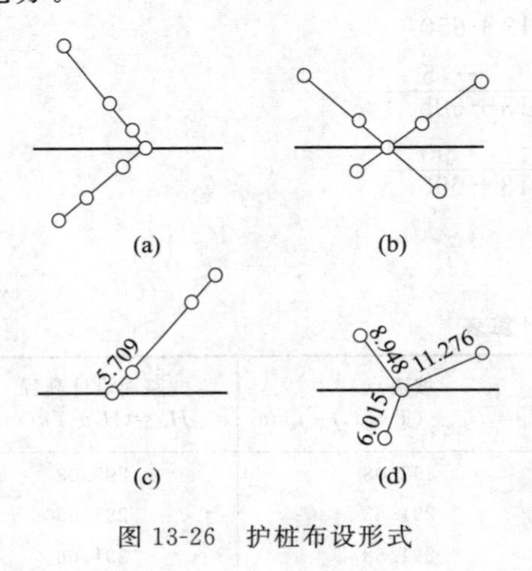

图 13-26　护桩布设形式

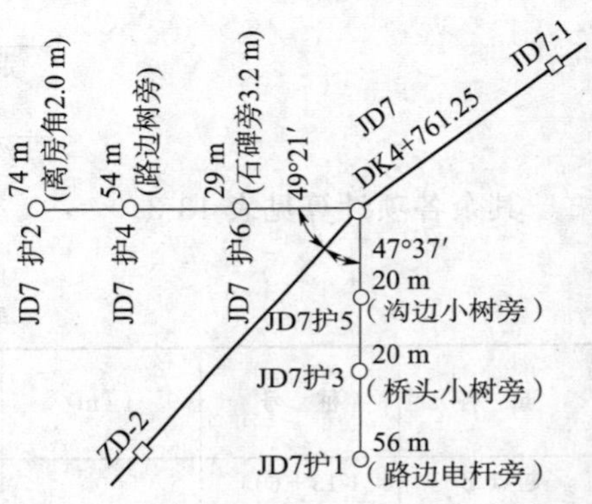

JD7 护2　74 m（离房角2.0 m）
JD7 护4　54 m（路边树旁）
JD7 护6　29 m（石碑旁3.2 m）
49°21′
JD7　DK4+761.25
JD7-1
47°37′
JD7护5　20 m（沟边小树旁）
JD7护3　20 m（桥头小树旁）
JD7护1　56 m（路边电杆旁）
ZD-2

图 13-27　护桩位置草图

13.5.2　新线线路复测

(1)复测内容

施工前，建设单位应组织设计单位向施工单位进行测量成果资料和现场桩橛交接，并履行交接手续，同时，监理单位应按有关规定参加交接工作。设计单位应向施工单位提交下列资料：GPS 点、导线点、水准点成果表及点之记，桩橛包括 GPS 点、导线点、水准点，测量技术报告等。施工单位应对测量成果进行全面复测，复测内容包括：GPS 点的基线边长度，导线点的转角，导线点间距离，水准点间高差等。

(2)复测精度要求

GPS 复测网构网应与勘测网一致。CPⅠ控制网按 C 级 GPS 网要求进行复测，基线边长度复测较差达到 1/80 000 时，应采用设计单位勘测成果。CPⅡ GPS 控制点按 D 级 GPS 网要求进行复测，基线边长度复测较差达到 1/50 000 时，应采用设计单位勘测成果。CPⅡ导线点的施工复测应按四等导线的精度和要求进行，复测结果与设计单位勘测成果的不符值满足下面要求时，应采用设计单位勘测成果：水平角检测较差$<5''$，角度闭合差$<5\sqrt{n}''$；导线全长相对闭合差$<1/40\ 000$。

水准点复测应按三等水准测量要求进行，复测高差与设计单位勘测成果的不符值$\leqslant 20\sqrt{L}$

时，应采用设计单位勘测成果。

当复测结果与设计单位提供的勘测成果不符时，必须重新复测。当确认设计单位勘测资料有误或精度不符合规定要求时，应与设计单位协商对勘测成果进行改正。

施工控制网加密应符合下列规定：

1)施工平面控制网加密按CPⅢ控制点的要求进行选点、埋石和测量；

2)施工高程控制点加密测量按四等水准测量精度要求施测；

3)桥梁、隧道施工控制网的建立应根据桥轴线精度、隧道贯通精度建立独立的桥梁、隧道施工控制网。

在施工复测中要增加或移设水准点、增测横断面等工作，一律按新线勘测的要求进行。由于施工阶段对土石方数量计算的要求比定测准确，所以横断面要测得密些，其间隔应根据地形情况和土石方需要精度而定，一般平坦地区每50 m一个，而在起伏大的地区应不大于20 m一个。同时，中线上的里程桩也应加密。

施工放样测量应符合下列规定：

1)施工放样前，应在CPⅡ复测的基础上，用附合导线加密施工控制点CPⅢ，其平均边长以200 m左右为宜；

2)施工放样应置镜于CPⅠ、CPⅡ、CPⅢ控制点上，采用极坐标法测设；

3)中线控制桩(包括曲线五大桩、直线上每200 m一个桩)放样坐标与设计坐标之差不得大于10 mm，中桩和加桩放样坐标与设计坐标之差不得大于30 mm；

4)涵洞、200 m以下中小桥、1 000 m以下短隧道施工定位测量应满足涵洞中心、墩台中心、隧道洞口中线控制桩放样坐标与设计坐标之差不大于10 mm，放样后应检核涵洞中心、墩台中心应与相邻中线控制桩闭合，闭合差不应超过20 mm，隧道进、出口中线控制点间应沿线路中线敷设导线闭合，闭合差不应超过40 mm。

13.5.3 路基边坡放样

路基的填方称为路堤，挖方称为路堑；在填、挖高为零时，称路基施工零点，如图13-28所示，图(a)为路堤，图(b)为路堑。路基施工填、挖边界线用边桩标出，表示路堤坡脚线或路堑坡顶线，作为修筑路基填、挖方的范围。路基开挖边桩、挡土墙、抗滑桩的定位，可在中桩或加桩上按设计位置直接放样。测设边桩时，常采用下列方法。

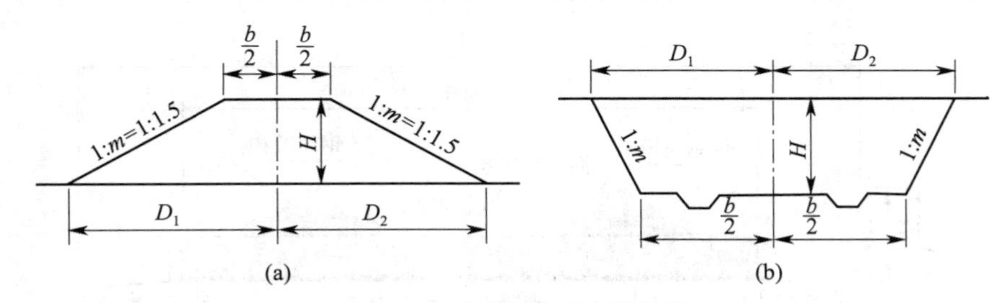

图13-28 路堤、路堑边坡放样

(1)断面法

在较平坦地区，当横断面的测量精度较高时，可以根据填、挖高绘出路基断面图，由图上直接量出坡脚(或坡顶)到中线桩的水平距离。根据量得的平距，即可到实地放出边桩，这是测设边桩最常用的方法。

(2)计算法

如图 13-28 所示，根据设计路基填、挖高 H，可以计算边桩到中线桩的水平距离 D_1：

$$D_1 = \frac{b}{2} + m \cdot H \tag{13-10}$$

式中 b——路堤或路堑(包括侧沟)的宽度，由设计定；

m——路基边坡坡度比例系数，依填挖材料而定，通常填方为 1.5，挖方为 1 或 0.75。

如果路基边坡两侧的坡度不一样，同样可以计算另一侧的中线桩与边桩之间的平距。

13.5.4 无砟轨道铺轨测量

(1)无砟轨道结构

目前，国内客运专线的无砟轨道主要有 CRTSⅠ型板式无砟轨道、CRTSⅡ型板式无砟轨道、CRTS 双块式无砟轨道等。

1)CRTSⅠ型板式无砟轨道结构组成。CRTSⅠ型板式无砟轨道是将预制轨道板通过沥青砂浆调整层，铺设在现场浇筑的钢筋混凝土底座上，由凸形挡台限位，如图 13-29 所示。

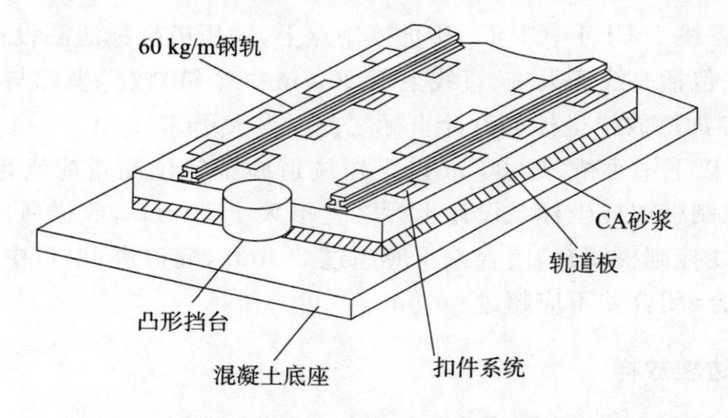

图 13-29 CRTSⅠ型板式轨道结构组成

2)CRTSⅡ型板式无砟轨道结构组成。CRTSⅡ型板式无砟轨道是将预制轨道板通过沥青砂浆调整层，铺设在混凝土支承层上。CRTSⅡ型板式无砟轨道系统主要由钢轨及扣件系统、轨道板、砂浆垫层、混凝土支承层等部分组成，如图 13-30 所示。

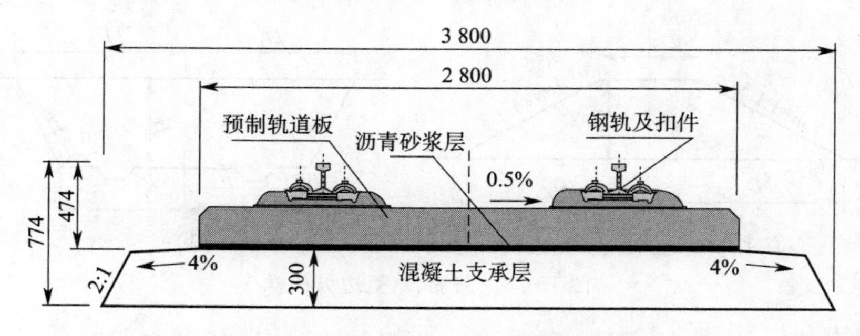

图 13-30 路基 CRTSⅡ型板式无砟轨道横断面(单位：mm)

(2)混凝土底座及支承层、凸形挡台放样

放样工作通常使用全站仪自由设站法,即在工作区域的线路中线附近任意选定一个稳定点架设全站仪,测量多个CPⅢ点的方向和距离,通过后方交会等方法获取该仪器站点的平面位置和高程。为了保证测量精度,每个全站仪设站点必须要有多余观测量;相邻设站点间必须有相同的观测点(即控制点),通常更换测站后相邻测站重叠观测的CPⅢ控制点不少于2对;线路规范规定对于混凝土底座及支承层测设时,自由设站观测的CPⅢ控制点不宜少于3对。

在路基土石方工程完工之后,铺轨之前需要进行线路的线下工程竣工测量,主要任务是最后确定线路中线位置,以作为铺轨的依据;同时要检查路基施工质量是否符合设计要求;主要内容包括中线测量、高程测量、构筑物测量和路基横断面测量等。

高等级线路无砟轨道施工主要包括:混凝土底座及支承层、凸形挡台放样、加密定位点测设、轨道安装及轨道精调等。为了保证各工序之间的顺利衔接,规定轨道施工各工序均以轨道控制网CPⅢ为基准进行轨道施工测量。

无砟轨道混凝土底座及支承层平面施工模板放样,采用全站仪直接进行模板三维坐标放样,一次完成。也可先用全站仪测设轨道中心线,模板平面位置由轨道中心线放出,模板高程用水准测量施测。

(3)加密基标测设

加密基标(也称基准点、定位点)不但是建设期间指导轨道铺设的控制点,也是运营期间用于轨道维护的控制点。加密基标需根据轨道类型和施工工艺要求进行设置,主要用于轨道板定位,也可以不用加密基标,而根据CPⅢ控制点利用全站仪对轨道板进行定位。

通常利用极坐标法分组进行加密基标粗测,放样点用油漆标注于凸形挡台顶面上。自由设站时宜后视4对CPⅢ控制点,以完成测站定位。加密基标平面位置放样限差为±3 mm。换站时,相邻测站应后视2对重叠的CPⅢ控制点,保证相邻测站的放样点位一致性,极坐标放样说明如图13-31所示。完成加密基标的粗测后,再按自由设站方式精确测定其位置。

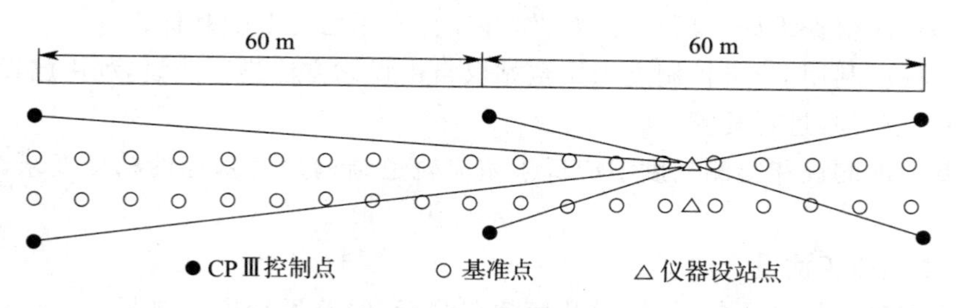

图13-31　自由设站极坐标法放样基准器示意图

(4)轨道板安装定位

轨道板安装定位工作通常采用全站仪并配合专用工具进行,主要过程为:安置全站仪于基准点上;运行专用配套软件控制全站仪自动测量各定位点的距离及角度,并利用计算机自动计算所测定位点的平面位置及高程;将实际测量结果与设计值进行比较,得到定位点的调整值并通过数字显示器告知作业人员;作业人员根据调整值进行轨道板的平面和高程调整;重复上述工作,直到安装精度达到要求为止。轨道板调整过程如图13-32所示。

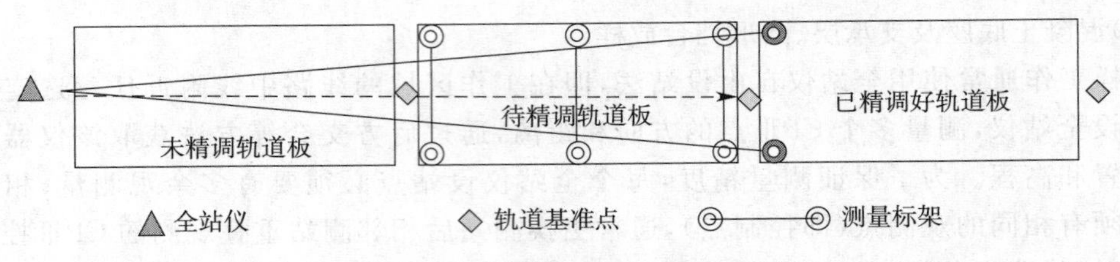

图 13-32 轨道板调整过程示意图

(5)轨道精调

采用全站仪并配合轨道几何状态测量仪进行轨道、道岔的精调工作,主要过程为:先将轨道、道岔及周围 CPⅢ网测量成果等数据输入轨道几何状态测量仪;利用 CPⅢ控制点进行全站仪自由设站;观测轨检车上的棱镜并将测量数据传递给轨道几何状态测量仪;轨道几何状态测量仪通过传感器对轨道超高、轨距进行测量;进行测量数据处理,并与设计数据进行对比、显示;直至调整达到要求为止。

13.5.5 线路新线竣工测量

竣工测量的目的是:对线路的线下工程空间位置、几何形态、轨道平顺性进行评定,为工程验收提供必要的基础资料;竣工测量的成果将作为运营维护、管理的基础资料。

线路竣工测量的内容要满足竣工文件编制的需要,主要包括:控制网竣工测量,线路轨道竣工测量,线下工程建筑及线路设备竣工测量,竣工地形图及线路用地界测量。竣工测量内容及成果资料的编制应满足线路工程竣工验收的相关要求。竣工测量采用的坐标系统、高程系统、图式等应与施工测量一致。

(1)控制网竣工测量

控制网竣工测量主要包括 CPⅠ、CPⅡ、CPⅢ控制网、线路水准基点网复测及轨道维护基标测量。对施工过程中毁坏、丢失的桩点,在竣工测量时按同精度要求补设。轨道维护基标应根据高速线路运营养护、管理的需要进行测设,其要求如下:

1)维护基标应根据维修、检测方式布设,并充分利用已设置的基标;

2)维护基标应利用 CPⅢ控制点采用全站仪自由设站方法进行测设,利用已设置的基标作为维护基标时,应对其进行复测;

3)维护基标的测设和复测精度不应低于相应轨道结构加密基标的精度要求,且满足线路维护要求。

(2)线路轨道竣工测量

线路轨道竣工测量主要包括:轨道几何状态测量、线路里程贯通测量、线路平面和纵断面竣工测量、线路横断面竣工测量等。

轨道几何状态测量可利用竣工测量的 CPⅢ控制点成果,采用自由设站法配合轨道几何状态测量仪进行测量。里程贯通测量要求满足下面规定:根据线路中线测量数据,贯通全线里程,消除断链;左右线并行地段应以左线贯通里程为准,绕行地段左右线分别计算里程;根据贯通里程测设公里桩和百米桩;测量曲线五大桩、变坡点、竖曲线起终点、立交道中心、涵洞中心、桥梁台前和台尾及桥梁中心、隧道进出口、隧道内断面变化处、车站中心、道岔中心、支挡工程的起终点等的里程。里程测量宜利用线路中线桩进行里程贯通计算。线路平面和纵断面竣工测量包括线路中线位置、轨面高程、线路平面曲线要素及纵断面坡度等。线路横断面竣工测量包括路基、桥梁、隧道等处。

(3)线下工程建筑及线路设备竣工测量

线下工程建筑及线路设备竣工测量包括:隧道、桥涵、路基工程、车站及其附属建筑物竣工测量;线路沿线设备接触网、行车信号与线路标志的主要设备的竣工测量等。

一般由施工单位负责完成隧道、桥涵、路基工程、车站及其附属建筑物竣工测量,测量的内容要求满足竣工图编制和竣工验收的要求,测量方法和精度与施工测量相同。线路沿线设备接触网、行车信号与线路标志等设备的竣工测量按相关专业验收标准进行测量。

(4)竣工地形图及线路用地界测量

线路用地界桩测量应根据线路用地图,利用CPⅠ、CPⅡ、CPⅢ控制网采用极坐标法、自由设站法或GPS RTK等方法进行测设。沿线路两侧每隔300～500 m及地界宽度变化处均应埋设地界桩,地界桩测量的点位中误差不应大于5 cm。线路竣工地形图测量范围应满足用图单位的需要,一般为线路两侧各100 m(站场由最外股道起算),特殊情况下至少包括线路用地界外50 m,地形图比例尺一般为1∶2 000。线路竣工地形图可以采用航空摄影的方法测绘,也可利用线路施工平面图进行修测。

13.6 既有线改造测量

为了增强线路的运输能力,除了修建新线之外,另一种有效措施是对既有线路进行技术改造,充分挖掘运输潜能。改造既有线路的原则是在满足运输需要和安全的前提下,充分利用既有建筑物与设备,以发挥其潜在能力。既有线路的改造方式主要有落坡、改善线路平面、修建复线等。既有线路改造的外业勘测与新线勘测方法不同,它是沿一条运营线路进行勘测,因而具有以下特点:选线工作较新线少,必须充分了解和考虑既有线路原有的设备,要考虑改造过程中能保证线路的正常运营和相互配合。

既有线路改造测量的内容主要有:线路纵向里程丈量,既有线设备调查测量,水准测量,横断面测量,线路平面测绘,地形测绘,站场测绘及绕行线定测等。通常,既有线路的勘测设计分两个阶段:初测和初步设计,定测和施工设计。

13.6.1 纵向里程丈量

线路纵向里程丈量是指沿既有线丈量,并设置公里桩、百米桩及加桩,作为勘测、设计和施工的里程依据。线路里程的丈量方向由始点向终点进行,在并行地段测量下行线(左线)里程,分开修建地段分别测量里程。曲线范围内每20 m设一加桩,加桩里程应为20m的整倍数。此外,在下列地点应增设加桩:

(1)桥梁中心,大、中桥的桥台,隧道进、出口,车站中心,进站信号机和远方信号机等处,标定精度取至cm;

(2)水渠,渡槽,平交道口,跨线桥,坡度桩,圆曲线及缓和曲线始、终点桩,跨越线路的电力线、通讯线及地下管线的中心,新型轨下基础,站台,车站中心(信号楼),上、下行线接触网杆,信号机,区间禁停标,岔心,路基防护及支挡工程等的起终点和中间变化点,取位至dm;

(3)路堤、路堑最高处,填挖零点,路基宽度变化处,路基病害地段等,取位至m。

在拟设加桩处，最好在里程丈量之前派人预先确认，并用粉笔在钢轨或轨枕注明名称。线路里程的位置(包括公里桩、百米桩和加桩)均应用白油漆标记，直线地段在左侧钢轨(面向下行方向分左、右)外侧的腰部划竖线；曲线范围内(包括曲线起、终点)的内、外股钢轨的外侧腰部，均应划竖线。公里桩和半公里桩应写全里程，百米桩及加桩可不写公里数，如图 13-33 所示。全线里程贯通一律使用新里程。

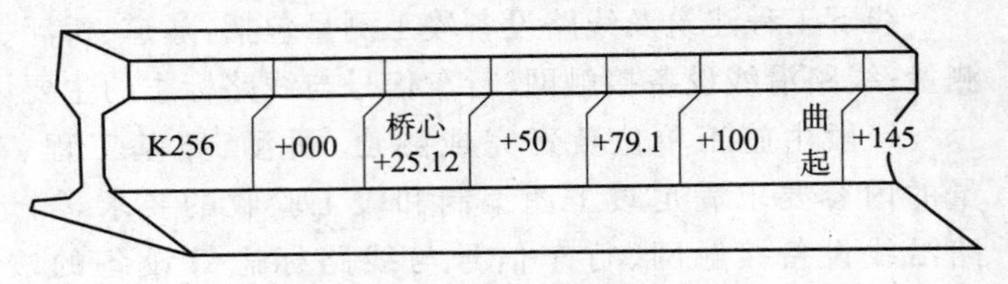

图 13-33　用白油漆标记线路里程的位置

13.6.2　设备调查测量

既有线设备调查测量(又称线路调绘)是对既有线路及两侧 30～50 m 内的地物、地貌的调查测绘，主要目的是为修改、补充既有线平面图，以及为拆迁建筑物、路基加宽、路基防护、排水系统布置、土方调配和第二线左右侧选择等工作提供参考依据。

既有线设备调查测量时，以纵向里程为纵坐标、横向距离为横坐标，采用直角坐标法(也称支距法)进行测绘；测绘比例尺为 1∶2 000 或 1∶1 000；测绘结果必须在现场按比例描绘。根据纵向丈量记录，先在室内将所测地段的百米桩、加桩自下而上地抄录在中线右侧；以中线左右各 1 cm 宽度绘一直线表示路肩线。路肩上的各种标志(如公里桩、坡度桩、信号机等)应测绘在中线左侧 1 cm 之内，通常采用方向架定方向、皮尺量距的方法测定，并按比例绘图。在 30 m 以外的地物、地貌可采用目估定位。

线路调绘应测绘的主要内容包括：路堤坡脚线、路堑边坡顶，取土坑、弃土堆、排水沟等；公路、房屋、电杆、河流、水塘等；挡墙、桥涵、隧道洞口、平交道和立交桥等。当道路和河流与线路相交时，要测出交角；通讯线、电力线跨过线路时，要测出交角和在轨道面以上的高度；对可能拆迁的建筑物要详细测绘。对于桥梁，应核对里程、名称、结构类型、孔数、跨度及全长；对于隧道，应核对起讫里程、名称、长度；对涵洞核对中心里程、结构类型、孔数、孔径、长度；对道口核对中心里程、跨越线路的条数；对车站核对车站中心里程，一般中间站、区段站指运转室的中心里程，客运站、编组站指候车室或主要站房中心里程等。

13.6.3　高程测量

既有线高程测量是为了核对或补设沿线水准点，以及对既有线所有百米桩及加桩沿轨顶进行高程测量，以作为纵断面设计的依据。

既有线高程应采用国家统一的高程基准系统(即 85 国家高程基准)，水准点的高程和编号应以既有线的资料为准，并且，要到现场核对、确认，不但里程和位置要相符，同时注字要清晰。当水准点遗失、损坏或水准点间的距离大于 2 km 时，应补设水准点。在大中型桥头、隧道洞口、车站等处应增设水准点，并另行编号。

直线地段中桩高程应为左轨轨顶高程，曲线地段为内轨轨顶高程。中桩高程应测量两次，与水准点高程的闭合差不超过 $\pm 30\sqrt{K}$ mm，闭合差在限差以内时，则按与转点个数成正比原则分配闭合差；两次中桩高程的较差在 20 mm 以内时，以第一次测量平差后的高程为准，取位至 mm。

13.6.4 既有线站场测绘

既有线站场测量资料是车站改建设计的依据。既有线站场测量的特点是面积大、地物多、车站作业频繁、测量要求精度高，与既有线路测量相比难度大复杂。在进行既有线站场测绘之前，首先应作好测区资料收集及准备工作，如专用线和联络线的接轨点、站内曲线半径、道岔号数、高程系统、车流密度及列车运行图等。

既有站场测绘的内容根据车站类型及要求有所不同，主要包括：纵向丈量、横向测绘、站场地形测绘、站场高程及横断面测量等，其中纵向丈量、横向测绘、高程测量和横断面测绘与线路测量方法基本相同。站场地形图的测绘范围以满足设计需要而定，比例尺一般为 1：2 000；对于中间站的测绘，一般横向为正线每侧 150～200 m、纵向为改建设计进站信号机以外 300～500 m 范围。

思考题与习题

1. 新建线路测量主要分为几个阶段？各阶段测量工作的主要内容是什么？

2. 简述线路平面控制网分级控制顺序，各级平面控制网分别起何作用？

3. 简述横断面测量的目的和主要方法。

4. 线路施工测量的主要任务是什么？设计单位应向施工单位提交哪些资料？施工单位应对哪些测量成果进行复测？

5. 简述线路的线下工程竣工测量的任务和主要内容。

6. 既有线路改造的外业勘测有何特点？其主要内容包括哪些？

7. 某段圆曲线的交点里程为 K26＋284.462，转向角 $\alpha_{右}=19°52'17''$，圆曲线半径为 500 m。试求圆曲线各要素及主点里程。

8. 某段曲线的交点里程为 K8＋428.426，转向角 $\alpha_{右}=24°23'12.8''$，缓和曲线长为80 m，圆曲线半径为 600 m。试求曲线的综合要素及主点里程。

9. 某圆曲线半径为 1 600 m，缓和曲线长为 60 m，ZH 点的里程为 DK55＋162.245 且坐标为(1 445.132，5 752.568)，线路转向角 $\alpha_{右}=8°16'44.7''$，ZH 至 JD 的坐标方位角为 15°26′15.9″，试求曲线综合要素及各主点的坐标。

10. 地面上 A 点高程 $H_A=503.325$m，现要从 A 点沿 AB 方向修筑一条坡度为－1.5%的道路，AB 的水平距离为 180 m，若每隔 20 m 测设一个中桩，试计算各中桩的设计高程。

参考答案

7. $T=180.715$ m；$L=173.398$ m；$E_0=7.612$m；$q=2T-L=188.032$ m。主点里程：ZY＝K26＋103.747 m；QZ＝K26＋190.446 m；YZ＝K26＋277.145 m。

检核：JD＝YZ－ $T+q$ ＝(K26＋277.145)－180.715＋188.032＝K26＋284.462 m。

8. $p=0.444$ m；$m=40$ m；$T=169.749$ m；$L=335.380$ m；$E_0=14.303$ m；$q=4.118$ m。主点里程：ZH＝K8＋258.677 m；HY＝K8＋388.677 m；QZ＝K8＋426.367 m；YH＝K8＋514.057 m；HZ＝K8＋594.057 m。

检核：JD＝HZ－ $T+q$ ＝(K8＋594.057)－169.749＋4.118＝K8＋428.426 m。

9. $T=145.806$ m；$L=291.196$ m；$E_0=4.279$ m；$q=0.416$ m。主点里程及坐标表计

算见下表。

主点名	里程及坐标		
	里程(m)	x (m)	y (m)
ZH	K55+162.245 0	1 445.132 0	5 752.568 0
HY	K55+222.245 0	1 502.865 4	5 768.900 4
QZ	K55+307.842 8	1 584.243 4	5 795.411 9
YH	K55+393.440 6	1 664.087 3	5 826.236 9
HZ	K55+453.440 6	1 719.168 9	5 850.025 8

10. 根据公式：$H_j = H_A + i \cdot D_j$ 计算（D_j 表示 j 点至 A 点的平距；i 表示坡度）。

中桩点号	1	2	3	4	5	6	7	8
高程	503.025	502.725	502.425	502.125	501.825	501.525	501.225	500.925

14 桥隧工程测量

桥梁和隧道工程属于线路工程建设中的重要内容，由于桥隧工程结构和施工工艺复杂、建设标准和精度要求高，因此，应当建立专门的桥梁或隧道控制网。

桥梁工程测量的主要任务是：研究不同桥梁的勘测、设计、施工、管理和养护对控制网、放样及变形监测等工作的精度要求，以及测量方法、数据处理与分析及安全性评估技术等，从而为桥梁勘察、设计、施工、验收和安全性监测提供满足技术要求的测绘保障。桥梁勘察、设计阶段的测量工作主要包括桥址地形测绘、桥址纵断面及辅助断面测量等，前面章节已有类似方法介绍，本章主要介绍桥梁控制测量、施工测量及变形测量。

隧道工程测量的主要任务是：在勘测设计阶段提供选址地形图和地质填图所需的测绘资料，以及定测时将隧道线路测设到实地，即在洞门前标定线路中线控制桩及洞身上部地面上的中线桩；在施工阶段保证隧道相向开挖时，能按规定的精度正确贯通，并使附属建筑物的位置符合相关规定，以确保运营安全。

14.1 桥梁控制测量

14.1.1 概　述

桥梁控制测量是一项保证工程质量的基础工作。在桥梁建设的各个阶段，桥梁控制测量的目的不同：在勘测阶段，主要目的是为了测定桥长、联测两岸地形、收集水文资料、进行必要的水文测量等，这一阶段的测量工作主要是为设计提供基础资料，以及为施工准备提供各种比例尺的地形图；在施工阶段，主要是为保证桥轴线（即桥梁中线两端控制点间的连线）长度放样和桥梁墩、台定位精度要求，其任务不仅要精确测定两桥台间（正桥部分）的距离，还要满足各桥墩台的中心、钢梁纵横轴线、支座十字线等结构部件按设计坐标在规范误差范围内放样，以及作为检查墩台施工过程及竣工后变形观测的控制依据。

14.1.2 桥梁平面控制测量

桥梁平面控制网通常分为两级布设：首级控制网主要用于控制桥轴线位置；为了满足测设桥墩台的需要，在首级网下需要加设一定数量的插点或插网，构成第二级控制网。桥墩台放样精度取决于桥梁结构形式和施工精度要求，例如，一般要求钢梁墩台中心在桥轴线方向的位置误差不大于 10 mm。

桥梁平面控制网的精度应能够满足桥轴线长度和桥梁墩台中心定位的精度要求，必须严格按照有关测量规范要求进行桥梁控制网的设计和施测。由于桥墩、桥台定位时主要以桥轴线为依据，因此，桥轴线的精度决定了桥墩、桥台的定位精度。通常，为了合理地制订桥梁工程测量方案，首先需要估算桥轴线的测量精度。

(1)桥轴线测量精度估算

桥轴线的测量精度与桥梁结构、材料、桥跨长等有关,常见的估算公式如下:

钢筋混凝土简支梁为 $m_L = \pm \frac{\Delta_D}{\sqrt{2}}\sqrt{N}$;

钢板梁及短跨($l \leqslant 64$ m),简支钢桁梁单跨为 $m_l = \pm \frac{1}{2}\sqrt{\left(\frac{l}{5\,000}\right)^2 + \delta^2}$;

简支钢桁梁多跨等距为 $m_L = \pm m_l \sqrt{N}$;

简支钢桁梁多跨不等距为 $m_L = \pm \sqrt{m_{l1}{}^2 + m_{l2}{}^2 + \cdots}$;

连续梁及长跨($l > 64$ m),简支钢桁梁单联(跨)为 $m_l = \pm \frac{1}{2}\sqrt{n\Delta_l^2 + \delta^2}$;

简支钢桁梁多联等联为 $m_L = \pm m_l \sqrt{N}$;

简支钢桁梁多联不等联为 $m_L = \pm \sqrt{m_{l1}{}^2 + m_{l2}{}^2 + \cdots}$。

以上各式中,m_{li} 为单跨长度中误差;m_L 为桥轴线长度中误差;l 为梁长;N 为联(跨)数;n 为每联(跨)节间数;Δ_D 为墩中心的点位放样限差(一般取 10 mm);Δ_l 为节间拼装限差(一般取 2 mm);δ 为固定支座安装限差(一般取 7 mm);1/5 000 为梁长制造限差。

(2)桥梁平面控制网的建立

桥梁平面控制网的特点是控制范围小、控制点密度较大、精度要求高、使用次数频繁及受施工干扰大等。因此,布网时应考虑桥梁施工方法和施工场地情况,所布设的控制点应标定在施工设计总平面图上,通知施工人员必须注意保护。

桥梁平面控制网的主要形式有:边角网、导线及 GPS 网等。根据桥梁跨越的河宽及地形条件,桥梁平面控制网多布设成如图 14-1 所示形式的边角网。

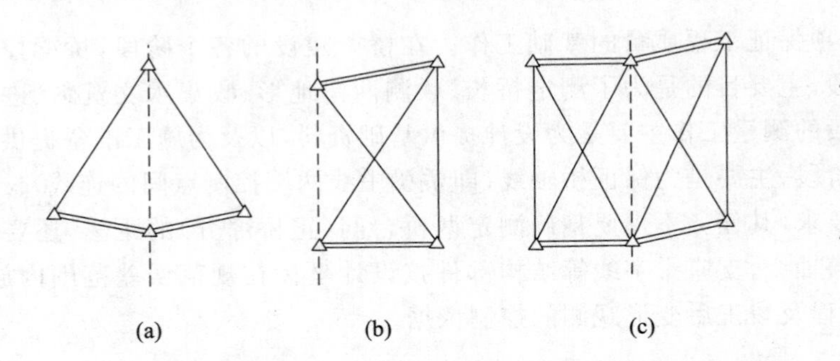

图 14-1 桥梁平面控制网形式

为了施工放样时计算方便,桥梁控制网一般采用独立坐标系统,其坐标轴采用平行或垂直桥轴线方向,这样桥轴线上两点间的长度可方便地由坐标差求得。对于曲线桥梁,坐标轴线可选平行或垂直于某岸边桥轴线的控制点的切线。通常,将桥轴线作为平面控制网的一条边,这样,可保证桥轴线长度的精度。影响桥梁墩台定位精度的因素主要有控制网本身的误差,以及利用控制网进行施工放样的误差。

(3)桥梁平面控制测量的外业工作

桥梁平面控制网的外业测量工作包括实地选点、造标埋石、水平角测量和边长测量等工作。选择控制点时,应尽可能使桥轴线作为控制网的一个边,否则也应将桥轴线的两个端点纳入控制网内,以便可以反算出桥轴线长度,如图 14-1(d)所示。由于桥梁坐标系一般以桥轴线作为 x 轴，这样，桥梁墩台的设计里程即为该点的 x 坐标值，便于施工放样数据的计算。

对于边角网控制点的要求，除图形刚强(即接近等边三角形)外，还要求地层稳定、视野开阔，便于采用角度交会法交会桥墩位置，且交会角不要太大或太小。在控制点上要埋设标石并刻有“十”字形的金属中心标志。如果兼作高程控制点使用时，则中心标志应做成顶部为半球状的。通常，将边角网的精度分为五个等级，如表 14-1 所示。

表 14-1　边角网的测角及测边精度要求

边角网等级	桥轴线相对中误差	测角中误差(″)	边长相对中误差
二	1/125 000	±1.0	1/300 000
三	1/75 000	±1.8	1/200 000
四	1/50 000	±2.5	1/100 000
五	1/30 000	±4.0	1/75 000

在施工时如因机具、材料等遮挡视线，无法利用控制网中的控制点进行施工放样时，可以根据控制网两个以上的控制点加密二级控制点。这些加密点称为插点，插点的精度要求与一级主网相同，但在计算时主网上控制点的坐标作为已知数据，不得变更。

14.1.3　桥梁高程控制测量

桥梁高程控制网提供具有统一高程系统的施工控制点，使桥梁两端高程准确衔接，同时满足高程放样需要。桥梁高程控制测量的作用是：统一本桥高程基准面；在桥址附近设立基本高程控制点和施工高程控制点，以满足施工中高程放样和监测桥梁墩台垂直变形的需要。建立高程控制网的常用方法是水准测量和三角高程测量。

(1)高程系统

桥梁高程控制网应与国家高程系统联测，纳入国家水准点等级系列。桥梁高程控制点的精度要求较高，一般按国家有关规范要求进行水准测量，通常采用二等或三等水准测量精度进行施测。桥梁水准点(也称水准基点)应与线路水准点的高程系统一致。

水准基点布设的数量因河宽及桥的大小而异。一般小桥可只布设一个；在 200 m 以内的桥梁，宜在两岸各布设一个；当桥梁长度超过 200 m 时，为了便于检查高程控制点是否有变化，则每岸至少设置两个。水准基点应设置稳固、安全，根据地质条件可采用混凝土标石、钢管标石、管柱标石或钻孔标石等方法建立，并在标石上方嵌以凸出半球状的铜质或不锈钢标志，以便水准基点能够长期使用。为了方便施工测量，也可在施工场地附近设立施工水准点，由于其使用时间较短，在结构上可以简化，但要求使用方便、稳定，且在施工时不易被破坏。

(2)观测精度

当桥梁高程控制网与线路水准点联测时，如果包括引桥在内的桥长小于 500 m 时，可用四等水准测量精度联测，大于 500 m 时应采用三等水准进行联测。但桥梁本身的水准网则应用更高的精度进行测量，因为它直接影响桥梁各部件的放样精度。

当跨河距离大于 200 m 时，宜采用过河水准方法联测两岸的水准点。跨河点间的距离小于 800 m 时，可采用三等水准测量精度，大于 800 m 时则应采用二等水准进行测量。

14.2 桥梁施工放样

桥梁施工放样的主要内容包括：桥轴线长度测量，墩台中心放样，墩台细部放样及梁部放样等。对于小型桥梁，由于河窄水浅，则可以在桥墩台间直接测设距离进行放样，或根据控制点采用角度交会法、极坐标法等进行放样。对于大、中型桥梁应建立桥梁控制网，施工时可利用桥梁控制点进行放样。由于桥轴线通常为桥梁控制网中的一条边，因此，不需要再进行桥轴线测设。桥梁施工放样的基本工序是：根据设计单位提供的桥梁控制网资料，编制放样方案及图表，计算墩台点位中心等的放样数据，实地放样，然后进行检核。

14.2.1 桥梁墩台定位放样

在桥梁墩台的施工过程中，首先要测设出墩台的中心位置，其测设数据是根据控制点坐标和设计的墩台中心坐标计算出来的。

(1)直线形桥梁的墩台放样

直线形桥梁的墩台中心位置都位于桥轴线方向上。由于墩台中心的设计里程及桥轴线起点的里程是已知的，则相邻两点的里程相减即可求得它们之间的放样距离，如图 14-2 所示。根据地形条件，可采用直接测距法或角度交会法测设出桥梁墩台中心的位置。极坐标法或自由设站法也可用于困难条件下墩台中心的测设，但应注意已测设点位的调整，以便使其位于桥轴线上。

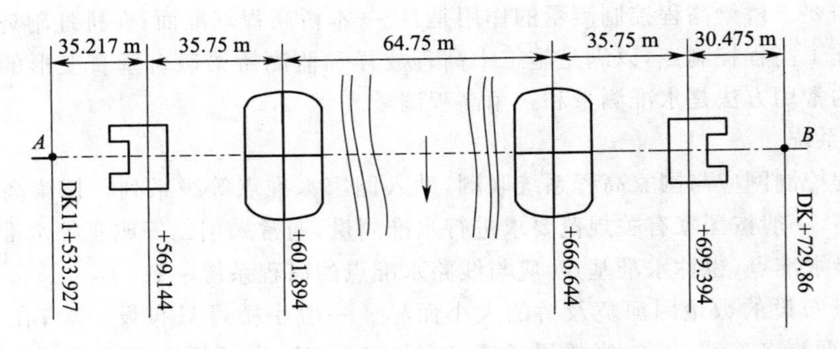

图 14-2 直线形桥梁墩台中心位置示意图

1)直接测距法

直接测距法适用于无水或浅水河道，可以采用全站仪或钢尺进行距离测设。

利用全站仪进行测设时，在桥轴线的一端安置仪器，并照准另一端；在桥轴线方向上设置反光镜并前后移动，直至测出的距离与设计距离相符，该点即为要测设的墩台中心位置；检核测设的墩台中心位置。

利用检定过的钢尺进行测设时，根据计算出的测设距离，从桥轴线的一端开始，利用水平距离测设方法逐段测设出墩台中心位置，并附合于桥轴线的另一个端点上；计算测设距离与桥轴线长度之间的误差，如在限差范围之内，则按比例调整已测设距离，超限则重测。

2)角度交会法

当桥墩位于水中，无法丈量距离或安置反光镜时，则可采用角度交会法。如图 14-3 所示，

A、B、C、D 为桥梁控制网中的控制点，且 A、B 为桥轴线端点，E 为墩台中心设计位置，则 E 点的测设方法如下：

① 计算测设数据。根据控制点和墩台中心坐标，反算测设数据 α、β、φ、φ' 及 l_{AE}。

② 实地测设。分别在 C、D 点安置仪器，利用角度交会法测设已知水平角 α、β，两方向线的交点即为 E 点。

③ 检核。在 A 点安置仪器瞄准 B 点给出桥轴线方向，并在该方向测设平距 l_{AE} 得 E 点；由于存在误差影响，三个方向可能形成如图 14-4 所示的示误三角形；测量规范要求示误三角形的最大边长，在墩台下部时不应大于 25 mm，上部不大于 15 mm。

④ 调整。如果在限差范围内，则将角度交会点 E' 投影至桥轴线上得 E 点，作为墩台中心点位。

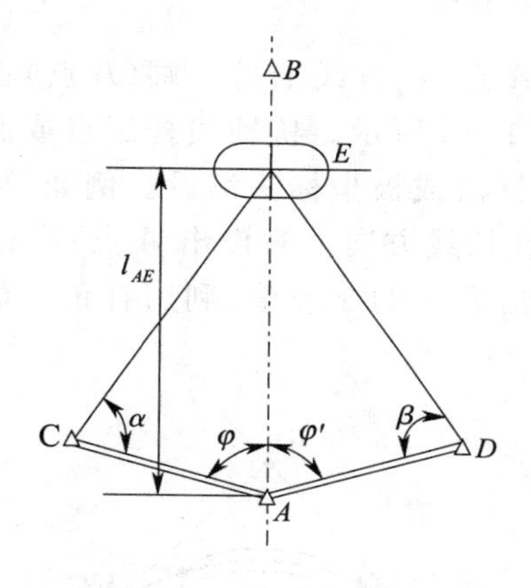

图 14-3　角度交会法

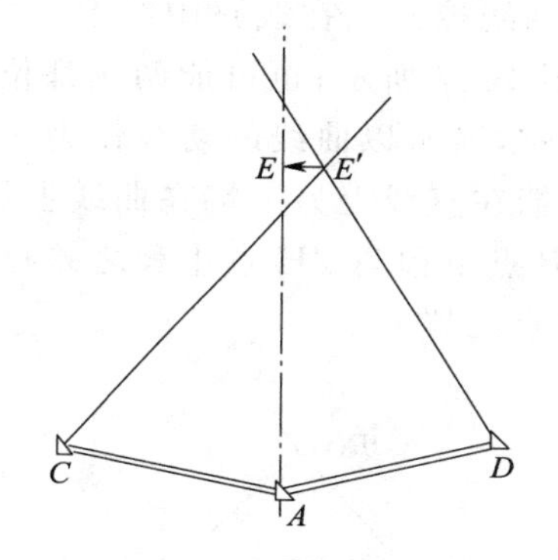

图 14-4　示误三角形

同法可以测设出其他桥梁墩台中心位置。随着工程的进展，需要经常定点，为了提高工作效率，通常在交会方向的延长线上设立标志，如图 14-5 所示。在以后交会定点时不再测设角度，而是直接照准对岸标志即可。当桥墩筑出水面以后，可在墩上架设反光镜，利用直接测距法定出墩台中心位置。

(2)曲线形桥梁的墩台放样

直线形桥梁中线和线路中线都是直线，两者完全重合。曲线形桥梁的每跨梁是直梁时，桥梁中线是折线(称为桥梁工作线)，墩台中心位于折线的交点上，而线路中线为曲线，如图 14-6 所示。曲线桥墩台中心测设，就是测设桥梁工作线的交点。

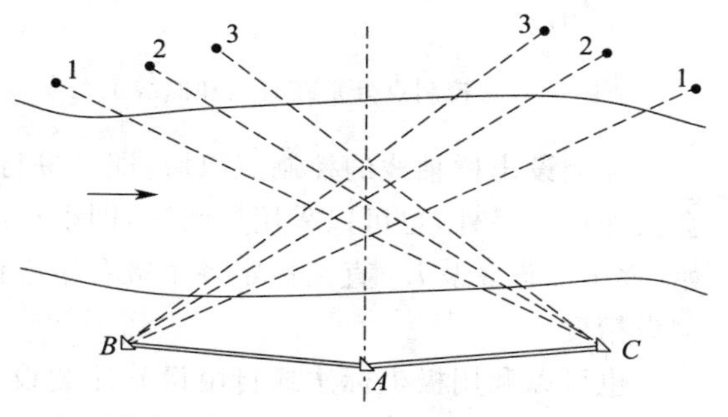

图 14-5　设立延长线标志

梁的布置应使桥梁工作线的转折点向线路中线外侧移动一段距离 E，这段距离称为“桥墩偏距”，E 值一般是以梁长为弦线的中矢的一半。相邻桥梁工作线之间构成的偏角 α 称为“桥梁偏角”，每段折线的长度 L 称为“桥墩中心距”。E、α、L 在设计图中都已经给出，根据给出的 E、α、L 即可测设墩位。曲线桥测设墩台时，也以桥轴线两端的控制点作为墩台测设和检核的依据。

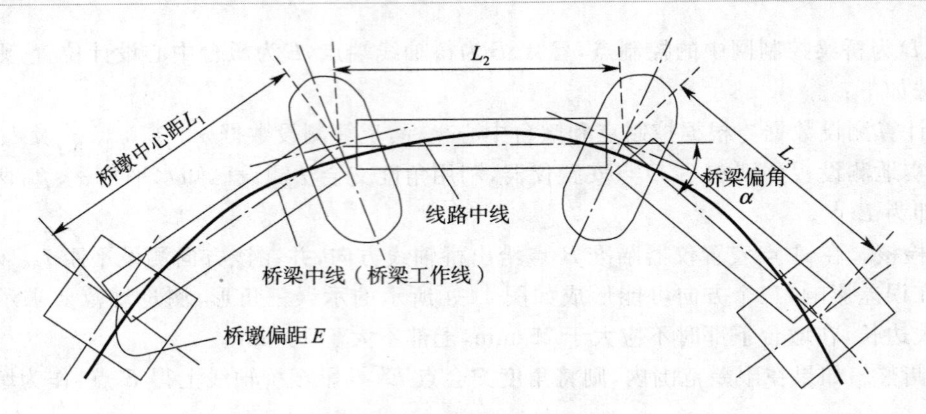

图 14-6　曲线形桥的桥梁工作线

桥轴线控制点在线路中线上的位置，可能一端（A 点）在直线上另一端（B 点）在曲线上，如图 14-7 所示；也可能两端都位于曲线上，如图 14-8 所示。桥轴线控制点或曲线主点测设时，通常以曲线的切线作为 x 轴，采用直角坐标法或极坐标法测设。例如，如果控制点一端在直线上另一端在曲线上（图 14-7），则先在切线方向上测设出 A 点；测设 B 点时，由 B 点里程与 ZH 点里程之差得曲线长度，可算出 B 点的 x、y 值，利用直角坐标法可测设 B 点位置。

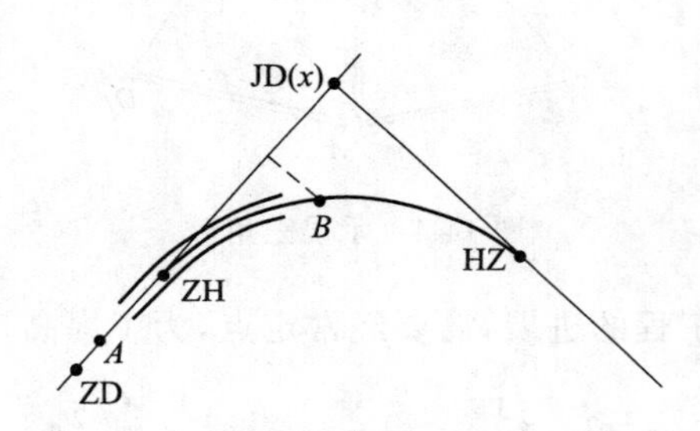

图 14-7　控制点分别在直线和曲线上

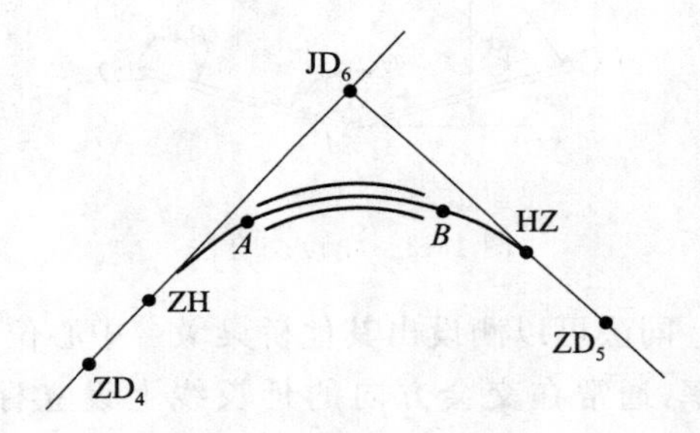

图 14-8　控制点均在曲线上

在测设出桥轴线的控制点以后，即可进行墩台中心测设。通常采用直接测距法或角度交会法测设。另外，也可以采用导线法，即根据已知的桥墩中心距 L 及桥梁偏角 α，从控制点开始，逐个测设 α 及 L，直接标定各个墩台中心位置，最后再附合到另外一个控制点上，以便检核测设精度。

也可以利用极坐标法或自由设站法测设墩台中心位置。例如，利用极坐标法时，首先根据控制点及各墩台中心设计坐标，计算出控制点至墩台中心的距离 D_i 及夹角 δ_i 等测设数据；然后，将仪器安置在控制点 A（图 14-9），从切线方向测设 δ_i 并在此方向上测设 D_i，即得墩台的中心位置。由于极坐标法测设的各点是独立的，虽然误差不积累，但难以发现错误，所以一定要对各个墩台中心距进行检核。

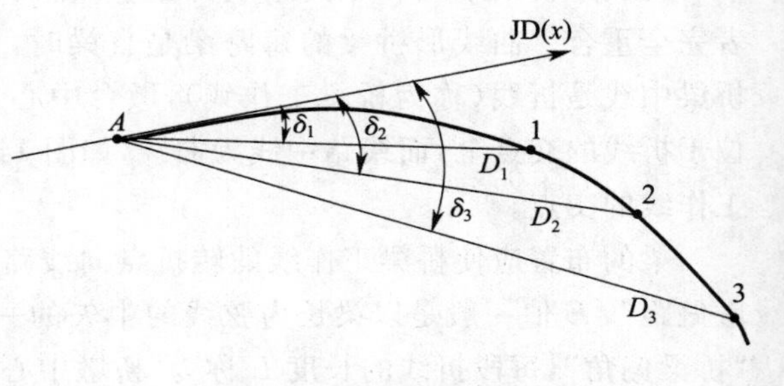

图 14-9　极坐标法放样

当墩位于水中，无法架设仪器或反光镜时，宜采用角度交会法。由于这种方法是利用控制网点交会墩位，所以墩位坐标系与控制网的坐标系必须一致。一旦在桥墩上能够架设仪器或反光镜时，应采用极坐标法等方法进行测设和检核。

14.2.2 墩台纵、横轴线的测设

为了进行墩台施工的细部放样，需要测设其纵、横轴线。纵轴线是指过墩台中心且平行于线路方向的轴线，而横轴线是指过墩台中心且垂直于线路方向的轴线。桥台的横轴线是指桥台的胸墙线。

直线桥墩台的纵轴线与线路中线的方向重合。测设时在墩台中心架设仪器，从线路中线方向测设 90°角即为横轴线的方向，如图 14-10 所示。

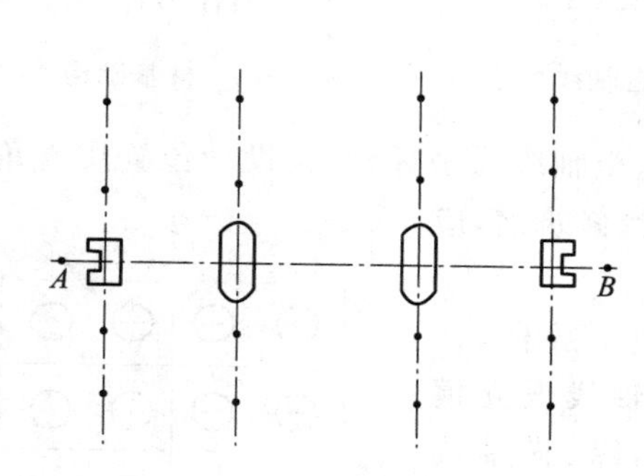

图 14-10 直线桥墩台轴线测设

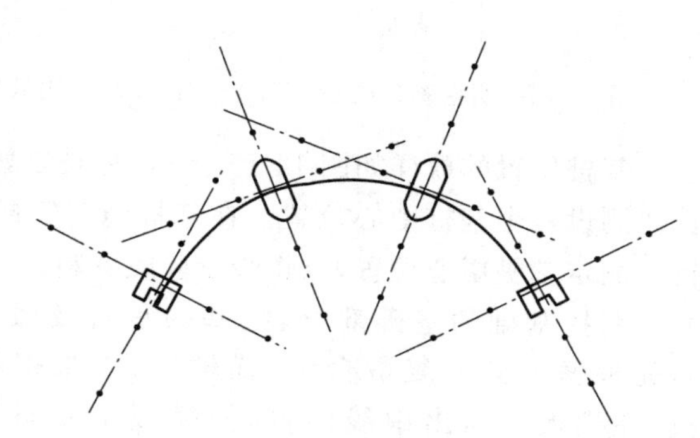

图 14-11 曲线桥墩台轴线测设

曲线桥的墩台纵轴线位于桥梁偏角 α 的分角线上，如图 14-6 所示。测设时在墩、台中心架设仪器，瞄准相邻的墩、台中心，测设 $\alpha/2$ 水平角即为纵轴线的方向；自纵轴线方向测设 90°角，即为横轴线方向，如图 14-11 所示。

在施工过程中，墩台中心的定位桩要被挖掉，但随着工程的进展，又经常需要恢复墩台中心位置。因此，应在施工范围以外订设护桩，以便恢复墩台中心的位置，即在墩台的纵、横轴线方向上，两侧各订设至少两个木桩，这样便可以恢复轴线方向。由于曲线桥墩台中心的护桩纵横交错，在使用时容易出错，所以在每个桩上一定要注明墩台的编号等。

14.2.3 桥梁墩台细部施工放样

桥梁的基础通常采用明挖基础或桩基础。明挖基础构造如图 14-12 所示，先在墩台位置挖出基坑，将坑底平整后再灌注基础及墩身。根据已经测设的墩中心位置，测设出纵、横轴线以及基坑的长度和宽度，标定出基坑的边界线。在开挖基坑时，如坑壁有一定的坡度，则应根据基坑深度及坑壁坡度测设出基坑的开挖边界线。边坡桩至墩台轴线的距离 D（图 14-13）按下式计算：

$$D=\frac{b}{2}+h\cdot m$$

式中 b—— 坑底长度或宽度；

D—— 坑顶长度或宽度；

h—— 基坑深度；

m—— 坑壁坡度系数的分母。

桩基础的构造如图 14-14 所示，它是在基础的下部打入基桩（柱），在桩群的上部灌注承台，使桩和承台连成一体，再在承台上面修筑墩身。

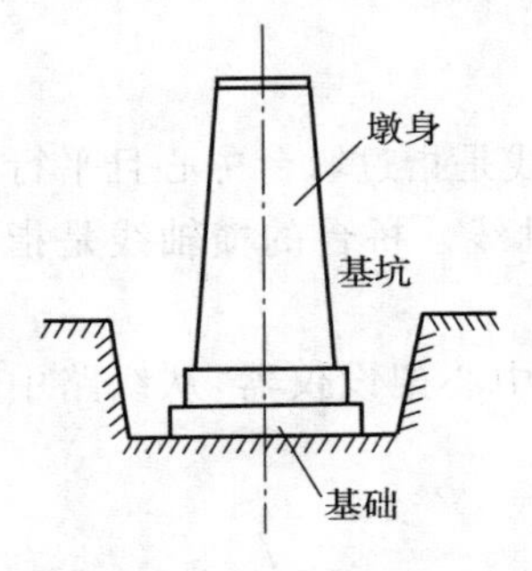

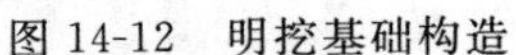

图 14-12　明挖基础构造

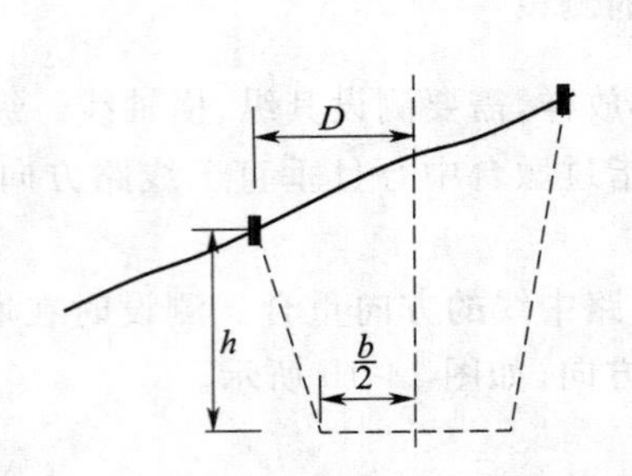

图 14-13　边坡桩与墩台轴线关系

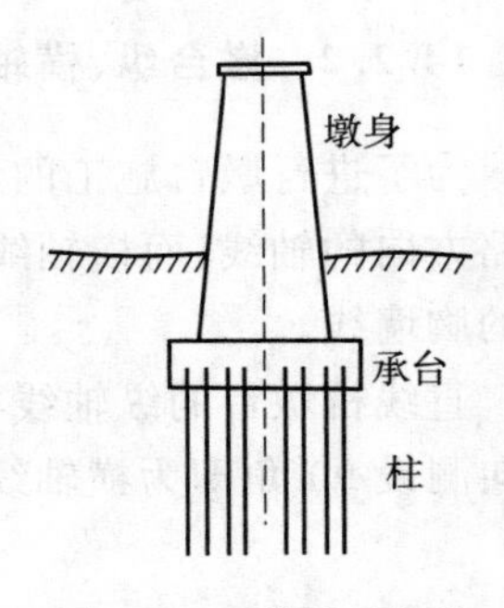

图 14-14　桩基础构造

基桩位置的放样如图 14-15 所示，它是以墩台纵、横轴线为坐标轴，按设计位置用直角坐标法测设每个基桩中心位置。在基桩施工完成后承台修筑前，应再次测定基桩中心位置，以作竣工验收资料。

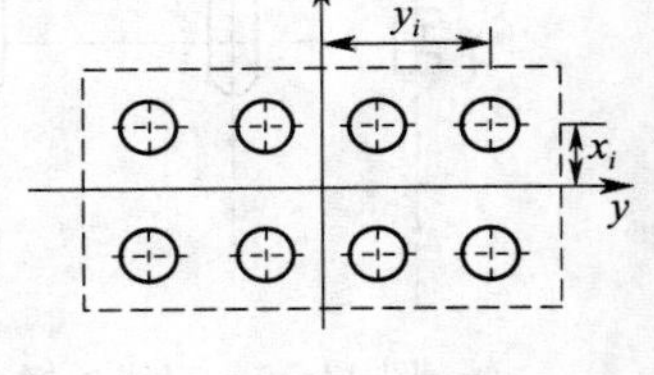

图 14-15　基桩位置放样图

明挖基础的基础部分、桩基的承台及墩身的施工放样，都是先根据护桩恢复墩台纵、横轴线；再根据纵、横轴线设立模板；在模板上标出中线位置，使模板中线与桥墩的纵、横轴线对齐即可。

墩台施工中的高程放样，通常都在墩台附近设立一个施工水准点，根据该点以水准测量方法测设各部分的设计高程。但在基础底部及墩、台的上部，由于高差过大，难于用水准尺直接传递高程时，可采用悬挂钢尺的办法传递高程。

架梁时，无论是钢梁还是混凝土梁，都是按设计尺寸预先制作好，再运到工地进行架设。梁的两端用位于墩顶的支座支撑，支座放在底板上，而底板则用螺栓固定在墩台的支承垫石上。架梁的测量工作主要是测设支座底板的位置，支座底板的纵、横中心线与墩台纵、横轴线的位置关系在设计图上已给出，因此，在墩台顶部的纵横轴线测设出后，可根据它们的相互关系，用钢尺将支座底板的纵、横中心线测设出来。

14.2.4　桥梁竣工测量与变形监测

(1)桥梁竣工测量

桥梁建设完成后，应对桥梁进行竣工测量。竣工测量的主要内容有：测定桥梁中线，丈量跨径，丈量墩台（或塔、锚）各部分尺寸，检查桥面高程等。对于隐蔽且在竣工后无法测绘的部分工程，如墩台基础等必须在施工过程中随时测绘、记录及存档。

(2)桥梁变形监测

通过对桥梁进行变形监测与成果处理，可以获得桥梁的建造质量、受力情况、工作状况及结构安全性等方面的信息，同时也是研究桥梁结构设计合理性与使用安全性的重要评估依据。桥梁变形监测是对桥梁整体及部分结构的变形情况进行观测的过程。桥梁变形监测的主要内容包括：桥梁挠度，桥面及梁拱线形，主缆线形，桥梁墩台的位移和沉降，以及桥塔的倾斜及旋转等。一般要求建立多个稳固的变形监测基准点，然后观测重要构件相对于基准点的位移量。有关建筑物变形监测方法与数据处理内容详见本书第

15 章。

14.3 隧道控制测量

隧道控制网主要用于指导隧道施工，使隧道满足设计的位置、形状及精度要求。隧道控制测量包括洞外控制测量、联系测量及洞内控制测量。

14.3.1 洞外控制测量

洞外控制测量的主要任务是在隧道各开挖口之间建立统一的控制网，并将洞外测量系统引入洞内，以便在隧道洞内建立测量控制网，指导隧道施工。

(1)隧道洞外平面控制测量

洞外平面控制测量常用的方法有：中线法、导线法、边角网法及 GPS 法等。

1)中线法。就是将线路中线点按定测的方法测设在地表，经检核后作为隧道洞外平面控制点。该法仅适用于较短隧道，例如当直线隧道短于 1 000 m、曲线隧道短于 500 m 时，可以直接利用中线点作为隧道洞外平面控制点。如图 14-16 所示，设 A、C、D、B 为在 A、B 之间修建隧道时定测阶段所定的中线点。由于定测精度较低，在施工之前要进行复测。当 A、B 之间不通视时复测方法为：以 A、B 作为隧道方向控制点，将仪器安置在 C 点；后视 A 点，利用正倒镜分中法定出 D' 点；在 D' 点，利用正倒镜分中法定出 B' 点。若 B' 与 B 不重合，则说明 A、C、D、B 不在一条直线上。调整方法：量出 $B'B$ 距离；在 C 点调整的距离为 $C'C = \frac{AC'}{AB'} \cdot B'B$；在 D' 点调整的距离为 $D'D = \frac{AD'}{AB'} \cdot B'B$；再将仪器分别安在 C、D 点上复核，直至两点位于 AB 直线上。

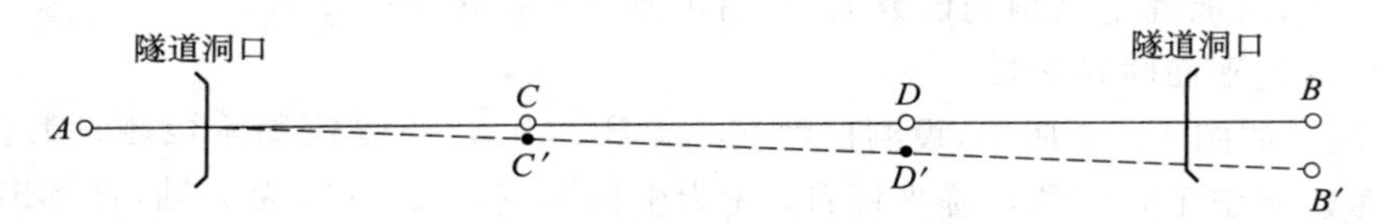

图 14-16 调整中线点示意图

2)导线法。该法较灵活，对地形适应性大，目前为建立隧道洞外控制网的首选方案之一。导线应组成闭合导线网，也可以是闭合导线，或与国家控制点、GPS 点联测形成附合导线。导线测量的精度要求必须满足国家相关规范规定。通常，导线边长应大于 300 m，相邻边的长度不应相差太大，以便减少望远镜调焦和短边测角误差影响；导线应尽量以直伸形式沿隧道中线方向布设，以便减弱边长误差对隧道开挖方向的影响。

3)边角网法。该法建立的隧道洞外平面控制网较中线法、导线法的精度都高，点位精度均衡，布网形式多样，通常沿线路中线布设为长三角锁的形式。

4)GPS 法。利用 GPS 相对定位技术、静态测量方式建立隧道洞外平面控制网，目前已得到广泛应用。隧道 GPS 网应满足下列要求：在隧道每个开挖口至少布测 4 个 GPS 控制点，并通视以便使用；控制网中每条边最长不超过 30 km，最短不少于 300 m；每个 GPS 控制点应有三个及以上的边与其连接，且附近没有对电磁波有较强影响的电讯塔或高压线等物体。

(2)隧道洞外高程控制测量

测定每个开挖洞口附近的高程控制点,以便建立统一的隧道高程系统。隧道洞外高程控制网通常采用水准测量的方法建立,当山势陡峻时也可采用三角高程的方法。每一个洞口应埋设不少于 2 个水准点,两水准点之间的高差以安置一次水准仪即可测出为宜。水准测量的精度见表 14-2 所示。

表 14-2　隧道水准测量路线长度及精度规定

测量部位	测量等级	每公里高差中数的偶然中误差(mm)	两开挖洞口间的水准路线长度(km)	水准仪等级	水准尺类型
洞外	二	≤1.0	＞36	$S_{0.5}$、S_1	线条式铟瓦水准尺
	三	≤3.0	13～36	S_1	线条式铟瓦水准尺
				S_3	区格式水准尺
	四	≤5.0	5～13	S_3	区格式水准尺
洞内	二	≤1.0	＞32	S_1	线条式铟瓦水准尺
	三	≤3.0	11～32	S_3	区格式水准尺
	四	≤5.0	5～11	S_3	区格式水准尺

14.3.2 联系测量

隧道联系测量是指将洞外控制测量系统引入洞内,建立洞内、外统一的平面坐标和高程系统。

(1)隧道平面联系测量

在隧道平面联系测量时,先利用隧道洞外平面控制点和洞口中线点设计坐标,反算出线路进洞方向及平距,从而确定进洞测设数据,并给出洞口处线路中线方向。

1)直线形隧道平面联系测量

① 移桩法。如图 14-17 所示,设洞口两端 A、B、C、D 点是定测阶段测设的中线点,并通过复测后重新确定了它们的精确坐标;以 A 为坐标原点,AB 方向为 x 轴,计算出 C、D 两点相应的偏离值 y_C、y_D 和 β 角;将仪器分别安置在 C 和 D 上,利用极坐标法在实地测设 C' 和 D',并钉桩。这样,A、B、D'、C' 方向即为进洞方向。

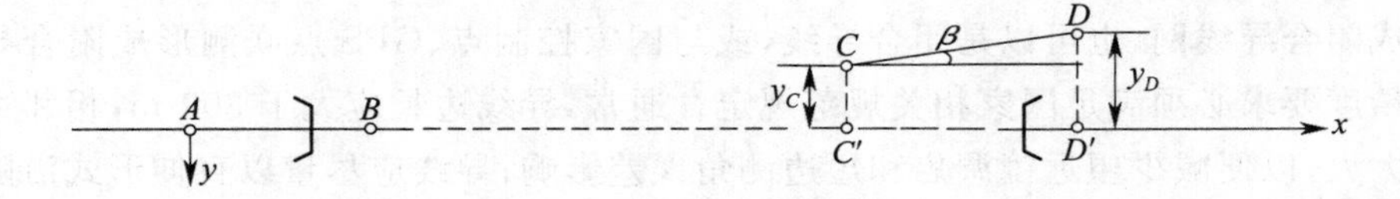

图 14-17　移桩法示意图

② 拔角法。如图 14-18 所示,设 AD 方向为坐标纵轴时,可根据 A、B 及 C、D 点的坐标,反算出水平角 α 和 β,即可得进洞方向。通常,为了施工测量方便,将 B、C 两点移到中线上的 B'、C'点上。

2)曲线形隧道平面联系测量

对于曲线形隧道的平面联系测量,主要是在两端洞口处给出线路的进洞方向,即在洞口处线路曲线控制点上给出切线方向。如图 14-19 所示,设 A、B 为线路中线控制点,C 为切线方向控制点，首先建立以 A 点为坐标原点、切线方向为 y 轴的坐标系统；在 A 点安置仪器瞄准 B 点的方向即为进洞方向。

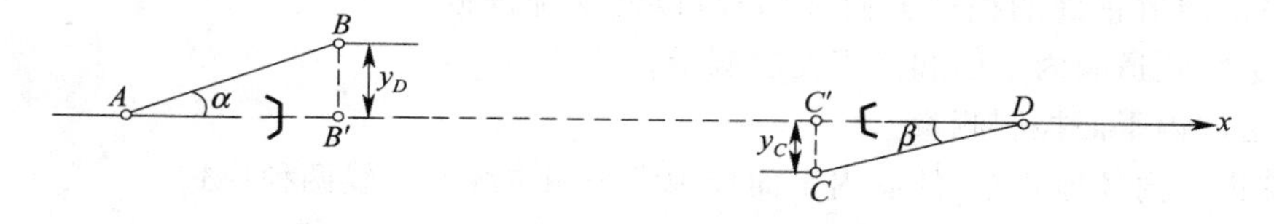

图 14-18 拨角法示意图

另一洞口测设进洞方向的方法如下：设 D 为洞口的设计位置，根据 C、D 点坐标可以算出平距 S_{CD} 和方位角 α_{CD}；由图 14-19 可知，$\beta=\alpha_{CD}-[(90°-\alpha)+180°]$；将仪器安置在 C 点，利用极坐标法，后视 JD 点，转动 β 并沿此方向放样 S_{CD}，即可定出洞口位置 D 点，并给出进洞方向。

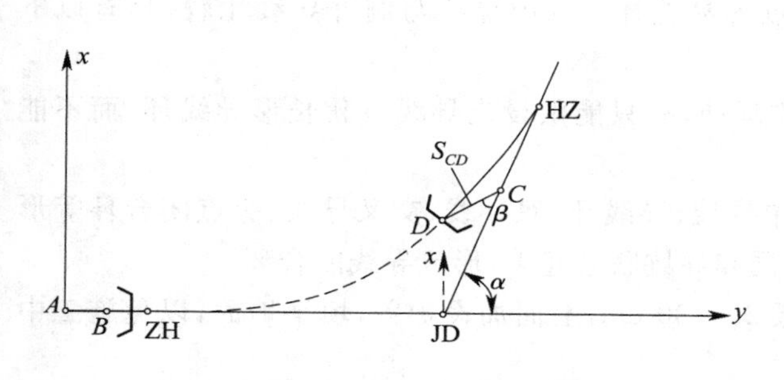

图 14-19 曲线形隧道平面联系测量示例

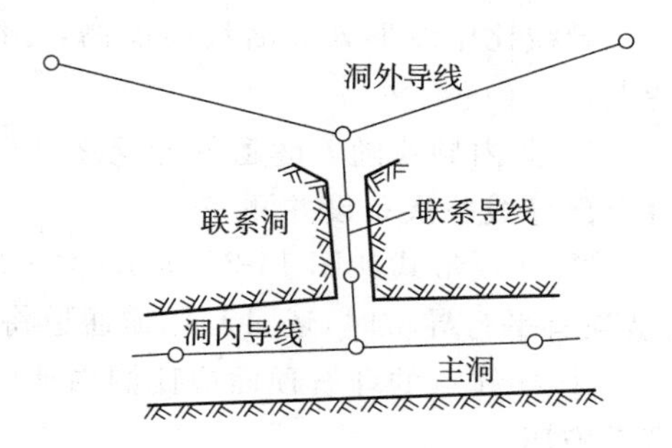

图 14-20 联系导线示意图

为了加快隧道施工进度，除了进、出洞口之外，还可用斜井（联系洞与主洞斜交）、横洞（联系洞与主洞水平相交）或竖井（联系洞与主洞垂直相交）等联系洞来增加隧道施工开挖面。因此，需要布设导线把洞外导线的方向和坐标传递到洞内导线，构成洞内、洞外统一的平面坐标系统，这种导线称为联系导线，如图 14-20 所示。联系导线属于支导线性质，其测角、测边误差直接影响隧道的贯通精度，故使用中必须多次精密测定，反复校核，确保无误。

（2）高程联系测量

隧道高程联系测量的主要任务是经由洞口或联系洞向洞内传递高程，建立洞内高程控制系统，其主要方法是采用往返水准测量、三角高程测量等。当采用三角高程测量方法传递高程时，应进行气象改正并采用对向观测的方法进行。

经由竖井传递高程时，可以采用悬挂钢尺的方法，也可利用全站仪或光电测距仪测井深的方法，如图 14-21 所示。在井上装配托架安装仪器，使照准头向下直接瞄准井底的反光镜测出深 D_h，并在井上、下用两台水准仪，同时读取读数 $a_上$、$b_上$、$b_下$ 及 $a_下$，则井下水准点的高程 $H_B=H_A+a_上-b_上-D_h+b_下-a_下$。

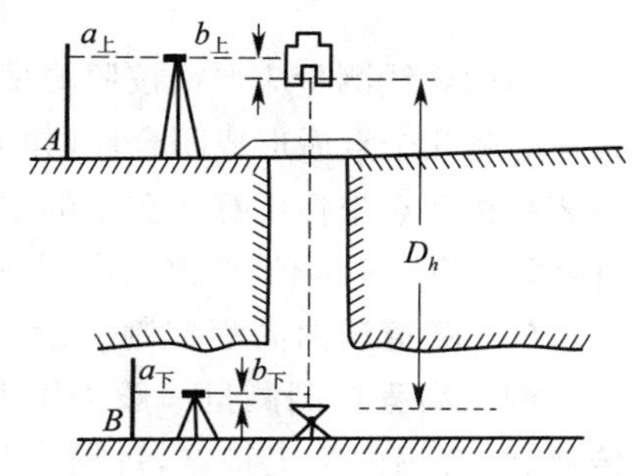

图 14-21 光电测距测井深

14.3.3　洞内控制测量

为了给出隧道正确的掘进方向和高程，以便保证准确
地贯通，应进行隧道洞内平面和高程控制测量。

(1)隧道洞内平面控制测量

由于隧道洞内场地狭窄，故洞内平面控制常采用中线和导线两种形式。

1)中线形式

对于小型隧道，通常在洞内不设置导线，而直接利用中线点作为平面控制点来指导施工放样。首先，利用中线点的设计坐标反算测设数据，以定测精度利用极坐标法测设出中线点，作为洞内平面控制点。将这样测设出的中线点，再精确地测定其点位，与理论坐标比较并对点位进行改正后，作为洞内平面控制点，可以用于曲线隧道 500 m、直线隧道 1 000 m 的较长隧道。

2)导线形式

导线比中线形式灵活且精度高，导线点容易选择。洞内导线与洞外导线比较，具有以下特点：

① 洞内导线随着隧道的开挖逐渐向前延伸，故只能敷设支导线或狭长形导线环，而不能将全部导线一次布设并测完。

② 导线形式如图 14-22 所示，常采用单导线、导线环、双导线、交叉导线、旁点闭合环等形式，当有平行导坑时，还可利用横通道将正洞和导坑联系起来，形成导线闭合环。

③ 导线点的埋石顶面应比洞内地面低 20～30 cm，上面加设护盖，填平地面，以免施工中遭受破坏。

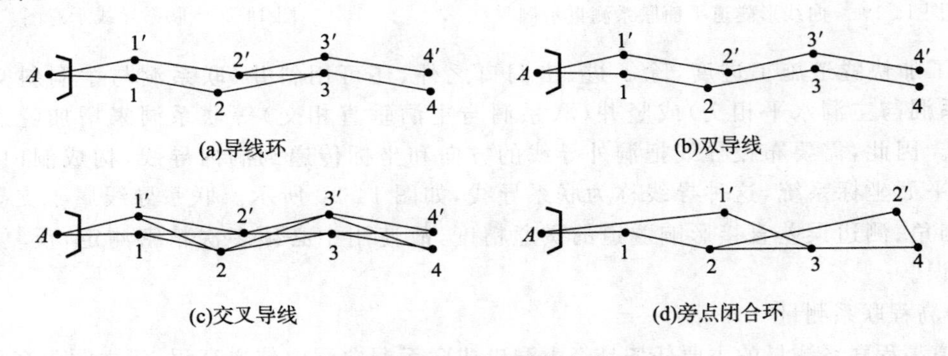

图 14-22　洞内导线形式

洞内导线测量应严格按照测量规范进行，一般要求如下：单导线需分别测设左角和右角；导线环应测几个点后形成闭合环(如 2′与 3 点闭合)，形成检核条件；双导线每测一对新点后(如 2 与 2′)，按两点坐标反算 2 至 2′的平距并与实测距离比较；交叉导线的每个新点由两条路线测设，符合要求后取平均值；旁点闭合环一般是测几点后再测旁点的内角和边长，形成闭合环以便检核。

(2) 隧道洞内高程控制测量

洞内高程控制测量一般采用水准测量的方法实施。洞内高程应由洞外高程控制点向洞内传递，结合洞内施工特点，每隔 100 m 左右在地面或拱部边墙，或拱顶上设立一对水准点(便于检核)。采用水准测量时应往返观测，视线长度不大于 50 m；若采用三角高程测量则应进行对向观测，注意洞内的除尘、通风排烟和水汽的影响。限差的要求与洞外高程控制测量相同。洞内高程控制点作为施工依据，必须定期复测。

当隧道贯通之后，求出相向两支水准线路的高程方向贯通误差，并在未衬砌地段进行调整。所有开挖、衬砌工程应以调整后的高程指导施工。

14.4 隧道施工测量

隧道通常是边开挖、边衬砌，为保证开挖方向正确、开挖断面尺寸符合设计要求，隧道施工测量工作必须步步跟上。

14.4.1 洞内中线点测设

隧道洞内施工是以中线为依据的，而洞内敷设的导线点通常不在线路中线上。隧道衬砌后两个边墙之间的中心为隧道中心，在直线部分隧道中心与线路中线重合；而在曲线部分，由于隧道衬砌断面的内外侧宽度不同，因此，线路中心线就不是隧道中心线。

(1)导线点测设洞内中线点。首先根据导线点的坐标和中线点的设计坐标，反算出距离和角度，利用极坐标法根据导线点放样出中线点。一般直线地段 150～200 m、曲线地段 60～100 m测设一个永久中线点。由导线建立中线点后，还应将仪器安置在已测设的中线点上，测出中线点之间的夹角，将实测的角度与设计值相比较进行检核，也可以实测几个中线点之间的距离与设计值进行检核，确认无误后即可挖坑埋入带金属标志的混凝土桩作为中线点位。

(2)中线点测设洞内中线点。若采用中线形式作为隧道洞内平面控制时，在直线段通常采用正倒镜分中法、在曲线上采用极坐标法延伸中线。

14.4.2 洞内临时中线点测设

为了确定隧道的开挖方向，随着隧道向前掘进中线点也需紧随其后。当掘进的延伸长度不足一个中线点的间距时，应测设临时中线点，如图 14-23 中的 1、2 等点。临时中线点间距离一般直线上不大于 30 m、曲线上不大于 20 m，设置方法及精度同中线点设置。当延伸长度大于中线点的间距时，应当设立新的中线点(如 e 点)，并根据新设的中线点继续向前测设临时中线点。当隧道掘进长度距新的导线点 B 大于一个导线边的设置距离时，则应建立新的导线点 C，然后根据 C 点继续向前测设中线点。

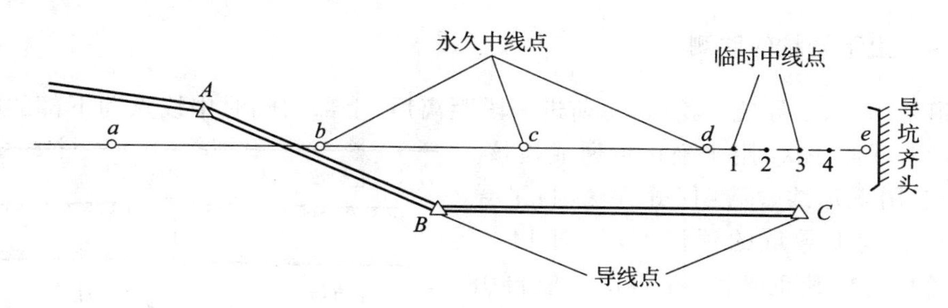

图 14-23 临时中线点设置示意图

14.4.3 导坑延伸测量

当导坑从最前面一个临时中线点继续向前掘进时，可采用“串线法”延伸中线，即在临时中线点前、后用仪器再设置两个中线点，如图 14-24 中的 1′、2′两点，其间距不小于 5 m；串线时可在这三个点上挂上垂球线，先检验三点是否在一直线上，如正确无误，可用肉眼瞄直在工作面上给出中线位置，指导隧道掘进方向。当串线延伸长度超过临时中线点的间距时，则应设立一个新的临时中线点。

如果用激光导向仪指示隧道开挖方向时，将其挂在中线的隧道顶部，可以给出 100 m 以外的中线方向，如图 14-25 所示。这种方法对于直线隧道和全断面开挖的隧道定向工作，既快捷又准确。

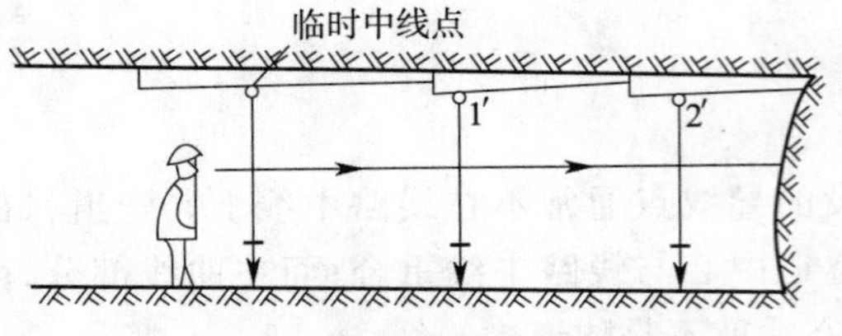

图 14-24　导线延伸测量示意图

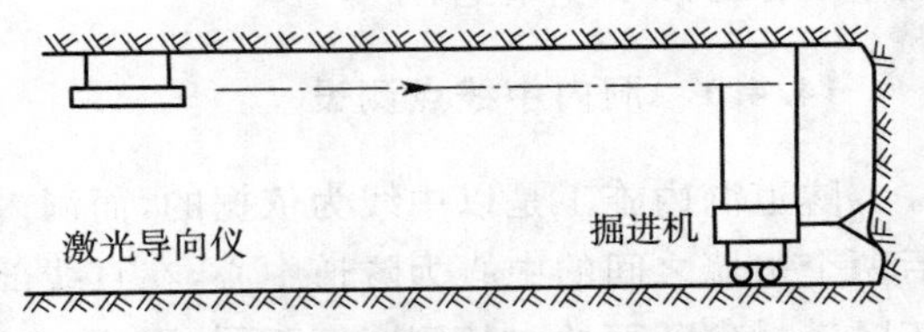

图 14-25　激光导向仪指示开挖方向

在曲线导坑的定向工作中，常采用弦线偏距法给出隧道的开挖方向。如图 14-26 所示，A、B 为曲线上已测设的两个临时中线点，如要向前定出新的中线点 C，利用弦线偏距法的步骤为：从 B 点向后沿 BA 方向量出长度 $s(s=BA)$；按下面近似公式计算偏距 d，并从 A 点量出 d，并将两尺拉直相交定出 D 点；再在 DB 方向上定一点后挂三根垂球线，用串线法指导 B、C 间的掘进方向；当掘进长度超过临时中线点间距 20 m 时，则由 B 沿 DB 延伸方向量出距离 s，即可得新的临时中线点 C。

偏距 d 可按下列近似公式计算：

圆曲线部分　　$d=\dfrac{s^2}{R}$

缓和曲线部分　　$d=\dfrac{s^2}{R}\cdot\dfrac{l_B}{l_0}$

式中　s——临时中线点间距；

R——圆曲线半径；

l_0——缓和曲线全长；

l_B——B 点到 ZH(或 HZ)点之间的距离。

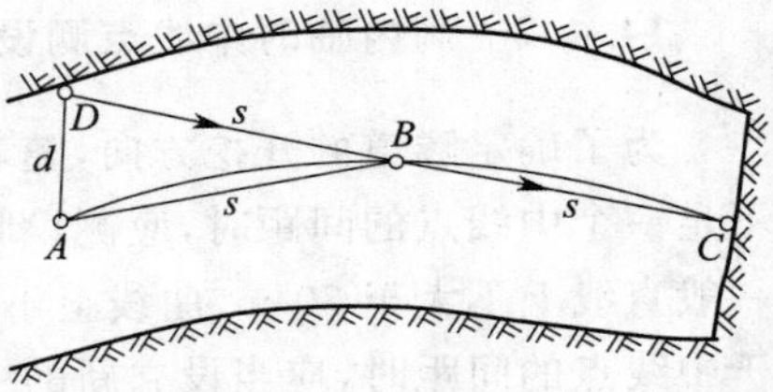

图 14-26　弦线偏距法示意图

14.4.4　上下导坑的联测

当隧道采用上、下导坑开挖时，每前进一段距离后，上部的临时中线点和下部的临时中线点应通过漏斗联测一次，用于坐标传递或检核。联测时，一般用垂球线、垂准仪等方法，将下导坑的中线点引到上导坑的顶板上，如图 14-27 所示。应经常复核其正确性，在筑拱前应再引至下导坑检核，并尽可能与中线点形成闭合导线。

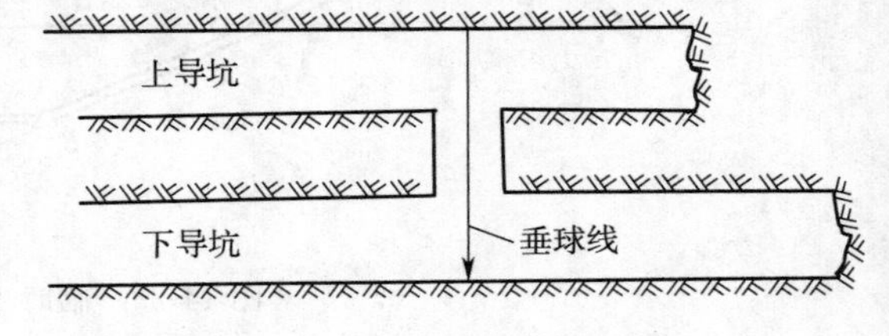

图 14-27　上下导坑联测示意图

14.4.5　隧道结构物的施工放样

(1)隧道开挖断面测量

在隧道施工中，为使开挖断面能较好的符合设计断面要求，在每次掘进前都应在开挖断面上根据中线和轨顶高程，标出设计断面尺寸线。分部开挖的隧道在拱部开挖后或全断面开挖的隧道在开挖成形后，都应采用断面仪或测量支距方法测绘隧道断面，以便检查断面是否符合设计要求，并确定超挖和欠挖工程量。测量时按中线和外拱顶高程，从上至下每 0.5 m(拱部和曲墙)、1.0 m(直墙)向左、右测量支距并绘制断面图。测量支距时，应考虑到曲线隧道中心与线路中心的偏移值和施工预留宽度，同时，应根据设计轨顶高程沿中线每隔 0.5 m 量出开挖深度。

(2)结构物的施工放样

在施工放样之前，应对洞内的中线点和高程点加密，一般为 5～10 m 一个点，加密中线点以定测的精度测设。加密高程点时，均以五等水准精度施测。在衬砌之前，还应进行衬砌放样，包括立拱架测量、边墙及避车洞和仰拱的衬砌放样、洞门砌筑施工放样等一系列测量工作。

14.4.6 竣工测量

隧道竣工以后，应在直线段每 50 m、曲线段每 20 m，或需要加测断面处，以中线桩为准测绘隧道的实际净空。测绘内容包括拱顶高程、起拱线宽度、轨顶水平宽度、铺底或仰拱高程，如图 14-28 所示。

当隧道中线统一闭合、检测后，在直线上每 200～500 m 或曲线上的主点均应埋设永久性中线桩；洞内每公里处应埋设一个水准点。无论中线点或水准点，均应在隧道边墙上画出标志，以便使用。

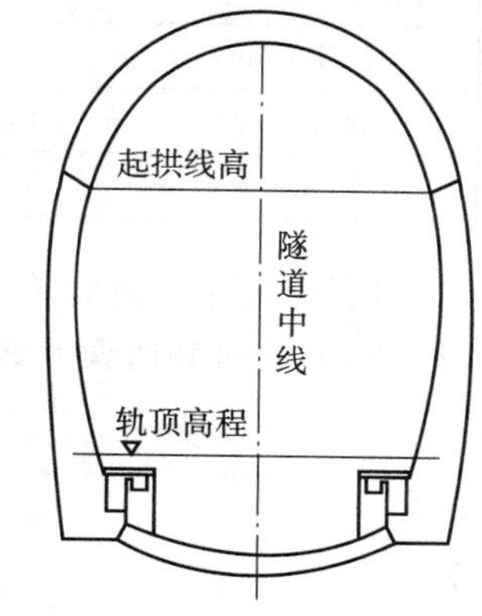

图 14-28 隧道竣工测量

14.5 隧道贯通误差预计简介

14.5.1 概 述

隧道施工难度大、进度慢，为了保证工程精度、加快施工进度，除了隧道进、出口两个开挖面外，还常采用横洞、斜井、竖井等方法增加开挖面。因此，无论是直线形隧道还是曲线形隧道，开挖总是沿线路中线不断向洞内延伸，因此，洞内线路中线位置测设的误差就会逐渐积累；另一方面，隧道施工时通常采用边开挖、边衬砌的方法，等到隧道贯通时未衬砌部分也所剩不多，故可进行中线调整的地段长度有限。因此，如何保证隧道在贯通时，两相向开挖的隧道在横向(线路水平方向)、纵向(线路走向方向)、高程(线路垂直方向)与设计值的偏差不超过规定的限值，就是隧道施工测量必须满足的基本要求。

在纵向方向所产生的贯通误差，一般对隧道施工质量不产生重要影响。隧道贯通对高程要求的精度，可以通过使用水准测量的方法较容易满足。而横向贯通误差(即线路中线方向的偏差)的大小，则直接影响隧道的建设质量，甚至可能导致隧道报废。因此，一般提到的隧道贯通误差主要是指隧道的横向贯通误差，其限差见表 14-3 所示。

表 14-3 隧道贯通误差限差

两开挖洞口长度(km)	<4	4～8	8～10	10～13	13～17	17～20
横向贯通误差(mm)	100	150	200	300	400	500
高程贯通误差(mm)	50					

14.5.2 横向贯通误差预计

影响隧道横向贯通误差的因素主要有洞外、洞内平面控制测量误差。通常,分别预计洞外、洞内平面控制测量产生的横向贯通误差,再计算洞外、洞内误差对隧道横向贯通精度的总影响。一般在隧道贯通面上产生的横向误差不应超过表 14-4 的规定。

表 14-4 洞外、洞内控制测量的精度要求

横向贯通中误差							高程中误差(mm)
两开挖洞口间长度 (km)	<4	4~8	8~10	10~13	13~17	17~20	
洞外 (mm)	30	45	60	90	120	150	18
洞内 (mm)	40	60	80	120	160	200	17
洞外、洞内总和 (mm)	50	75	100	150	200	250	25

例如,当采用导线作为平面控制网时,可按下列公式分别预计洞外、洞内平面控制测量造成的隧道横向贯通误差 M:

$$M=\pm\sqrt{m_\beta^2+m_D^2} \tag{14-1}$$

而

$$\begin{cases} m_\beta=\dfrac{m}{\rho''}\sqrt{\sum R^2} \\ m_D=\dfrac{m_l}{l}\sqrt{\sum d^2} \end{cases} \tag{14-2}$$

式中 m_β——由测角误差产生的隧道横向贯通误差(mm);

m_D——由测边误差产生的隧道横向贯通误差(mm);

m——由导线环闭合差求算的测角中误差(″);

R——导线环在隧道相邻两洞口连线上各点至贯通面的垂直距离(m);

m_l/l——导线边长相对中误差;

d——导线环在隧道相邻两洞口连线上各导线边在贯通面上的投影长度(m)。

当地面平面控制测量采用边角网形式时,其横向误差的预计公式可参考有关规范,也可以利用导线形式的预计公式。预计方法是选取边角网中沿中线附近的连续边作为一条导线进行预计,但在式(14-1)、式(14-2)中,m_β 为由边角网闭合差求算的测角中误差(″);R 为所选边角网中连续传算边形成的导线上各转折点至贯通面的垂直距离;m_l/l 取边角网最弱边的相对中误差;d 为所选边角网中连续传算边形成导线的各边在贯通面上的投影长度。

目前,洞外、洞内控制测量误差对横向贯通精度影响值的预计方法,即横向贯通误差通常采用专用软件进行预计。

思考题与习题

1. 何为桥轴线?它的精度如何确定?
2. 桥梁控制网坐标系是如何确定的?为什么要建立这样的坐标系?
3. 桥梁施工阶段的测量工作主要有哪些?
4. 什么叫隧道工程测量?主要任务是什么?
5. 何谓联系测量?高程联系测量有哪几种主要方法?

6. 简述隧道施工测量和竣工测量的内容。

7. 何谓贯通误差？贯通误差一般分为哪几类？

8. 已知某直线桥的施工平面控制网中控制点 A、B、C、E 及水中 2 号墩中心 P_2 点的设计坐标（表 14-5），各控制点间互相通视（图 14-29），试计算用角度交会测设出 P_2 点的测设数据，并简述其测设方法。

表 14-5　习题 8 表

点号	x (m)	y (m)
A	−23.125	−305.440
B	0	0
C	−9.033	354.024
E	400.750	0
P_2	248.516	0

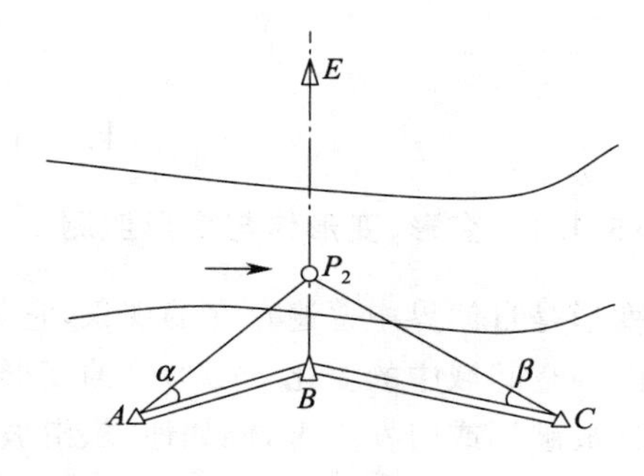

图 14-29　习题 8 图

参考答案

8. $\alpha = \alpha_{AB} - \alpha_{AP_2} = 37°19'06''$，$\beta = \alpha_{CP_2} - \alpha_{CB} = 34°34'26''$。

测设方法：置镜于 A 点，瞄准 B 点，反拨 37°19′06″ 得 AP_2 方向；置镜于 C 点，瞄准 B 点，正拨 34°34′26″ 得 CP_2 方向；置镜于 B 点，瞄准 E 点得 BP_2 方向；此三个方向相交得 P_2 点。

15 建筑工程变形监测

15.1 概　　述

15.1.1 变形、变形体与变形监测

变形是自然界中普遍存在的现象，它是指变形体在各种荷载作用下，其形状、大小及位置在时间和空间域中的变化。变形体的变形在一定范围内被认为是允许的，如果超出允许值，则可能造成破坏或引发灾害，例如地震、滑坡、岩崩、地表沉陷、溃坝、桥隧与建筑物倒塌等。

变形体一般包括工程建筑物、机器设备及其他与工程有关的自然或人工对象。在工程变形监测中，最具代表性的变形体主要为大坝、桥梁、矿区地表、高层建筑物、边坡、公路、铁路、隧道和基坑等。通常，变形体用一定数量的有代表性的位于变形体上的离散点（又称监测点或目标点，或观测点）来代表。监测点的空间位置变化可以用来描述变形体的变形。监测点要求与建筑物牢固地连在一起，以保证它与建筑物一起变化。监测点的位置和数量，要能够全面反映建筑物变形的情况，并要顾及到观测的方便。

变形监测（或变形观测）就是利用测量方法或专用仪器，对变形体的变形现象进行监视观测的工作，其任务是确定在各种荷载和外力作用下，变形体的形状、大小及位置变化的空间和时间特征。变形监测工作是人们通过变形现象获得科学认识、检验理论和假设的必要手段。

根据变形体的分布范围，变形监测对象可以划分为以下三类：全球性变形监测，如监测全球板块运动、地极移动、地潮、地球自转速率变化等；区域性变形监测，如地壳形变监测、城市地表沉降监测等；工程和局部性变形监测，如监测工程建筑物的三维变形、滑坡体的滑动、基坑边缘的水平位移与沉降、隧道围岩变形等。

建筑物变形的主要表现形式：水平位移、垂直位移、倾斜、扭转、挠度、裂缝和坍塌等。

15.1.2 变形监测的内容和作用

建筑物变形监测的内容，应根据变形体的性质和地基情况及监测目的而定，应有明确的针对性，既要有重点，又要作全面考虑，以便能正确地反映出变形体的变化情况，达到监视变形体的安全、了解其变形规律的目的。

变形监测内容主要有垂直位移、水平位移、倾斜、扭转、挠度和裂缝等。垂直位移（也称沉降）是指建筑物在铅垂方向上的位置变化；水平位移是指建筑物在平面上的位置变化，它可分解到某些特定方向；倾斜通常是指高大建筑物顶部相对于底部的水平位移；扭转是指高大建筑物顶部相对于底部的旋转变形；挠度是指建筑物在水平方向或竖直方向上的弯曲，例如桥的梁部在中间会产生向下弯曲，高大建筑物会产生侧向弯曲；当建筑物的变形足够大而其整体性受到破坏时，就会产生裂缝，甚至垮塌。

建筑物变形监测的作用主要表现在以下两个方面：

(1)保障工程施工和运营安全。监测各种工程建筑物、机器设备及与工程有关的地质构造

的变形，及时发现异常变化，对其稳定性、安全性做出科学合理的判断，以便采取工程措施及时处置，达到防止事故发生的目的。

(2)进行科学评估与决策。积累监测分析资料，能够更好地解释变形的机理，验证变形的假设，为研究灾害预报的理论和方法服务，同时可检验工程设计的理论是否正确，设计是否合理，建设质量是否达标，以便为以后修改设计、制定设计规范提供依据。

15.1.3 变形监测的基准点、工作基点

在建筑物变形监测过程中，位于变形影响区域外、能够长时间保持稳定不动的点位，可作为建筑物是否发生变形的参照点，称为变形监测的基准点。基准点的数目一般不少于三个，通常布设在远离变形的区域，或在变形影响区域内深埋至基岩。

对于一些特大型工程，基准点距离变形监测点较远，无法直接利用基准点对监测点进行观测，所以还要在监测点附近相对稳定的地方，设立一些可以用来直接对监测点进行观测的控制点，称为工作基点。由于工作基点也有一定变形，因此，应根据基准点定期进行检测。

15.1.4 变形监测的精度和频率

通常，变形监测比其他测量工作的精度要求高，通常要求≤1 mm。如果变形监测精度要求过高，则使测量工作难度和费用过高；而精度过低又会使测量误差与变形值接近，难以得出正确结论。因此，变形监测的精度取决于变形的大小、速率、仪器和方法所能达到的实际精度及变形监测目的。

如果变形监测是为了使变形值不超过建筑物允许变形值，则变形监测误差应位于建筑物允许变形值的1/20～1/10之间；如果是为了研究变形规律，则变形监测误差应更小，即变形监测精度越高越好。

变形监测的频率取决于变形大小、速度及监测目的，且与工程的类型、规模、监测点数量、位置及观测一次所需时间有关。在工程建设初期，变形量大、速度较快，因此观测频率应高一些；随着建筑物趋向稳定，可以适当减少观测次数，但仍应坚持长期观测，以便能及时发现异常变化。

变形观测的周期(即第一次观测时间、最后一次观测时间及观测总次数等)以能够系统反映建筑物变形过程为原则，并综合考虑单位时间内变形量的大小、变形特征、观测精度要求及外界因素的影响情况等。第一周期(次)的观测具有重要意义，应特别重视其观测质量，通常是各周期与第一周期的观测值进行比较得到建筑物变形量。第一周期和最后一个周期的观测都应独立进行两次，并分别取两次成果的中数作为变形监测的初始值和最终值。一个观测周期的观测应在较短时间内完成。不同周期观测时应尽量利用相同的观测网形、观测路线、观测方法、测量仪器及设备。对于较高精度要求的变形监测，甚至应固定观测人员、选择最佳观测时段、在相同的环境和条件下观测。

15.1.5 变形监测的方法和特点

变形监测的方法和手段较多，能够适用于不同的环境和条件。在设计变形监测方法时，一般应综合考虑各种方法的应用，互相取长补短，常见方法如下：

(1)地面测量方法。包括水准测量、三角高程测量、方向和角度测量、距离测量、GPS等；地面测量方法精度高、应用灵活，适用于不同的变形体和不同的工作环境，但是野外

工作量大，而且不易实现自动、连续监测。

(2)摄影测量与遥感方法。包括地面与航空摄影测量方法、遥感方法、三维激光扫描技术等；摄影测量与遥感方法的外业工作量少，监测范围广，观测时间短且效率高，可快速获取变形过程，能够不接触被监测的变形体，而提供变形体表面上任意点的变形，具有信息量大、可以对变形前后的信息做多种后处理等特点。

(3)专门测量方法。主要是指各种准直测量、倾斜仪测量及各种传感器测量等方法；专门测量手段的最大优点是容易实现连续、自动监测，而且精度高，可以达到 0.01 mm，但通常只是提供局部的变形信息。

建筑物变形监测的主要特点如下：

(1)精度要求高。通常地形测量的精度是分米级，土木工程测量的精度是厘米级，而变形监测的精度则是毫米级，有的甚至是亚毫米级。

(2)重复观测。一般工程测量只要观测精度达到要求就可以结束，而变形监测必须进行多周期的观测，直到被监测的建筑物稳定为止。

(3)多方法选择。变形监测有多种观测方法与技术可供选择，应该根据所进行变形监测的特点，综合考虑各种测量方法的应用。

(4)数据量大。变形监测的观测次数多、周期长、数据处理复杂，需要分析和计算的内容也多，特别是难以获得变形规律。

(5)多学科配合。变形监测涉及测绘、土木、计算机、信息及防灾减灾等学科，在制订方案、处理数据及综合分析时，特别是在进行物理解释和总结规律时需要多学科的配合。

15.2 沉降监测

15.2.1 沉降监测目的及主要方法

建筑物发生沉降的原因主要是基础软弱、地下水位升降、荷载作用、地震及地层滑移的影响，多数新建建筑物在自重作用下会有少量下沉。沉降监测就是定期地测量布设在建筑物上监测点的高程变化情况，根据不同周期的观测值计算建筑物的沉降量及沉降速度，从而分析沉降对建筑物的破坏影响程度。

目前，沉降监测的主要方法是水准测量，即按一定精度的水准路线，定期从水准基点对布设在建筑物上的各个监测点进行观测，求出各个监测点的高程，再与第一次观测的高程进行比较，求得监测点高程的变化量及其规律。

15.2.2 沉降监测的一般规定

对于深基础建筑、高层或超高层建筑，沉降观测应从基础施工时开始。各类沉降观测的级别、精度要求、观测周期及方法，应由工程的规模、性质、地基及沉降量的大小及速度决定。

(1)点位方面。沉降监测点的布设要求应最能反映建筑物及基础变形特征，点位应选择在与建筑物稳固连接在一起、便于观测及施工干扰小的地方，点数应能满足反映整个建筑物变形的情况。水准基点是沉降观测的基准点，因此必须位于沉陷影响范围之外的稳定区域，在数量上至少三个，并且应根据现场实际情况尽可能埋设标志，以确保稳定与长期保存。检查水准基点、工作基点的水准路线都应形成闭合或符合水准路线，并尽量在相似的观测条件下进行。

(2)观测方面。进行建筑物沉降观测前 30 min,应将仪器置于观测环境下,使仪器与外界气温趋于一致,观测时应遮蔽阳光或挡风,避免外界环境对观测精度的影响。水准测量时,前后视距应相等以免调焦;每次安置水准仪时,应使其中两脚螺旋与水准路线方向平行,而第三脚螺旋轮换置于水准路线的左侧与右侧。观测工作的间歇最好能结束在监测点上,否则应选择两个稳定的便于放置水准尺的固定点;间歇后应对两个间歇点的高差进行检测。第一次观测应在监测点稳定后及时进行,最后一次观测也应安排在建筑物沉降稳定后进行。每周期重复观测,应使用固定的水准仪、水准尺、附属工具和相同的水准路线,立尺员和观测员最好也固定。

15.2.3 沉降监测技术设计

在接到建筑物沉降监测任务后,应该到相关部门收集有关的资料,包括建筑物设计图纸、地勘报告、基础平面布置图等,并进行如下内容的沉降监测技术设计:工程概括、沉降监测的任务和目的等;沉降监测的技术依据;沉降监测的方法设计;沉降监测的仪器和精度设计;沉降监测的周期设计;沉降监测的数据处理方法设计;沉降监测结束后应提交的成果资料。

15.2.4 沉降监测的仪器和精度

通常,沉降监测利用每公里往返测高差中数的偶然中误差不大于±1 mm 的精密水准仪,及其配套的精密铟钢水准尺、标准尺垫、扶尺架等,按二等水准测量精度等级的要求施测,即可以达到监测建筑物地基基础±2 mm 以上的均匀沉降量和不均匀沉降量的目的。

在沉降监测中,由水准基点、工作基点和监测点组成的水准网称为沉降监测网,它一般应布设为符合、闭合水准路线或结点水准路线等形式。沉降监测精度等级及主要技术要求见表15-1 和表 15-2。

表 15-1 沉降监测网的主要技术要求

等级	相邻基准点高差中误差(mm)	每站高差中误差(mm)	往返较差、符合或环线闭合差(mm)	检测已测高差的允许较差(mm)	使用仪器、观测方法及要求
一等	±0.3	±0.07	$0.15\sqrt{n}$	$0.2\sqrt{n}$	$DS_{0.5}$型仪器,视线长度 ≤ 15 m,前后视距差 ≤ 0.3 m,视距累积差 ≤ 1.5 m,宜按国家一等水准测量的技术要求施测
二等	±0.5	±0.13	$0.30\sqrt{n}$	$0.5\sqrt{n}$	$DS_{0.5}$型仪器,视线长度 ≤ 30 m,前后视距差 ≤ 0.5 m,视距累积差 ≤ 1.5 m,宜按国家一等水准测量的技术要求施测
三等	±1.0	±0.30	$0.60\sqrt{n}$	$0.8\sqrt{n}$	$DS_{0.5}$或 DS_1 型仪器,视线长度 ≤ 50 m,前后视距差 ≤ 1.0 m,视距累积差 ≤ 3.0 m,宜按国家二等水准测量的技术要求施测
四等	±2.0	±0.70	$1.40\sqrt{n}$	$2.0\sqrt{n}$	DS_1 或 DS_3 型仪器,视线长度 ≤ 75 m,前后视距差 ≤ 2.0 m,视距累积差 ≤ 5.0 m,宜按国家三等水准测量的技术要求施测

注:n 为测段的测站数。

表 15-2 监测点沉降观测的精度要求和观测方法

等级	高程中误差(mm)	相邻点高差中误差(mm)	观测方法	往返较差、符合或环线闭合差(mm)
一等	±0.3	±0.15	除按国家一等水准测量的技术要求施测外，尚需设双转点，视线长度≤15 m，前后视距差≤0.3 m，视距累积差≤1.5 m	$\leqslant 0.15\sqrt{n}$
二等	±0.5	±0.30	按国家一等水准测量的技术要求施测，视线长度≤30 m，前后视距差≤0.5 m，视距累积差≤1.5 m	$\leqslant 0.30\sqrt{n}$
三等	±1.0	±0.50	按国家二等水准测量的技术要求施测，视线长度≤50 m，前后视距差≤1.0 m，视距累积差≤3.0 m	$\leqslant 0.60\sqrt{n}$
四等	±2.0	±1.00	按国家三等水准测量的技术要求施测，视线长度≤75 m，前后视距差≤2.0 m，视距累积差≤5.0 m	$\leqslant 1.40\sqrt{n}$

注：n 为测站的测段数。

15.2.5 沉降监测的周期

当确定沉降监测的周期时，可考虑以下方面因素：

(1)开始时期。在基础完工后或地下室砌完后开始观测，大型、高层建筑可在基础垫层或基础底部完成后开始观测；第一次观测应在监测点稳固后进行，之后每施工二层或三层观测一次直至结构封顶。

(2)中间时期。观测次数与间隔时间应视地基与加荷情况而定，民用高层建筑可每加高1～3层观测一次，工业建筑可按回填基坑、安装柱子和屋架、砌筑墙体、设备安装等不同施工阶段分别进行观测；若建筑施工均匀增高，应至少在增加荷载的25%、50%、75%和100%时各测一次。

(3)暂停时期。施工过程若暂时停工，在停工时及重新开工时应各观测一次；停工期间可每隔2～3个月观测一次。

(4)收尾时期。在楼房内外墙施工和装修期间，应每个月观测一次，当建筑物沉降速率在100天内小于0.01～0.04 mm/天时，可以认为该建筑物基础已经处于稳定阶段，此时可以停止监测。

此外，基准点也应每一个月复测一次，以保证基准点的稳定性。

15.2.6 沉降监测成果整理

(1)沉降监测的数据处理

沉降监测的数据处理包括：沉降监测外业观测数据的检核及其精度评定、本周期沉降监测网的平差计算、监测点的稳定性分析、各周期沉降监测成果的汇总整理、各监测点沉降变形曲线图的绘制等。

水准测量结束后应进行外业观测数据的检核，主要内容为测段往返测高差较差、闭合或符合水准路线的高差闭合差等，具体要求见表15-1和表15-2。然后，按测段往返测高差闭合差计算监测网每公里往返测高差中数的偶然中误差 M_Δ；当监测网的环数超过20个时，还应按环线闭合差计算每公里往返测高差中数的全中误差 M_w，具体要求见表15-3。M_Δ 和 M_w 应分别按下列公式计算：

$$M_{\Delta} = \sqrt{\frac{1}{4n}\left[\frac{\Delta\Delta}{L}\right]} \tag{15-1}$$

$$M_{w} = \sqrt{\frac{1}{N}\left[\frac{WW}{L}\right]} \tag{15-2}$$

式中　Δ——测段往返高差不符值(mm)；

L——测段长(km)；

n——测段数；

W——水准环线闭合差(mm)；

N——水准环数。

表 15-3　各等级水准测量每公里往返测高差中数的偶然中误差和全中误差的限差要求

级　　别	一等(mm)	二等(mm)	三等(mm)	四等(mm)
偶然中误差	±0.5	±1.0	±3.0	±5.0
全中误差	±1.0	±2.0	±6.0	±10.0

每周期沉降观测结束并经检核后，应计算各监测点的沉降量。建筑物的沉降量一般较小，有的甚至和测量误差具有相同的数量级，所以要从含有观测误差的沉降观测结果中分析沉降信息，不仅要在观测过程尽量消除或减少测量误差对观测结果的影响，而且要在内业计算中进行合理的数据处理。计算监测点沉降量的方法由沉降监测精度等级决定，有时可以利用一般水准测量计算方法进行(这时不用计算监测点高程中误差)，有时则应使用严密平差方法或专用的平差软件进行平差计算。

监测点在 j 周期观测和平差计算后，得到本周期的观测高程 H_j 及其高程中误差 m_{H_j}；同理在 $j+1$ 周期观测和平差计算后，可得到观测高程 H_{j+1} 及其高程中误差 $m_{H_{j+1}}$，这样相邻两周期该监测点的高程变化量可按下式计算：

$$\Delta H = H_j - H_{j+1} \tag{15-3}$$

该监测点的高程变化量是测量误差还是沉降，可利用该点高程变化量中误差进行判别：

$$m_{\Delta H} = \sqrt{m_{H_j}^2 + m_{H_{j+1}}^2} \tag{15-4}$$

当 $\Delta H \geqslant 3m_{\Delta H}$ 时，可认为该监测点相邻两周期的高程变化量为沉降变形，否则为测量误差影响所致。

(2)沉降监测应提交的成果资料

沉降监测外业观测和内业平差计算结束后，应将各周期沉降监测成果进行汇总，并绘制各监测点的沉降曲线图。沉降监测各周期监测数据汇总表见表 15-4。

表 15-4 中，工况是指沉降观测时建筑物的施工状态；高程是指各周期观测后的计算高程；高程中误差是指高程点位中误差；高程相对变化量是指相邻两个周期内某个监测点前一周期的高程值与本周期的高程值之差；允许误差为相邻两个周期内高程变化量 ΔH 中误差 $m_{\Delta H}$ 的 3 倍；稳定性情况是指根据某点相邻两个周期内的高程相对变化量和允许误差来判断这点沉降是否显著，当某点在相邻两个周期内的高程相对变化量小于其相应的允许误差时，可认为没沉降，反之认为发生沉降；沉降速度为相邻两个周期内高程相对变化量与这相邻两个周期时间间隔的比值，单位为 mm/日；高程累计变化量是指某个监测点第一个周期的高程与本周期的高程之差；平均相对变化量为相邻两个周期内所有监测点高程相对变化量的平均值；平均累计变化量为到

本周期为止所有监测点高程累计变化量的平均值;主要结论为本周期外业观测、本周期平差计算和各周期监测数据汇总表完成后,对所监测建筑物沉降情况的一个简洁整体的描述。

表 15-4　某建筑物沉降监测成果汇总表

观测次数	第一次观测		第二次观测						
观测日期	2007 年 11 月 02 日		2007 年 11 月 29 日						
工　况	基础±0		建筑高度:3 层楼						
点 名	高程(m)	高程中误差(±mm)	高程(m)	高程中误差(±mm)	高程相对变化量(mm)	允许误差(±mm)	稳定性情况	沉降速度(mm/日)	高程累计变化量(mm)
BM1	500.000 0	0.00	500.000 0		0.0		基准点		
BM2	498.203 9	0.18	498.204 1	0.09	−0.2	0.60	基准点		−0.2
BM3	510.033 3	0.30	510.032 4	0.19	0.9	1.06	基准点		0.9
BM4	509.772 0	0.32	509.771 3	0.18	0.7	1.10	基准点		0.7
A1	502.045 7	0.73	502.045 4	0.23	0.3	2.30	未见沉降	0.01	0.3
A2	502.033 7	0.73	502.033 3	0.23	0.4	2.30	未见沉降	0.01	0.4
A3	502.090 2	0.73	502.088 8	0.23	1.4	2.30	未见沉降	0.05	1.4
A4	502.043 8	0.74	502.042 7	0.23	1.1	2.32	未见沉降	0.04	1.1
A5	502.052 8	0.74	502.051 1	0.23	1.7	2.32	未见沉降	0.06	1.7
A6	502.070 0	0.72	502.066 9	0.21	3.1	2.25	显著沉降	0.11	3.1
A7	502.078 6	0.75	502.074 6	0.22	4.0	2.34	显著沉降	0.15	4.0
平均相对变化量和累计变化量					1.7				1.7
主要结论			A6 和 A7 点在 2007.11.02～2007.11.29 期间发现显著性沉降,其他监测点未见沉降						

某建筑物施工期间监测点的沉降曲线见图 15-1 所示。

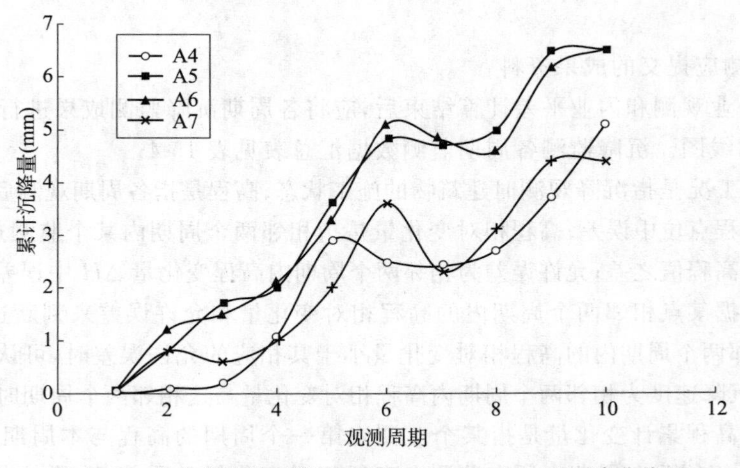

图 15-1　某建筑物施工期间监测点 B1、B2、B3、B4 沉降曲线图

建筑物沉降变形测量数据处理中的数据取位，应符合表15-5的规定。

表15-5 建筑物沉降变形测量平差计算和分析中的数据取位要求

级 别	高差(mm)	高程(mm)	沉降值(mm)	沉降速度(mm/d)
特 级	0.01	0.01	0.01	0.01
一级	0.01	0.01	0.01	0.01
二、三级	0.1	0.1	0.1	0.1

沉降监测工作全部完成后，应提交以下的成果资料和图表：工程平面位置图及其基准点分布图；沉降监测点编号及其点位分布图；沉降监测各周期监测成果汇总表；各监测点沉降曲线图；沉降监测的技术总结报告等。

15.3 水平位移监测

工程建筑物平面位置随时间而发生的移动称为水平位移，简称位移。水平位移监测应测定在平面位置上随时间变化的位移量和位移速度。通常位移可能产生在任意方向上，但有时只要求测定在某方向上的位移量，例如，水库大坝要求测定在水压力方向上的位移量。位移观测的方法有很多，可根据工程建筑物的类型、结构特点和具体的观测要求选用。水平位移计算时，按每周期计算监测点的坐标值，再以相邻两周期的坐标差作为该监测点的水平位移。

15.3.1 水平位移监测的一般规定

(1)水平位移监测应根据建筑的特点和施测要求做好监测方案和技术准备工作，并取得委托方及有关人员的配合。

(2)位移监测点的标志应牢固，位置应选在建筑物墙角、柱基及裂缝两边，或管线的中间部位，对于护坡工程可按坡面成排布置。每次水平位移变形监测应利用相同的观测方法、精度、仪器、设备、观测人员及基本相同的外界条件。

(3)应设置平面基准点，并满足下列规定：基准点不少于3个，便于检核。用GPS方法进行平面控制测量时，基准点处障碍物的高度角不超过15°，离大功率无线电发射源的距离不应小于200m，离高压线和微波无线电信号传输通道的距离不小于50 m，附近不应有大面积水域、大型建筑及热源等。一级水平位移监测的平面基准点和工作基点，应建造具有强制对中装置的观测墩，或埋设专门观测标石，强制对中装置的对中误差不应超过±1 mm；照准标志应具有明显的几何中心或轴线，图像反差要大、图形对称及不变形。

(4)建筑场地滑坡监测点宜设置在滑坡边界、滑动量较大、滑动速度较快的轴线方向和滑坡前沿区等部位，监测点埋设深度不应小于1 m；水坝监测点宜沿坝轴线布设，相对于工作基点的坐标中误差：中型混凝土坝不应超过1 mm，小型混凝土坝不应超过2 mm；中型土石坝不应超过3 mm，小型土石坝不应超过5 mm。

15.3.2 水平位移监测的技术设计与精度

建筑物水平位移监测的技术设计内容主要包括：工程概括、水平位移监测的任务和目的等；水平位移监测的技术依据；水平位移监测的方法、仪器及精度；水平位移监测的精度设计；水平位移监测的周期设计；水平位移监测的数据处理方法设计；水平位移监测结束后应提交的成果资料。水平位移监测的精度规定见表 15-6 所示。

表 15-6 水平位移监测的精度等级及要求

变形监测等级	水平位移监测点位中误差(mm)	适用范围
一等	±1.5	变形特别敏感的高层建筑、工业建筑、高耸构筑物、重要古建筑、精密工程设施等
二等	±3.0	变形比较敏感的高层建筑、高耸构筑物、古建筑、重要工程设施和重要建筑场地的滑坡监测等
三等	±6.0	一般性的高层建筑、工业建筑、高耸构筑物、滑坡检测等
四等	±12.0	观测精度要求较低的建筑物,构筑物和滑坡监测等

15.3.3 水平位移监测方法

水平位移监测常见方法有:测角交会法、边角交会法、导线法、极坐标法、边角网、投点法、视准线法、引张线法、正垂线或倒垂线法等。测角交会(主要是指前方交会、后方交会)、测边交会、极坐标及导线等方法可参阅本书第 8 章相关内容。

(1) 测角交会法

通常,当监测点多且不便安置仪器时,多采用测角前方交会法;当监测点少且便于安置仪器时,多采用测角后方交会法。如图 15-2 所示,A、B 为平面基准点,P 为监测点,由于 A、B 的坐标已知,在观测了水平角 α、β 后,即可利用前方交会公式计算 P 的坐标及其点位中误差 m_P:

$$m_P = \frac{D_{AB}\sqrt{\sin^2\alpha + \sin^2\beta}}{\rho\sin^2(\alpha+\beta)}m_0 \qquad (15\text{-}5)$$

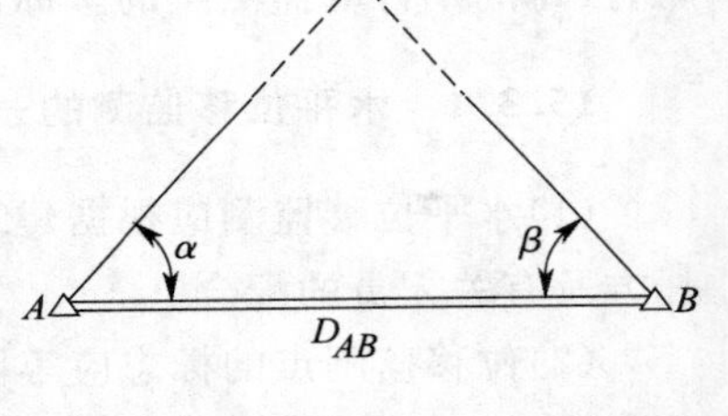

图 15-2 测角前方交会法示意图

式中,m_0 表示测角中误差,D_{AB} 为 A、B 两点平距,$\rho = 206\,265''$。

通常,实际工作中应布设有三个已知点的前方交会,计算时分别按两个三角形计算出 P 点的两组坐标,以便进行检核,满足要求后取中数作为最后成果。另外,交会角宜在 60°～120°之间,以保证交会精度。

(2)边角交会

例如,对于图 15-2 的测角前方交会,再增测了边长 S_{AP}、S_{BP},则为边角交会。边角交会时,可用严密平差方法或专用平差软件计算监测点 P 的坐标和评定监测点位精度。

(3) 极坐标法

如图 15-3 所示,A、B 为已知基准点,P 为监测点,当测出夹角 α 及平距 D_{AP} 后,即可根据坐标正算公式求出 P 点的坐标。P 点中误差 m_P 可按下式计算:

$$m_P = \pm\sqrt{m_D^2 + \left(\frac{m_\alpha}{\rho}D_{AP}\right)^2} \qquad (15\text{-}6)$$

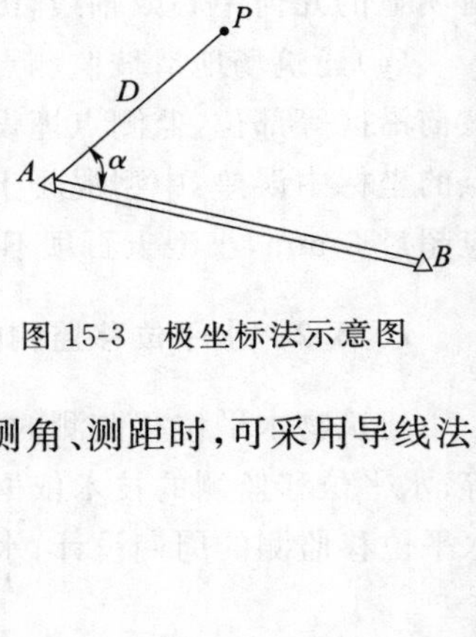

图 15-3 极坐标法示意图

式中,m_α 为测角中误差,m_D 为测边中误差。

(4) 导线法

当相邻的监测点之间通视,且在监测点上可以安置仪器进行测角、测距时,可采用导线法。该法可同时测定左、右转折角以便提高精度。

(5) 视准线法

该法适用于已知变形方向的线形建筑物，例如水坝、桥梁等。如图 15-4 所示，通常视准线的两个端点 A、B 为工作基准点，监测点 P_1、P_2、… 布设在 AB 的连线上，其偏差不宜超过 2 cm。监测点相对于视准线的变化值则是建筑物在垂直于视准线方向上的位移。视准线法按使用工具和作业方法的不同，可分为“测小角法”、“活动觇牌法”及“激光束法”。

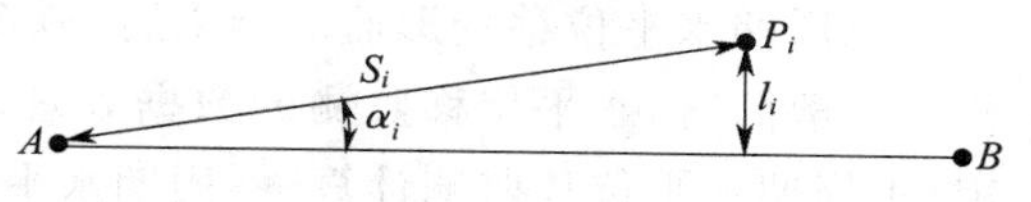

图 15-4　视准线法水平位移监测原理示意图

1)测小角法。利用精密仪器，精确测出视准线方向与监测点 P_i 方向之间的小角 α_i，则监测点相对于视准线的偏离值：

$$l_i = \frac{\alpha_i}{\rho} S_i \tag{15-7}$$

式中，S_i 为 A 到 P_i 的平距。

2)活动觇牌法。利用放在视准线上活动觇牌上的标尺，直接测定 l_i 值。活动觇牌标尺的最小分划为 1 mm，用游标可以读到 0.1 mm。

3)激光束法。以激光束代替仪器的视线，利用放在视准线上的活动觇牌，直接确定监测点 P_i 偏离激光束的 l_i 值。有时也可以用细钢丝代替激光束。

利用视准线法时应注意：由于观测时通常采用强制对中设备，则误差主要来自照准目标或活动觇牌，因此，每个监测点应按规定的测回数进行观测；在视准线两端的向外延长线上，宜埋设检核点，应考虑视准线端点的偏差及改正；监测点偏离视准线的距离不应超过活动觇牌读数尺的读数范围。

(6) 边角网

水平位移的监测还可以采用边角网形式的监测网，对该网进行观测和平差计算，则可得到不同周期监测点坐标的变化，即该监测点的水平位移。在水平位移变形监测网中，位于变形体外的基准点是测定监测点的参考点，应定期对基准点进行检测。

监测网可以布设成地面网、GPS 网及混合网等。地面网布设方式有三角网、三边网及边角网等。GPS 网具有高精度、高效益、全天候、不需通视等优点，但在建立 GPS 网或观测时应注意：不阻挡卫星信号，远离电磁波干扰源，采用强制对中的观测墩，采用抗干扰能力强的天线，有足够的观测时间与多余观测，剔除含有粗差的观测值和观测信号不好的时段等。在特殊情况下，在 GPS 网中再增设常规的边角网，这种网称为混合网。水平位移监测网的等级和主要技术要求见表 15-7。

表 15-7　水平位移监测网的主要技术要求

等　级	相邻基准点的点位中误差(mm)	平均变长(m)	测角中误差(″)	最弱边相对中误差	作业要求
一等	1.5	<300	0.7	≤1/250 000	按国家相关行业测绘规范要求施测
		<150	1.0	≤1/120 000	
二等	3.0	<300	1.0	≤1/120 000	
		<150	1.8	≤1/70 000	
三等	6.0	<350	1.8	≤1/70 000	
		<200	2.5	≤1/40 000	
四等	12.0	<400	2.5	≤1/40 000	

15.3.4　水平位移监测成果整理

(1)水平位移监测数据处理

每周期水平位移变形监测结束后，应对获得的观测数据及时进行处理，计算水平位移变形量。一般而言，水平位移监测的数据处理应包括：水平位移外业观测数据的检核及其精度评定、本周期水平位移监测计算、各周期水平位移监测成果的汇总整理、工作基点和监测点的稳定性分析及各监测点水平位移曲线图绘制等。

对观测手簿进行整理和检查的内容包括：半测回归零差、一测回内 $2C$ 互差、同一方向各个测回方向值互差、距离的往返测较差，以及计算测角中误差和测距中误差等。GPS 外业观测数据质量的检核项目包括：同一时段观测值的数据剔除率、比率、参考变量，GPS 网或路线坐标闭合差，同一基线不同时段的较差等。如有错误或误差超限，须分析原始数据，找出原因并及时进行补测或重测。

水平位移监测数据的平差计算应符合下列规定：利用稳定的基准点作为起算点；使用严密的平差方法和可靠的专用软件进行平差计算；确保平差计算所用的观测数据、起算数据准确无误；剔除含有粗差的观测数据；平差计算除给出变形参数值外，还应评定这些变形参数的精度。

(2)水平位移监测的成果整理和应提交的成果资料

水平位移外业观测和内业计算结束后，应将各周期水平位移成果数据进行汇总，并绘制各监测点的水平位移曲线图。边角前方交会法水平位移监测各周期监测数据汇总见表 15-8；视准线法各周期监测数据汇总见表 15-9；各监测点的水平位移曲线见图 15-5 和图 15-6。

表 15-8　某基坑边缘水平位移监测成果汇总表

观测次数	第一次观测		第二次观测						第三次观测					
观测日期	2007 年 10 月 20 日		2007 月 11 月 04 日						2007 年 11 月 18 日					
工况	基坑开挖		基坑开挖						主体施工					
点名	纵坐标 X (m)	横坐标 Y (m)	纵坐标 X (m)	横坐标 Y (m)	纵变化量 (mm)	横变化量 (mm)	纵变化速率 (mm/日)	横变化速率 (mm/日)	…	纵变化量 (mm)	横变化量 (mm)	…	纵坐标累计变化量 (mm)	横坐标累计变化量 (mm)
BM1	500.000 0	500.000 0	500.000 0	500.000 0	0.0	0.0	0.00	0.00	…	0.0	0.0	…	0.0	0.0
BM2	556.346 4	533.403 0	556.346 4	533.403 0	0.0	0.0	0.00	0.00		0.0	0.0		0.0	0.0
BM3	541.967 6	468.344 8	541.967 6	468.344 8	0.0	0.0	0.00	0.00		0.0	0.0		0.0	0.0
B1	520.806 4	518.104 3	520.806 6	518.103 8	−0.2	0.5	−0.03	0.08		−0.9	−2.2		−1.1	−1.7
B2	519.592 4	489.040 3	519.593 0	489.039 6	−0.6	0.7	−0.10	0.12	⋮	0.2	−1.3	⋮	−0.4	−0.6
B3	538.114 4	469.792 3	538.115 8	469.791 7	−1.4	0.6	−0.23	0.10		1.5	3.4		0.1	4.0
B4	554.230 4	469.249 0	554.231 2	469.249 1	−0.8	−0.1	−0.13	−0.02		1.6	−3.2		0.8	−3.3
B5	567.837 1	489.480 7	567.837 0	489.480 6	0.1	0.1	0.02	0.02		1.5	2.9		1.6	3.0
B6	568.111 6	510.911 2	568.111 0	510.910 4	0.6	0.8	0.10	0.13		−0.5	0.1		0.1	0.9
B7	533.767 9	536.192 6	533.767 8	536.193 3	0.1	−0.7	0.02	−0.12		−0.4	0.2		−0.3	−0.5
平均变化量与累计变化量以及平均变化速率					−0.3	0.2	−0.05	0.04	…	0.4	0.0	…	0.1	0.23

在表 15-8 中，变化速率为相邻两个周期内坐标相对变化量与这相邻两个周期时间间隔的比值，单位为 mm/日；平均相对变化量为相邻两个周期内所有监测点坐标相对变化量的平均值；平均累计变化量为到本周期为止所有监测点坐标累计变化量的平均值；平均变化速率为相邻两个周期内所有监测点坐标变化速率的平均值。

在表 15-9 中，偏离值相对变化量即为相邻两个周期内某个监测点前一周期的偏离值与本周期的偏离值之差；允许误差为相邻两个周期内偏离值相对变化量中误差的 2 倍；稳定性情况是指根据某点相邻两个周期内的偏离值相对变化量和允许误差来判断水平位移是否显著，当某点在相邻两个周期内的偏离值相对变化量小于其相应的允许误差时，可认为是未见变形，当某点在相邻两个周期内偏离值相对变化量大于 1 倍但小于 2 倍的允许误差时，可认为是少量变形，当大于 2 倍但小于 3 倍的允许误差时，可认为是显著变形，当大于 3 倍的允许误差时，可认为是较大变形；偏离值累计变化量是指某个监测点第一个周期的偏离值与本周期的偏离值之差，也可以定义为某个监测点各周期偏离值相对变化量之和；偏离值平均相对变化量为相邻两个周期内所有监测点偏离值相对变化量的平均值；偏离值平均累计变化量为到本周期为止所有监测点偏离值累计变化量的平均值。

表 15-9 某大坝水平位移监测成果汇总表

观测次数	第一次观测	第二次观测				
观测日期	2007 年 11 月 05 日	2008 年 01 月 07 日				
工况	未蓄水	未蓄水				
点名	偏离值(m)	偏离值(m)	偏离值相对变化量(mm)	允许误差(±mm)	稳定性情况	偏离值累计变化量(mm)
A-3-1	−0.016 4	−0.017 2	0.8	1.9	未见变形	0.8
A-3-2	−0.014 8	−0.015 5	0.7	1.7	未见变形	0.7
A-3-3	−0.018 1	−0.017 3	−0.8	1.6	未见变形	−0.8
A-3-4	−0.013 1	−0.013 0	−0.1	1.5	未见变形	−0.1
A-3-5	−0.000 1	−0.000 9	0.8	1.5	未见变形	0.8
A-3-6	−0.011 2	−0.011 8	0.5	1.5	未见变形	0.5
A-3-7	0.006 3	0.002 5	3.8	1.6	显著变形	3.8
A-3-8	−0.022 9	−0.026 8	3.9	1.7	显著变形	3.9
A-3-9	−0.030 0	−0.030 3	0.3	1.8	未见变形	0.3
A-3-10	0.010 9	0.010 4	0.5	1.9	未见变形	0.5
A-4-3	−12.726 5	−12.728 1	1.6	1.6	未见变形	1.6
A-4-5	−17.539 3	−17.541 3	2.0	1.5	少量变形	2.0
A-4-6	−17.349 1	−17.348 4	−0.6	1.2	未见变形	−0.6
A-4-9	−17.339 0	−17.336 6	−2.4	1.7	少量变形	−2.4
偏离值平均变化量与累计变化量			0.8			0.8

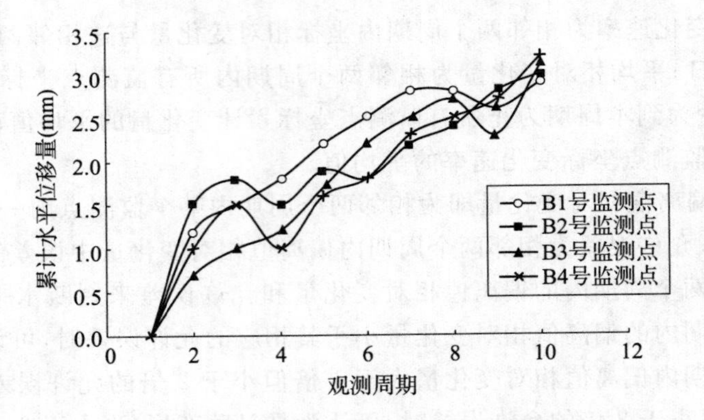

图 15-5 某基坑边缘水平位移变形曲线图

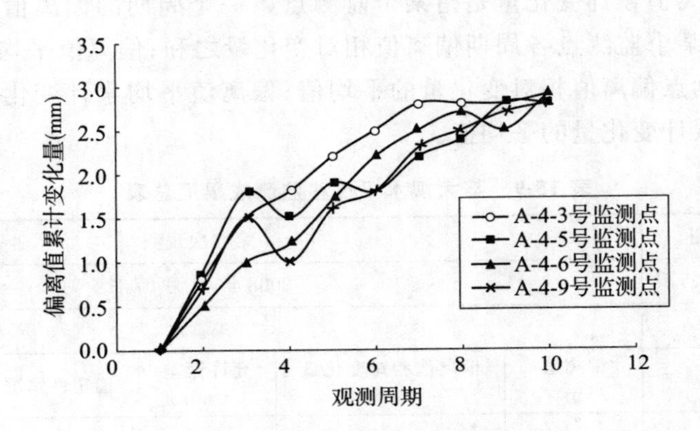

图 15-6 某大坝水平位移变形曲线图

水平位移变形测量数据处理中的数据取位应符合表 15-10 的规定。

表 15-10 水平位移监测数据内业计算取值精度的要求

监测网等级	方向值(″)	边 长(mm)	坐 标(mm)	水平位移量(mm)
一、二等	0.01	0.1	0.1	0.01
三、四等	0.10	1.0	1.0	0.1

建筑物的水平位移监测工作全部完成后，应提交以下的成果资料和图表：工程平面布置图及其基准点、工作基点分布图；水平位移监测点编号及其点位分布图；水平位移监测各周期监测成果汇总表；各监测点水平位移变形过程曲线图；水平位移监测的技术总结报告等。

15.4 倾斜监测

一些高耸建(构)筑物，如电视塔、烟囱、高桥墩及高层楼房等，往往会发生倾斜。倾斜度通常利用顶部的水平位移值 K 与高度值 h 之比表示，即

$$i = \frac{K}{h} \tag{15-8}$$

这样，倾斜度可以通过测定 K 及 h 求算。h 可用悬吊钢尺或三角高程测量等方法测出，K 可

用前方交会、铅垂仪等方法测出。此外，可以在监测对象上设置观测标志，利用免棱镜全站仪进行重复观测，求出 K 值。下面介绍两种常见的求 K 值的方法。

15.4.1 前方交会法

对烟囱等进行倾斜变形监测时，应测定其顶部几何中心的水平位移，如图 15-7 所示。P、Q 分别为烟囱底部、顶部的中心位置，A、B 为两基准点，并使 AQ、BQ 方向大致垂直。监测方法如下：

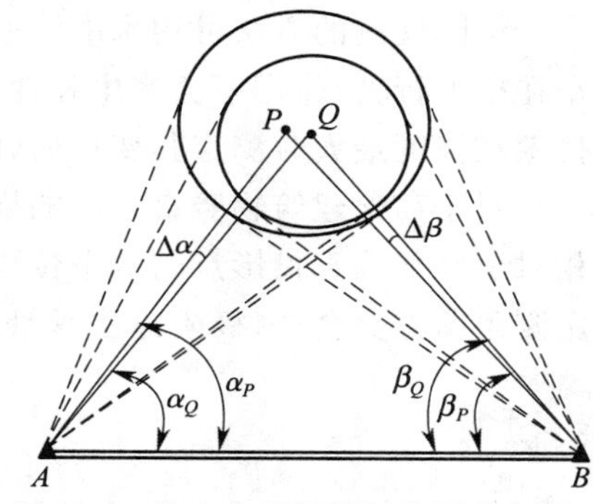

图 15-7 前方交会法倾斜监测示意图

1）在 A 点安置仪器，观测烟囱底部相切两方向并取平均值得 α_P，同法观测顶部得 α_Q。

2）在 B 点安置仪器，同样观测烟囱底、顶部后得到 β_P、β_Q。

3）计算烟囱偏移量。先计算 $\Delta\alpha=\alpha_Q-\alpha_P$，$\Delta\beta=\beta_Q-\beta_P$，则可计算出垂直于 AP、BP 方向的偏移量 e_A、e_B 及烟囱偏移量 e：

$$
\begin{gathered}
e_A=\frac{\Delta\alpha}{\rho}(D_A+R), \quad e_B=\frac{\Delta\beta}{\rho}(D_B+R) \\
e=\sqrt{e_A^2+e_B^2}
\end{gathered}
\tag{15-9}
$$

式中，R 为烟囱底部半径（可量出底部周长后求得），D_A、D_B 分别为沿 AP、BP 方向量出到烟囱外皮的距离。

15.4.2 铅垂仪法

垂准线的建立，可以利用悬吊垂球线、光学铅垂仪或激光垂准仪等方法。利用垂球时，首先在顶部某点 A（如墙角、建筑物的几何中心或建立支架）悬挂垂球并使垂球尖接近建筑物底部，用尺子量出垂球尖至顶部 A 点在底部的理论投影点之间距离，即为顶部的水平位移值。

铅垂仪的构造如图 15-8 所示，当仪器整平后，即可形成一条铅垂视线。如果在目镜处加装一个激光器，则可形成一束铅垂的可见光。观测时，在底部安置仪器，而在顶部量取相应点的偏移量。

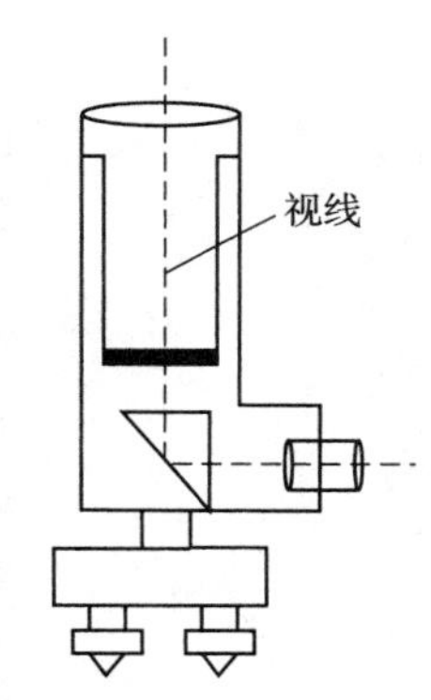

图 15-8 光学铅垂仪示意图

15.5 挠度监测

通常，挠度是指建筑物或构件在水平方向或竖直方向上的弯曲值，例如，桥梁的中部会产生向下弯曲，高耸建筑物会产生侧向弯曲。图 15-9 是对梁进行挠度观测的例子，在梁的两端及中部设置三个监测点 A、B 及 C，定期对这三个点进行沉降观测，则可按下式计算各期相对于首期的挠度值：

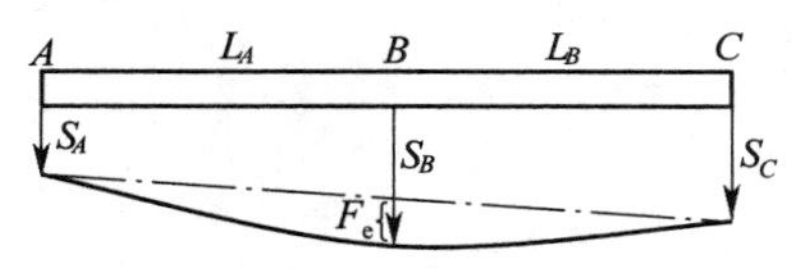

图 15-9 挠度观测示意图

$$
F_e=(S_B-S_A)-\frac{L_A}{L_A+L_B}(S_C-S_A) \tag{15-10}
$$

式中　L_A、L_B ——监测点间距离；

S_A、S_B、S_C ——监测点的沉降量。

沉降观测的方法可用水准测量，也可采用三角高程或摄影测量方法。桥梁在动荷载(如列车在桥上行驶)作用下会产生弹性挠度，列车通过后又基本恢复原状，因此通常利用摄影测量技术在挠度最大时测定其变形值(即瞬时值)。

对于高耸建筑物竖直方向的挠度观测，可以测定在不同高度上几何中心或棱边等特定点相对于底部垂直投影点的水平位移，并绘制成曲线(即挠度曲线)。水平位移的观测方法，可采用测角前方交会法、极坐标法或铅垂仪法等。

思考题与习题

1. 建筑物变形的表现形式有哪些？变形监测的目的是什么？
2. 什么是建筑物变形监测的基准点、工作基点和监测点？
3. 建筑物变形监测的精度应该如何确定？
4. 什么是建筑物变形监测的频率？变形监测频率的确定与哪些因素有关？
5. 什么是沉降？什么是沉降监测？
6. 建筑物沉降监测的技术设计应包括哪些内容？
7. 建筑物水平位移监测的技术设计应包括哪些内容？

16 典型行业工程测量

工程测量理论和方法的应用十分广泛，与不同的领域相结合则形成了各具特色的行业工程测量，例如道路工程测量、地质勘探工程测量、管线工程测量、矿山测量、油气田工程测量、水利工程测量、地籍测量、园林工程测量、港口工程测量、海洋工程测量、军事工程测量、工业测量及城市测量等。本书前面已经介绍了相关工程测量知识，下面再介绍几种典型行业工程测量的方法与技术，可供相关工程领域参考使用。

16.1 地质工程勘探测量

16.1.1 概 述

地质勘探是为了详细查明地下资源，确定矿藏位置、形状和储量的一系列工作。地质勘探一般分为普查、详查和精查三个阶段：

(1)普查。指根据在地表上发现的矿点、地表揭露工程及勘探工程等手段所进行的地质观察，初步查明矿产的品种、矿体的规模、形状和产状，确定矿石的品位和储量。

(2)详查。在普查基础上对矿区进行更详细的勘查，目的是查明矿区的地质构造、矿体产状、矿石品位、物质成分和储量等，获得更可靠的地质资料。

(3)精查。在普查和详查的基础上进一步查明矿产品的埋藏情况，确定矿体的品位、储量、开采价值、开采方法等，为后续的开矿做好准备。

地质勘探工程测量是为地质勘探工程的设计、施工及综合分析研究提供可靠的测绘资料，通过测量方法与技术为地质勘探工程服务。地质勘探工程测量是地质勘探工作的重要组成部分，贯穿于地质勘探的整个过程。首先，为地质勘探工程的设计和研究地质构造等问题，提供勘探区域的测量成果及各种比例尺的地形图；施工前利用测量方法按地质设计要求将各类勘探工程(探槽、探井、坑口及钻孔等)测设于实地；施工中则按设计要求的方向、坡度及深度等指导施工；工程完工后再检测其最终坐标和高程，为编写地质报告和储量计算提供有关测绘资料。地质勘探工程测量依据的主要技术标准有《地质勘察测量规程》、《工程测量规范》等。

根据测量工作原则，所有地质勘探工程测量工作都要在测区控制测量的基础上进行，平面及高程控制网的规模和等级应满足有关规范要求，并结合测区地形条件和勘探网(点)的密度及精度需要而定。通常，测区的首级平面控制网可采用四等或一级导线测量的精度，用 GPS 定位技术或全站仪实测，并尽量采用国家坐标系或本地区坐标系。当测区远离国家已知点或地方坐标系的点时，也可根据明显地物、地貌点建立独立坐标系，待有条件时再与国家或地方坐标系联测。

地质勘探工作初期，常使用 1∶5 万地形图，随着地质勘探工作的不断深入，对矿产储量计算精度的要求不断提高，使用地形图的比例尺也越来越大，直至 1∶500 的地形图。常见的测图方法有:全站仪数字测图、GPS RTK 技术测图、遥感数据制图、手持差分式 GPS 数据采集器测图,或在已有小比例尺地形图的基础上加测主要地形点,经编辑成为比例尺为 1∶5 000～1∶2 000 的简测地形图。

16.1.2 勘探网测量

为了对勘探区内的矿体进行全面、系统的详细勘查,需要布设地质勘探网。勘探网主要由基线和若干勘探线(也称测线)所构成,其形状、大小和密度由矿体的种类、产状、要求探明储量的精度等因素决定,常见形状有正方形、矩形、菱形等,见图 16-1 所示。勘探网的基线通常选择在主矿体中部、通视条件较好的地方,勘探线的密度一般在 20～1 000 m 之间。地质钻孔基本上布置在勘探线上,并需要沿线作剖面测量。

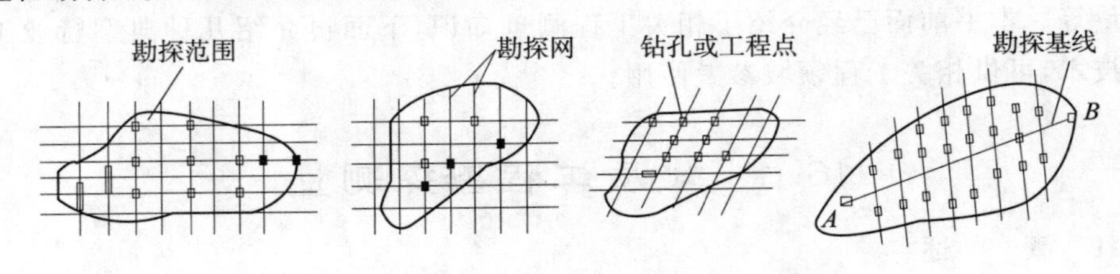

图 16-1 勘探网形状

勘探网施测的主要工作是定出基线和测线的方向、线距、工程点距等的位置,其方法为:

(1)图上设计。由地质人员在地形地质图上设计勘探网位置,勘探网点的编号一般以分式表示,从网的左下角开始,分母表示线号并沿基线方向增大,分子表示点号并沿测线方向增大。

(2)确定设计坐标。按勘探网线距、工程点距等设计数据,计算各勘探线端点、线上工程点的坐标。

(3)计算测设数据。根据设计的勘探线端点、地质工程点及已知控制点,反算出测设边长及夹角。

(4)实地测设。由反算出的测设数据,利用极坐标法、交会法或直角坐标法等进行测设。

在未建立测量控制网的测区或没有适当的地形图时,可以先由地质人员实地指定基点和基线方位,然后按照设计的勘探线间距及点距,实测基线上各交叉点位置,再测设勘探线方向和距离确定勘探网点位,并应打入木桩或埋设标石。

16.1.3 地质定位测量

为了查清地表岩层、矿体界线、地质构造和矿体产状等,常常需要进行轻型山地工程,如地质点、探槽、探井和钻孔等,确定这些点位的测量工作称为地质定位测量。地质定位测量的方法主要有极坐标法、交会法及导线等。

地质点是指勘探区地表上反映地质构造的点,包括露头点、构造点、矿体界线点及水文点等地质工作观察点。地质点施测结果必须展绘于图上,地质点的点位中误差在平地、丘陵地区不超过图上±0.6 mm,在山地不超过图上±0.8 mm。为了保证野外施测的质量,在实地应进行 5%～10%的散点抽查。

为了揭开地表覆盖的浮土和风化层,使之能直接观察到基岩而实施的地质工程有探槽、浅井、小圆井、剥土、浅坑等。通常,探槽、探井分成一般槽井探和重要槽井探两类。重要槽井探及取样钻孔的点位中误差不大于图上±0.3 mm,高程中误差不得大于等高距的 1/6;一般槽井探及取样钻孔，在平地、丘陵点位中误差不得大于图上±0.6 mm，山地不得大于图上±0.8 mm，高程中误差不得大于1/3等高距。

钻孔定位测量一般分为初测、复测和定测三个过程：

(1)初测。根据地质设计书的设计方位和间距，将钻孔位置测设于实地。

(2)复测。在施工单位平整机台或孔位木桩丢失后，重新测设孔位，并设置护桩以便随时恢复。

(3)定测。测出孔位中心的平面位置和高程，以满足储量计算和编制各种图件的需要。

在同一测区内所有钻孔的坐标和高程系统必须一致。通常要求钻孔的点位中误差不大于图上±0.1 mm，高程中误差不大于等高距的1/8，经检查后的成果才能提供使用。

16.1.4 地质剖面测量

地质剖面测量是指沿着勘探线方向，测定位于该方向线上的地面坡度和方向变化点、地物点、勘探工程点和地质点的平面位置及高程，标出各种地层和矿体，绘制成为矿区综合性的勘探线剖面图。在普查阶段，精度要求不高的剖面图可以在地形图上切绘，精度要求较高的剖面图必须实测。地质剖面测量是由地质工作人员布设剖面起始点，测量人员由起始点按剖面设计方向测定线上的地表形态和地质点位置，通过室内作业展绘成图。

地质剖面测量时应注意以下事项：

(1)为了使矿层薄、面积小和品位变化较大的矿体能正确、详尽地显示在图上，剖面图施测的比例尺一般均大于矿区地形地质图的1～4倍，垂直比例尺一般与水平比例尺相同，也可放大1～2倍；

(2)剖面端点、剖控点一般均应埋石标志，每条剖面线上至少应有两个埋石点；

(3)剖面测站应与测区控制网联测检核，保证点位的精度；

(4)当地质工作需要向已测定的剖面两端点外继续延伸，或困难地段两剖面控点之间测站难以附合时，可容许施测1～2个支导线点作为测站；

(5)当地质工作需要剖面测量精度与1∶500比例尺地形图精度一致时，平面、高程控制点和图根点应满足1∶500比例尺测图精度要求，即点位中误差不大于±5 cm；

(6)剖面点密度取决于剖面图比例尺、地形条件等，一般要保证图上1 cm间距测一个剖面点；

(7)地质工作允许在图上切绘剖面时，应在地形图或图廓变形不大于±1 mm的聚酯薄膜地形图上进行，剖面端点用实际坐标(或理论坐标)展绘于图上，再读取各切点距起点的平距和高程；

(8)在剖面图中应表示出剖面线的方位、剖面图的名称、编号、比例尺、绘图时间及图例符号等。

16.2 矿山测量

16.2.1 概　　述

矿山包括煤矿、金属矿、非金属矿、建材矿和化学矿等，开采方式有露天开采和坑道采掘。矿山工程测量(或称矿山测量)是指在矿山建设和开采过程中，为获得各种矿图和解决与开挖、回采等有关问题所进行的测绘工作。

矿山工程测量的主要任务有：建立矿区地面和井下测量控制网，测绘矿用地形图和各种采掘工程图；根据设计将各种采矿工程的几何要素测设到现场并进行检查监督；测定矿体的埋藏形状及其空间分布；对合理开发矿产资源进行管理和监督；观测和研究地表岩层移动和边坡稳定；提供编制采矿计划等方面的资料。除露天矿外，大多数矿山测量的工作环境都在地下空间，主要特点有：

(1)地下空间狭窄、通视条件差、网形强度低及检核条件少，为了保证测量精度，除施测之前要作误差估计外，还应有认真负责的工作态度和严谨细致的工作作风；

(2)在井下巷道贯通之前，测量不能按照先高级后低级的测量原则进行，一般是先进行局部测量，即采用支导线形式，因此，测量成果的可靠性通常采用重复测量来保证；

(3)一般地面测量的仪器和工具可以用于矿山测量，但因矿山工程环境的特殊性(例如，要求仪器应防爆、防尘及防潮等)，因此，光电仪器必须使用专门的矿用全站仪(具备镜上中心，便于点下对中，望远镜镜筒较短便于近距离调焦等)、陀螺经纬仪、激光准直仪等。

控制网的布测方法和步骤与隧道工程控制网类似，此不赘述。

矿山工程测量的方法、技术与隧道工程测量类似，相关内容详见本书第14章内容。

16.2.2 地面控制测量

矿山测量首先应完成地面控制测量，包括平面和高程控制测量。平面控制网一般布设为边角网、GPS网或导线网等形式，精度等级依矿区面积大小而定，例如，面积1 000 km^2以上的采用二等平面控制网，面积200～1 000 km^2的采用三等平面控制网，200 km^2以下的采用四等平面控制网。高程控制网一般按照三、四等水准测量的精度施测。

矿山工程测量控制网的特点：

(1)控制网的大小、形状、点位分布，应与矿山地面、地下工程的大小、形状相适应，点位布设要考虑施工放样的方便，特别是在各个井口应设置控制点，且每组不少于三个；

(2)地面控制网的精度，应注意保证矿山主要采区布置方向和主要矿井之间具有较高的相对精度；

(3)坐标系可以采用独立坐标系，但要与国家坐标系有联系；

(4)水准路线应包括所有洞口、井口水准点，并且每个洞口或井口应设两个水准点。

16.2.3 联系测量

为了使矿区地面测量能够与井下测量联系起来，使地面和井下采用同一坐标系和高程系而进行的测量工作称为联系测量，包括平面联系测量(简称定向)和高程联系测量(简称导入高程)。联系测量的实质是通过地面控制点建立井下控制点，以保证地面与井下坐标系统的统一。联系测量形式分为通过平硐的联系测量、通过斜井的联系测量和通过竖井的联系测量三种。竖井联系测量又有一井定向和两井定向两种方法。

目前，在矿山工程测量中常采用陀螺经纬仪定向方法，其主要优点为方便，定向时不占用井筒，仅在传递坐标时进行一次投点，并且定向精度较高。

高程联系测量的任务是根据地面已知水准点的高程，求出井下水准点的高程，使地面、井下采用统一的高程系统。导入高程的方法有：钢尺导入法、钢丝导入法、测长器导入法及光电测距导入法，作业方法同高程传递法。采用钢尺导入法时，使用的钢尺应经过鉴定，井下的尺端应挂垂球，地面、井下两台水准仪应同时读数。检测高差的较差不超过±3 mm。

16.2.4 井下测量

(1) 井下控制测量

井下控制测量包括井下平面控制测量和高程控制测量。井下的平面控制测量通常采用导线，按测角量边的精度分为两级：一级导线，又称基本控制导线，布设在主要井巷内，其作用是保证主要巷道平面图的精度并作为二级导线的控制点；二级导线，又称采区控制导线，用于主要巷道内的填图测量及次要巷道测量。

井下导线测量的主要特点是在巷道内先布设二级导线，一般每隔 25～50 m 设置一个点，当巷道掘进 100～800 m 时，为检查掘进方向及二级导线质量，选择部分二级导线点再布设成一级导线，并在适当地段连续设置三个一级导线和二级导线重合点，并埋置永久性标志。

井下高程控制测量的任务是确定巷道内各水准点与永久导线点的高程，在水平或坡度小于 8°的巷道中采用水准测量方法，在坡度大于 8°的倾斜巷道中采用三角高程测量方法。水准测量通常以四等水准测量精度进行，每隔 50 m 左右设置一个水准点，水准点一般设在边墙上或顶板上，也可利用中线桩或导线点。当水准点设在顶板上时，注意尺子应倒立。

(2) 井下碎部测量

井下碎部测量的目的是测量井下各细部，获得填图资料，如巷道轮廓、矿柱、取样点、地质构造变化点等。碎部测量一般是在井下导线测角、量边完成后进行，有时则与导线测量同时进行，但都必须以导线为基础。

矿山工程中大量的测量工作是进行巷道施工测量，主要任务是指导巷道掘进人员按照设计的要求进行开挖，并测定巷道的实际位置、回采工作面的位置及地质特征点的位置。

(3) 巷道中线的测设

巷道中线为巷道开挖方向线。当巷道掘进 5 m 左右时，应在已掘好的巷道内测设出巷道中线。若巷道为直线，如图 16-2 所示，在已知巷道中线点 A 安置仪器，用盘左盘右取中法放样角度 β_A，在此方向上放样两个中线点 1、2，则 A、1、2 三点组成一组中线点，将三中线点的连线用白漆固定在巷道顶板上，作为巷道掘进的水平方向。各中线点之间距应大于 2 m，以后巷道每掘进 30～40 m 就应重新测设另一组中线点。

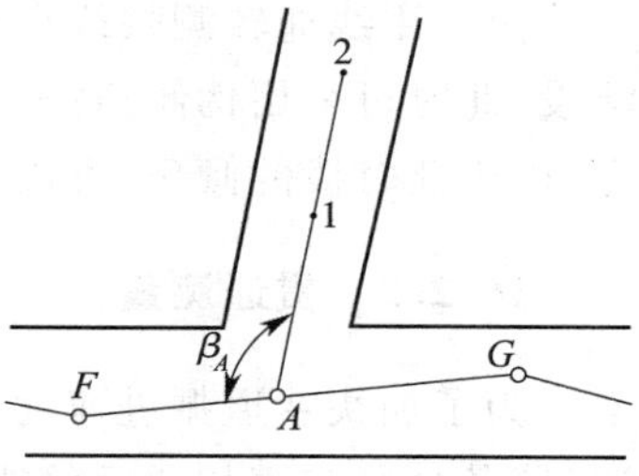

图 16-2　巷道中线的测设

曲线巷道中线的测设方法与本书桥隧工程测量中的曲线放样相同。

(4) 巷道腰线的测设

巷道腰线为指示巷道在竖直面内挖掘的方向。测设腰线是指按照设计要求给定巷道的坡度，测设腰线上的点称为腰线点，腰线点连线的坡度就是巷道的坡度。通常，腰线点固定在巷道的两边，高于底板或轨道面 1 m。腰线点也是三个为一组，点间距不应小于 2 m。

在掘进坡度小于 8°的主要巷道中，普遍采用水准仪标定腰线。测没前，先检查前一组腰线点的高程是否符合设计高程，符合后，依该组腰线点继续向前延设一组新的腰线点。在坡度大于 8°的主要巷道中，可以用全站仪等测设腰线，通常与中线点的测设同时进行，量出腰线点到中线点的垂距(即高差)，以便随时根据中线点恢复腰线点。

如图 16-3 所示，1、2、3 点为一组已标定腰线点位置的中线点，4、5、6 点为待测腰线点的一组中线点，标定腰线点方法如下：

1)确定腰线方向。在3点下安置仪器，量仪器高 i，用望远镜盘左瞄准中线点4的垂球线，并使竖盘上竖直角等于巷道设计倾角 δ，此时望远镜视线与巷道腰线平行，在中线点4、5、6的垂球线上用大头针标出视线位置，再用盘右测其倾角作为检查。

2)确定腰线点位。已知中线点3到腰线位置的垂距为 a_3，则仪器视线到腰线点的垂距为 $b=i-a_3$，根据4、5、6点垂球线上的大头针用小钢尺量取长度 b 得到腰线点的位置，同时量出腰线点到相应中线点的垂距 a_4、a_5、a_6 记入手簿。

3)标定腰线点位。再用仪器望远镜瞄准腰线点4记号，固定望远镜，在4点用一线绳拉紧与十字丝横丝重合，此时水平线绳两端与巷道两壁的交点即为腰线点，并将其标定在巷道边壁上。

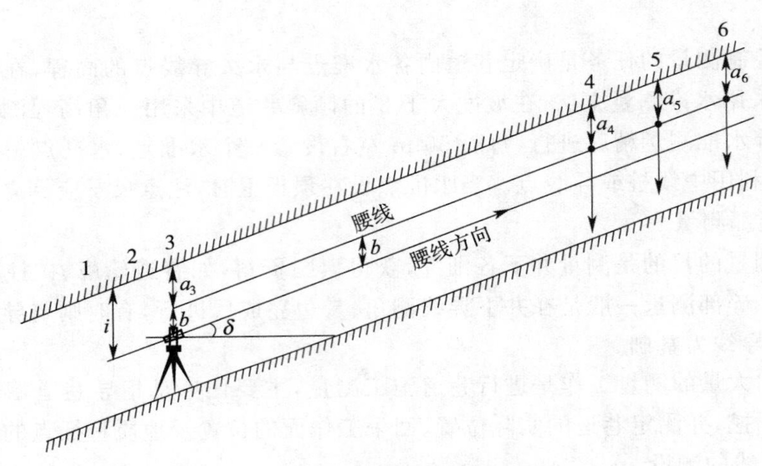

图 16-3　中线法测设腰线示意图

由于用线绳转测腰线点到巷道边壁上去易产生误差，而主要巷道的腰线点又要求精确地测设，此时可采用伪倾角法，即在巷道中线点上架设仪器，直接在巷道的两个边墙上测设腰线点，由于此时拨的倾角(可以计算获得)不是真正的巷道倾角，故称伪倾角法。

16.2.5　贯通测量

为了加快巷道掘进速度，缩短通风距离，通常在不同地点用几个工作面分段掘进同一巷道，使各分段巷道相通后仍能满足设计要求，这种工程称为贯通。巷道贯通测量的实质是在待贯通巷道两端建立控制点，随巷道的掘进而逐步布设导线，并以此导线测量指导贯通工程施工。在贯通测量中，不同方向具有不同的精度要求，横向方向(指巷道掘进水平方向)和竖直方向(指巷道掘进垂直方向)对贯通测量的影响最大，而纵向方向(指巷道掘进方向)的误差仅仅是影响巷道中线的长度，对巷道的质量没有影响。

按照贯通测量的方向，可以分为相向贯通(相向掘进的巷道)、同向贯通(同向掘进的巷道)和单向贯通(单向掘进的巷道)三种情况。按照巷道贯通的性质，可以分为水平巷道的贯通、倾斜巷道的贯通和竖直巷道的贯通。当巷道贯通后的实际偏差符合要求时，可以进行中线的部分调整，利用贯通点两端中线点的连线作为铺轨和铺砌巷道的依据。在腰线调整时，如实际坡度与原设计坡度相差超过2‰，则应调整坡度，直到调整的坡度与设计坡度相差小于2‰为止。

16.2.6 矿区土地复垦中的测量工作

矿区土地复垦是指对矿业用地的再生利用和生态系统的恢复，目的在于恢复土地的生产力，保持土地的功能，实现土地生态系统新的平衡。矿区土地复垦是一项综合性的科学与工程技术，通常包括工程复垦和生物复垦两个过程。

测量工作贯穿在土地复垦的各个阶段，从复垦前的野外勘察到复垦设计、实地标定及项目验收等，都需要测量人员参与。在矿区土地复垦中的主要测量工作有：

(1)在复垦区建立测量控制网，进行土地复垦前、后的地形测量；

(2)提供复垦设计和实施的相关资料，预计采矿引起的地表移动与变形；

(3)参与土地复垦和综合治理的规划、设计，实地标定设计工程要素；

(4)参与制定保存肥沃土壤的措施及掘取沃土的有关工作，计算沃土的储量、损失及贫化率等；

(5)参与露天矿坑和排土场边坡的削缓和台阶化工作，参与建造人工水体的有关工作；

(6)将已复垦地区移交给使用单位，提交相关图纸、资料。

16.3 油气田工程测量

16.3.1 概　述

油气田工程测量的内容主要包括三部分：在油气田地质勘探阶段的物探测量；在钻井阶段进行的各种井位测量；为油气田地面建设服务的各项测绘工作。在油气田工程测量中，应根据行业的特点及工作程序，结合本行业测量规范进行测量工作。地球物理勘探(简称物探)是石油勘探的主要手段，物探的主要方法有：

(1)电法勘探。以不同岩石、矿物之间的电学性质的差异为基础，利用天然或人工的电场来研究地质构造或寻找有用矿藏。

(2)磁法勘探。通过测定、分析和研究地壳中岩石或矿物被地球磁场磁化后与正常地磁场叠加而产生的异常磁场，找出磁异常与地下岩石、地质构造及有用矿藏的关系，得出地质现象和矿产分布等有关结论。

(3)重力勘探。根据地壳中岩石或矿体因密度不同，而在地表的重力值也不同的现象，利用重力仪测定地面点的重力值来推断地质构造和矿体。

(4)地震勘探。是目前物探法中较常见的方法，它是通过人工激发所产生的弹性地震波在地壳内的传播情况，探查地质构造特征，寻找与地质构造有关的石油、天然气、煤等矿床。

16.3.2 物探测量

物探野外工作的第一步是进行物探测量，即根据物探设计，利用 GPS、全站仪等测量仪器，将图上设计的物探网、物探测线和各个物探点(如电磁力点、重力点、炮点、检波点等)的位置测设到实地上，测绘各种地质剖面、地震剖面、重力测线剖面及电法剖面图等，供物探野外施工、资料处理及解译等使用。

(1) 物探测量技术要求

物探测量主要依据《石油物探测量规范》《石油物探全球定位系统 GPS 测量规范》《石油物探全球卫星定位系统动态测量技术规范》等行业标准进行工作，其各项精度及技术要求如下：

1)物探点的平面坐标及高程成果应采用国家坐标系；

2)比例尺大于或等于 1 万的物探成果图按高斯三度投影带计算，比例尺小于 1 万时按六度投影带计算，必要时也可按任意带投影计算；

3)采用 GPS RTK 测量时，可用 RTK 方法由基准站再发展基准站，但应进行复测检核，检核限差为 $\Delta X \leqslant 0.2$ m，$\Delta Y \leqslant 0.2$ m，$\Delta H \leqslant 0.4$ m，布设物探测线时应每隔 50 km 检核一次；

4)测量定位时，GPS 实时差分流动站距离基准站一般不超过 15 km，事后差分一般不超过 50 km；

5)测线正反方位角在 45°～135°(含 45°～135°)范围的为东西测线，正反方位角在 135°～225°范围的为南北测线，物探点编号应与物探设计一致，桩号由西向东或由南向北递增编号；

6)在物探成果图上，物探点位精度为：电法、磁法、重力法和二维地震法不大于 0.4 mm，三维地震法不大于 0.2 mm，化探法不大于 1 mm；

7)物探点的高程精度应满足表 16-1 的要求。

表 16-1　物探点的高程精度相对于工区最近控制点的高程中误差(m)

项目		比例尺			
		1∶2.5 万	1∶5 万	1∶10 万	1∶20 万
地　震		1	1.5	2	
重力	平原丘陵	0.2		0.4	0.8
	山　　地	0.4		0.7	1.2
磁　法		30			
电法	电磁剖面法	5			
	大地电磁	20			

(2) 物探测量的实施

物探方法确定之后，根据收集的测区资料和现场踏勘的情况选定测量方法，编写物探测量工作设计书，组织人员和仪器设备，在现场初步确定测区范围和物探网测线的方向、位置，以先控制后碎部的工作程序实施物探测量工作。

测区控制测量主要采用 GPS、边角网及导线等测量方法。物探网、测线剖面和其他物探点的测设可以采用常规测量方法(例如使用全站仪、经纬仪及钢尺等)或 GPS RTK 实时动态定位等方法，高程主要采用三角高程测量方法。物探网由物探专家根据勘探任务、测区地质构造和地质条件设计，它由两组相互垂直的平行测线组成矩形网格形状，见图 16-4。各测线的交点即为物探点，以某一交点为物探网的原点，以其中一组测线方向为物探网的纵(主)方向。各物探点的编号以分数形式表示，分母为纵测线号，分子为测线上的桩号(即横测线号)，例如 200 号测线上的 80 号桩号点可写成 80/200。

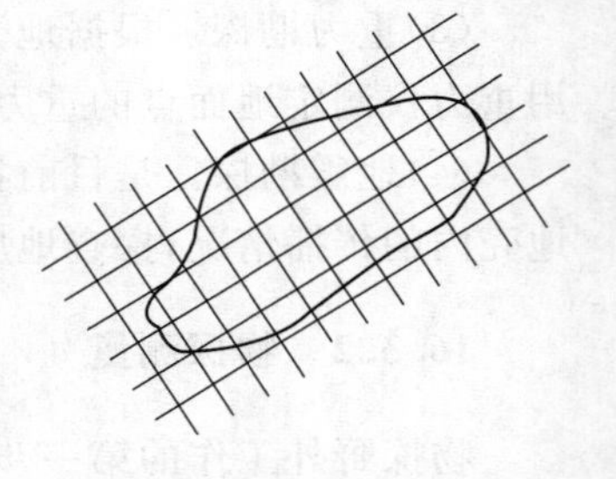
图 16-4　物探网

物探网测量就是在实地测设出各物探点，即首先根据测区控制点测设网中第一个物探桩及测线方向，再根据矩形网的规律测设出其余物探点位置。

16.3.3　油气井定位测量

地质专家根据物探资料进行初步分析后，设计详探井；在全面了解油气分布状况后，油气田专家还要设计生产井、注水注气井、调整井和补充井等。油气井定位测量(也称井位测量)的任务是将图上设计的各种井位测设到实地,并对施工的井位进行测量。井位测量包括初测(测设)和复测(测量)两阶段,即将井位测设到实地和对钻井施工的井位进行测量。

(1) 井位测量技术要求

井位测量主要依据行业标准《石油天然气井位测量规范》和《油气田工程测量规范》,精度要求为:

1) 初测阶段的开发井误差≤10 m,评价井误差≤30 m,预探井、参数井和海上井位误差≤50 m;

2) 复测阶段的开发井误差≤3 m,预探井、参数井和海上井位误差≤5 m;

复测误差是指与初测结果的差值,而非与井位设计坐标的差值。

(2) 井位测量的实施

井位测量也应遵循先控制后井位(碎部)的测量原则。井位控制测量普遍采用 GPS 测量方法或导线测量,高程控制一般采用三角高程测量方法。而井位测量控制点、原有老井井位和建筑物等地物点均可作为井位测量的定位参考。

1) 井位初测

由测区控制点、井位图根点,根据地质专家或油气田开发人员提供的井位坐标及钻井施工方案,利用全站仪、GPS 甚至手持 GPS 接收机就可进行井位测设。有时井位位置由钻井施工人员现场选定,此时,测量人员只需直接测量选定的井口坐标和高程即可。

钻头从地面的井口钻到目标点的轨迹称为井眼轨道。对于井眼轨道为一铅垂线的直井的初测,只要根据地质专家提供的井位坐标直接测设到地面即可。对于井眼轨道不是铅垂线,而是由若干段直线组合成的井眼,称为定向井,如图 16-5 所示。定向井的初测,需要根据钻井施工设计的方案,先推算出井口坐标后再进行测设。

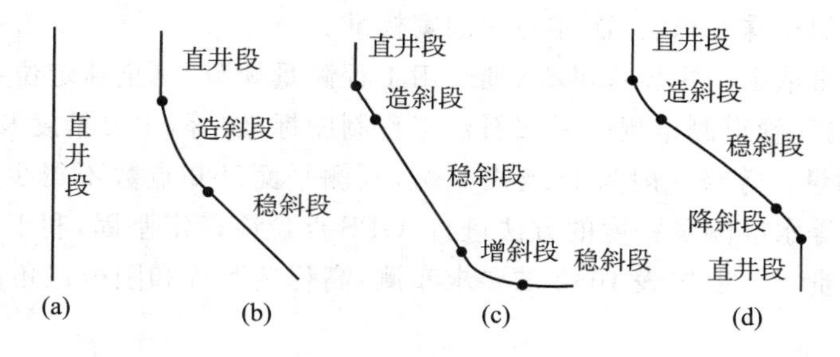

图 16-5 常见井眼轨道类型

2) 井位复测

井位复测就是为了确定钻井施工中的井位实际位置与井位初测时的位置变化量。除了手持 GPS 接收机不能独立用于井位复测外,井位初测时的测量方法和仪器都可以用于井位复测。井位复测必须测定高程,一般可用三角高程测量方法。此外,还可用 GPS 高程拟合成果。复测结束后,须编制复测成果表,内容包括:井号、井口纵坐标、井口横坐标、井口高程和备注等。预探井、参数井、海上井还要增加井口的经度和纬度。

16.3.4 地面建设工程测量

油气田地面建设工程分为产能工程和矿建工程两部分。将石油、天然气从地下采出来,经过计量和处理后输送到油库或炼油厂，整个过程所用设施、装置、建筑等工程即为产能工程；而为产能工程和油气田工作人员工作、生活服务的水、电、道路、房屋等设施则为矿建工程。在油气田地面建设的设计、施工和运营阶段，测绘工作的主要任务是：提供各种地形图，纵、横断面图，测设各类建筑物和构筑物，对某些大型建筑物、构筑物及设施进行变形监测。

(1) 地面建设工程的特点

1)由多个区块组成。油气田含油构造区块规模差别大，从小到 1 km^2 至大到数千平方公里，区块相距远近不一，近的可连片开发，远的跨县跨省。

2)环境差别大。油气田开发区的地理条件和经济发展水平差别大，有平原、山区、戈壁、沙漠和海洋，有沿海经济发达区、边远山区和无人区等。

3)开发具有滚动性。油气田在某区块有勘探结论后，开发一片，建设一片，边生产边建设，滚动开发。

4)建设的阶段性。油气田在开发阶段，油、水、电、道路、通讯、场站等工程也全面展开，地形变化大；在运营阶段，仅有少量的调整及产能改造工程，地形相对稳定。

5)开发规模较大。油气田开发规模总是与地方经济的发展和建设相结合，要统一规划农业、林业、交通运输、防洪排灌、环境保护和治理等，带动地方经济发展。

(2) 地面建设工程测量的技术要求

由于油气田工程建设的特点，使得相应的测绘工作有以下主要特点：

1)测区面积差别较大或相距较远。一座采油井场面积约 1 000 m^2，一个含油区块大到数千平方公里，应考虑人员、仪器的调度，要注意将各测区的测量成果统一到油气田坐标系统中。

2)任务急、成图要求快。油气田工程的投资巨大，早一天产出油气，其经济价值非常可观，为尽快收回投资，测量工期要求较紧。

3)针对性强。测量质量应以满足工程建设的需要为依据，因此，一般先考虑采用行业标准或依据委托方提出的特殊要求，其次才考虑国家标准。

油气田工程测量依据的主要标准有《油气田工程测量规范》、《全球定位系统(GPS)测量规范》、《长距离输油输气管道测量规范》及《石油工程制图标准》等，主要精度及技术要求如下：

1)GPS 控制测量。等级一般为 D 级或 E 级，联测平面已知点数不得少于 3 个，GPS 高程联测应以不低于四等水准测量精度的方法进行，GPS 点位应稳定坚固，利于长期保存。

2)导线控制测量。一般按表 16-2 的要求布测，高程按四等和图根三角高程两级技术要求执行，见表 16-3。

表 16-2　导线测量主要技术要求

等　级	导线长度(km)	平均边长(km)	测角中误差(″)	测距中误差(mm)	相对中误差	方位角闭合差(″)	导线闭合差
三等	15	3	±1.8	±18	1/15 万	$\pm 3.6\sqrt{n}$	1/6 万
四等	10	1.7	±2.5	±18	1/8 万	$\pm 5\sqrt{n}$	1/4 万
一级	8	1.1	±5	±15	1/4 万	$\pm 10\sqrt{n}$	1/2 万
二级	4	0.8	±10	±15	1/2 万	$\pm 20\sqrt{n}$	1/1 万

注：n 为测角个数。

3)地形图精度。要求地形图的碎部点位误差小于图上 0.4 mm；平坦地区的高程中误差不超过±0.1 m，部分地段不超过±0.05 m，最大应控制在±0.2 m 以内。

表 16-3 三角高程测量主要技术要求

等级	测回数		指标差较差 (″)	竖直角较差 (″)	正反高差之差 (mm)	附合或闭合差 (mm)
	三丝法	中丝法				
四等	2	4	7	7	$\pm 40\sqrt{D}$	$\pm 20\sqrt{D}$
图根	1	2	10	10	$\pm 60\sqrt{D}$	$\pm 30\sqrt{D}$

注：D 为边长。

4)土方计算精度。因受坡度、计算方法、验方方法、土壤松散系数及测量精度影响，规定其允许计量误差为 10%～20%。

5)其他测量精度。例如图根控制测量、油气管道等线路工程的中线测量、带状图测绘、纵横断面测量等均可采用 GPS RTK 方法，或常规测量仪器和工具进行。

(3) 地面建设工程测量施测要点

油气田地面建设工程测量的主要内容有：地形测图、带状图测绘、断面测量、井位测设、线路工程中线测设等，它们与普通工程测量的方法和要求基本相同。但是，在实际测量中还是要根据油气田地面建设工程的特点，顾及该行业工程测量的精度及技术要求，制定合理的测量方案，以便满足油气田地面工程建设的需要。

在油气田地面建设工程的规划、设计阶段，总图所使用的地形图比例尺一般为 1∶25 000、1∶10 000、1∶5 000 等，应充分利用这些国家基本比例尺地形图。通常，油气田设计部门使用 CAD 文件进行设计，可以将已有地形图矢量化，提供 CAD 格式的地形图。在施工图设计阶段，需要测绘拟建场站的大比例尺地形图，一般为 1∶500，甚至为 1∶200 等超大比例尺地形图。应特别注意在油气田规划、设计及施工阶段，所用地形图都要求准确表示出地下管线的位置，甚至要求标出管线的埋深。

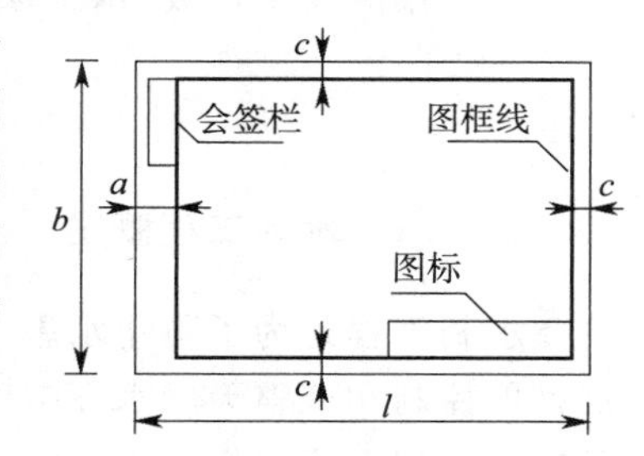

图 16-6 图纸幅面尺寸代号

用于油气田地面建设工程的图纸具有以下特点：

1)为油气田地面工程规划、设计绘制的地形图(含带状图)一般不采用梯形或矩形分幅，而是按《石油工程制图标准》中规定的图幅大小，以求与设计图纸完全一致，见表 16-4，表中的尺寸代号含义见图 16-6 所示。

表 16-4 图纸幅面规格

基本幅面代号	0	1	2	3	4
$b \times l$ (mm)	841×1 189	594×841	420×594	297×420	210×297
c (mm)	10			5	
a (mm)	25				

2)为了加大图幅、又便于图纸的装订和使用，通常规定图纸的短边不能加长，而只能加长长边，且加长部分的尺寸应为边长的 1/8 或其整数倍。

3)与国家标准地形图相比，油气田工程地形图的北方向可以不朝上，但不能朝下，原则上应介于图纸正上方与正右方之间。带状图的首张和中间张可不标注指北针图，北方向可任意摆放，但最后一张的北方向应介于正上与正右方之间，特殊情况可适当偏离该范围。图中的地图符号、文字注记都必须朝上而不必考虑北方向。

4)图中要每隔 10 cm 绘制十字交叉线来表示坐标格网,十字交叉线必须朝向北方向,格网的坐标必须是比例尺分母十分之一的整数倍,坐标注记字头须朝北。

5)带状地形图应根据工艺流程方向(如原油流向、电流流向)从左到右绘制,里程桩号也从左到右排列。

油气田线路工程包括油气输送管道、架空线路、道路、沟渠等。线路工程一般分为初步设计和施工图设计两个阶段,线路工程测量的主要内容有线路中线测量、带状地形图测绘、中线纵断面及横断面测量等。线路中线上的起点、转点、直线点、曲线点和终点等特征点必须埋石或埋桩,线路桩的编号,应按线路的性质分别以“油”(或 Y)、“气”(或 Q)、“供”(或 G)、“排”(或 P)、“注”(或 Z)、“污”(或 W)、“电”(或 D)、“信”(或 X)、“路”(或 L) 等代号依前进方向用阿拉伯数字顺序编号。对长距离管道测量,还常常按拟建线路通过地区地名的汉语拼音第一个字母编号。这些特征点的点名、里程、高程、转角、曲线元素等信息构成中线成果表的主要内容。

为了进行管道线路水平弯头、阀井、堡坎、护坡等的设计,往往要测绘中线两侧一定范围内的带状地形图,其宽度规定为:1∶2 000 图的中线两侧不小于 60 m,1∶5 000 图的中线两侧不小于 100 m。若管道经过居民点附近,带状图范围将扩至中线两侧各 200 m,并依范围内居民户的数量确定地区等级:户数少于 15 户为一类,16～100 户为二类,100 户以上及城市郊区为三类。地区等级越高,设计的管壁越厚,其他技术参数等级也相应提高,因而居民户数在带状图测绘时必须统计。通常,在带状地形图测绘时,还同时测绘纵断面图及横断面图,以便确定管沟的挖掘深度及护坡、水工保护设计等。横断面的宽度应根据实际需要而定。

16.4 水利工程测量

16.4.1 水利工程概述

水利工程是为了防止水患、开发水利资源而进行的水工建筑物的建设工程。利用水工建筑物可控制和调整天然水在空间和时间上的分布,以达到除害兴利、按人类意愿利用水资源的目的。水利工程包括排水灌溉工程(农田水利工程)、水土保持工程、治河工程、防洪工程、跨流域调水工程、内河航道工程及水力发电工程等。集防洪、灌溉、发电等多项水工建筑物建设于一体的水利工程称为水利枢纽工程。

为水利工程建设而进行的测量、测设工作称为水利工程测量。水利工程测量的主要内容包括控制测量、地形图测绘、纵横断面测量、施工测设和变形监测等。水利工程测量自始至终伴随着水利工程设计、施工及运营的全过程。水利工程测量依据的主要行业标准有《水利水电工程地质勘察规范》、《水利水电工程测量规范》等。

水利工程建设一般分为设计、施工、运营三个阶段,各阶段的任务分别由设计单位、施工单位和运营管理单位承担。

(1)水利工程设计阶段

以水利枢纽工程设计为例,一般可分为可行性研究、初步设计、技术设计和施工详图几个阶段。水利枢纽的主要水工建筑物有挡水建筑物、泄水建筑物和专门水工建筑物三类。挡水建筑物起着阻挡或拦束水流、提高或调节上游水位的作用,例如横跨河流的坝及沿河流两侧修筑的堤;泄水建筑物是能从水库中安全可靠地排泄多余或需要水量的建筑物,例如溢洪道、溢洪坝、水闸、泄水隧道及坝身泄水孔;专门水工建筑物一般指输水渠道、水利发电站和船闸等。

(2)水利工程施工阶段

水利枢纽工程的一般施工程序如下：

1)施工导流。指为了使作业区域避免水下作业，而将水引走。常采用的方法有明渠导流、隧洞导流和分段围堰法导流，如图 16-7 所示。明渠导流就是在坝址地段开挖一条引水渠道，然后在坝址上、下游分别修筑两条围堰，以使河水经明渠宣泄到下游；在山区两岸陡峭时，则可开凿隧洞以代替明渠进行隧洞导流。分段围堰法导流是指采用水流方向的纵向围堰和垂直于水流方向的上、下游横向围堰，先围住河床的一部分进行施工，而未被拦截的河床部分则用于宣泄水流，待围住部分修建完工后，再围住另一部分进行修建。

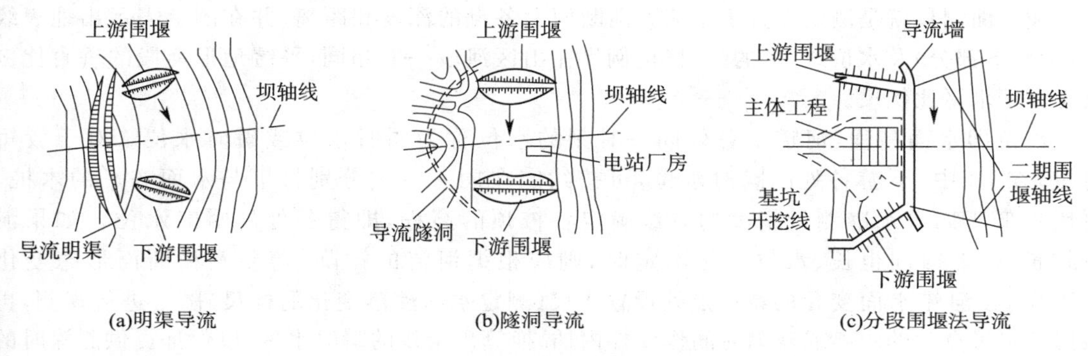

图 16-7　施工导流方法

2)基础开挖与处理。挖去覆土层，清除风化岩层，以便在新鲜基岩上填注混凝土。

3)主体工程施工。一般采用分段(坝段)、分块、分层的施工方法，逐块、逐层按设计尺寸和形状进行立模、捆扎钢筋、填筑混凝土。每一高度层填筑完毕后，再重新进行立模。这种施工方法有利于保证土建施工有条不紊地进行，使建筑物各部分之间满足设计要求。

4)设备安装。在土建工程完工之后进行闸门、压力管道、水泵、水轮机组等金属结构物的安装调试。

(3)水利工程运营阶段

水利枢纽工程的运营管理期间的主要任务是：随时掌握工程运营中各种建筑物的工作状况，监测重要工程的水平位移、垂直位移、挠度变化、应力变化、渗流等情况，及时发现并消除隐患，通过养护和检修使建筑物经常处于良好的工作状态，确保工程建筑物的安全运营。

16.4.2　规划设计阶段的测量工作

(1) 规划阶段的测量工作

在流域规划时需要的 1∶5 万～1∶10 万地形图一般可通过收集国家基本图获得，也可在干流或全流域进行航空摄影测量或遥感制图。

河流纵断面图是规划设计阶段需要的重要数据资料，它是沿河流深泓点(即河床最低点)剖开，以纵坐标表示高程、横坐标表示河长、从上游向下游绘制的表现河底纵断面形状的图件；其垂直比例尺一般为 1∶200～1∶2 000，水平比例尺一般为 1∶2.5 万～1∶20 万；图中除绘制河底线外，还要表示出水位线、两岸边线或堤岸线、沿河主要居民点、工矿企业、大支流入口处、交通线、桥梁、水文站等位置和高程。河流纵断面图一般是利用沿河地形图、水下地形图、河道横断面图及有关水文资料等，先编制河流纵断面表，进而利用计算机绘制成图。河流纵断面表的主要内容包括：点编号、点间距、累积距离、深泓点高程、瞬时水位及时间、洪水位及时间、堤岸高程等。

为了求得水下地形点的高程，必须进行水深测量。水深测量就是使用测深杆、测深铊、回声测深仪等测定水域中瞬时水面（位）至水底各点的垂直距离。测深杆是用长 4～6 m 的竹竿、木杆或铝杆制成的；测深铊是由一根标有长度标记的测绳和重铊组成；回声测深仪是目前应用较广的一种水深测量仪器，其工作原理是发射超声波到河底再接受由河底反射回的超声波，根据往返时间和超声波在水中的传播速度计算水深。水下地形点的平面位置可用全站仪跟踪测量、GPS RTK 定位技术测定，密度一般要求图上 1～3 cm 有一个点，横向和近岸应当密些并必须探测到深泓点。

横断面测量就是测定垂直于主流方向断面上各点的深度和距离，并在图上表示出地表线（包括水下部分）及水位线，图的纵、横比例尺在山区河段一般相同，平缓地形河段的垂直比例尺常大于水平比例尺。

水位即水面高程，河道上各处同一时刻的水位称为同时水位或瞬时水位。对于较短河段，在上、中、下游各处的瞬时水位，可按约定在同一时刻分别打下与水面齐平的木桩，再用不低于四等水准测量精度的方法确定各桩顶的高程，即得各处的瞬时水位。如果河段较长、作业时间也长、水位变化不定时，则应根据河流的比降、落差及横断面形态变化等因素，在河流水面变化的特征点处设置水尺（测定水面涨落变化的标尺）随时进行观测，再根据各水尺点间的距离或观测时间作线性内插，换算出全线的瞬时水位，以保证提供测深时的准确水面高程。

（2）勘测设计阶段的测量工作

水利枢纽工程勘测设计阶段的主要测量工作有：控制测量、各种大比例尺地形图测绘、水库淹没线测量和地质勘察测量。应根据工程性质及规模等因素确定控制测量等级，布测形式有边角网、导线网或 GPS 网，等级分为二、三、四、五等。平面控制网主要技术指标见表 16-5 所示，其中三、四、五等点位中误差不得大于图上 0.05 mm，图根点的点位中误差不大于图上 0.1 mm，测站点的点位中误差不大于图上 0.2 mm。

表 16-5　平面控制网的主要技术指标

等　级	水利枢纽地区平均边长(km)	测角中误差(″)	起始边边长相对中误差	最弱相邻点边长相对中误差
二	8	±1.0	1/35 万	1/15 万
三	4	±1.8	首级 1/25 万 加密 1/15 万	1/8 万
四	2	±2.5	首级 1/15 万 加密 1/8 万	1/4 万
五	1	±5	1/4 万	1/2 万
	0.5	±10	1/2 万	1/1 万

1）测图控制网。常采用分级布设的方案，首先在库区布设控制全测区的首级控制网，以后再根据测图工作的进程，分期分批布设第二级、第三级加密网。

2）水利枢纽地区首级控制网。应一次性全面布设网形，同时，同一工程的各个设计阶段所进行的测量工作应采用同一坐标系统和高程系统。

3）高程控制网。可一次全面布网也可分级布设，应采用国家高程基准，当引测困难时可采用独立高程系统，并且，首级高程控制网应布设成环形网，加密网可布设成附合路线或结点网。

4）三角高程测量。尽量布设成附和、闭合或结点线路，利用全站仪进行往返观测，测量精度应达到三、四等水准测量精度要求。

淹没线测量的目的在于测定水库淹没、浸润和坍岸的范围，以确定居民点和建筑物的迁移、库底清理范围，调查与计算由于修建水库而产生的各种赔偿，规划新的居民地，确定防护界线等。淹没线测设内容包括：移民线、土地征用线、水库清理线、土地利用线测设，并在城镇、工矿企业、名胜古迹、重要设施所在地埋设各类永久性和临时性界桩。

由测量人员配合水工设计人员和地方政府、移民部门共同进行界桩测设，界桩测设主要利用水准仪或全站仪施测，重要地区的界桩测设高程中误差不大于 0.1 m，一般地区则不大于 0.3 m，永久性界桩的设置密度为：重要地区 100～500 m 一个，一般地区 2～3 km 一个，临时性界桩则根据需要适量设置。

地质勘察测量是指测量人员配合水利工程地质勘察所进行的测量工作，主要内容是：为各种水工建筑、料场、渠道、排灌区的地质勘察工作提供基本测量资料，测设各种地质勘探点，对实地上已施工的钻孔、竖井、平洞、探槽、探坑、地质点和物探点进行联测。

地质勘察测量精度，对于平面精度一般为分米级；重要高程点精度为厘米级，一般高程点精度为分米级。

16.4.3 施工建设阶段的测量工作

(1) 施工控制网测量

水利枢纽工程施工测量阶段的首要工作是建立施工平面和高程控制网，以便为建筑物的施工放样提供依据，也为今后工程的维护保养、改建、扩建服务。施工控制网的布设应结合工程施工的需要、建筑场地条件、施工的程序及方法，选择合适的点位构成合理的网形及测量方案。

施工平面控制网一般布设成基本网和定线网两级，其精度应根据工程大小和类型确定。基本网起着控制各建筑物主轴线的作用，一般按三等以上测量精度用边角网或 GPS 网，并尽可能将坝轴线纳入网中作为网的边。为减小仪器对中误差和方便观测，控制点一般制作成观测墩形式并埋设强制对中器。如果施工区原来的测图控制网保存完好，且满足施工测设的精度要求，则可经过必要的维护后作为施工控制网。基本网一般布设在施工区域之外，以便长期保存。

定线网用于大坝等水工建筑物的细部放样，主要形式有矩形网、边角网和导线网等。矩形网一般以坝轴线为基准，按坝段或建筑物分别建立施工控制网。此外，也可在基本网基础上加密建立定线网。因为建筑物的内部相对位置精度要求较高，所以定线网的测量精度不比基本网精度低，有时甚至更高。定线网点应尽可能靠近建筑物，以便进行放样。

施工高程控制网一般也分为两级：一级网(或称基本网)是整个水利枢纽工程的高程基准，应与国家水准点联测，布设成闭合或附合形式，网中水准点应埋设在施工区以外的基岩上，一般按二等或三等水准测量标准施测；二级网是由基本网水准点引测的临时作业水准点，应尽可能靠近建筑物，以便做到安置 1～2 次仪器就能进行放样高程，有条件时二级网也可布设成闭合或附合水准路线。

(2) 施工放样测量

施工控制网建立之后，就可据此进行水工建筑的施工放样。

1) 大坝施工放样

大坝施工放样的主要内容是：坝轴线放样、坝体控制线放样、清基开挖线放样、坝体浇筑中的放样等。

① 坝轴线放样。坝轴线即坝顶中心线。首先在图纸上设计选定坝轴线,用图解方法量算出坝轴线两端点的坐标,反算它们与附近控制点之间的放样数据,在实地采用交会法或极坐标法放样出坝轴线。对于中小型大坝的坝轴线,一般是由设计人员根据当地的地形、地质和建筑材料等条件,经过方案比较后直接在现场选定,并埋设轴线端点地面标志,然后与附近控制点联测求出两端点坐标。为防止端点标志遭施工破坏,必须将坝轴线向两头延伸至施工范围之外的山坡上,并埋设永久性标志。

② 坝体控制线放样。在大坝施工前,应根据施工设计要求把坝体分段、分块的控制线测设出来。先在坝轴线端点安置全站仪,照准另一端点,根据分段控制线在坝轴线方向上的距离,放样出各分段控制线的端点在坝轴线上的位置;再利用这些分段控制线的端点和坝轴线端点,用盘左盘右分中法测设直角放样出分块控制线,并在河道左、右两岸的山坡和上、下围堰上分别埋桩。

③ 清基开挖线放样。为使坝体与基岩很好结合,坝体浇筑(填筑)前必须挖去覆土层和清除风化的岩石,露出新鲜的基岩。为此,应放样出清基开挖线,即坝体与新鲜基岩表面的交线,通常利用全站仪在现场根据设计数据放样。

④ 坝体浇筑中的放样。在基坑开挖竣工验收后,根据分段、分块控制线架立模板,并在分块线内侧弹出平行线(称立模线),用来立模放样和检查校正模板位置。分块线与立模线之间的距离一般为 0.2～0.5 m。为了控制浇筑混凝土层的标高,一般方法是根据已知点高程,分别在所立模板的两端放样混凝土层的标高,并在两点之间弹出水平线作为浇筑的标高线。待四周的模板都画好标高线之后,就可以据此浇筑该块混凝土,依此法逐块浇筑,直到浇筑完为止。

2) 水工隧洞施工测量

水工隧洞按其作用可分为引水发电洞、输水洞、导流洞、泄洪洞等,隧洞施工测量的主要内容包括:洞外控制测量、联系测量、洞内控制测量、隧洞中线放样、开挖断面的放样及超欠挖测量、衬砌断面的放样等。该部分内容请参考本书第 14 章有关内容,在此不再赘述。

3) 水电站厂房施工测量

水电站厂房分为地面厂房和地下厂房两种。厂房施工测量的主要内容有:厂房施工控制网测量、基础开挖测量和厂房建筑放样等。厂房土建施工完成后要进行发动机组的安装,所以在建立厂房控制网时,其点位分布和点位精度均应考虑机组的安装精度。厂房控制网一般布设成矩形,其主轴线可根据首级施工控制网测设并调整,测量精度视工程规模和具体要求而定。

厂房基础开挖测量,可依据附近控制点用全站仪直接放样开挖边界。对于厂房内的吊车梁及轨道安装,其测量精度要求相对较高,一般通过设置平行轴线,采用直接量距方法来调整和检核轨道中心线间距。

16.4.4 运营管理阶段的测量工作

在水利工程运营管理阶段,测量工作的主要任务是观测建筑物几何形状的空间位置随时间的变化特征(即变形监测),以确保工程安全运行。变形监测一般分内部监测和外部监测。内部监测是指在坝体内部埋设各式监测计,以监测坝体的渗流、孔隙水压力、温度变化、应力变化等。外部监测是指通过设在水工建筑物外部的观测点,测定建筑物的水平位移、垂直位移、裂缝和挠度等。

大坝变形监测的内容和精度要求见表16-6。变形监测的任务是周期性地对布设在建筑物各部位的测点进行重复观测，通过比较、分析观测结果，了解变形随时间发展的变化规律。监测的周期根据具体情况确定，竣工初期或变形较大时，监测周期宜短；变形量较小或建筑物趋向稳定时，监测周期则宜适当增长。变形监测的方法一般是根据建筑物的性质、使用情况、周围环境以及对观测精度的要求来选定的。具体监测方法及数据处理详见本书第15章相关内容。

表16-6 大坝变形监测的内容及精度要求

项目				位移中误差限差
水平位移	坝体	重力坝		±1.0 mm
		拱坝	径向	±2.0 mm
			切向	±1.0 mm
	坝基	重力坝		±0.3 mm
		拱坝	径向	±1.0 mm
			切向	±0.5 mm
坝体、坝基垂直位移				±1.0 mm
坝体、坝基挠度				±0.3 mm
倾斜	坝体			±5.0″
	坝基			±1.0″
坝体表面接缝与裂缝				±0.2 mm
近坝区岩体	水平位移			±2.0 mm
	垂直位移	坝下游		±1.5 mm
		库区		±2.0 mm
滑坡体和高边坡	水平位移			±(0.3～3.0) mm
	垂直位移			±3.0 mm
	裂缝			±1.0 mm

16.5 地籍测量

16.5.1 概述

地籍是指由国家监管的、以土地权属为核心、以地块为基础的土地及其附着物的权属、位置、数量、质量和利用现状等土地基本信息的集合，用图、数、表等形式表示。地籍测量就是为了获取和表达地籍信息所进行的测绘工作。地籍测量的主要内容有：

1）地籍控制测量。测量地籍基本控制点和地籍图根控制点。

2）界线测量。测定行政区划界线和土地权属界线的节点（即界址点）坐标。

3）地籍图测绘。测绘分幅地籍图、土地利用现状图、宗地图、房产图等。

4）面积测算。测算地块和宗地的面积，进行面积平差计算和统计。

5）土地信息动态监测。为保证地籍成果资料的现势性和正确性而进行的地籍变更测量。

地籍测量的主要特点：地籍测量是一项基础性的具有政府行为的测绘工作，是政府行使土地管理职能的具有法律意义的行政性行为；地籍测量为土地管理提供精确、可靠的能为大众接受的具有法律意义的地籍信息；在对土地权属的审查、确认及处分过程中，地籍测量具有勘验取证的法律特征；地籍测量的技术标准必须符合土地法规的要求；地籍测量需有非常强的现势性，以满足社会经济活动对土地利用和权属经常发生变化的需要；从事地籍测量的技术人员应有丰富的土地管理知识，以便应对解决有关土地权属、土地分类等问题。

在进行地籍测量之前，必须先进行地籍调查，即调查土地及其附着物的社会、经济和法律方面的信息，实地确认土地及其附着物的权属界址和利用现状，填写地籍调查表，为土地及其附着物的精确定位、面积量算等地籍测量工作提供基础资料。地籍调查的内容主要有：

1）土地权属调查。包括宗地权属的性质、权属来源、取得土地的时间、土地使用者或所有者名称、土地使用年限等。

2）土地位置。包括土地的坐落、界址、四至关系等。

3）土地的行政区划界线。包括行政村界线、村民小组界线、乡（镇）界线、区界线及相应的地理名称等。

4）土地利用现状。调查城镇国有土地的土地利用现状和土地级别。

测绘土地利用现状图时，要先进行土地利用现状的调查，其主要内容有：查清确认农、林、牧、渔场、村及居民点的厂矿、机关、团体、学校等企事业单位的土地权属界线和村以上各级行政辖区范围界线；查清土地利用类型及分布；按土地权属单位及行政辖区范围汇总面积和各地类面积；编制分幅土地权属界线图和县、乡两级土地利用现状图。

测绘房产图时，房屋调查的内容有：房屋的权属，包括权利人、权属来源、产权性质、产别、墙体归属、房屋权属界线草图等；房屋的位置，包括房屋的坐落、实在楼层数；房屋的质量，包括层数、建筑结构、建成年份；房屋的用途，按国家有关房屋用途分类标准，根据房屋目前的使用现状将房屋分为住宅、工业、商业、教育等类别；房屋的数量，包括建筑占地面积、建筑面积、使用面积、共有面积、产权面积、宗地内总建筑面积、套内面积等。

地籍调查和地籍测量依据的主要标准有：《城镇地籍调查规程》、《土地利用现状分类》、《地籍测量规范》、《地籍图图式》、《城镇地籍数据库标准》、《土地利用数据库标准》等。

16.5.2 地籍控制测量

地籍控制测量分为地籍基本控制测量和地籍图根控制测量。地籍控制测量要根据界址点和地籍图的测量精度要求、测区范围大小、测区现有控制点的数量及等级等情况，按测量的原则和精度要求进行。与普通测图控制测量相比，地籍控制测量有其自身特点：

(1)地籍控制点不但要满足测绘地籍图的需要，还要以厘米级的精度用于城镇土地权属界址点坐标的测定和满足地籍变更测量的需要，因而精度要求较高。

(2)地籍图根控制点的精度与地籍图的比例尺大小无关。

(3)界址点坐标的精度通常以具体数字来标定，而与地籍图的比例尺精度无关；通常，界址点坐标精度等于或高于地籍图的比例尺精度。

(4)由于地籍测量需要频繁地对地籍资料进行补充、变更，所以，应优先考虑足够的地籍控制点来满足界址点测量的要求。

(5)地籍测量对象具有长期性和固定性，因而要求将大量的地籍控制点埋设成永久性标志，以便于随时恢复界址点。

地籍基本控制测量可采用边角测量、导线测量和 GPS 静态相对定位等方法施测，精度则

根据测区面积和复杂程度分为二、三、四等和一、二级。在基本地籍控制网的基础上，主要采用导线网、GPS技术加密地籍图根控制网，图根控制点等级分为一、二级。城镇地区的一、二级图根控制点应全部埋石。通常情况下地籍控制点的密度为：城镇建成区每隔100～200 m布设一个二级地籍控制点；城镇稀疏建筑区每隔200～400 m布设一个二级地籍控制点；城镇郊区每隔400～500 m布设一个一级地籍控制点；在旧城区，因巷道错综复杂、建筑物杂乱无序，界址点较多，因此应适当增加控制点的密度。为便于今后寻找控制点，所有控制点均应填绘"点之记"，并作为地籍资料上交保存。

地籍控制测量坐标系应选用国家坐标系，这样有利于地籍成果的通用性，便于成果共享，也有利于图幅按正规分幅、图幅拼接及利用不同比例尺图幅编绘其他图件。在城镇地区，为了充分利用原有城市控制网成果，并使地籍测量成果用于城市规划等，应利用已有城市坐标系和城市控制点来建立本地区的地籍控制网点，同时与国家控制网联测。

16.5.3　界址点测量

界址点是界址线、行政区划线的节点，它是确定地块（即宗地）地理位置的依据和量算宗地面积的基础数据。界址点坐标对实地界址点起着法律上的保护作用，当实地界址点标志被移动或破坏时，可根据它的坐标重新测设实地界址点位。

界址点坐标测量的精度可根据土地经济价值和界址点的重要程度来选择。我国幅员辽阔、地域差异大、经济发展不平衡，对界址点的精度进行了不同的分级，相关要求见表16-7所示。

表16-7　界址点的精度要求

级　别	界址点相对于邻近控制点的点位中误差		相邻界址点之间的允许误差(cm)	适　用　范　围
	中误差(cm)	允许误差(cm)		
一	±5.0	±10.0	±10	地价高的地区，城镇街坊外围界址点及街坊内明显的界址点
二	±7.5	±15.0	±15	地价较高的地区，城镇街坊内部隐蔽的界址点及村庄内部界址点
三	±10.0	±20.0	±20	地价一般的地区

通常以地籍基本控制点或地籍图根控制点为基础，采用极坐标法、交会法、内外分点法、直角坐标法等测定界址点。当界址点精度要求不高时可以使用图解法获得，条件及精度允许时也可采用航空摄影测量方法。界址点测量时，必须掌握地籍调查中草编的宗地号和宗地草图，明确权属主用地范围和界址点位置及编号，认真测量每一个界址点并填写相应的观测手簿。测量完毕后要检查核对各项限差，计算各宗地面积。一旦履行确权手续，界址点就成为确定土地权属或行政管辖范围界址线的依据之一。界址点坐标取位至cm。

16.5.4　地籍图测绘

按照特定的投影方法、比例尺和专用符号，把地籍要素及其有关的地物、地貌测绘在平面图纸上，称为地籍图测绘。地籍图具有国家基本图的特性，但受成图比例尺的限制及图面美学和可读性的要求，只能表示基本的地籍要素和地形要素，图上未能表达或表达不全的地籍信息还要通过地籍数据和地籍表册等来补充。因此，地籍图、地籍数据和地籍表册之间建立了有序的对应关系，三者组成了地籍资料的有机体。地籍图按表示的内容可分为基本地籍图和专题地籍图，按城乡地域差别可分为城镇地籍图和农村地籍图，按图的表达方式可分为模拟地籍图和数字地籍图，按用途可分为税收地籍图、产权地籍图和多用途地籍图，按图幅的形式可分为分幅地籍图和地籍岛图。我国现在主要测绘制作的地籍图件有：城镇地籍图、宗地图、农村居民地地籍图、土地利用现状图、土地所有权属图等。

我国地籍图的比例尺一般规定为：城镇地籍图和农村居民地地籍图可选用1∶500、1∶1 000及1∶2 000，分幅编号方法与常规大比例尺地形图相同；土地利用现状图和土地所有权属图可选用1∶5 000、1∶1万、1∶2.5万及1∶5万，按国家基本图标准进行分幅编号。地籍图上表示的内容，一部分是通过地籍调查获得，如街道名、单位名、门牌号、水系名等，另一部分内容则要通过测量得到，如界址点位置、建(构)筑物等，如图16-8、图16-9所示。

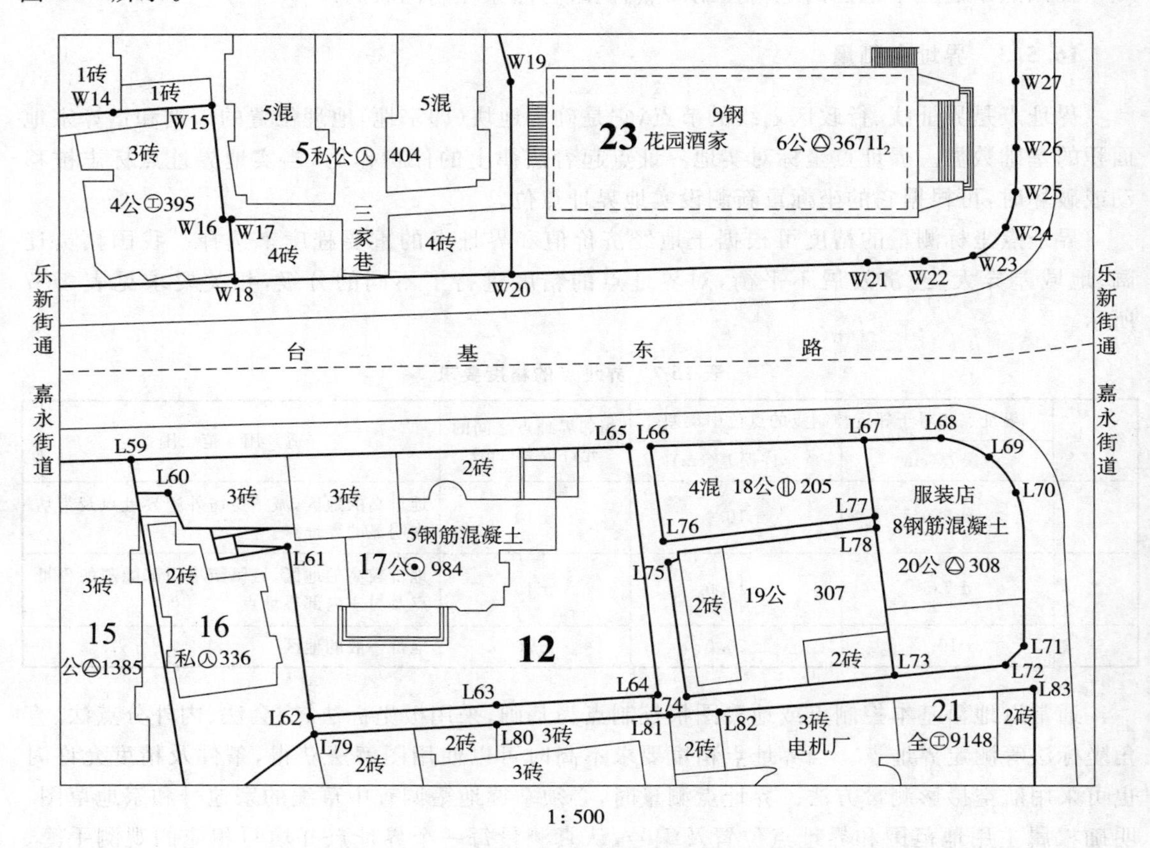

图16-8 城镇地籍图样图

地籍图的内容包括地物要素和地籍要素两大类。地物要素的测绘与普通地形图相当，但应注意作为界标物的地物(如围墙、道路、房屋边线及各类垣栅等)测量的准确性。地籍图不需绘制等高线，平坦地区不表示地貌，起伏变化较大的地区适当注记高程点。地籍要素包括界址点和界址线、地籍要素编号、土地坐落、土地权属主名称等。当土地权属界址线与行政界线、地籍区(街道)界或地籍子区(街坊)界重合时，应结合线状地物符号突出表示土地权属界址线，而行政界线可移位表示；街道(地籍区)号、街坊(地籍子区)号、宗地号或地块号、房屋栋号、土地利用分类代码、土地等级等应注记在所属范围内的适中位置；土地坐落位置由行政区名、街道名及门牌号组成的文字标识表示，门牌号除在街道首尾及拐角处注记外，其余可跳号注记；土地权属主名称不必每块宗地都注记，只选择较大宗地注记即可。

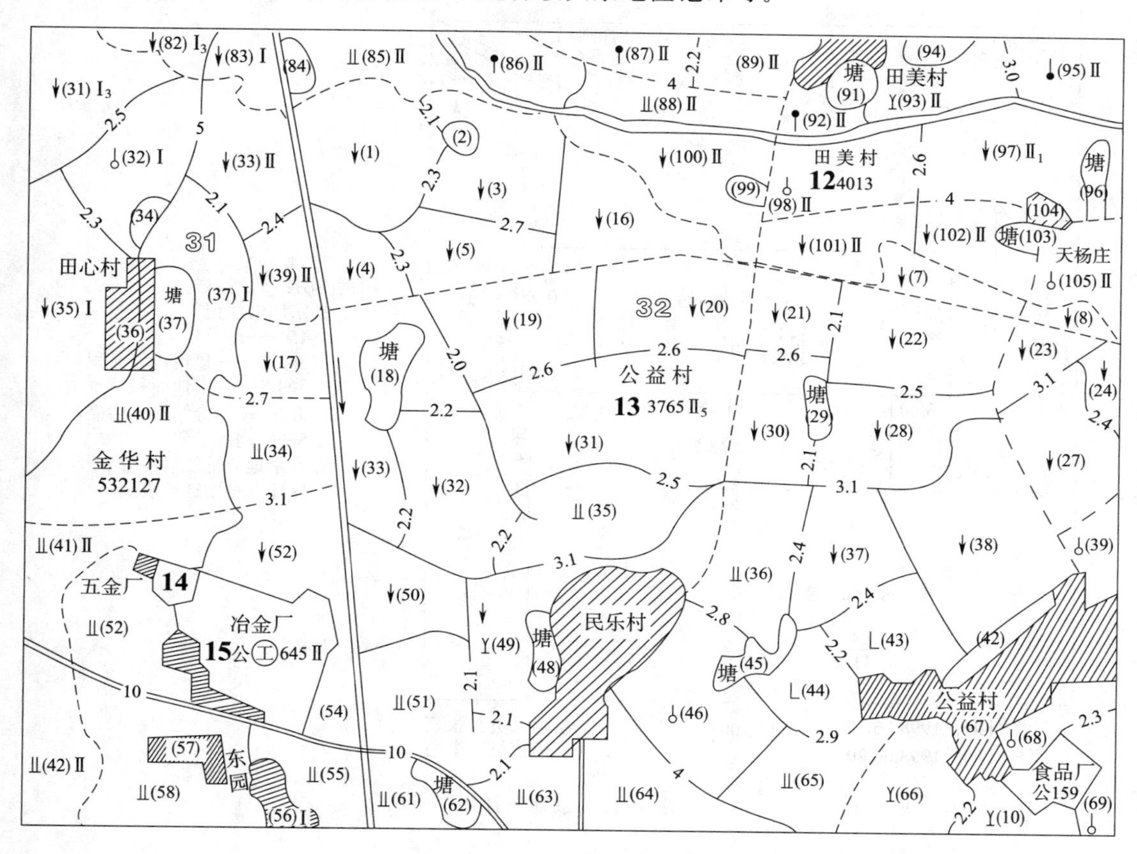

图 16-9　农村地籍图样图

地籍图的测绘方法主要有全站仪数字测图法、航测成图法、编绘成图法等。

全站仪测图精度较高，能够满足测绘各种比例尺地籍图的精度要求，适用于城镇地籍图测绘。在地籍图测绘完成并确认地籍资料正确无误后，为配合土地权证的发放，要依据一定的比例尺以宗地为单位制作反映宗地位置和有关情况的宗地图。宗地图是地籍图的一种附图，具有法律效力，图幅大小一般为 8 开、16 开和 32 开等，界址点用直径为 1 mm 的圆圈表示，界址线用 0.3 mm 的红色实线表示，如图 16-10 所示。

航测及遥感测图的效率较高，适合于测绘土地利用现状图、土地所有权属图。农村地籍图界址点的精度要求较低(一般为 0.25～1.5 m)，可直接在航片上绘出土地权属界线，若航片为纠正后的正射像片，则可直接确定出土地利用类别和土地权属界线并测算面积，当用此法制作城镇地籍图时，通常用全站仪实测界址点坐标。

依据原有大比例尺地形图作底图，经补测界址点并增加各类地籍要素，然后编绘制作地籍图是一种资源再利用的经济、快速、有效的成图方法。如果利用纸质地形图作底图编绘模拟地籍图，需要确保图中地物点点位中误差不大于图上±0.5 mm，界址点和地物点相对于邻近地籍图根控制点的点位中误差及相邻界址点间距离中误差不大于图上±0.6 mm。若要编绘数字地籍图，则需要将原地形图矢量化后经校核，结合部分野外调查和实测数据，编辑成以数字形式表示的数字地籍图。

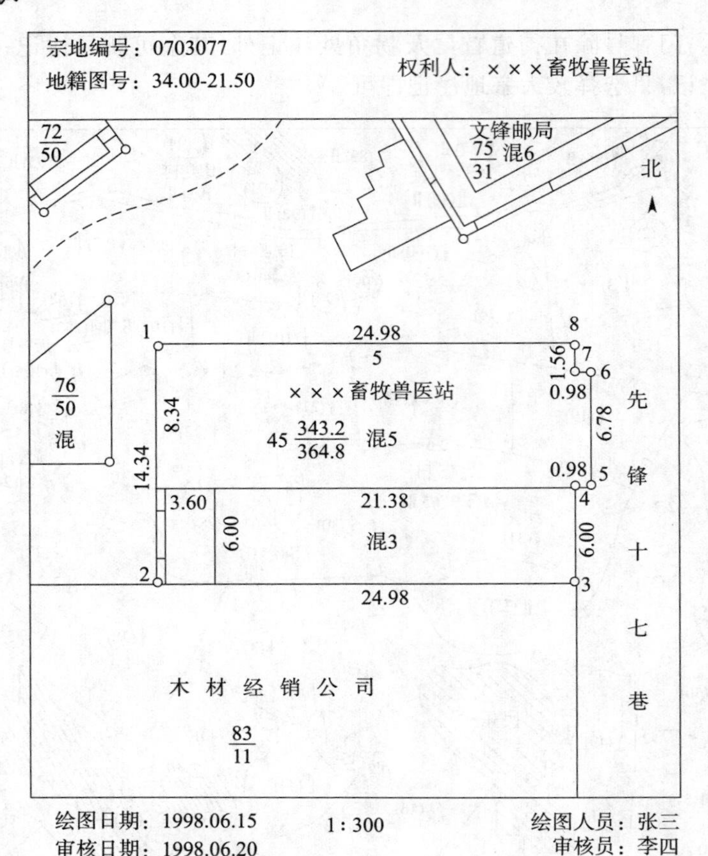

图 16-10　宗地图样图

16.6　房产测量

16.6.1　概　述

房屋是人们生产和生活的场所，房屋和房屋用地是生产和生活的基本物质要素，这一要素信息的采集和表述，必须进行房产测量。房产测量的目的和任务就是采集、表述房屋及房屋用地的有关信息，为审查确认房屋产权、产籍、保障产权人合法权益等房地产管理提供准确可靠的成果资料，为房地产开发、征收税费、城镇规划建设以及市政工程等提供数据和资料。

房产测量应依据国家标准《房产测量规范》进行，该规范也是制定地方或部门《房地测量细则》或《房产测量补充规定》的依据。

房产测量的基本内容包括七个方面：房产平面控制测量、房产调查、房产要素测量、房产图绘制、房产面积测算、变更测量、成果资料检查与验收。房产测量的成果有三大类，即：房产簿册、房产数据集和房产图集。

(1) 房产簿册。主要包括：房产调查表、房屋用地调查表、有关产权状况的调查资料、证明及协议文件。

(2)房产数据集。主要包括：房产平面控制点成果、界址点成果、房角点成果、高程点成果、面积测算成果。

(3)房产图集。主要包括:房产分幅平面图、房产分丘平面图、房屋分层分户图、房产证附图、房屋测量草图、房屋用地测量草图。

房产测量一般选用全站仪、GPS 接收机、手持式测距仪及卷尺等进行测量。《房产测量规定》提出的房产测量基本精度要求有:平面控制测量的末级相邻基本控制点的相对点位中误差不超过±0.025 m;模拟法测绘的房产分幅平面图上的地物点,相对于邻近控制点的点位中误差不超过图上±0.5 mm;野外测量方法所测的房地产要素点和地物点,相对于邻近控制点的点位中误差不超过±0.05 m;利用已有地籍图、地形图编绘房产分幅图时,地物点相对于邻近控制点的点位中误差不超过图上±0.6 mm;房产界址点相对于邻近控制点的点位中误差和间距超过 50 m 的相邻界址点的间距中误差不超过±0.02 m。

16.6.2 控制测量及房产调查

房产测量的第一步是在测区建立一个高精度、有一定点位密度、可以长期使用、覆盖全区的平面控制网。控制网应采用国家坐标系或地方坐标系,采用地方坐标系时应与国家坐标系联测。平面控制点可以利用已有符合房产测量规范要求的现有成果,目前主要采用 GPS 技术和导线测量方法建立房产平面控制网,导线测量的技术指标见表 16-8。房产测量一般不测高程,但在起伏较大的山城或丘陵城市,则要测定地形特征点的高程,按《房产测量规定》中的规定进行表述,并标出其高程值,但高程精度要求较低,通常能达到±0.5 m 精度即可,高程测量采用 1985 年国家高程基准。

表 16-8 各级导线的技术指标

等级	平均边长(km)	导线全长(km)	测距中误差(mm)	测角中误差(″)	导线全长相对闭合差	水平角观测测回数			方位角闭合差(″)
						DJ_1	DJ_2	DJ_6	
三等	3.0	15	±18	±1.5	1/6 万	8	12		$\pm 3\sqrt{n}$
四等	1.6	10	±18	±2.5	1/4 万	4	16		$\pm 5\sqrt{n}$
一级	0.3	3.6	±15	±5.0	1/1.4 万		2	6	$\pm 10\sqrt{n}$
二级	0.2	2.4	±12	±8.0	1/1 万		1	3	$\pm 16\sqrt{n}$
三级	0.1	1.5	±12	±10	1/0.6 万		1	3	$\pm 24\sqrt{n}$

注:n 为测角个数。

房产调查包括房屋调查和房屋用地调查,其目的是查清房屋及其用地的地理位置、权属、权界、权源、数量和利用状况,以及地理名称、行政境界、政府机构名称和企事业单位名称等。按照《房产测量规范》规定的房屋和房屋用地调查表,逐项调查落实,并现场记录,填写"房屋调查表"和"房屋用地调查表",这是进行产权登记和提供官方证明的基本素材。

房屋用地调查和测绘是以丘为单位分户进行的,房屋调查和测绘以幢为单元分户进行。"丘"是指地表上一块有界空间的地块,一个地块只属于一个产权单元的称独立丘,一个地块属于几个产权单元的称组合丘。丘是根据目前我国房地产的管理体制和实际情况,以及房地产测绘所具备的条件而设计的房产测绘和调查的最基本单元。丘与土地管理部门规定的土地调查的单元"宗"有些类似但又有区别,在房产和地产合并管理的城市,"丘"和"宗"可统一以"宗"作为调查及测量的单元。"幢"是指一座独立的、包括不同结构和不同层数的房屋。幢也是一个量词,表示房屋的座数,是房屋调查与房屋测绘的基本单元。对调查的丘和幢均应按规定格式进行编号。

房屋用地调查应根据国家标准《房产测量规定》附录A中“房屋用地调查表”规定的格式和内容进行调查和记录，主要内容包括：用地座落、产权性质、土地等级、税费、用地人、用地单位性质、土地使用权来源、四至、界标、用地用途、面积、用地略以及其他情况等。

房屋调查应根据国家标准《房产测量规定》附录A中“房屋调查表”规定的格式和内容进行调查和登记，主要内容包括：房屋座落、产权人、产别、层数、层次、建筑结构、建成年份、用途、墙体归属、权源、他项权利等基本情况。

16.6.3 房产要素测量及房产图绘制

房产要素测量目的是测定房屋和房屋用地及其相关要素的几何位置，包括坐标或边长等。主要的房产要素有界址点、界址线、房角点、房屋轮廓线，以及房屋的附属设施和房屋围护物的几何位置或相关数据。有时还要进行铁路、公路、街道、水域及相关地物的位置测量，以及行政境界点和境界线的测量。房产要素测量主要采用野外数字采集等碎部测量方法。

《房产测量规范》把房产图分成房产分幅平面图(简称分幅图)、房产分丘平面图(简称分丘图)、房屋分户平面图(简称分户图)。

(1) 房产分幅图测绘

房产分幅图是全面反映房屋和土地的位置、形状、面积和权属状况的基本图，是测绘分丘图、分户图的基础资料。其测绘范围应与城镇房屋所有权登记的范围一致，以便为产权登记提供必要的工作底图。因此，分幅图的测绘内容主要是城市、县城、建制镇的建成区和建成区之外的工矿企事业等单位及其相毗连的居民点，可采用1∶500、1∶1 000的比例尺，50 cm×50 cm的分幅规格。当测区已有现势性较强的城市大比例尺地形图或地籍图时，也可采用补测编绘法成图。分幅图的主要测绘内容有：

1) 控制点，表示Ⅰ、Ⅱ、Ⅲ、Ⅳ等基本控制点和房产平面一、二、三级控制点；

2) 行政境界，表示至市区一级，包括行政境界线与行政区名称；

3) 房产区界线与房产分区界线，包括房产区号和房产分区号；

4) 丘界，包括丘界线和丘号，以及丘的用地用途分类代码；

5) 房屋，包括幢号、房屋轮廓线、房屋性质的三个代码(产别、结构、层数)；

6) 房屋附属设施及房屋围护物(廊、门顶、门斗等)；

7) 主要街道名及地名、大的单位名称；

8) 门牌号，首尾两端注记，中间可以不注记或择要注记；

9) 铁路、道路、桥梁、水系、城墙等。

(2) 房产分丘图测绘

房产分丘图是房产分幅图的局部明细图，应根据核发房屋所有权证和土地使用权证的需要，以门牌、户院、产别及所占用的土地范围分丘绘制，每丘单独一张，作为权属依据的产权图。房产分丘图具有法律效力，是保护房地产产权所有人合法权益的凭证。分丘图坐标系应与分幅图一致，其成图比例尺应根据丘的面积大小，在1∶100～1∶1 000之间选择，但尽可能与分幅图比例尺一致。分丘图上表示的内容除分幅图上的内容以外，还应表示下列内容：

1) 房屋权界线，包括房屋墙体的归属；

2) 界址点的点位和点号，包括界址点间的边长；

3) 房屋建成年份代码，加在房屋产别、房屋结构和房屋层数之后；

4) 房屋用地面积和房屋建筑面积；

5）房屋各边长尺寸以及阳台、廊等有关轮廓尺寸。

(3) 房产分户图测绘

房产分户图以一户产权人为单元，若为多层房屋，则应分层分户地表示出房屋权属范围的细部，制成房产分层分户图，作为房屋产权登记发证的依据。房产分户图是产权产籍管理的重要资料。国家标准《房产测量规范》中规定采用表图结合的形式绘制，其绘图比例尺一般为1：200，当一户面积过小(大)时，应相应放大(缩小)，图纸的方位应使房屋的主要边线与图廓线平行，房屋边长可用卷尺或手持式测距仪测量，边长量至厘米。分户图主要表述的内容有：

1）本户所在的丘号、幢号、结构、层数、层次、产权主姓名(或名称)、座落、户(套)内建筑面积、共有分摊面积、产权面积等。

2）房屋层(户)的轮廓线、权界线(墙体归属)、共有部位，并注出房屋边长。

3）指北方向线及概略比例尺。

当房屋的现状和房产权属产生变更时，需要进行房屋变更测量，现状变更和权属变更测量都是动态变更测量。为了保持图的现势性和房产档案的真实性，变更测量必须做到及时、准确，为房产日常的转移和变更登记提供可靠的图籍和面积等数据。

思考题与习题

1. 地质勘探的三个阶段和主要工作任务分别是什么？
2. 测量地质剖面有哪些注意事项？
3. 矿山井下导线布测的特点是什么？
4. 油气田工程测量的主要内容有哪些？
5. 物探网测量采用的仪器和方法有哪些？
6. 与地面测图相比，水下地形图测量有哪些特点？
7. 大坝轴线是怎样确定和测设的？
8. 大坝施工放样测量的主要内容有哪些？
9. 地籍测量的内容有哪些？
10. 地籍图与地形图的主要区别是什么？
11. 房产测量的基本内容包括哪些？
12. 房产图主要分为哪几种？

17 测绘新技术简介

17.1 卫星导航定位新技术

17.1.1 网络 RTK 技术

(1)常规 RTK 的局限性

RTK(Real Time Kinematic positioning)即实时动态定位。常规 RTK 技术方便了需要动态高精度服务的用户,但在实际应用中存在以下方面的制约:

1)测量范围。由于差分技术的前提是求差的两个测站上的观测值误差具有物理或几何相关特性,这样时钟误差、轨道误差、电离层延迟误差、对流层延迟误差等误差源,可以通过差分法消除或大大削弱。通常,要达到 1~3 cm 级实时定位要求时,用户站和参考站的距离需小于 10 km。随着基线长度的增长(如大于 50 km),以上误差的相关性大大减少,使得求差后的残余误差很大,导致整周模糊度参数无法固定,基线精度一般只能达到 dm 级。

2)通信数据链。常规 RTK 的数据传输信号都是站间直线传播,这要求站间的天线必须"准光学通视",所以在丘陵和山区实施 RTK 作业很不方便。

3)其他限制。测量过程中,需要不断设置和更换参考站。

(2)网络 RTK

常规 RTK 的限制给中长距离用户和某些特殊要求的用户带来了不便,针对以上常规 RTK 定位存在的问题,网络 RTK(Network RTK)应运而生。最初的 Network RTK 是利用分布较为均匀的连续运行参考站(CORS)进行单站控制,用户站从一个参考站的有效精度范围进入另一个参考站的有效精度范围,严格意义上讲是多参考站常规 RTK。如果要使基线精度达到 2 cm,需要在一个区域内密集布设参考站,以三角形网为例,站间距离要小于 30 km。如图 17-1 所示,精度随着基线的增长而衰减,且分布不均匀,如果要求按一定精度覆盖整个区域,需要架设较多的参考站。

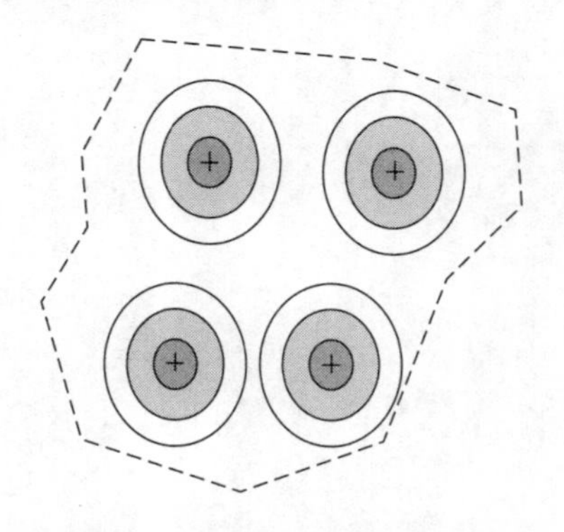

图 17-1 常规 RTK 精度分布(站间距为 30 km)

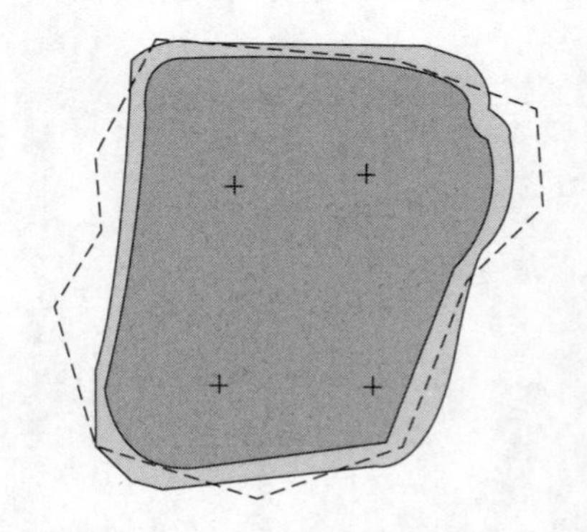

图 17-2 网络 RTK 精度分布(站间距为 70 km)

多参考站常规 RTK 模式虽然在一个较大范围内满足了精度要求,但需要的投资也大。如果减小分布密度,系统提供的高精度范围则不能完全覆盖整个区域。可见,这种模式没有充分利用多参考站的优势。因此,可以采用网络 RTK 技术,即在一个较大的范围内均匀、稀疏地布设参考站,利用参考站网络的实时观测数据对覆盖区域进行系统误差建模,然后对区域内流动用户观测数据的系统误差进行估计,尽可能消除系统误差影响,获得 cm 级实时定位结果;如果以三角形网为例,站间距离为 70 km,则定位误差小于 2 cm 的概率分布如图 17-2 所示,可见在参考站数量相同的情况下,网络 RTK 技术的覆盖范围大大增大,且精度分布均匀。就网络 RTK 而言,一个由三个参考站组成的参考站网可以覆盖两千多平方公里,这就是 Network RTK 的优势所在,它可以利用参考站网络的精确坐标和实时观测数据建立焦点区域的电离层、对流层等距离相关误差模型,生成差分信息,并发送给用户站。

网络 RTK 需要畅通的数据通信链路,而现代通信技术提供了覆盖范围广、信号稳定,且具有足够的数据带宽,改善了丘陵及山区的作业状况。

17.1.2 虚拟参考站技术

网络 RTK 技术中较有代表性的是虚拟参考站技术(VRS——Virtual Reference Station)。VRS 是基于多参考站网络环境下的 GPS 实时动态定位技术,该技术是集 Internet 技术、无线通讯技术、计算机网络技术和 GPS 定位技术于一体的定位系统。

(1)虚拟参考站系统的组成

图 17-3 为 Network RTK 示意图,图中三角形为参考站控制精度的大概范围。

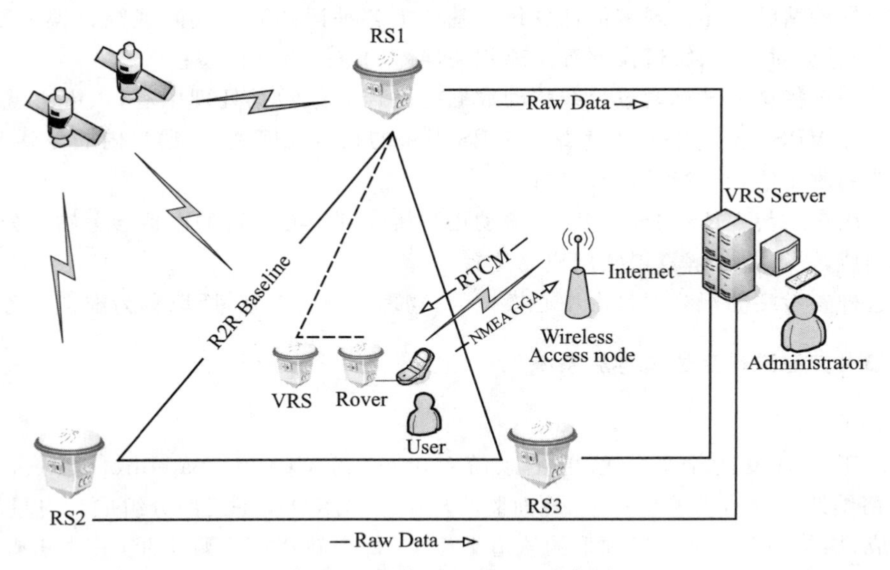

图 17-3 网络 GPS/RTK 示意图

Network RTK 的特点是多参考站、长距离、高精度实时定位,这就需要系统具有实时处理参考站大量数据、实时接收原始数据和传输差分信息的能力。由于整个系统要求较高的实时性和稳定性,所以需要一个监测原始数据质量、网络状况和大气状况的机制。因此,一般的 Network RTK 具有多个子系统:数据采集子系统、数据传输与分发子系统、数据处理子系统、数据管理与维护子系统及完整性监测子系统等。各个子系统互相协调,才能高效可靠的实施 RTK 作业。

Network RTK 是在一个较大的区域内均匀布设参考站，参考站间距离依据 RTK 要达到的精度和当地的电离层活动状况而定，例如，要提供 1～3 cm 的相对定位精度，站间距离应在 50～100 km。在电离层活动频繁的区域，例如在一些低纬度地区，（如新加坡的参考站网 SIMRSN）站间距离应小于 40 km；而在有些大气稳定的区域，站间距离可以超过 100 km。在参考站精确坐标已知的情况下，利用有线或无线通信链路，把参考站网的实时观测值传送到数据处理中心，在中心对电离层、对流层、轨道误差等与距离相关的误差影响进行建模并生成改正数，通过无线通讯链路实时向用户发送。用户在参考站网络覆盖范围内，定位精度基本均匀，在覆盖区之外，随着流动站远离有效覆盖区，解算整周模糊度的难度加大直至无法固定，定位精度降为 dm 级。

(2) VRS/RTK 的构成与工作流程

虚拟参考站技术就是利用地面布设的多个参考站组成 GPS 连续运行参考站网络（CORS），综合利用各个参考站的观测信息，通过建立精确的误差模型来修正距离相关误差，在用户站附近产生一个物理上不存在的虚拟参考站（VRS）。由于 VRS 一般通过流动站用户接收机的单点定位解来确定，故 VRS 与用户站构成的基线通常只有十几米，只要能够生成 VRS 的观测值就可以在 VRS 和用户站间实现常规差分解算。VRS 系统包括 3 个组成部分：数据处理与控制中心、连续运行参考站、流动用户。

VRS 技术工作基本原理和流程如下：

1)各个参考站连续采集观测数据，并实时传输到数据处理与控制中心数据库中；

2)数据处理与控制中心在线解算 GPS 参考站网内各条基线的载波相位整周模糊度值；

3)利用参考站（网）相位观测值计算每条基线上各种误差源的实际或综合误差影响值，并依此建立电离层、对流层、轨道误差等距离相关误差的空间参数模型；

4)流动用户将概略坐标通过无线移动数据链路传送给数据处理中心，该中心就在流动用户站创建一个 VRS，结合用户、参考站和 GPS 卫星的相对几何关系，通过内插得到 VRS 上各误差源影响的改正值，并发给流动用户；

5)流动用户站与 VRS 构成短基线，流动用户接收到中心发送的虚拟参考站差分改正信息或虚拟观测值，进行差分解算得到用户的位置。

由于这种参考站的观测值是由中心模拟的，物理上并不存在，所以称为虚拟参考站。

17.1.3 其他卫星定位与导航系统

(1)GLONASS

俄罗斯正在研发的全球导航卫星系统（Global Navigation Satellite System——GLONASS，格洛纳斯系统），由卫星星座、地面监测控制站和用户设备三部分组成。卫星星座由 24 颗卫星组成，均匀分布在 3 个近圆形的轨道平面上，每个轨道面 8 颗卫星（其中 1 颗为备用卫星）。完成全部卫星的部署后，卫星导航范围可覆盖整个地球表面和近地空间，实现全球定位导航，定位精度可达 1m 左右。GLONASS 的主要用途是导航定位，也可以广泛应用于各种等级和种类的测量工作、GIS 应用和时频应用等。GLONASS 的主要特征为：

1)21＋3(备用)颗卫星；

2)均匀分布于 3 个轨道面；

3)轨道倾角约 64.8°；

4)平均轨道高度约 19 100 km；

5)运行周期约为 11 小时 15 分。

(2)GALILEO

欧盟正在研发的全球卫星定位系统(GALILEO,伽利略)由三部分构成:空间段、地面段和用户。空间段由 30 颗导航卫星构成的星座组成,卫星星座是由分布在三个轨道上的 30 颗中等高度轨道卫星构成。每个轨道上有 10 颗卫星,其中 9 颗正常工作,1 颗备用。GALILEO 系统计划提供公开服务、生命安全服务、商业服务、公共特许服务和搜索救援服务等服务类型。动态定位精度为全球 5～10 m,局域优于 10 cm。建立 GALILEO 系统的意图为:建立高效的民用导航及定位系统;具备欧洲乃至世界运输业可以信赖的安全性,置于欧洲人控制之下;为欧洲工业进军正在兴起的卫星导航市场提供机会。GALILEO 的主要特征为:

1)27＋3(备用)颗卫星;

2)平均轨道高度约 23 616 km;

3)均匀分布于 3 个轨道面;

4)轨道倾角 56°;

5)运行周期约 12h。

(3)BeiDou

我国正在研发的全球卫星导航定位系统(BeiDou Navigation Satellite System,北斗卫星导航系统,或 COMPASS),其建设目标是:建成独立自主、开放兼容、技术先进、稳定可靠的覆盖全球的卫星导航系统,促进卫星导航产业链形成,形成完善的国家卫星导航应用产业支撑、推广和保障体系,推动卫星导航在国民经济社会各行业的广泛应用。北斗卫星导航系统由空间段、地面段和用户段三部分组成。空间段包括 5 颗静止轨道卫星和 30 颗非静止轨道卫星,地面段包括主控站、注入站和监测站等若干个地面站,用户段包括北斗用户终端及与其他卫星导航系统兼容的终端。根据系统建设总体规划,2012 年左右将首先具备覆盖亚太地区的定位、导航、授时及短报文通信服务能力;2020 年左右建成覆盖全球的北斗卫星导航系统。

北斗卫星导航系统致力于向全球用户提供定位、导航和授时服务,包括开放服务和授权服务两种方式。开放服务是向全球免费提供定位、测速和授时服务,定位精度约 10 m,测速精度 0.2 m/s,授时精度 10 ns。授权服务是为有高精度、高可靠卫星导航需求的用户,提供更精确的定位(约 1 m)、测速、授时及通信等信息。北斗卫星导航系统的主要特征为:

1)区域性导航卫星系统;

2)装备有三维电子地图的地面中心站;

3)若干个分布全国的参考站;

4)地球同步卫星的赤道角距约 60°;

5)具有定位、通信双重作用;

6)接收终端不需铺设地面基站。

17.2 数字摄影测量新技术

17.2.1 概　　述

摄影测量学是根据对所摄物体的相片进行分析、研究,确定所摄物体的形状、大小、性质和空间位置的一门科学和技术。按处理技术的不同,摄影测量学可分为模拟摄影测量、解析摄影测量和数字摄影测量。

模拟摄影测量是利用光学和机械仪器模拟摄影过程，建立缩小的立体几何模型，通过量测立体模型，获得所需的图形。该项技术主要用于20世纪初至80年代，使用的典型仪器为模拟测图仪，如图17-4(a)所示。

(a) 模拟测图仪　　(b) 解析测图仪　　(c) 数字摄影测量系统

图17-4　摄影测量三个发展阶段的三种典型仪器

解析摄影测量是指利用计算机，根据物点与像点的几何关系式，通过解析计算，确定物点坐标，并储存于计算机中，再通过数控绘图桌绘出图形来。该项技术主要用于20世纪60年代初～80年代末，使用的典型仪器为解析测图仪，如图17-4(b)所示。

数字摄影测量利用计算机技术对数字影像进行处理，利用数字摄影测量系统(Digital Photogrammetric System——DPS)自动识别、量测和绘制地形图，并可以获得各种形式的数字化产品，如数字线划图(DLG)、数字高程模型(DEM)、数字正射影像图(DOM)、数字栅格图(DRG)等4D产品。该项技术于20世纪80年代出现以来[图17-4(c)]，目前已经成为了测绘地形图的主要方法之一，并代表了现代摄影测量学的发展方向。

17.2.2　数字摄影测量的内容

(1)数字影像的获取

数字摄影测量处理的原始资料是数字影像。数字影像的获取方式有空间飞行器(例如卫星、飞机、飞艇及无人机等)、地面摄影仪、遥感卫星及影像扫描仪等。

(2)数字影像相关

摄影测量过程中，需要对同一地物在立体像对中的影像不断地进行识别和量测。传统的摄影测量是在立体测图仪上，依靠作业员通过人眼识别和立体观察，不断地从左、右影像上搜索同名像点。在数字摄影测量过程中，以影像相关算法代替传统的人工观测，在计算机上从左、右数字影像中自动寻找同名像点，这个过程称为数字影像相关。数字影像相关是数字摄影测量与传统摄影测量的主要区别之处，也是实现自动化测图的核心问题。

在数字立体影像中，首先取出以待定点为中心的小区域影像信号，然后取出它在另一数字影像上相应区域的影像信号，计算二者的相关函数，以相关函数最大值所对应的区域为最相似区域，称为同名区域，该同名区域的中心点为待定点的同名点，这就是数字影像相关的基本原理。为了提高影像相关的准确性，目前已经有各具特色的数字影像相关方法，如相关系数法、最小二乘影像匹配法、特征匹配法及关系匹配法等。

(3)影像数据处理

影像相关完成后，就可测得像点在像平面坐标系中的坐标值。这时，根据同名像点与其对应的地面物点所满足的摄影几何关系，通过相对定向、绝对定向等摄影测量的解析算法，构建出与实地相似的、按一定比例尺表达的数字立体模型，建立数字高程模型(DEM，Digital Elevation Model)。利用建立的DEM，逐像元纠正由像片倾斜和地形起伏引起的像点位移，制作数字正射影像或其他数字化产品。

(4)产品输出

数字摄影测量的产品可以是4D数字产品，也可以是图解产品，如绘制等高线图、透视图、坡度图、断面图、景观图及其他各种专题图；还可通过一定的算法提供体积、空间距离、表面积、填挖方量等工程数据，完成各种工程运算；也可进行GIS数据采集，建立三维虚拟景观等。

17.2.3 数字摄影测量系统

实现数字摄影测量全过程的设备称为数字摄影测量系统(DPS)。DPS主要由两部分组成：硬件部分，包括影像数字化装置、影像输出设备、计算机；软件部分，包括完成影像相关和各种摄影测量任务的软件。

目前，国内外已推出了不少商用数字摄影测量系统，其主要特点为：自动化程度高，处理效率高，生产精度高，产品质量控制工艺强，能处理遥感影像和普通相机所摄像片，可生产高精度DEM和正射影像及制作各种比例尺地形图，并完成地理信息系统(GIS)数据采集等任务。

数字摄影测量是利用数字相片媒体，通过数字摄影测量技术把像片转换成数字地形图。DPS是替代传统模拟测图和解析测图的主流产品，其主要功能包括：

1)采集基础数据和地形图扫描矢量化，使作业员使用起来方便、快捷，作业效率高；

2)进行空中三角测量，边选点边采集像点坐标数据，内定向还可以采用全自动方法测量；

3)人工智能地物信息提取，用于制作各种地形图和专题图，提高了测图自动化水平和效率；

4)制作DOM，具有成本低、劳动强度小、作业环境好和生产效率高等优点；

5)制作各种比例尺电子地图，直接为城市规划、公用事业、国土管理、交通及工程建设等各行各业服务；

6)利用影像、DEM等数据，制作三维地形、城市景观图及透视图等。

17.3 遥感新技术

遥感是指遥远地感知，即不直接接触目标物和现象，在飞机、飞船、卫星等载体上，使用传感器接收地面物体反射或发射的电磁波信号，并以数据形式记录下来，传送到地面，经过处理后获得地面物体相关信息，并直接用于资源勘查、环境监测、制作地形图及各种专题图等。遥感技术具有观测面积大、获取资料速度快且内容丰富、受地面条件限制少、获取空间信息成本低廉，以及可连续、反复观测等特点。随着航天技术、传感器技术及计算机技术等的快速发展，使民用遥感影像的空间分辨率达到了dm级(例如Quick Bird影像达到0.61 m)。

17.3.1 遥感基本原理

物体本身具有不同的电磁波辐射或反射特性，不同物体在一定的温度条件下发射不同波长的电磁波，并对太阳辐射或人工发射的电磁波具有不同的反射、吸收、透射及散射特征。因此，根据物体的这种电磁波辐射理论，就可以利用传感器获得各种物体的影像信息，以达到识别目标物体大小、位置、类型和属性等目的。

电磁波的波段有 γ 线、X 线、紫外线、可见光、红外线及无线电波等。目前,遥感所使用的电磁波的波长有:紫外线部分(0.3 μm～0.4 μm)、可见光部分(0.4 μm～0.7 μm)、红外线部分(0.7 μm～14 μm)以及微波部分(1 mm～1 m)等。根据电磁波波段,遥感分为可见光遥感、红外遥感、微波遥感三种类型。

可见光遥感中所观测电磁波的辐射源是太阳,红外遥感中所观测电磁波的辐射源是目标物,微波遥感中所观测电磁波的辐射源除了目标物本身外还有雷达。所以,根据传感器接收电磁波来源和方式的不同,遥感分为主动式遥感和被动式遥感。凡传感器接收的电磁波是直接来自目标物的,称为被动式遥感;由传感器主动发射电磁波且又接收目标物对传感器发射电磁波的回波信号,称为主动式遥感。

17.3.2 遥感技术系统

遥感技术系统主要由空间信息采集系统、地面接收和预处理系统、地面实况调查系统及信息分析应用系统等部分组成。

(1)空间信息采集系统

主要包括遥感平台和遥感器两部分。遥感平台是装载传感器的运载工具,分为地面平台、航空平台和航天平台。遥感器是收集、记录被测目标特征信息(反射或发射电磁波)并发送至地面接收站的设备。

(2)地面接收和预处理系统

遥感信息是指航空或航天遥感所获取的信息,包括被测目标物体的信息和运载工具上设备环境数据。遥感信息向地面传输有直接回收和视频传输两种方式:直接回收是指传感器将目标物体反射或发射的电磁波信息记录在胶卷或磁带等介质上,待运载工具返回地面后回收;视频传输是指传感器将接收到的目标物反射或发射的电磁波信息,经过光、电转换,通过无线电形式将数据送到地面接收站。

遥感信息的预处理是指由于受传感器性能、遥感平台的姿态不稳定性、地球曲率、大气的不均匀分布及地形的差别等多种因素影响,地面接收站接收到的遥感信息总有不同程度的失真,必须将接收到的信息经过一系列校正、处理,以便使用。遥感数据处理系统主要包括:收集遥感数据和运载工具上设备环境的数据、目标物体的光谱特性及地面实况调查的资料等;将遥感数据进行辐射校正和几何校正以消除图像方面的失真和干扰及图像的几何变形;将全部数据进行压缩、存储,以便用户能快速检索到所需要的数据及对图像的判读和应用。

(3)地面实况调查系统

地面实况调查系统主要包括在空间遥感信息获取前所进行的地物波谱特征(即地面反射电磁波及发射电磁波的特性)采集,以及在空间遥感信息获取的同时所进行的与遥感目的有关的各种数据的采集(如区域的环境、气象等数据)。前者是为设计遥感器和分析、应用遥感信息提供依据,后者主要用于遥感信息的校正处理。

(4)信息分析应用系统

信息分析应用系统是用户为一定目的而应用遥感信息时所采取的各种技术,主要包括遥感信息选择技术、应用与处理技术、专题信息提取技术、制图技术、参数量算及数据统计技术等。遥感信息选择技术是指根据用户需求的目的、任务、内容、时间和条件(经济、技术、设备)等,在已有各种遥感信息的情况下,选购其中一种或多种信息的技术。

17.3.3 遥感图像处理

遥感影像通常需要进一步处理方可使用,用于该目的的技术称之为影像处理。影像处理包括各种可以对像片或数字影像进行处理的操作,主要包括影像的光学增强和数字影像处理。遥感影像的光学增强是指借助光学技术对影像进行光学增强处理,使影像更为清晰、目标物体的标志更明显、更易于识别,从而改善影像判读条件,提高影像的可辨性。目前常用的光学增强技术有:多波段影像的彩色合成技术、等密度分割加色技术及其他影像融合等相关增强技术等。

数字影像处理是指将数字化的影像输入计算机,由计算机进行下列方面的处理:

1)复原。对影像的辐射进行校正,消除或减弱在影像成像过程中影像像质的退化。

2)纠正。对影像进行各种纠正处理。

3)镶嵌。对多张影像进行镶嵌和投影转换。

4)融合。将高空间分辨率的影像与高光谱分辨率的影像融合在一起,以生成一幅具有更多空间细节、光谱细节、更易判读的影像。如图 17-5 所示,利用影像融合技术进行土地利用调查。

5)分类。将影像中各类地物比较准确地划分开来。

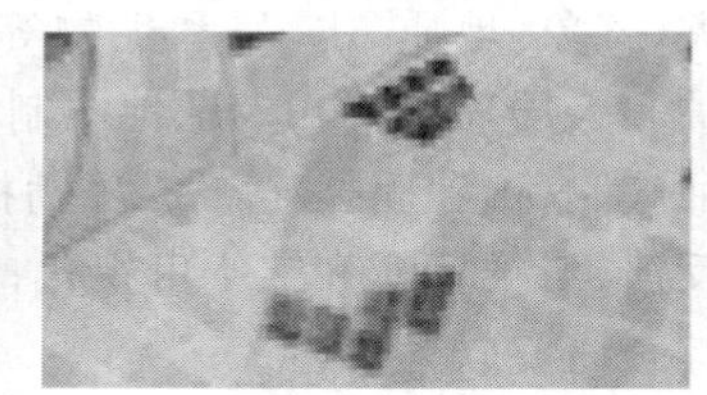

图 17-5 SPOT+TM 融合影像示意图

17.3.4 InSAR 与 DInSAR

合成孔径雷达干涉(Synthetic Aperture Radar Interferometry——InSAR)是新发展起来的空间遥感新技术,它是传统的微波遥感与射电天文干涉技术相结合的产物,主要是针对机载或星载合成孔径雷达(SAR)所获取的多幅覆盖同一地区的雷达图像进行联合处理来提取地球表面信息。

机载或星载 SAR 具有使用微波对地球表面主动成像的能力,SAR 所获取的影像与常规可见光和近红外遥感影像不同,每一像素可用复数表示,既包含了地面分辩元的灰度信息,也包含了与斜距(雷达天线到地面分辩元的距离)有关的相位信息,因此 SAR 影像有时也称为雷达复数影像。常规遥感和摄影测量主要针对影像灰度信息进行处理和分析,而 InSAR 则将相位信息作为处理和分析的要点。InSAR 的实质是通过对覆盖同一地区的两幅雷达图像的联合处理以便提取相位差图,即干涉图。

基于多幅雷达图像的二次差分处理可大规模地更精密地监测地球表面形变,以揭示许多地球物理现象,如地震形变、火山运动、冰川漂移、地面下沉以及山体滑坡等,这种扩展技术被称为差分干涉(Differential InSAR——DInSAR)。DInSAR 的高分辨率和连续空间覆盖的特征是已有监测方法所不具备的,因此,DInSAR 被认为是具有潜力的空间对地观测技术。

InSAR 主要用于测量地表三维形态及变化量,例如 DEM 的建立、地壳形变探测、地震监测和震后形变测量、地面沉降与滑坡监测、火山运动监测等。

17.3.5 遥感的主要研究内容

(1)遥感平台系统。遥感传感器的运载工具和搭载平台包括各种飞机、飞船、卫星、火箭、气球、云梯和机动高架车等的设计、特点和应用范围;天空地一体化平台组网技术和集成技术。

(2)遥感传感器设计与定标。为满足不同需要,研究具有遥感专门特性的传感器硬件设计及相应的定标与检校技术,主要包括全色与多光谱传感器、高光谱传感器、红外传感器、微波传感器和智能传感器等的设计,以及各种传感器的几何/光谱/辐射定标技术、复合传感器技术、精密定位与传感器集成技术和传感器网络设计与分析等的理论与方法。

(3)地物波谱与遥感反演理论。如地物电磁波辐射特性、电磁波辐射传输理论、大气模型与大气传输理论、地面目标二向性反射特性、遥感成像机理、遥感试验场定标理论与方法、波谱测量与波谱数据库技术及定量遥感反演的理论、技术与方法等。

(4)遥感数据处理与分析。如遥感图像压缩与编码、遥感数据处理的理论与算法、多源遥感数据融合处理与分析、序列遥感影像处理与分析、遥感专题信息提取、遥感影像分类与解译以及遥感数据一体化管理的理论、技术与方法。

(5)遥感信息应用。涉及资源调查(大气、水、矿产、土地和生物等资源)、环境保护(大气、水、土壤和生态等环境)、防灾减灾(气象、地质、水、旱和生物等灾害)、社会经济发展(军事、安全、人为灾害、经济建设、文化保护和人居环境等)、专题地图制作等方面的应用。

(6)资源与能源探测。针对油气、煤田和固体矿产资源勘探领域的难题,发展弱信号和复杂地表条件下的特殊处理、联合反演、三维反演和三维可视化;集成各种探测资料处理、反演和解释软件,开发具有自主版权的综合研究软件平台。

(7)环境与工程探测。如工程与环境因素,物理、化学、放射性等环境污染源与地球物理场、地球化学元素的关系,地表、地下无损电磁探测与成像技术,人口密集区环境辐射监测、评价和放射性生态环境等问题。

17.3.6 遥感信息应用

遥感信息的应用十分广泛,包括工业、农业、国防和社会经济的各领域,以及人们工作、生活等方面。例如:地形图测绘、更新,绿化覆盖率调查,土地利用现状调查,农作物估产,养殖监测,环境污染调查,风景旅游资源调查,地质构造解译,灾害监测与评估,环境监测、调查,工程建设选址可行性评估,城市房屋建筑密度及房屋类型调查,交通现状调查与规划等。

(1)在测绘中的应用。为了在数字地球中表达地理参考,使相关空间信息在网络上准确表达、描述和查询,需要建立国家空间数据基础设施。遥感技术为数据采集、更新提供了必要的数据源。

(2)在线路工程中的应用。制作地形图、断面图和DEM,高分辨率的图像可提供各种地物属性信息,提高地质现象和水文要素的解译精度和可靠性,使道路选线工作更趋自动化。

(3)在农林业中的应用。进行土地资源调查与监测;识别各类农作物、计算种植面积、估计产量;在作物生长过程中,能够分析其生长趋势,以便及时灌溉、施肥和收割等;及时对农作物受到灾害影响的程度进行评估,以便采取防治措施;估算森林面积,调查森林资源,并可以监测、预报森林火灾位置、面积及灾情,还可以监视森林病虫害灾情。

(4)在地质勘察中的应用。利用遥感图像的色调、形状、阴影等标志,可解译地质类型、地层、岩性、地质构造等信息;可以为矿产资源调查提供重要线索和依据;可用于大型堤坝、厂矿和建筑工程选址、道路选线及地质灾害预测;为高寒、荒漠、热带雨林地区的地质工作提供资料;用于矿区地质调查、寻找矿产资源、探测矿区灾害及环境污染情况等。

(5)在水文及海洋中的应用。观测水体特征及变化情况,对其周围自然地理条件及人文活动的影响提供丰富的信息;可以确定地表江河、湖沼、冰雪、海洋的分布、面积、水量及水质情况,还可勘测、调查地下水资源的情况;可进行长期的水文动态监测和预报、海洋资源普查、污染监测、大洋环流、海面温度场的变化、鱼群迁移、潮汐,以及对厄尔尼诺现象的出现和发展提供分析数据及科学预报等。

17.4 无人机低空遥感技术

在当今信息时代,如何快速、准确地获取地理信息已经成为热点研究问题。以卫星、飞机等为平台的航天航空摄影测量已经得到广泛应用,但是在某些条件下(例如多云雾天气、范围较小地区、需要超高分辨率影像及抢险应急等情况)并不适用。而利用无人机在 300～1 500 m 航高获取的清晰影像,能够作为卫星遥感和航空摄影测量不可缺少的补充手段。无人机低空遥感系统(Unmanned Aerial Vehicle Low Altitude Remote Sensing System——UAVRS),是一种以轻型无人机为平台、以 CCD(即 Charge Coupled Device,电荷耦合器件)数字相机为有效载荷、能够获取规则重叠度影像的航空摄影系统。UAVRS 通常由飞行平台、有效载荷、地面监控站、数据链路和应急装置等部分组成,具有低成本、轻便灵活、操作简单、无需专用机场支持等特点,可以完成低空、超低空摄影测量任务。

17.4.1 无人机低空遥感影像获取

(1)无人机低空遥感平台的组成

无人机遥感平台分为空中部分和地面部分,其空中部分包括遥感传感器系统、空中自动控制系统、无人机(图 17-6);地面部分包括航线规划系统、地面控制系统及数据接收系统。无人机利用无线传输方式将飞行数据传输到地面,在地面监测无人机的飞行航线,在必要的情况下可以根据接收的数据更改飞行计划,例如进行部分地区的及时补拍,当遇紧急状况时可自动切换成手控飞行。

图 17-6 无人机

(2)影像的自动获取

无人机影像自动获取的流程为:根据任务的要求进行航线规划,并将规划好的航线传入空中控制子系统;空中控制子系统则按照预设的航线、拍摄方式进行飞行和拍摄影像;将拍摄的数据进行存储或传递到地面。

(3)影像处理

影像处理主要包括匀色与裁边、空中三角测量、正射影像生成及精度检查等内容。

1)匀色与裁边。照片在航片、航带之间存在颜色、明暗等方面的差异,所以需要对原始影像进行匀色,使得航片与航片之间的纹理、亮度、反差、灰度及色相方面保持较好的一致性特征，以保证镶嵌后的自然过渡及可读性好。由于照片的边缘变形大，所以利用栅格影像裁剪工具将边缘部分裁剪掉。

2)同名点自动量测和影像重叠度计算。通过相邻影像的匹配获得大量同名点，经过影像间同名点自动量测后，就可以根据同名点坐标值计算相邻影像数据的实际重叠度。通常航向重叠度为70%，旁向重叠度为40%左右。

3)快速拼接全景影像图。全景影像图与正射影像图不同，它是原始影像直接拼接的结果，尽管相邻影像间出现明显接边、地物错位等误差，但却适用于快速获取信息，并容易了解整个拍摄区域是否出现漏拍现象，以及检查影像是否能满足航片重叠度的要求。

4)区域网空中三角测量。做空中三角测量的目的是为了制作正射影像，可以利用数字摄影测量软件、地面控制点及检查点进行区域网平差，进行空中三角测量。

5)生成正射影像。完成空中三角测量后，可以利用同名点和控制点生成DEM，进而根据DEM生成正射影像。

6)精度检查。为了验证所生成的正射影像的精度，可以随机抽取若干个实测的地面控制点，通过量测控制点在屏幕上的坐标与实测坐标进行对比，计算点位中误差。

7)制作三维景观。无人机所获取的影像能够提供详细、丰富的几何和语义信息。利用DEM可以表达地形起伏要素，利用影像纹理可表示地表真实覆盖和土地利用状况，直接将实地的影像数据映射到DEM透视表面，并可叠加各种自然、人文等特征信息，建立准确、真实的三维景观，并可以在三维空间中进行虚拟漫游。

17.4.2 利用无人机影像制作大比例尺地形图

(1)影像数据的几何纠正

影像数据的几何变形是指图像上的像元在图像坐标系中的坐标与其在地图坐标系等参考系统中的坐标之间的差异，消除这种差异的过程称为几何纠正。因为遥感平台、地形起伏、地球表面曲率等多种因素的影响，使图像产生畸变，因此，需要进行几何纠正。可以利用相关遥感软件系统的几何校正模块进行几何校正。几何纠正的精度主要取决于地面控制点(像控点)的精度、分布和数量。

地面控制点必须满足一定的条件，即均匀地分布在图像内；在图像上有明显的、精确的定位识别标志，如公路、铁路交叉点、河流岔口、农田界线等，以保证空间配准的精度；要有一定的数量保证。

(2)大比例尺地形图的制作

在选择制作地形图平台时，可以采用专门的测绘软件。通常，每张影像上至少需要两个像控点，根据实测的像控点坐标可以计算两点间的实际距离，同时在图上量取该直线的长度；然后，用实际距离比图上距离计算该影像的缩放比例，并以任意一点为基点对该影像进行平移，使影像的坐标系统与实际坐标系统大致一致。为了使图像的坐标系统与实测坐标系统更好吻合，采用专门测绘软件的图像纠正工具对图像进行精校正，使得图像的坐标系统与实测坐标系统一致。这样，图像上任意一点的平面坐标就是实际地理坐标，实现了所见即所得。

根据国家地形图测图规范进行屏幕测图，应遵循由整体到局部、由精确到一般的测量原则，即先绘图像中的主要道路、河流、房屋等，并对地物进行分层管理，便于分类处理。可见，该方法可以直接利用普通配置的计算机进行制作地形图。

17.5 地理信息系统

17.5.1 相关名词术语

(1)信息。信息是向人们(或系统)提供的关于现实世界的新知识,可作为生产、经营、分析和决策的依据。信息用数字、文字、符号、语言等介质来表示事件、事物、现象等内容、数量或特征。信息具有客观性、适用性、传输性和共享性等特征。

(2)数据。数据是未加工的原始资料。数字、文字、符号、图形和影像都可以是客观对象的数据表示。信息来自于数据,是数据内涵的意义,是数据的内容和解释。例如,从遥感卫星图像数据中可以获得农作物产量、气象变化等专题信息。

(3)地理信息。地理信息是指与所研究对象的空间地理分布有关的信息,它表示地表物体及环境固有的数量、质量、分布特征、联系和规律。地理信息位置的识别是与数据联系在一起的,它具有区域性和多维数据结构的特征,即在同一位置上具有多个专题和属性的信息结构。例如在一个地面点上,可取得高度、噪声、污染、交通等多种信息。地理信息有明显的时序特征,即动态变化的特征,因此要求及时采集和更新信息,并根据多时相的数据和信息来寻找随时间的分布规律,进而对未来做出预测或预报。

(4)属性数据。属性数据用来反映与几何位置无关的属性,可通过分类、命名、量算、统计等方法得到。属性分为定性和定量两种,前者包括名称、类型、特征等,后者包括数量和等级等。任何地理实体至少包含有一个属性,而地理信息系统的分析、检索主要是通过对属性的操作运算来实现的。

(5)空间数据。空间数据是指通过测量所得到的地球上的地物和地貌空间位置、形状、大小及其相关属性的数据,也称地理空间数据或地理数据。尽管地球上的地物位置、形状各异,地貌高低起伏、复杂多样,但可在某一特定的参考坐标系统下,以点、线、面三种基本元素及其必要的说明,对实体空间进行描述。例如,用点的坐标和相应的符号,可以表示控制点,或某些固定地物(如电杆、水井、独立树等);用不同的线型和符号,可区分河流、铁路和公路等;用不同面状符号,可表示不同类型、形状的建筑物,以及区分植被的类型等。

(6)拓扑关系。拓扑关系表示实体间的空间相关性,表示点、线、面等实体间的空间联系。空间拓扑关系对于空间数据的编码、录入、格式转换、存储管理、查询检索和模型分析都有重要意义。

(7)信息系统。信息系统是能对数据和信息进行采集、存贮、加工和再现,并能回答用户一系列问题的系统。信息系统的四大功能为数据的采集、管理、分析和表达。更简单地说,信息系统是基于数据库的问答系统。

(8)空间分析。空间分析是指基于地学原理和相关分析算法,从空间数据中获取有关地理对象的空间位置、空间分布、空间形态、空间形成、空间演变等信息。空间分析是地理信息系统区别于其他类型系统的最主要的功能特征,主要包括 DEM 分析、叠置分析、缓冲区分析、网络分析、统计分析及地理分析等。

空间数据同其他数据一样,亦有多种表示、存储和使用的形式,可以由表格、图形、图像等形式表示,也可以由计算机存储于空间数据库,如地图为空间数据最直观、最易被人们认识和使用的表示形式。

17.5.2 GIS 概念与功能

(1)什么是 GIS

地理信息系统(Geographic Information System——GIS)是一门集测绘、信息、计算机、地理及管理等科学为一体的综合性学科。GIS 以地理空间数据库为基础,在计算机软、硬件的支持下,对空间相关数据进行采集、管理、操作、分析、模拟和显示,能够进行空间分析、多要素综合分析和动态预测等,适时提供多种空间和动态的地理信息。GIS 是一门高技术信息产业,也是一门多学科交叉的边缘学科。

计算机系统的支持是 GIS 的重要特征,使 GIS 能够快速、精确、综合地对复杂的地理系统进行空间定位和动态分析。GIS 从外部来看,表现为计算机软、硬件系统,而其内涵确是由软件和空间数据组织而成的地理空间信息模型,为一个逻辑缩小的、高度信息化的地理系统。

作为一个新兴的行业,地理信息科学及其产业正在崛起。目前,地理信息在国民经济等领域显示出越来越重要的作用。GIS 能够有效地帮助我们解决许多最迫切的可持续发展问题,例如人口、资源、环境、灾害等重大社会问题。GIS 已在许多领域得到应用,随着人们对空间信息认识的加深以及数字化产品的普及,其应用的深度和广度正在拓展。

据调查,现实数据库信息中约有 75%的信息具有空间性,政府部门信息中约 85%的信息具有空间性。GIS 不仅在解决全球环境变化和区域可持续发展等重大问题上作出贡献,而且将呈现社会化应用趋向,成为人们科研、生产、生活、学习和工作中不可缺少的工具和手段。

(2)GIS 能够解决的主要问题

1)空间查询与分析。对空间数据进行快速搜索,对复杂问题进行查询及进行空间分析是 GIS 的看家本领。

2)提高系统集成能力。采用 GIS 可最大限度地对信息资源加以利用,通过地理相关性将不同数据集成在一起,实现数据资源共享,从而提高数据的利用价值。

3)辅助决策。通过数据集成、空间分析、可视化表达等方式实现辅助决策,以快速有效的信息获取、加工处理手段,做到足不出户便可运筹帷幄。

4)自动制图。制作出过去只有制图专业人员才能做出的高品质地图,地图的要素将随着数据库内容的变化而自动改变。

(3)GIS 的主要功能

1)数据采集与编辑。将实体图形数据和描述它的属性数据输入到数据库中,即数据采集;为了消除数据采集的错误,需要对图形及文本数据进行编辑和修改。

2)空间数据库管理。地理对象通过数据采集与编辑后,形成庞大的地理数据集,对此需要利用空间数据库管理系统来进行管理,其功效类似对图书馆的图书进行编目、分类存放,以便管理人员或读者能够快速查找所需的图书。

3)数据处理。在地理数据用于 GIS 之前应当进行处理,例如,必须转换成适当的格式,而 GIS 中图形数据与属性数据通常是结合在一起的,对其中一类数据的操作会影响到与之相关的另一类数据,因而操作带来的数据一致性和操作效率是数据处理的主要问题之一。

4)查询与分析。GIS 提供简单的鼠标点击查询功能和复杂的分析工具,为使用者和各类特殊用户及时提供所需信息和辅助决策帮助。

5)数据输出。将查询的结果或数据处理与分析的结果以合适的形式输出,其表述形式主要有文字、表格、照片、图形、声音、三维景观及多媒体等形式。

(4)建立 GIS 的主要目标

为了减少或取代相关管理部门低水平、手工、机械的重复劳动,以完善、丰富的信息为各级管理人员提供良好的决策基础和决策环境,为社会公众提供各种咨询和信息服务,实现提高工作效率与工作质量,适应社会经济与城市建设的迅猛发展。

例如一个企业,利用 GIS 建立稳定、安全的数据平台,文档、表格、图纸、影像、声音、录像等资料入库,实现科学规范管理;实现网上便捷地查询、检索、下载、检核、审批等,实现办公及业务工作自动化;所有技术资料及成果信息实现可靠的安全、保密管理,分级赋权、按部门分布式存储,有效地解决技术资料防流失、防拷贝问题;实现图纸资料数字化、信息化、网络化、自动化、可视化,查询结果一目了然(包括采用表格、直方图、饼状图或曲线图显示);提升企业形象,促进企业现代化建设步伐。

17.5.3 GIS 构成与任务

(1)GIS 的构成

通常,一个完整的 GIS 由计算机硬件系统、计算机软件系统、地理空间数据、系统维护和使用人员等四部分构成。

1)计算机硬件系统。主要包括主机(可以是单机或计算机网络系统)、数据输入设备(用于将数据输入计算机,如扫描仪、数字化等)、数据存储设备(主要指存储数据的磁盘、磁带、光盘及相应的驱动设备)、数据输出设备(包括图形终端显示设备、绘图机、打印机等)、数据通信传输设备(网络连线、网卡及其他网络专门设施)等。

2)计算机软件系统。GIS 运行时必需利用相关软件,通常包括计算机系统软件、地理信息系统软件、应用分析程序等。根据 GIS 的功能,可划分为六个子系统:

① 计算机系统软件和基础软件(操作系统、使用手册、说明书,以及 C^{++} 等基础软件);

② 数据输入子系统(对应不同的数据输入、存贮和管理方式,系统配备的相应支持软件);

③ 数据编辑子系统(进行图形变换、图形编辑、图形修饰、建立与检验拓扑关系、属性输入等);

④ 空间数据库管理系统(对空间定位数据和属性数据进行组织与管理,并建立二者的联系,同时保证空间数据的一致性和完整性);

⑤ 空间分析系统(GIS 的核心部分,具有空间位置查询、属性查询、空间分析等功能,实现函数运算、自定义函数运算及驱动应用模型运算等数学运算功能等);

⑥ 数据输出子系统(将检索和分析处理的结果按用户要求输出,其形式可以是地图、表格、图表、文字、图像等,也可在屏幕、绘图仪、打印机或磁介质上输出);

3)地理空间数据。属于 GIS 的操作对象与管理内容,通过数字化仪、扫描仪或其他输入设备输入到 GIS 中,包括位置信息、属性信息和空间关系等。

4)系统维护和使用人员。GIS 是一个复杂的人—机系统,它必须处于相应的机构或组织环境内,需要人们进行组织、使用、管理、维护和数据更新,以及系统扩充等工作。

(2)GIS 的任务

1)地理空间数据管理。以多种方式录入地理数据,并进行数据库管理、更新、维护,能够进行快速查询(图 17-7)及检索,以多种方式输出所需的空间信息。

2)空间指标量算。以定量的方式存储地理空间信息,便于灵活、快速、动态地对与地表有关的各种空间指标进行精确的量测,是对传统的地图量算方法的有效改进。

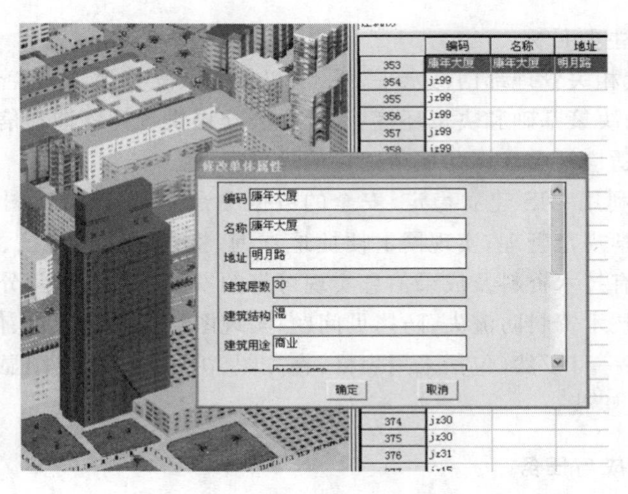

图 17-7　城市信息管理与查询

3)综合分析与预测。GIS 不仅可以对地理空间数据进行编码、存储和提取,而且还是现实世界的模型,可以对自然界的某方面进行分析、评价,也可以模拟自然过程对未来的结果做出定量的趋势性预测(如图 17-8 所示为洪水位预测淹没范围及统计分析),并分析、对比不同决策方案的效果以便做出最优决策,避免和预防不良后果的发生。

图 17-8　洪水淹没范围预测及统计分析

17.6　三维激光扫描系统

三维激光扫描技术是 20 世纪 90 年代中期开始出现的一项高新技术,可以认为它是继 GPS 之后的又一项测绘新技术。三维激光扫描技术又称“实景复制技术”,它可以深入到各种复杂的现场环境及空间中进行扫描操作,并直接将多种大型的、复杂的、不规则的、标准或非标准等实体或实景的三维数据完整地采集到电脑中,进而快速重构出目标的三维模型及线、面、体空间的制图数据，并且，它所采集的数字化的三维激光点云数据还可进行各种后处理工作及其他方面的应用。

17.6.1 工作原理与分类

三维激光扫描系统主要由三部分组成：激光扫描仪（图 17-9）、控制器（计算机）和电源供应系统。激光扫描仪主要包括激光测距系统和激光扫描系统，利用摄像机捕获坐标和图像信息。基本测量原理是通过两个同步反射镜快速而有序地旋转，将激光脉冲发射体发出的激光脉冲依次扫过被测区域，测量每个激光脉冲从发出到经被测物表面再返回仪器所经过的时间（或相位差）来计算距离，同时测量每个脉冲激光的角度，最后计算出激光点在被测物体上的三维坐标，如图 17-10 所示。

图 17-9　激光扫描仪

激光扫描系统的原始观测数据主要有：两个连续转动的用来反射脉冲激光的反射镜角度值，即水平方向值 α 和天顶距值 θ，如图 17-11 所示。通过脉冲激光传播的时间（或相位差）计算得到仪器到扫描点的距离值 S 和扫描点的反射强度 I。前三种数据 α、θ、S 用来计算扫描点的三维坐标值；I 则用来给反射点匹配颜色。一般使用仪器内部坐标系统：X 轴在横向扫描面内，Y 轴在横向扫描面内与 X 轴垂直，Z 轴与横向扫描平面垂直。由式（17-1）即可计算出激光点的三维坐标。在拼接不同站点的扫描数据时，需要用公共点进行变换，以统一到同一个坐标系统中。

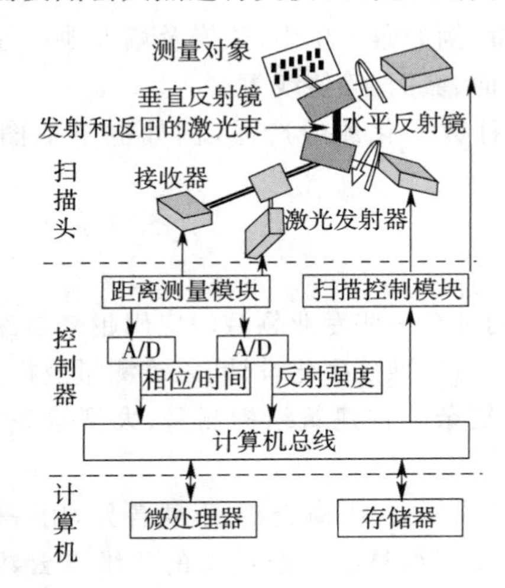

图 17-10　激光扫描仪测量的基本原理

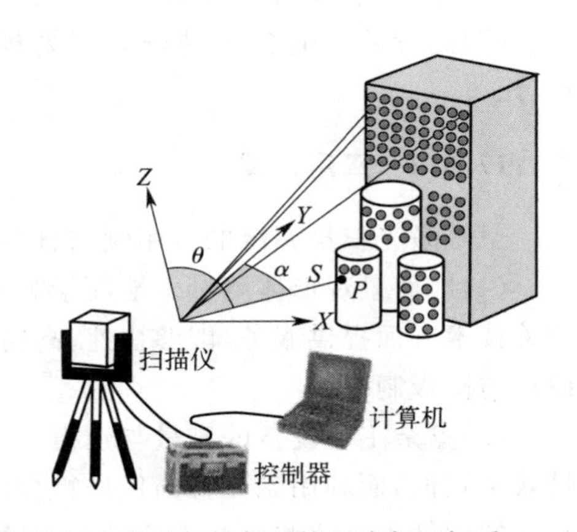

图 17-11　激光扫描仪系统组成与坐标系

$$\begin{cases} X_P = S\sin\theta\cos\alpha \\ Y_P = S\sin\theta\sin\alpha \\ Z_P = S\cos\theta \end{cases} \tag{17-1}$$

三维激光扫描系统从操作的空间位置可以划分为 3 类：机载型激光扫描系统、地面型激光扫描系统（根据测量方式还可细分为移动式激光扫描系统和固定式激光扫描系统）、手持型激光扫描系统。

对于地面型激光扫描仪，还可以按扫描速度、空间分辨率、测程等不同的指标进行分类。

如有些扫描仪适合在室内和短程距离测量(通常<100 m),有些适合室外长距离测量。

17.6.2 数据处理过程

三维激光扫描系统采集的数据为点云数据,点云数据处理一般包含下面几个步骤:噪声去除、多视对齐、数据精简、曲面重构。

(1)噪声去除。指除去点云数据中错误的数据。在扫描过程中,由于某些环境因素的影响,比如移动的车辆、行人及树木等,也会被扫描仪采集。这些数据在后处理时需要删除。

(2)多视对齐。指由于被测对象过大或形状复杂,扫描时往往不能一次测出所有数据,而需要从不同位置、多视角进行多次扫描,这些点云就需要对齐、拼接。

(3)数据精简。指由于点云数据是海量数据,在不影响曲面重构和保持一定精度的情况下,需要对数据进行精简。

(4)曲面重构。指将扫描数据用准确的曲面表示出来,真实地还原扫描目标的原貌。

17.6.3 技术特点

作为一种新的测量手段,三维激光扫描系统与传统的测量方法比较,有如下技术特点:

(1)测量信息丰富、完整,包括空间信息和颜色等属性信息;

(2)不需要接触物体,昏暗和夜间都不影响外业测量,特别是岩洞、采空区及管道内部等难以到达的地方;

(3)适合测量表面复杂的物体及其细节的测量,例如露天矿山、危岩及塌方地带等;

(4)能快速、准确及高效地确定表面、体积、断面、截面、等值线等;

(5)测量数据适合于进行后期处理,得到多种数字化测绘产品,例如电子地图、三维景观等。

17.6.4 应用领域

三维激光扫描系统的应用领域日益广泛,特别是在一些专业领域的应用越来越深入。

(1)地面景观形体测量。地面景观形体测量可为三维数字化设计、三维测量及模具制造等相关技术方面提供服务,能够快速、高精度地完成复杂的古建筑结构测量、大型景观三维数字设计与模板制作。

(2)复杂工业设备的测量与建模。很多工厂管线林立、纵横交错、形状各异,用一般方法测量效率较低,而利用激光扫描仪进行分段扫描,可以获得复杂工业设备的三维点云数据,应用相应的软件生成这些复杂工业设备的模型,为设备的制造和工厂规划提供可视化的三维模型。

(3)建筑与文物保护。以前利用摄影测量方法获得影像,但难以建立三维景观并恢复原貌。现在利用激光扫描系统来进行,这样做成的电子产品易于保存,能详细表现和了解被测物体表面,随时方便地得到等值线、断面及各种剖面等。当建筑和文物遭到破坏后能及时而准确地提供修复数据。

(4)建立城市三维模型。在街道上对建筑物的内外部进行三维激光扫描,扫描的点云数据经过数据预处理、剔除粗差、拼接和合并,运用数据滤波和分类算法获得地面高程数据及地物数据。地面高程数据用于建立高精度的数字地面模型;地物数据经提取和目标识别处理后建立城市三维模型,也适用于 GIS 数据库更新、旅游向导和虚拟现实制作等。

(5)地形图测绘和矿山测量。通过扫描野外地形、拼接、合并三维测量数据,生成影像图,再通过一定量的控制点转换到国家或城市坐标系中，用地貌和地物的三维点云数据建立模型，生成地形图及剖面图等。同样，三维激光扫描可以用于矿山的地形、体积、塌陷规模及地下巷道和采空区测绘等工作。

(6)森林和农业资源调查。用传统方法只能进行估计或者只能近似测量得到的数据，例如表征木质的重要参数(曲直度、可砍伐性等)，而应用激光扫描仪对森林里的树木进行扫描，可以较准确地获得某时刻的森林现状数据。不同时间测量结果的比较还可以了解森林动态变化情况，另外，通过测量树的分支结构还可确定土质、估计二氧化碳的含量等。

(7)变形监测。用传统的变形测量方法(例如利用 GPS、水准仪、近景摄影测量等方法)进行变形监测时，需要在变形体上布设监测点，而且点数有限。从有限的监测点数中得到的信息也有限，难以完整地体现整个变形体的实际变形情况。而利用激光扫描仪可以进行均匀、高精度及高密度地测绘，获得更丰富的信息。

(8)医学或工业测量。在这些领域应用的特点是测程短(通常＜4 m)、测距精度高(＜1 mm)，例如 MinoltaVI900，配置长、中、广三种不同焦距的镜头，测距精度优于±0.1 mm，测程为 0.6～2.5 m。目前，三维激光扫描技术已广泛地应用于产品质量控制、工业设计、外科整形、人体测量、矫正手术等方面。

17.7　工业测量系统

17.7.1　工业测量和工业测量系统

工业测量是指在制造工业和机器安装及质量评估工作中，对部件或产品的形体进行精密的三维坐标测量。工业测量系统是指以电子经纬仪、全站仪、数字相机等为传感器，在计算机的控制下，完成工件的非接触和实时三维坐标测量，并在现场进行测量数据的处理、分析和管理的系统。与传统的工业测量方法相比较，工业测量系统在实时性、非接触性、机动性和数字化等方面有突出的优点，因此在工业界得到了广泛的应用。

根据采用的仪器设备不同，工业测量系统可分为经纬仪工业测量系统、全站仪极坐标测量系统、近景摄影测量系统和激光跟踪测量系统等。

17.7.2　经纬仪测量系统

经纬仪工业测量系统(MTS)是由多台高精度电子经纬仪构成的空间角度前方交会测量系统。在 1995 年之前推出的工业测量系统，最多可接 8 台电子经纬仪。经纬仪工业测量系统的硬件设备主要由高精度的电子经纬仪、基准尺、接口和联机电缆及微机等组成。系统定向软件采用基于大地测量控制网平差的互瞄法或基于摄影测量的光束法平差技术。联机测量数据处理可实时地在计算机屏幕上显示出被测点的坐标值，特别适用于大型设备安装和测试。MTS 在几米到十几米测量范围内的精度可达到 0.02～0.05 mm。

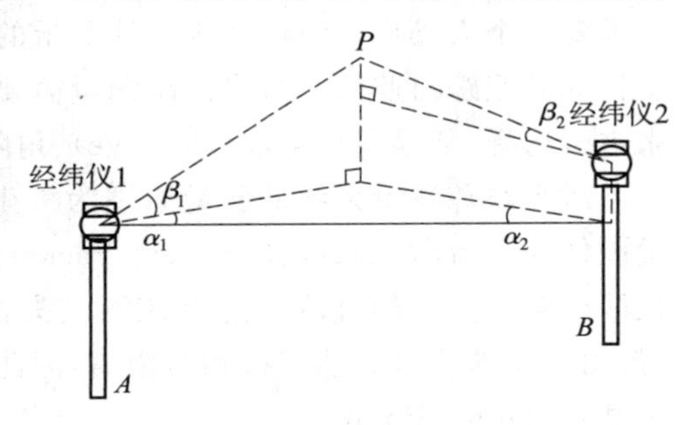

图 17-12　MTS 坐标测量原理图

MTS 空间前方交会测量系统的坐标测量原理如图 17-12 所示。以两台经纬仪(安置在观测墩上)为例，坐标测量前，确定 A、B 两台电子经纬仪在空间的相对位置和姿态，称为系统定向，这项工作一般由计算机引导完成。A、B两台经纬仪同时观测待定点 P 可获得4个角度观测量 α_1、β_1、α_2、β_2，经数据处理可最终得到 P 点的三维坐标(X,Y,Z)，并在计算机屏幕上显示出来。由于有多余观测量，可对测量结果进行质量控制，主要是指粗差检验，从而保证了测量结果的可靠性。

1996年推出的经纬仪工业测量系统，最多可接16台仪器，测角精度为±0.5"，仪器的屏幕大，显示的信息多，并且马达驱动装置与经纬仪测角、记录按钮是分离的，因此仪器的稳定性好，照准和读数更为方便。马达驱动的经纬仪特别适合于重复、多次观测和放样工作，如工件的检测和安装等。

17.7.3 极坐标测量系统

极坐标测量系统是由一台高精度的全站仪构成的单台仪器三维坐标测量系统(STS)。1995年之前推出的商业化系统，其全站仪的测角精度为±0.5″，测距标称精度为±($1\ mm+10^{-6}\times L$)，用掌上计算机或微机进行数据采集和处理。当近距离测距时，无需棱镜作为测距目标，只需采用特制的不干胶(或磁性)反射片贴到被测物的表面上，软件处理时顾及了标志的厚度。极坐标法坐标测量系统的仪器设站非常方便和灵活，测程较远，在100 m范围内的精度可达到±0.5 mm左右。因此，适用于钢架结构测量和造船工业等的中等精度要求的情况。

其后推出的极坐标系统采用马达全站仪，它们的测距标称精度为±($1\ mm+10^{-6}\times L$)，但在120 m范围内的测距精度能优于±0.5 mm。极坐标测量系统的原理如图17-13所示，通过测量角度 α、β 和斜距 S 来计算待定点 P 的坐标。

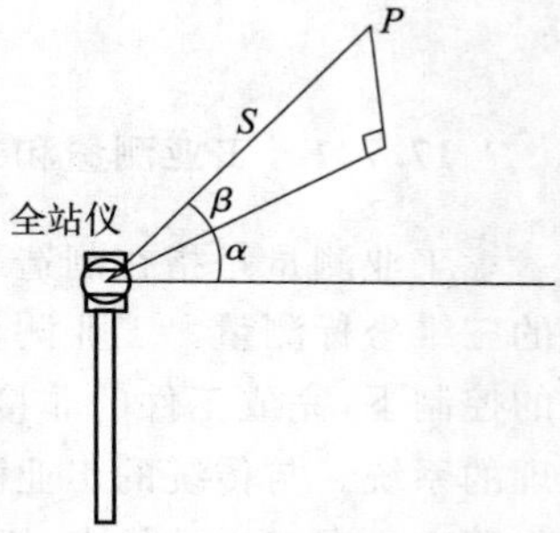

图17-13 STS坐标测量原理图

极坐标测量系统的发展方向是自动极坐标测量系统(APS)，可以利用免棱镜或自动跟踪全站仪，以及自动目标识别(ATR)技术进行测量。APS的照准和观测实现自动化，能够自动瞄准棱镜进行测量，特别适用于露天矿、大型建设工地及滑坡变形监测等方面。

17.7.4 激光跟踪测量系统

激光跟踪测量系统(LTS)与常规经纬仪测量系统的主要不同点是可以全自动地跟踪反射装置，只要将反射装置在被测物的表面移动，就可实现该表面的快速数字化。因此，LTS可以只需要一个人操作，并且，由于干涉测量的速度极快(每秒钟500次读数)，所以特别适用于动态目标的跟踪与监测。激光跟踪测量需要有专用的反射器配合，一般可根据不同的测量情况来进行选择，如猫眼反射器(Cat Eye)、角隅反射器(Corner Cube)、工具球反射器(TBR)等。

激光跟踪测量系统的测量原理为极坐标法，坐标重复测量精度达到0.01～0.02 mm，测量硬件为一台激光跟踪仪(Laser Tracker)，它的测量头设计与经纬仪类似，也有横轴和竖轴，在两个轴上安装的直流马达可使测量头在任意方位跟踪目标。斜距通过激光干涉测量法获得，由于干涉测量只能获得相对距离，因此绝对距离需要从某一距离已知的点上起算，该点称为基点(Home Point)。

激光跟踪仪轴系间的误差可以采用软件进行修正，例如水平度盘与垂直度盘偏心差、横轴倾斜误差等，这些误差参数可通过测量软件对观测结果进行改正。激光跟踪测量系统需要两个处理器,一个用于控制测量头并实现数据的高速采集,称为跟踪仪控制器,它实际上也是一台计算机;另一个为用户计算机,在该计算机上装有系统软件和应用软件,除了对测量结果进行分析计算外,还可将被测物和计算结果按图形方式显示在屏幕上。跟踪仪控制器与用户计算机之间的数据通讯采用局域网(LAN)的方式。

17.7.5 近景摄影测量系统

近景摄影测量系统采用数字近景摄影测量原理,通过高分辨率的两台或多台数字相机对被测物同时拍摄,得到物体的数字影像,经图像处理后得到精确的 X、Y、Z 坐标值。坐标计算可采用脱机和联机两种方式,对静态目标,脱机处理可采用单台数字相机,在两个或多个位置进行拍摄,图像可存入相机存储卡中,然后将存储卡插入电脑即可进行图像处理。通过特制的探棒作为测量标志,也可实时得到被测点的三维坐标。

为了保证最佳的图像量测精度和效果,被测点的标志采用特制的回光反射标志(Retro Reflective Target)。在拍摄图像时采用多姿态和不同角度以消除镜头的畸变差,数字相片的相对定向和绝对定向采用专用磁性定向标志和标准尺,并同时被拍摄到图像中。相对定向由鼠标控制,而影像匹配则由计算机自动完成。

近景摄影测量系统特别适合于动态物体的快速坐标测量,操作方便,对现场环境无要求,尤其在有毒、有害的环境下是其他工业测量系统所无法比拟的。在近距离范围内它的测量精度达到 0.1～0.3 mm。

另外,利用条码测量标志可以实现控制点编号的自动识别,采用专用纹理投影设备可以代替物体表面的标志设置,这些新技术正在使数字摄影测量向自动化方向发展。

思考题与习题

1. 解释下面名词术语:
VRS,DPS,RS,InSAR 与 DInSAR,GIS,空间分析,UAVRS,工业测量系统。
2. 简述网络 RTK 技术。
3. 数字影像处理的主要内容有哪些?
4. 遥感的主要应用领域?
5. 简述 GIS 的构成。
6. 三维激光扫描系统的主要组成部分及技术特点?
7. 试述 DPS 的主要功能。

参考文献

[1] 白迪谋．交通工程测量学[M]．成都:西南交通大学出版社,2002.
[2] 蔡孟裔,毛赞猷,田德森,等．新编地图学教程[M]．北京:高等教育出版社,2000.
[3] 陈永奇．变形观测数据处理[M]．武汉:测绘出版社,1988.
[4] 代敏,宋长松,李本国．油气田工程测量[M]．北京:中国石化出版社,2003.
[5] 范海英,杨伦,邢志辉．Cyra 三维激光扫描系统的工程应用研究[J]．矿山测量,2004(3):16-18.
[6] 付梅臣,王金满,王广军．土地整理与复垦[M]．北京:地质出版社,2007.
[7] 高井祥．测量学[M]．徐州:中国矿业大学出版社,2007.
[8] 工厂建设测量手册编写组编．工厂建设测量手册[M]．北京:测绘出版社,1992.
[9] 龚剑文．地图量算[M]．北京:测绘出版社,2000.
[10] 郝海森．工程测量[M]．北京:中国电力出版社,2007.
[11] 合肥工业大学等四校合编．测量学[M]．北京:中国建筑工业出版社,1995.
[12] 贺国宏．桥隧控制测量[M]．北京:人民交通出版社,1999.
[13] 黄丁发,熊永良,袁林果．全球定位系统(GPS)——理论与实践[M]．成都:西南交通大学出版社,2006.
[14] 姜远文．道路工程测量[M]．北京:机械工业出版社,2005.
[15] 孔祥元．控制测量学[M]．武汉:武汉大学出版社,2007.
[16] 李德仁,周月琴,金为铣．摄影测量与遥感概论[M]．北京:测绘出版社,2001.
[17] 李广云．工业测量系统最新进展及应用[J]．测绘工程,2001(6):36-40.
[18] 李兰勋．矿山测量[M]．武汉:中国地质大学出版社,1990.
[19] 李青岳,陈永奇．工程测量学(修订版)[M]．北京:测绘出版社,2002.
[20] 李永树．地面沉降灾害预报与防治方法[M]．北京:中国铁道出版社,2001.
[21] 李玉宝．测量学[M]．成都:西南交通大学出版社,2006.
[22] 梁旺．数字水准仪及水准尺的检定与精度分析[J]．勘测技术，2006(增):204-207.
[23] 刘光远,韩丽斌．电子地图技术与应用[M]．北京:测绘出版社,1996.
[24] 刘文军．电子水准仪综合检定方法的研究[D]．郑州:解放军信息工程大学，2004.24-29.
[25] 刘星,吴斌．工程测量学[M]．重庆:重庆大学出版社,2004.
[26] 龙毅,温永宁,盛业华．电子地图学[M]．北京:科学出版社,2006.
[27] 罗官德．数字水准仪 i 角检校方法探讨[J]．测绘技术装备,2003(5):42-44.
[28] 吕永江．房产测量规范与房地产测绘技术:房产测量规范有关技术说明[M]．北京:中国标准出版社,2001.
[29] 宁津生．测绘学概论[M]．武汉:武汉大学出版社,2004.
[30] 潘正风．数字测图原理与方法[M]．武汉:武汉大学出版社,2004.
[31] 宋文．公路施工测量[M]．北京:人民交通出版社,2001.
[32] 陈龙飞,金其坤．工程测量[M]．上海:同济大学出版社,1990.
[33] 同济大学测量系,清华大学测量教研组．测量学[M]．北京:测绘出版社,2002.
[34] 王挥云．电子经纬仪补偿器精度检测方法[J]．电大理工,2006(2):45-46.
[35] 王明善,李明．数字水准仪使用中的几个问题[J]．四川测绘,2001(3):133-134.
[36] 王兆祥．铁道工程测量学[M]．北京:中国铁道出版社,1998.
[37] 吴蕴珉．矿山测量与矿图[M]．北京:地质出版社,1998.
[38] 吴子安，吴栋材．水利工程测量[M]．北京:测绘出版社,1990.
[39] 吴子安．工程建筑物变形观测数据处理[M]．北京:测绘出版社,1989.
[40] 武汉大学测绘学院测量平差学科组．误差理论与测量平差基础[M]．武汉:武汉大学出版社,2007.

[41] 肖国城．水利工程测量[M]．北京:中国水利水电出版社,2003.
[42] 徐进军,张民伟．地面三维激光扫描仪:现状与发展[J]．测绘通报,2007(1):47-50.
[43] 徐霄鹏．公路工程测量[M]．北京:人民交通出版社,2005.
[44] 徐忠阳．全站仪原理与应用[M]．北京:解放军出版社,2003.
[45] 杨俊志．电子经纬仪的测角原理及检定方法[J]．测绘科学,1995(1):14-19.
[46] 杨俊志．数字水准仪常规检测项目检定方法探讨[J]．测绘通报,2000(11):24-28.
[47] 尹贡白,王家耀,黄彩芝．地图概论[M]．北京:测绘出版社,2000.
[48] 詹长根,唐祥云,刘丽．地籍测量学[M].2 版．武汉:武汉大学出版社,2005.
[49] 张国良．矿区环境与土地复垦[M]．徐州:中国矿业大学出版社,1997.
[50] 张国良．矿山测量学[M]．徐州:中国矿业大学出版社,2001.
[51] 张延寿．铁路测量[M]．成都:西南交通大学出版社,1999.
[52] 张正禄．工程测量学[M]．武汉:武汉大学出版社,2005.
[53] 赵吉先,吴良才,周世健．地下工程测量[M]．北京:测绘出版社,2005.
[54] 中国铁道百科全书．工程与工务[M]．北京:中国铁道出版社,2004.
[55] 中华人民共和国建设部．建筑变形监测规范:JGJ 8—2007[S]．北京:中国建筑工业出版社,2007.
[56] 中华人民共和国建设部．工程测量规范:GB 50026—2007[S]．北京:中国计划出版社,2008.
[57] 周丙申．光电大地测量仪器学[M]．徐州:中国矿业大学出版社,1993.
[58] 周忠谟，易杰军，周琪．GPS 卫星测量原理与应用[M]．北京:测绘出版社,1997.
[59] 邹永廉．土木工程测量[M]．北京:高等教育出版社,2004.
[60] 朱光,季晓燕,戎兵．地理信息系统基本原理及应用[M]．北京:测绘出版社,1997.
[61] 祝国瑞,张根寿．地图分析[M]．北京:测绘出版社,2000.